2019 China Life Sciences and Biotechnology Development Report

2019
中国生命科学
与生物技术发展报告

科学技术部 社会发展科技司
中国生物技术发展中心 编著

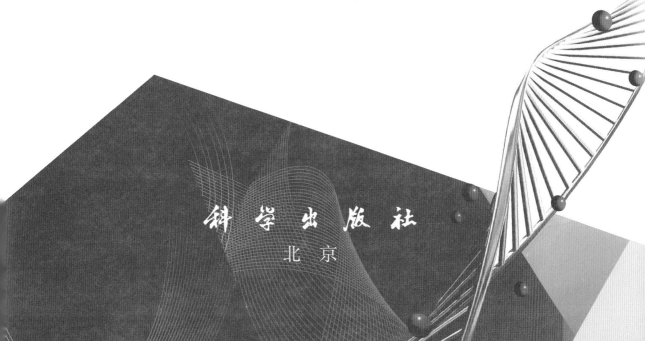

科学出版社

北京

内 容 简 介

本书总结了 2018 年我国生命科学基础研究、生物技术应用和生物产业发展的主要进展情况，重点介绍了我国在生命组学与细胞图谱、脑科学与神经科学、合成生物学、表观遗传学、结构生物学、免疫学、再生医学、新兴与交叉技术等领域的研究进展，以及生物技术应用于医药、工业、农业、环境、生物安全等方面的情况，分析了我国生物产业的现状和发展态势，阐述了生命科学研究领域的伦理监督与政策监管环境，并对 2018 年生命科学论文和生物技术专利情况进行了统计分析。本书分为总论、生命科学、生物技术、生物产业、投融资、生命科学研究伦理与政策监管、文献专利 7 个章节，以翔实的数据、丰富的图表和充实的内容，全面展示了当前我国生命科学、生物技术和生物产业的基本情况。

本书可为生命科学和生物技术领域的科学家、企业家、管理人员和关心支持生命科学、生物技术与产业发展的各界人士提供参考。

图书在版编目（CIP）数据

2019 中国生命科学与生物技术发展报告 / 科学技术部社会发展科技司，中国生物技术发展中心编著. —北京：科学出版社，2019.10
ISBN 978-7-03-062782-7

Ⅰ. ①2… Ⅱ. ①科… Ⅲ. ①生命科学－技术发展－研究报告－中国－2019 ②生物工程－技术发展－研究报告－中国－2019 Ⅳ. ①Q1-0②Q81

中国版本图书馆 CIP 数据核字（2019）第 231992 号

责任编辑：王玉时 / 责任校对：严 娜
责任印制：师艳茹 / 封面设计：金舵手世纪

科 学 出 版 社 出版

北京东黄城根北街 16 号
邮政编码：100717
http://www.sciencep.com

北京九天鸿程印刷有限责任公司 印刷
科学出版社发行 各地新华书店经销

*

2019 年 10 月第 一 版 开本：787×1092 1/16
2019 年 11 月第二次印刷 印张：24 1/2
字数：581 000
定价：228.00 元
（如有印装质量问题，我社负责调换）

《2019中国生命科学与生物技术发展报告》
编写人员名单

主　　编：吴远彬　张新民

副 主 编：田保国　沈建忠　范　玲　孙燕荣

参加人员（按姓氏汉语拼音排序）：

敖　翼	陈　欣	陈大明	陈洁君	陈书安
程　通	崔　蓓	邓洪新	董　华	范　红
范月蕾	耿红冉	谷晓峰	顾丽娜	郭　伟
何　蕊	华玉涛	江洪波	李　天	李丹丹
李苏宁	李祯祺	李治非	林　浩	林　敏
刘　和	刘　健	刘　静	刘　晓	刘晓婷
卢　姗	马　强	毛开云	毛艳艳	潘子奇
濮　润	齐海山	阮梅花	施慧琳	苏　燕
苏　月	唐尚锋	田金强	万印华	王　玥
王　跃	王德平	王恒哲	王小理	温小杰
夏宁邵	邢新会	熊　燕	徐　萍	许　丽
燕永亮	杨　阳	姚驰远	尹军祥	于建荣
于善江	于振行	袁天蔚	张　彤	张　鑫
张大璐	张连山	张永祥	张兆丰	赵若春

前　言

生命科学与生物技术在引领未来社会经济发展中的战略地位日益凸显。生命科学因其"引领性、突破性、颠覆性"，以及其与其他高新技术交叉融合的显著特点，革故鼎新，日新月异，正在成为世界新一轮科技革命和产业变革的核心。伴随着人工智能技术、大数据技术的快速发展，生命科学新技术与新方法广泛应用于生物医药和健康、生物农业、生物能源、生物环保、生物制造、生物安全等各领域，为更加深入系统地认识乃至改造生命提供了前所未有的技术支撑，为维护公共安全、生态安全、人类安全和国家安全提供强大的技术支持，为疾病预防、诊断、治疗及破解新世纪健康难题提供了重要手段。把握变革性战略机遇，调整生命科学及生物产业发展布局，是引领经济和社会高质量发展的必然趋势，是抢占全球科技竞争制高点的重要手段，也是全面建设世界创新型强国的重要支撑。

2018 年是贯彻落实十九大精神的开局之年，是实施"十三五"规划承上启下的关键一年。中国经济由高速增长转向高质量发展，世界新一轮科技革命和产业革命与我国经济发展转型形成了历史性交汇。习近平总书记在中国科学院第十九次院士大会、中国工程院第十四次院士大会上指出："以合成生物学、基因编辑、脑科学、再生医学等为代表的生命科学领域孕育新的变革。"*中国政府实施创新驱动发展战略，在顶层设计中坚持科技创新和制度创新"双轮驱动"，更加注重关键共性技术、前沿引领技术、现代工程技术、颠覆性技术创新，也在生物技术等战略性和前瞻性领域进行了超前部署和集中技术攻关，以谋求在新一轮科技革命中抢得先机。同时，为落实《健康中国行动（2019—2030 年）》，将健康融入科技政策，通过科技创新有力推动生命科学研究及相关

---

* 引自 http://rencai.people.com.cn/n1/2018/0529/c244801-30019627.html

产业发展，对全方位保障人民日益增长的健康需求、改善生活环境质量、提高人民的幸福感和安全感发挥着日益重要的作用。为破解我国社会经济的发展难题，为落实"创新、协调、绿色、开放、共享"五大发展理念提供重要保障，为实现"两个一百年"奋斗目标和中华民族伟大复兴的中国梦提供强大支撑。

2018 年，我国生命科学与生物技术取得了积极进展，论文和专利数量呈现增长态势，共发表论文 120 537 篇，专利申请数量达 32 125 件，均名列全球第 2 位。科技部十大科技进展中有 5 项与生命科学相关，我国在干细胞、合成生物学、神经生物学、纳米生物、成像技术等多个领域实现了突破。中国科学院神经科学研究所 / 脑科学与智能技术卓越创新中心经过 5 年攻关，基于体细胞核移植技术成功克隆出猕猴，打破了技术壁垒，并开创了使用非人灵长类动物作为实验模型的新时代；中国科学院分子植物科学卓越创新中心 / 植物生理生态研究所、生物化学与细胞生物学研究所合作，以天然含有 16 条染色体的真核生物酿酒酵母为研究材料，采用合成生物学"工程化"方法和高效使能技术，在国际上首次人工创建了自然界不存在的仅含单条染色体的真核细胞；浙江大学揭示了抑郁发生及氯胺酮快速抗抑郁机制，为研发更多、更好的抗抑郁药物或干预技术提供了崭新的思路；国家纳米科学中心与美国亚利桑那州立大学联合在活体内可定点输运药物的纳米机器人研究方面取得了突破，实现了纳米机器人在活体（小鼠和猪）血管内稳定工作并高效完成定点药物输运功能；中国科学院生物物理研究所联合美国霍华德·休斯医学研究所，发展了掠入射结构光照明显微镜，创建出可探测细胞内结构相互作用的纳米和毫秒尺度成像技术。在药物研发方面，2018 年我国全年已有艾博卫泰、安罗替尼、硫培非格司亭、丹诺瑞韦、吡咯替尼、呋喹替尼、特瑞普利单抗、罗沙司他和信迪利单抗等 9 个重磅新药获批上市。改革开放 40 年来，生物医药行业实现跨越式发展，行业规模增长了 400 多倍，生物医药行业市场规模在 2018 年超过 3 500 亿元人民币。近年来，我国医药产业整体形势稳中向好，市场规模呈现逐年增长的变化趋势，但增速呈现出逐年递减的趋势。截至 2018 年 11 月，我国规模以上制药工业企业主营业务收入 25 840 亿元人民币，同比增长 12.7%，实现利润 3 364.5 亿元人民币。我国生命健康行业投融资保持良好发展势头，融资数量小幅度增长，融资规模显著跃升，共发起 695 起投资事件，合计 825 亿元人民币，比 2017 年增加了 351 亿元人民币。

自 2002 年以来，科技部社会发展科技司和中国生物技术发展中心每年出版发行我国生命科学与生物技术领域的年度发展报告，已经成为本领域具有一定影响力的综合性年度报告。本报告以总结 2018 年我国生命科学研究、生物技术和生物产业发展的基本情况为主线，重点介绍了我国生命组学与细胞图谱、脑科学与神经科学、合成生物学、表观遗传学、结构生物学、免疫学、再生医学、新兴与交叉技术等领域的研究进展，以及生物技术应用于医药、工业、农业、环境、生物安全等方面的情况。重点分析了我国生物产业的现状和发展态势，投融资发展态势。本年度新增了生物安全和生命科学研究伦理与政策监督内容。报告以文字、数据、图表相结合的方式，全面展示了 2018 年我国生命科学、生物技术与产业领域的研究成果、论文发表、专利申请、行业发展和投融资情况，以及我国在生物医药、生物农业、生物制造、生物服务等产业取得的重要进展。

本书可为生命科学和生命技术领域的科学家、企业家、管理人员，以及关心支持生命科学、生物技术与产业发展的各界人士提供参考。

编　者

2019 年 10 月

目　　录

第一章 总 论

一、国际生命科学与生物技术发展态势

（一）重大研究进展

生命科学与医学研究范式、疾病诊疗模式、健康产业业态正在发生变化。人口健康科技的数字化、智能化、系统化、工程化趋势愈加明显，精准防诊治模式不断深化，早预防、早诊断的水平不断提高，免疫视角的疾病发生机制受到重视，新型疗法不断取得突破。

1. 脑科学研究不断深入，相关技术持续突破

脑科学研究为人工智能的发展注入了活力，深度学习、神经网络的发展都从脑科学研究中汲取了营养，而人工智能的进步又为脑科学研究提供了仿真模拟手段、系统与平台，将有助于最终解读人类意识。

可视化技术及类脑芯片的开发推动着脑科学研究迈出新步伐，相关研究持续突破。技术上，我国清华大学、美国弗吉尼亚大学等基于 G 蛋白偶联受体的乙酰胆碱（ACh）传感器（GACh）[1]实现了神经元交流的可视化；美国哈佛大学开发出的模拟血脑屏障的新型类脑芯片[2]可作为研究血脑屏障与大脑相互作

---

1 Jing M, Zhang P, Wang G F, et al. A genetically encoded fluorescent acetylcholine indicator for *in vitro* and *in vivo* studies. Nature Biotechnology, 2018, 36: 726-737.

2 Maoz B M, Herland A, FitzGerald E A, et al. A linked organ-on-chip model of the human neurovascular unit reveals the metabolic coupling of endothelial and neuronal cells. Nature Biotechnology, 2018, 36: 865-874.

用的有效模型。在脑细胞普查和基因组研究方面，美国 Brain Research through Advancing Innovative Neurotechnologies（BRAIN）计划细胞普查网络（BICCN）项目首批数据包含 130 多万个鼠脑细胞的分子特征和解剖学数据；美国耶鲁大学等通过对近 2 000 个大脑进行研究，完成了迄今最全面的人脑基因组分析，进而解析大脑发育和功能的复杂机制。

2. 人工智能渗透健康领域，多款重磅产品获批上市

2018 年，人工智能（AI）技术用于疾病风险预测、诊断和病理分析的研究方面的突破从未间断。例如，美、英、法、加拿大、以色列等多国机构利用 AI 预测个体患急性骨髓性白血病[3]、心血管疾病[4]的风险，德国癌症研究中心、美国纽约大学医学院完成了脑肿瘤[5]、肺癌的诊断与分型，美国谷歌 DeepMind 及我国广州医科大学联合美国加州大学圣地亚哥分校等机构开发的系统可完成眼部疾病诊断。AI 医疗产品相继获批，美国食品药品监督管理局（FDA）批准了完全由患者自行检查的 AI 设备 IDx-DR，用于检测糖尿病患者的视网膜病变；基于脑部计算机体层摄影（CT）图像的 AI 辅助分诊产品也获批，用于优化放射科医生的工作流程。

3. 精准医学研究不断推进，新型疗法取得突破

精准医学研究持续推进。美国"精准医学计划"的"百万人队列"项目正式开放并进行全国招募。英国"十万人基因组计划"已完成，又将启动全球最大规模（500 万人）的人群基因组计划。脑肿瘤[5]、头颈癌[6]、胃癌[7]等精准分型均有新突破；FDA 相继批准了首款针对泛实体瘤的全面基因组分析（CGP）伴随

---

3 Abelson S, Collord G, Ng S W K, et al. Prediction of acute myeloid leukaemia risk in healthy individuals. Nature, 2018, 559: 400-404.

4 Poplin R, Varadarajan A V, Blumer K, et al. Prediction of cardiovascular risk factors from retinal fundus photographs via deep learning. Nature Biomedical Engineering, 2018, 2: 158-164.

5 Capper D, Jones D T W, Sill M, et al. DNA methylation-based classification of central nervous system tumours. Nature, 2018, 555: 469-474.

6 Puram S V, Tirosh I, Parikh A S, et al. Single-cell transcriptomic analysis of primary and metastatic tumor ecosystems in head and neck cancer. Cell, 2018, 171(7): 1611-1624.

7 Ge S, Xia X, Ding C, et al. A proteomic landscape of diffuse-type gastric cancer. Nature Communications, 2018, 9: 1012.

诊断产品 FoundationOne CDx™ 和直接面向消费者的乳腺癌易感（BRCA）基因检测产品。

自 2017 年首个基因疗法诺华 Kymriah 上市后，免疫治疗研究热度攀升，成为产业投资热点。美国丹娜 - 法伯癌症研究院等机构在免疫治疗抵抗[8,9]研究中取得多项重要突破，新药发现和临床试验成果突出，有望推广应用于更多适应证。美国得克萨斯大学 MD 安德森癌症中心等机构利用异体 T 细胞治愈了进行性多灶性白质脑病（progressive multifocal leukoencephalopathy，PML）的多例患者[10]。葛兰素史克公司研发了干扰素基因刺激蛋白（STING）的小分子激动剂，为肿瘤免疫治疗提供了新的候选药物[11]。

基因疗法、核酸干扰（RNA interference，RNAi）疗法等新型疗法从临床走向应用。2018 年，FDA 发布了一系列针对特定疾病的基因疗法指南草案，为基因疗法的临床前测试、临床试验设计和产品开发提供规范和指导。同年 8 月，FDA 又批准了首个基于 RNAi 技术的治疗药物 Onpattro，用于治疗遗传性转甲状腺素蛋白淀粉样变性（hATTR）引发的神经损伤的成人患者[12]。

4. 人类微生物组与健康研究迈向因果机制揭示和应用性研究

人类微生物组与健康研究从菌群普查和关联性研究，向因果机制揭示和应用性研究迈进。美国克利夫兰诊所探索了基于胆碱类似物阻止肠道微生物分泌三甲胺 N- 氧化物从而显著降低心血管疾病风险[13]等人体微生物组调控的疾病疗法。以色列魏茨曼科学研究所的研究分别证实益生菌肠道定植存在个体化差

8 Miao D, Margolis C A, Gao W, et al. Genomic correlates of response to immune checkpoint therapies in clear cell renal cell carcinoma. Science, 2018, 359(6377): 801-806.

9 Pan D, Kobayashi A, Jiang P, et al. A major chromatin regulator determines resistance of tumor cells to T cell-mediated killing. Science, 2018, 359(6377): 770-775.

10 Muharrem M, Amanda O, David M, et al. Allogeneic BK virus-specific T cells for progressive multifocal leukoencephalopathy. The New England Journal of Medicine, 2018, 379: 1443-1451.

11 Ramanjulu J M, Pesiridis G S, Yang J, et al. Design of amidobenzimidazole STING receptor agonists with systemic activity. Nature, 2018: 1.

12 FDA. FDA approves first-of-its kind targeted RNA-based therapy to treat a rare disease. 2018. https://www.fda.gov/news-events/newsroom/pressannouncements/ucm616518.htm[2019-8-10].

13 Roberts A B, Gu X, Buffa J A, et al. Development of a gut microbe-targeted nonlethal therapeutic to inhibit thrombosis potential. Nature Medicine, 2018, 24(9): 1407-1417.

异[14]，抗生素治疗后使用益生菌会阻碍肠道微生物组的恢复。

（二）技术进步

颠覆性技术、跨学科技术的创新，使跨组学研究、人类表型组学、单细胞与细胞图谱研究不断深入，推动生命科学解析更趋精准化、系统化，改造、仿生、再生、创生能力不断加强。

1. 多组学测序技术推动生命解析更加系统化

三代测序技术助力高质量基因组图谱的绘制，美国加州大学利用纳米孔测序技术生成了首个完整精确的人类 Y 染色体着丝粒图谱[15]。单细胞转录组测序技术的进步使不同细胞类型得以精确识别和标记，为细胞图谱绘制铺平了道路，浙江大学成功绘制了首个哺乳动物细胞图谱[16]。修饰蛋白质富集技术和质谱分析技术的进步推进了蛋白质修饰组学研究向深度覆盖、高特异性、高通量方向发展，以更好地应用于生物标志物和药物靶标发现及疾病病理研究[17]，德国马克斯·普朗克生物化学研究所基于磷酸化蛋白质组学揭示了大脑中阿片类受体信号通路。美国斯克利普斯研究所已将代谢组学广泛应用于鉴定生物标志物和表征生物作用机制[18]。跨组学的系统研究成为趋势，美国癌症基因组图谱（TCGA）计划基于多组学数据和临床数据的综合分析，成功绘制出"泛癌症图谱"（Pan-Cancer Altas）[19]；2018 年，*Nature* 杂志刊登了著名科学家展望可能改变生命科学研究的六大技术，瑞士苏黎世联邦理工学院（ETH）系统生物学家 Ruedi

14 Zmora N, Zilberman-Schapira G, Suez J, et al. Personalized gut mucosal colonization resistance to empiric probiotics is associated with unique host and microbiome features. Cell, 2018, 174(6): 1388-1405.

15 Jain M, Olsen H E, Turner D J, et al. Linear assembly of a human centromere on the Y chromosome. Nature Biotechnology, 2018, 36(4): 321-323.

16 Han X, Wang R, Zhou Y, et al. Mapping the mouse cell atlas by Microwell-seq. Cell, 2018, 172(5): 1091-1107.

17 Liu J J, Kirti S, Luca Z, et al. *In vivo* brain GPCR signaling elucidated by phosphoproteomics. Science, 2018, 360(6395): eaao4927.

18 Guijas C, Montenegro-Burke J R, Warth B, et al. Metabolomics activity screening for identifying metabolites that modulate phenotype. Nature Biotechnology, 2018, 36(4): 316-320.

19 TCGA. Welcome to the Pan-Cancer Atlas. 2018. https://www.cell.com/pb-assets/consortium/PanCancerAtlas/PanCani3/index.html?code=cell-site[2019-8-12].

Aebersold 提出"连接基因型和表型"是了解疾病发生、发展机制并开发新疗法的有效手段；同年 3 月 16 日，*Science* 杂志发表封面文章，美国范德堡大学医学中心利用表型组研究新方法"表型风险分数"预测人类遗传性疾病，表现出良好的应用潜力[20]。

2. 单细胞技术逐步向高通量、精准化发展

单细胞技术的发展和细胞图谱的绘制推动着细胞层面的研究，新方向和新突破正在酝酿。美国斯坦福大学开发的 STARmap 方法[21]、美国俄勒冈健康与科学大学等机构合作研发的识别体内细胞亚型的高通量单细胞研究技术[22] 相继面世，有助于基因和细胞的空间信息分析。美国哈佛大学等机构在单细胞水平上实现了热带爪蟾[23]、斑马鱼[24] 胚胎发育图谱追踪，涵盖生物体的全部发育过程，入选了 *Science* 杂志评选的 2018 年十大科学突破；美国哈佛大学构建了小鼠下丘脑视前区细胞空间图谱[25]，为更好地理解大脑运作方式奠定了基础；中国北大 - 清华生命科学联合中心和美国 Amgen 公司联合构建的结直肠癌[26] 微环境 T 细胞图谱为免疫治疗提供了新的指导性思路。

3. 改造、仿生、再生、创生能力不断加强

基因编辑技术不断优化，推动相关领域变革性发展。基因编辑技术在编

20 Bastarache L, Hughey J J, Hebbring S, et al. Phenotype risk scores identify patients with unrecognized Mendelian disease patterns. Science, 2018, 359(6381): 1233-1239.

21 Wang X, Allen W E, Wright M A, et al. Three-dimensional intact-tissue sequencing of single-cell transcriptional states. Science, 2018, 361(6400): eaat5691.

22 Mulqueen R M, Pokholok D, Norberg S J, et al. Highly scalable generation of DNA methylation profiles in single cells. Nature Biotechnology, 2018, 36(5): 428.

23 Briggs J A, Weinreb C, Wagner D E, et al. The dynamics of gene expression in vertebrate embryogenesis at single-cell resolution. Science, 2018, 360(6392): eaar5780.

24 Wagner D E, Weinreb C, Collins Z M, et al. Single-cell mapping of gene expression landscapes and lineage in the zebrafish embryo. Science, 2018, 360(6392): 981-987.

25 Moffitt J R, Bambah-Mukku D, Eichhorn S W, et al. Molecular, spatial, and functional single-cell profiling of the hypothalamic preoptic region. Science, 2018, 362(6416): eaau5324.

26 Zhang L, Yu X, Zheng L, et al. Lineage tracking reveals dynamic relationships of T cells in colorectal cancer. Nature, 2018, 564(7735): 268-272.

辑效率、精准度方面不断优化，美国哈佛大学[27]、伊利诺伊大学[28]和斯坦福大学[29]先后实现了高通量精确基因编辑，可高效创建大量特定遗传变异；美国加州大学旧金山分校[30]、瑞典阿斯利康公司[31]使其安全性得到进一步提升；同时，美国加州大学伯克利分校、美国索克生物研究所、美国麻省理工学院、美国哈佛大学等机构完成的 Cas14 酶[32]、Cas13d 酶[33, 34]、ScCas9 酶[35]、xCas9 酶[36]、CasRx 酶[37]等的开发进一步扩充了 CRISPR 系统的工具箱。应用上，德国马克斯 - 德尔布吕克分子医学中心、美国哈佛大学医学院等机构利用基因编辑技术先后在细胞发育谱系追踪[38, 39]等领域取得突破性进展，美国迈阿密大学米勒医学院、英国剑桥大学、美国宾夕法尼亚大学、美国费城儿童医院、瑞士苏黎世联邦理工学院等机构的相关研究表明基因编辑技术在治疗线粒体

27 Guo X G, Chavez A, Tung A, et al. High-throughput creation and functional profiling of DNA sequence variant libraries using CRISPR-Cas9 in yeast. Nature Biotechnology, 2018, 36: 540-546.

28 Bao Z, Hamedirad M, Xue P, et al. Genome-scale engineering of Saccharomyces cerevisiae with single-nucleotide precision. Nature Biotechnology, 2018, 36: 505-508.

29 Roy K R, Smith J D, Vonesch S C, et al. Multiplexed precision genome editing with trackable genomic barcodes in yeast. Nature Biotechnology, 2018, 36: 512-520.

30 Roth T L, Puigsaus C, Yu R, et al. Reprogramming human T cell function and specificity with non-viral genome targeting. Nature, 2018, 559: 405-409.

31 Pinar A, Bobbin M L, Guo J A, et al. *In vivo* CRISPR editing with no detectable genome-wide off-target mutations. Nature, 2018, 561: 416-419.

32 Lucas B H, David B, Janice S C, et al. Programmed DNA destruction by miniature CRISPR-Cas14 enzymes. Science, 2018, 362: 839-842.

33 Yan W X, Chong S, Zhang H, et al. Cas13d is a compact RNA-targeting type Ⅵ CRISPR effector positively modulated by a WYL-domain-containing accessory protein. Molecular Cell, 2018, 70(2): 327-339.

34 Zhang C, Konermann S, Brideau N J, et al. Structural basis for the RNA-guided ribonuclease activity of CRISPR-Cas13d. Cell, 2018, 175(1): 212-223.

35 Chatterjee P, Jakimo N, Jacobson J M. Minimal PAM specificity of a highly similar SpCas9 ortholog. Science Advances, 2018, 4(10): 766.

36 Hu J H, Miller S M, Geurts M H, et al. Evolved Cas9 variants with broad PAM compatibility and high DNA specificity. Nature, 2018, 556: 57-63.

37 Konermann S, Lotfy P, Brideau N J, et al. Transcriptome engineering with RNA-targeting type VI-D CRISPR effectors. Cell, 2018, 173(3): 665-676.

38 Spanjaard B, Hu B, Mitic N, et al. Simultaneous lineage tracing and cell-type identification using CRISPR-Cas9-induced genetic scars. Nature Biotechnology, 2018, 36: 469-473.

39 Reza K, Kian K, Leo M, et al. Developmental barcoding of whole mouse via homing CRISPR. Science, 2018, 361: eaat9804.

疾病[40,41]和单基因突变遗传病[42,43]中的潜力开始显现，临床试验陆续获得批准开展。

再生医学应用转化进程不断推进。基础研究方面，日本京都大学等首次实现人类卵原细胞的体外构建[44]。临床研究方面，美国西奈山伊坎医学院等利用干细胞结合基因疗法，使眼盲小鼠重新产生视觉反应[45]；3D 生物打印技术持续优化，美国哈佛大学、麻省理工学院等在保证细胞的存活率和多层结构同步打印等方面获得了突破[46]，助力组织工程技术的升级；美国索尔克生物研究所、美国圣地亚哥州立大学开发的人类大脑类器官已经实现在小鼠体内的长时间存活[47]。器官移植领域，德国慕尼黑大学等首次实现了猪心脏在狒狒体内的长期存活[48]，为人类心脏的异种移植奠定了坚实的基础。

合成生物学研究从单一生物部件的设计，拓展到对多种基本部件和模块的整合。美国联合生物能源研究所、美国加州大学洛杉矶分校等开发的基于末端脱氧核苷酸转移酶（TdT）的寡核苷酸合成策略[49]、能够低成本构建大型基因文库的 DropSynth 技术[50]表征着基因合成迈向高效率与低成本。我国天津大学联合

40 Bacman S R, Kauppila J H K, Pereira C V, et al. MitoTALEN reduces mutant mtDNA load and restores tRNA^Ala levels in a mouse model of heteroplasmic mtDNA mutation. Nature Medicine, 2018, 24: 1696-1700.

41 Payam A G, Carlo V, Marie-Lune S, et al. Genome editing in mitochondria corrects a pathogenic mtDNA mutation *in vivo*. Nature Medicine, 2018, 24: 1691-1695.

42 Rossidis A C, Stratigis J D, Chadwick A C, et al. In utero CRISPR-mediated therapeutic editing of metabolic genes. Nature Medicine, 2018, 24: 1513-1518.

43 Villiger L, Grisch-Chan H M, Lindsay H, et al. Treatment of a metabolic liver disease by *in vivo* genome base editing in adult mice. Nature Medicine, 2018, 24: 1519-1525.

44 Yamashiro C, Sasaki K, Yabuta Y, et al. Generation of human oogonia from induced pluripotent stem cells *in vitro*. Science, 2018, 362(6412): eaat1674.

45 Yao K, Qiu S, Wang Y V, et al. Restoration of vision after de novo genesis of rod photoreceptors in mammalian retinas. Nature, 2018, 560(7719): 484-488.

46 Pi Q, Maharjan S, Yan X, et al. Digitally tunable microfluidic bioprinting of multilayered cannular tissues. Advanced Materials, 2018, 30(43): 1706913.

47 Mansour A A F, Gonçalves J T, Bloyd C W, et al. An *in vivo* model of functional and vascularized human brain organoids. Nature Biotechnology, 2018, 36: 432-441.

48 Längin M, Mayr T, Reichart B, et al. Consistent success in life-supporting porcine cardiac xenotransplantation. Nature, 2018, 564: 430-433.

49 Palluk S, Arlow D H, de Rond T, et al. *De novo* DNA synthesis using polymerase-nucleotide conjugates. Nature Biotechnology, 2018, 36: 645-650.

50 Plesa C, Sidore A M, Lubock N B, et al. Multiplexed gene synthesis in emulsions for exploring protein functional landscapes. Science, 2018, 359(6373): 343-347.

英国帝国理工学院等机构联合开发的 SCRaMbLEd 等[51~56]一系列宏合成生物学技术能够控制工程生命系统的进化。此外，美国麻省理工学院、以色列魏茨曼科学研究所、美国加州大学圣克鲁斯分校、美国加州大学伯克利分校及瑞士苏黎世联邦理工学院的研究显示，合成生物学不但在 DNA 编写器和分子记录器、组织细胞编程、生物电子学融合等技术领域不断拓展，而且在基础生物化学、临床疾病诊疗、商品工业生产等应用领域进一步推广。

（三）产业发展

作为 21 世纪创新最为活跃、影响最为深远的新兴产业，生物产业是全球主攻方向，对于各国抢占新一轮科技革命和产业革命制高点，加快壮大新产业、发展新经济、培育新动能具有重要意义。

1. 代表性领域现状与发展态势

近年来，得益于科技的迅猛发展，生命科学行业呈现井喷式的增长。第四次工业革命的很多技术革新在逐渐改变我们的生活方式，对人类未来的发展带来巨大利好。3D 打印、人工智能和区块链等新兴技术正越来越多地渗透到生命科学领域，不断为该行业创造投资、转型、创新等机遇。数字化技术通过降低医疗服务的成本、提高效率和便利性，使得大部分生命科学公司具备更高的灵活性和主动性，科技试图颠覆或改写行业规则的时代已经来临。

德勤（Deloitte）公司发布的《2018 医疗保健行业报告》指出，老龄化的发展、人口的增长、慢性病的流行、创新性数字技术的爆发等因素，不断推动着

51 Luo Z, Wang L, Wang Y, et al. Identifying and characterizing SCRaMbLEd synthetic yeast using ReSCuES. Nature Communications, 2018, 9(1): 1930.

52 Hochrein L, Mitchell L A, Schulz K, et al. L-SCRaMbLE as a tool for light-controlled Cre-mediated recombination in yeast. Nature Communications, 2018, 9(1): 1931.

53 Jia B, Wu Y, Li B Z, et al. Precise control of SCRaMbLE in synthetic haploid and diploid yeast. Nature Communications, 2018, 9(1): 1933.

54 Shen M J, Wu Y, Yang K, et al. Heterozygous diploid and interspecies SCRaMbLEing. Nature Communications, 2018, 9(1): 1934.

55 Wu Y, Zhu R Y, Mitchell L A, et al. *In vitro* DNA SCRaMbLE. Nature Communications, 2018, 9(1) : 1935.

56 Liu W, Luo Z, Wang Y, et al. Rapid pathway prototyping and engineering using *in vitro* and *in vivo* synthetic genome SCRaMbLE-in methods. Nature Communications, 2018, 9(1): 1936.

医疗保健需求和支出的增加。从发达国家到新兴经济体，与新技术相结合的医疗保健投入力度都有所加大，澳大利亚、英国、日本、荷兰、中国、巴西、印度等国纷纷发力，给各自的医疗系统引入更多的新技术元素。

据德勤公司发布的《2019 全球医疗保健展望：塑造未来》报告数据表明，2018～2022 年，全球医疗保健支出将以每年 5.4% 的速度增长，而 2013～2017 年的增速为每年 2.9%，提速明显。作为医疗保健大国，美国的官方数据印证了这一趋势。美国医疗保险和医疗补助服务中心（CMS）2018 年 2 月 20 日发布报告称，未来数年美国的医疗保健支出年均增长 5.5%，到 2027 年将达到近 6 万亿美元，届时医疗保健支出占 GDP 的比例将接近 20%。

在生物农业方面，国际农业生物技术应用服务组织（ISAAA）的数据显示，2018 年，全球范围内共有 87 项关于转基因作物被批准，涉及 70 个品种，有 9 个新的转基因作物品种获得批准，包括红花（2 种）、马铃薯（1 种）、大豆（3 种）、棉花（2 种）和油菜（1 种）。与前两年相比，尽管批准总数有所下滑，但涉及的品种数反而略有增加。从转基因技术诞生以来，抗虫和耐受除草剂一直是性状研发的主流。但是通过观察这几年各国批准的准基因品种可以发现，其他的转基因性状正在逐渐增加。未来新性状的开发将着重于应对气候变化、新出现的病虫害及满足人类更高的生活需求等问题。此外，生物技术行业认为，大多数的诱变或者基因编辑与自然发生或者辐射诱导产生的突变实际上几乎没什么不同，但是欧盟法院并不认可这一陈述。欧盟认为通过诱变获得的生物就是转基因生物（GMO），原则上受 GMO 相关法规约束。而在 2018 年 3 月，美国农业部（USDA）发表声明，澄清了对包括基因编辑在内的"新育种技术"的监管要求，并于 11 月在世界贸易组织（WTO）会议上共同发表了关于推进精准生物技术在农业领域应用的联合声明。除了这些国家的监管策略已经较明朗之外，其他国家像中国，尽管在研发上大力支持，但是在产品的市场化方面仍然缺乏一个清晰的监管策略。

在生物能源方面，可再生燃料协会（RFA）的数据显示，2018 年全球燃料乙醇生产能力为 285.7 亿 gal[①]，其中美国（160.61 亿 gal）、巴西（79.2 亿

---

① 1gal(UK)=4.546 09 L; 1gal(US)=3.785 43 L

gal）、欧盟（14.3 亿 gal）占据全球燃料乙醇产能的前三位，中国以 10.5 亿 gal 的产能排名第四位。此外，国际可再生能源署（IRENA）发布的《2019 可再生能源（发电）能力统计报告》指出，截至 2018 年年底，全球可再生能源发电能力达到 2 351 GW，约占全球发电能力总量的 1/3，其中有 121 GW 由生物能源贡献。

生物未来平台（Biofuture Platform）发布的《创建生物未来：低碳生物经济现状报告》指出，通过国际可再生能源署可再生能源路线图（ReMap）的预测，生物燃料的全球产量将于 2030 年达到 5 000 亿 L（其中先进生物燃料将达到 1 240 亿 L），到 2050 年将达到每年 11 200 亿 L，从而以最具成本效益的方式实现《巴黎协定》的目标。到 2030 年和 2050 年，生物燃料的市场规模将分别增长至目前的 4 倍和 9 倍，并且需要在未来 12 年内部署 12 500 个工厂，年平均装机容量为 4 000 万 L。然而，由于油价低迷等因素的影响，目前全球的生物燃料市场投资有所下降。2006 年和 2007 年全球生物燃料投资达到 270 亿美元，但到 2015 年下降到不足 20 亿美元。2013～2016 年，年投资额平均约 17 亿美元，但 2016 年下降到 2.5 亿美元。由于传统化石燃料的价格下降，新的生物燃料工厂在经济上陷入困境，迫使政策制定者反思如何权衡化石燃料和生物燃料间的平等竞争。此外，生物精炼工厂正在造纸、化工等行业的发展中逐步涌现，以生物产品提高商业盈利能力。这个快速发展的细分市场总额在 2016 年达到 4 670 亿美元。不过作为一个相对新颖的市场，它仍需要大量投资，其产品通常难以与基于化石能源的替代品竞争，因此需要有利的监管环境、充足的资金和为生物产品提供公平的竞争环境。生物燃料和生物产品的全球前景表明，先进的生物质转化路线正朝着商业化的技术准备阶段发展，但仍远远落后于第一代生物制品的发展阶段。

2. 全球生命科学投融资与并购形势

德勤公司针对医药与生物科技行业资本展开市场回顾与展望，其报告指出，无论站在数量还是总金额的角度，2018 年以来，医药及生物科技企业在资本市场都备受瞩目。其发展态势如下：①以中、美证券市场（美股、A 股及港股）

计，2018 年全球医药及生物科技相关行业 IPO 总募资规模达到 115 亿美元，通过 IPO 实现上市企业共计 74 家，均创十年来新高，且 2019 年开年以来势头未减。②香港联合交易所有限公司（简称香港联交所）于 2018 年初出台新规，允许尚未盈利或未有收入的生物科技公司赴港上市，此举连同其他新政措施成为香港交易及结算所有限公司（简称港交所）20 年来最为重大的改革。一系列从事创新药研发的生物科技公司得以登陆港交所，而生物科技板也成为港交所主板第一个以行业属性加以尾标的板块。无独有偶，2018 年底，科创板在上海证券交易所设立并试点注册制，科创板通过在盈利状况、股权结构等方面的差异化安排，重点鼓励生物医药等 6 个领域的企业上科创板，为未盈利或未有收入的生物科技企业提供了一个更为多元化的融资渠道。③ 2018 年以来，随着武田制药收购 Shire、Bristol-Myers Squibb（BMS）收购 Celgene 等一系列巨额并购交易的公布，医药及生物科技行业并购榜单不断刷新。另外，随着一系列生物科技公司在肿瘤、罕见病、基因治疗等领域取得重大突破，医药及生物科技行业的并购活动也进入活跃期。

此外，德勤公司还在报告中指出当下并购交易的趋势：①医药及生物科技行业并购交易活跃，2019 年全年医药及生物科技企业并购规模预计将进一步提升；②大型制药企业并购生物科技公司成为推动并购市场的主要动力，规模较大的并购交易多集中于新药研发领域；③大型制药公司通过频繁并购增强创新能力。

摩根大通（J. P. Morgan）并购团队于 2019 年 1 月发布的《2019 年全球并购前景展望》报告显示，2018 年全球并购市场维持强劲势头，公布的交易金额达到 4.1 万亿美元，为历史第三最高年份。就行业而言，科技（占比 17%）与医疗健康（占比 12%）在年全球并购交易金额中占比最高。

 ## 二、我国生命科学与生物技术发展态势

在国家政策支持下，中国生命科学研究领域近年来发展迅速，重大研究突

破和技术进步正在不断地改变生命科学的研究范式、疾病诊疗模式和健康产业业态，推动着我国生命科学与生物技术产业持续前进。

（一）重大研究进展

我国生命科学研究在快速发展，基因组学、转录组学、蛋白质组学、代谢组学等多组学分析与细胞图谱研究不断在进步，合成生物学、表观遗传学、结构生物学的持续进步推动了生命科学领域的大发现、大突破，同时，技术革新、学科融合推动脑科学、免疫学、再生医学、人工智能医疗及农作物育种领域取得多个里程碑式进步。

1. 多组学交叉、多维度分析已经成为组学研究的大趋势

基于测序技术、质谱技术、核磁共振技术等生命组学研究技术的进步，相关研究将进一步向高通量、高精度、高覆盖方向发展，多组学交叉、多维度分析已经成为组学研究的大趋势，为完整解析生命奠定基础。

基因组学领域，西安交通大学、中国农业科学院等机构先后破译出罂粟基因组密码[57]、发表 3 010 份亚洲栽培稻基因组[58]研究成果，为开发罂粟药用价值、推动水稻规模化基因发掘和水稻复杂性状分子改良等奠定了重要基础；首都医科大学、中国科学院深圳先进技术研究院、中国科学院北京基因组研究所、华大基因等机构通过对人类多维基因组大数据进行研究，揭示了继发胶质母细胞瘤[59]和阿尔茨海默症（Alzheimer's disease，AD）[60]等疾病、母体血浆病毒感染[61]

---

57 Guo L, Winzer T, Yang X, et al. The opium poppy genome and morphinanproduction. Science, 2018, 362(6412): 343-347.

58 Wang W, Mauleon R, Hu Z, et al. Genomic variation in 3, 010 diverse accessions of Asian cultivated rice. Nature, 2018, 557: 43-49.

59 Hu H M, Mu Q H, Bao Z S, et al. Mutational landscape of secondary glioblastoma guides MET-targeted trial in brain tumor. Cell, 2018, 175(6): 1665-1678.

60 Zhou X, Chen Y, Mok K Y, et al. Identification of genetic risk factors in the Chinese population implicates a role of immune system in Alzheimer's disease pathogenesis. Proceedings of the National Academy of Sciences, 2018, 115(8): 1697-1706.

61 Liu S Y, Huang S J, Chen F, et al. Genomic analyses from non-invasive prenatal testing reveal genetic associations, patterns of viral infections, and chinese population history. Cell, 2018, 175(2): 347-359.

及人类胚胎基因组的激活机制[62]等，为疾病精准治疗及人类优生优育提供理论基础。转录组学中，浙江大学开发了新型单细胞全转录组测序技术Holo-seq[63]；中山大学等鉴定了一组可有效预测局部晚期鼻咽癌转移风险的mRNA分子标签[64]；北京大学等首次在单细胞和全转录组水平系统深入研究了小分子化合物诱导体细胞重编程过程[65]；北京大学等机构还绘制了人类精子发生的高精度单细胞转录组图谱[66]。蛋白质组学中，中国科学院计算技术研究所等机构设计了新一代开放式搜索算法Open-pFind[67]，有望成为蛋白质组学日常数据分析的主力工具；中国科学院水生生物研究所构建了三角褐指藻的蛋白质组精细图谱[68]；北京大学肿瘤医院等从蛋白质组的角度将弥漫型胃癌分为3个与生存预后和化疗敏感性相关的亚型[7]，可为胃癌精准医疗提供直接依据。代谢组学领域，华东理工大学等首次在单细胞和活体水平建立了氧化还原"全景式"实时动态分析技术[69]。多组学交叉、多维度分析已经成为组学研究的大趋势，中国农业科学院综合利用基因组、转录组、代谢组等多组学大数据分析番茄育种过程，为番茄的全基因组设计育种提供了路线图[70]；清华大学等机构运用代谢组和转录组等多组学研究手段，首次揭示了小细胞肺癌亚型中的新型代谢重编程通路[71]。细胞图

62 Gao L, Wu K, Liu Z, et al. Chromatin accessibility landscape in human early embryos and its association with evolution. Cell, 2018, 173(1): 248-259.

63 Xiao Z, Cheng G, Jiao Y, et al. Holo-seq: single-cell sequencing of holo-transcriptome. Genome Biology, 2018, 19(1): 163-184.

64 Tang X R, Li Y Q, Liang S B, et al. Development and validation of a gene expression-based signature to predict distant metastasis in locoregionally advanced nasopharyngeal carcinoma: a retrospective, multicentre, cohort study. The Lancet Oncology, 2018, 19(3): 382-393.

65 Zhao T, Fu Y, Liu Y, et al. Single-cell RNA-seq reveals dynamic early embryonic-like programs during chemical reprogramming. Cell Stem Cell, 2018, 23(1): 31-45.

66 Mei W, Xixi L, Gang C, et al. Single-cell RNA sequencing analysis reveals sequential cell fate transition during human spermatogenesis. Cell Stem Cell, 2018, 23(4): 599-614.

67 Chi H, Liu C, Yang H, et al. Comprehensive identification of peptides in tandem mass spectra using an efficient open search engine. Nature Biotechnology, 2018, 36: 1059-1061.

68 Yang M, Lin X, Liu X, et al. Genome annotation of a model diatom *Phaeodactylum tricornutum* using an integrated proteogenomic pipeline. Molecular Plant, 2018, 11: 1292-1307.

69 Zou Y, Wang A, Shi M, et al. Analysis of redox landscapes and dynamics in living cells and *in vivo* using genetically encoded fluorescent sensors. Nature Protocols, 2018, 13(10): 2362-2386.

70 Zhu G, Wang S, Huang Z, et al. Rewiring of the fruit metabolome in tomato breeding. Cell, 2018, 172(1-2): 249-261.

71 Fang H, Min N, Chalishazar M D, et al. Inosine monophosphate dehydrogenase dependence in a subset of small cell lung cancers. Cell Metabolism, 2018, 28(3): 369-382.

谱绘制上，浙江大学、中国科学院生物物理研究所、北京大学等机构先后绘制了世界上第一张哺乳动物细胞图谱[16]，人脑前额叶胚胎发育过程的单细胞转录组图谱[72]，食道、胃、小肠和大肠这 4 种器官在人类胚胎发育过程中的基因表达图谱[73]，以及非小细胞肺癌和结直肠癌微环境 T 细胞图谱[26]，为基础研究和疾病精准治疗提供了参考。

2. 脑科学与神经科学基础及应用研究持续推进

我国脑科学与神经科学研究持续深入，相关技术开发、基础研究与应用研究不断推进。技术开发上，中国科学院国家纳米科学中心在高密度柔性神经流苏及活体神经信号稳定测量方面取得进展[74]；天津大学、中国医学科学院等机构开发的三金属纳米酶[75]，在脑损伤模型研究中有重要应用；中国科学院上海微系统与信息技术研究所利用新型碳基二维半导体材料 C3N 构建了可调突触行为的人工突触模拟忆阻器[76]。基础研究领域，中国科学院脑科学与智能技术卓越创新中心成功构建了世界首例生物节律紊乱体细胞克隆猴模型[77]，表明中国正式开启批量化、标准化创建疾病克隆猴模型的新时代；中国科学院生物物理研究所发现了果蝇学习记忆中去抑制神经环路机制[78]；上海交通大学等机构发现大脑中的一个区域在调节进食行为中发挥着关键性作用[79]。应用研究上，浙江大学医

72 Zhong S, Zhang S, Fan X, et al. A single-cell RNA-seq survey of the developmental landscape of the human prefrontal cortex. Nature, 2018, 555: 524-528.

73 Gao S, Yan L, Wang R, et al. Tracing the temporal-spatial transcriptome landscapes of the human fetal digestive tract using single-cell RNA-sequencing. Nature Cell Biology, 2018, 20(6): 721-734.

74 Guan S, Wang J, Gu X, et al. Elastocapillary self-assembled neurotassels for stable neural activity recordings. Science Advances, 2019, 5(3): eaav2842.

75 Wu X Y, Wang J Y, Li Y H, et al. Redox trimetallic nanozyme with neutral environment preference for brain injury. ACS Nano, 2019, 13(2): 1870-1884.

76 Ma Y Q, Bao J, Zhang Y W, et al. Mammalian near-infrared image vision through injectable and self-powered retinal nanoantennae. Cell, 2019, 177(2): 243-255.

77 Liu Z, Cai Y J, Liao Z D, et al. Cloning of a gene-edited macaque monkey by somatic cell nuclear transfer. National Science Review, 2019, 6(1): 101-108.

78 Zhou M M, Chen N N, Tian J S, et al. Suppression of GABA ergic neurons through D2-like receptor secures efficient conditioning in *Drosophila aversive* olfactory learning. Proceedings of the National Academy of Sciences of the United States of America, 2019, 116(11): 5118-5125.

79 Zhong L, Zhang Y, Duan C A, et al. Causal contributions of parietal cortex to perceptual decision-making during stimulus categorization. Nature Neuroscience, 2019, 22: 963-973.

学院首次发现大脑存在两条平行的抑制性神经通路[80]，为治疗阿片类物质依赖提供了新靶点；中国科学院上海有机化学研究所生物与化学交叉研究中心等首次发现了维持神经轴突完整性的关键基因[81]，为开发衰老相关神经退行性疾病的诊疗方法提供了重要思路。

3. 合成生物学在基因组设计与合成中实现突破

我国在合成生物学的基础研究和应用研究等方面取得了一系列重要进展，包括基因组设计与合成、基因编辑、天然产物合成等。基因组设计与合成上，中国科学院分子植物科学卓越创新中心/植物生理生态研究所在国际上首次人工创建了单条染色体的真核细胞[82]，是继原核细菌"人造生命"之后的又一个重大突破；天津大学在合成酵母染色体的基础上，开发出精确控制基因组重排技术等系列成果[53]。基因编辑方面，中国科学院遗传与发育生物学研究所建立了通过 CRISPR-Cas9 高效调控内源 mRNA 翻译的方法[83]；中国科学院分子植物科学卓越创新中心/植物生理生态研究所利用 Cas13 蛋白及其指导 RNA 靶向结合特异序列单链 RNA 的能力，建立了实现精确定点 RNA（A → I）编辑的人工机器[84]，该中心还发现 ssDNA 的切割活性在 Cas12a 蛋白中普遍存在[85]。天然产物合成方面，中国科学院天津工业生物技术研究所等首次实现治疗心脑血管疾病的中成药灯盏花素的全合成[86]；中国科学院分子植物科学卓越创新中心/植物生

---

80 Li Y, Li C Y, Xi W, et al. Rostral and caudal ventral tegmental area GABA ergic inputs to different dorsal raphe neurons participate in opioid dependence. Neuron, 2019, 101(4): 748-761.

81 Wang H Q, Wang X J, Zhang K, et al. Rapid depletion of ESCRT protein Vps4 underlies injury-induced autophagic impediment and Wallerian degeneration. Science Advances, 2019, 5(2): eaav4971.

82 Shao Y Y, Lu N, Wu Z F, et al. Creating a functional single-chromosome yeast. Nature. 2018, 560: 331-335.

83 Zhang H W, Si X M, Ji S, et al. Genome editing of upstream open reading frames enables translational control in plants. Nature Biotechnology, 2018, 36: 894-898.

84 Jing X Y, Xie B R, Chen L X, et al. Implementation of the CRISPR-Cas13a system in fission yeast and its repurposing for precise RNA editing. Nucleic Acids Research, 2018, 46(15): e90.

85 Li S Y, Cheng Q X, Liu J K, et al. CRISPR-Cas12a has both *cis-* and *trans-*cleavage activities on single-stranded DNA. Cell Research, 2018, 28: 491-493.

86 Liu X, Cheng J, Zhang G, et al. Engineering yeast for the production of breviscapine by genomic analysis and synthetic biology approaches. Nature Communications, 2018, 9: 448.

理生态研究所首次解析了甜茶素（rubusoside）的生物合成过程[87]；华东师范大学合成了远红光调控的 CRISPR-dCas9 内源基因转录装置（FACE 系统）[88]；北京大学利用合成生物学手段成功将原本以 6 个操纵子（共转录）为单元的含有 18 个基因的产酸克雷伯菌钼铁固氮酶系统成功地转化为 5 个编码 polyprotein 的巨型基因[89]。上海科技大学、中国科学院马普计算生物学研究所实现了 C 与 T 及 mC 至 T 的精准编辑。中国科学院分子植物科学卓越创新中心 / 植物生理生态研究所、中国科学院生物物理研究所、中国科学院动物研究所、暨南大学和中国科学院广州生物医药与健康研究院等机构利用基因编辑技术先后在人工改造染色体、动物模型构建等领域取得突破性进展。

4. 技术革新、学科融合推动表观遗传学快速发展

我国表观遗传学研究关注表观基因图谱及调控功能验证，国家科学研究项目在表观遗传学方面的支持力度不断提高，表观遗传学的数据标准和数据平台也正不断完善。

技术革新、学科融合极大地推动了表观遗传学研究成果的产出，我国在遗传修饰与基因调控、临床应用与疾病干预方面均取得多项突破。遗传修饰与基因调控领域，中国科学院生物物理研究所解析了染色质领域首个组蛋白修饰酶与完整底物复合体 Rtt109-Asf1-H3-H4 复合物的晶体结构[90]；同一时期，该团队又解析了 DNA 复制过程中组蛋白结合和核小体的产生过程[91]；中国科学院生物物理研究所首次在体内揭示了 *Stella* 基因通过抑制 DNMT1 活性而保护卵母细胞

87 Sun Y, Chen Z, Li J, et al. Diterpenoid UDP-glycosyltransferases from Chinese sweet tea and ashitaba complete the biosynthesis of rubusoside. Molecular Plant, 2018, 11(10): 1308-1311.

88 Shao J W, Wang M Y, Yu G L, et al. Synthetic far-red light-mediated CRISPR-dCas9 device for inducing functional neuronal differentiation. Proceedings of the National Academy of Sciences of the United States of America, 2018, 115(29): E6722-E6730.

89 Yang Y G, Xie X Q, Xiang N, et al. Polyprotein strategy for stoichiometric assembly of nitrogen fixation components for synthetic biology. Proceedings of the National Academy of Sciences of the United States of America, 2018, 115(36): E8509-E8517.

90 Zhang L, Serra-Cardona A, Zhou H, et al. Multisite substrate recognition in Asf1-dependent acetylation of histone H3 K56 by Rtt109. Cell, 2018, 174(4): 818-830.

91 Yu C, Gan H, Serra-Cardona A, et al. A mechanism for preventing asymmetric histone segregation onto replicating DNA strands. Science, 2018, 361(6409): 1386-1389.

基因甲基化正常建立的机制[92]；北京大学第三医院与北京未来基因诊断高精尖创新中心、生命科学学院生物动态光学成像中心利用单细胞测序技术，首次实现了人类早期胚胎发育过程中 DNA 甲基化重编程在单细胞和单碱基精度的深入研究[93]；在临床应用与疾病干预上，首次从单细胞分辨率、多组学水平深入解析了人类结直肠癌的发生和转移过程[94]；中国科学院北京基因组研究所有多项研究基于表观遗传修饰来寻找白血病的潜在治疗靶点[95]。

5. 结构生物学技术不断完善，推动相关研究不断加深

从结构到功能的研究对生物学领域有着重要的意义。伴随技术手段的发展与完善，我国对基因（组）、染色质及蛋白质等大分子结构和功能的认识不断加深，在大分子与细胞机器的功能与机制、膜蛋白和受体蛋白的功能解析与新药开发、蛋白与药物靶点的结合构象研究等方面有多项突破。

大分子与细胞机器的功能与机制方面，清华大学的进展尤为突出，先后利用冷冻电镜技术、单颗粒冷冻电镜技术等，首次解析了人源内切核酸酶 Dicer 及其辅因子蛋白 TRBP 复合体的高分辨率三维结构、哺乳动物机械门控 Piezo1 离子通道的高分辨率三维结构、分辨率达 4.1Å 的近原子分辨率下的人源剪接体结构、酿酒酵母剪接体处于被激活前阶段的两个完全组装的关键构象、2.7Å 的人体 γ- 分泌酶结合底物 Notch 的冷冻电镜结构、3.2Å 的人类电压门控钠离子通道（Nav）1.4-β1 复合体的结构等；并与中国科学院植物研究所合作，首次解析了红藻光系统 Ⅰ 核心与捕光天线复合物在 3.63Å 分辨率下的三维结构。另外，北京大学、上海交通大学、中国科学院生物化学与细胞生物学研究所、中国科学院生物物理研究所等也均在该领域有所突破。膜蛋

92 Li Y, Zhang Z, Chen J, et al. Stella safeguards the oocyte methylome by preventing *de novo* methylation mediated by DNMT1. Nature, 2018, 564(7734): 136-140.

93 Kalin J H, Wu M, Gomez A V, et al. Single-cell DNA methylome sequencing of human preimplantation embryos. Nat Commun, 2018, 9(1): 53.

94 Bian S, Hou Y, Zhou X, et al. Single-cell multiomics sequencing and analyses of human colorectal cancer. Science, 2018, 362(6418): 1060-1063.

95 Yang X, Lu B, Sun X, et al. ANP32A regulates histone H3 acetylation and promotes leukemogenesis. Leukemia, 2018, 32(7): 1587-1597.

白和受体蛋白的功能解析与新药开发领域，复旦大学等对目前所有已知 G 蛋白偶联受体小分子配体的化学结构和药理活性进行了整合分析；中国科学院上海药物研究所确定了人类胰高血糖素受体连同胰高血糖素类似物及部分激动剂 NNC1702 的晶体结构；上海科技大学等成功解析了首个人源卷曲受体（Frizzled-4）三维精细结构；清华大学分别在 3.9Å 分辨率和 3.6Å 分辨率下解析出人 Ptch1 单独时，以及它与 Shh 的 N 端结构域（ShhN）结合在一起时的高清图片。蛋白与药物靶点的结合构象研究上，清华大学分别在 2.8Å、2.6Å 和 3.2Å 的分辨率下，获得了昆虫 Nav 通道与蜘蛛毒素 Dc1a 结合时的复合体，以及 Nav-Dc1a-TTX 和 Nav-Dc1a-STX 复合体的冷冻电镜结构；上海科技大学等机构联合国际团队利用 X 射线晶体学技术，解析出神经系统重要蛋白 5-HT2c 血清素受体与麦角胺（ergotamine）和利坦色林（ritanserin）等多种药物分子结合在一起时的结构；中国科学院国家纳米科学中心首次利用 DNA 折纸结构为载体高效且可控地实现了化疗药物阿霉素和线性小发卡 RNA 转录模板的共递送，完成了化疗和基因治疗的联合给药。

6. 免疫学与免疫治疗基础研究与临床应用稳步推进

单细胞测序技术、质谱流式细胞技术、活体成像技术、基因编辑技术等快速发展，极大地提高了探索和利用免疫系统的可能性。免疫学机制研究的深入，为免疫相关疾病的预防和治疗研发带来了新的机遇。

免疫学基础研究不断深入，推进了免疫学在临床工作中的应用。免疫器官、细胞和分子的再认识和新发现方面，中国人民解放军海军军医大学等机构发现了炎症状态下诱导产生的新型 Ter 细胞，并揭示了其促进癌症恶性进展机制[96]；北京大学等开发了 STARTRAC 生物信息方法，系统描述了结直肠癌相关 T 细胞的组织分布特性、克隆性、迁移性和状态转化[26]。免疫识别、应答、调节的规律和机制上，中国医学科学院北京协和医学院等揭示了炎症性免疫反应的新

---

96 Han Y, Liu Q, Hou J, et al. Tumor-induced generation of splenic erythroblast-like Ter-cells promotes tumor progression. Cell, 2018, 173(3): 634-648.

型分子与细胞机制[97]，入选了教育部 2018 "中国高等学校十大科技进展"。疫苗与抗感染领域，中国科学院生物物理研究所报道了 2 型单纯疱疹病毒（HSV-2）核衣壳的 3.1Å 原子分辨率结构[98]；厦门大学等设计了能够同时针对三种型别人乳头瘤病毒（HPV）产生保护效果的嵌合病毒样颗粒[99]；清华大学等首次发现甲羟戊酸通路可作为新型疫苗佐剂的理性设计药物靶点[100]，对疫苗佐剂的开发具有指导意义。

免疫治疗技术正处于高速发展的初始阶段，我国在免疫激活与免疫逃逸等机制研究中取得多项成果，对寻找、提升现有肿瘤免疫治疗方法的疗效具有重要意义。免疫激活机制上，中国科学院广州生物医药与健康研究院揭示了间皮素（mesothelin，MSLN）可作为 CAR-T 治疗胃癌的有效新靶点[101]；免疫逃逸机制研究中，中国科学院生物化学与细胞生物学研究所等首次揭示了人体免疫系统"刹车"分子 PD-1 的降解机制[102]；中国科学技术大学等发现抑制性受体 TIGIT 可导致自然杀伤（NK）细胞耗竭[103]；中山大学等的研究揭示了治疗性抗体与免疫检查点抑制剂联合使用可能产生协同效应[104]，为联合疗法的研发提供了参考。

7. 再生医学为重大慢性疾病的治愈带来希望

随再生医学的不断发展，其概念范畴不断扩充，一系列新兴通用技术及工程

---

97 Jiang M, Zhang S, Yang Z, et al. Self-recognition of an inducible host lncRNA by RIG-I feedback restricts innate immune response. Cell, 2018, 173(4): 906-919.

98 Yuan S, Wang J, Zhu D, et al. Cryo-EM structure of a herpesvirus capsid at 3.1 Å. Science, 2018, 360(6384): eaao7283.

99 Li Z, Song S, He M, et al. Rational design of a triple-type human papillomavirus vaccine by compromising viral-type specificity. Nature Communications, 2018, 9(1): 5360.

100 Xia Y, Xie Y, Yu Z, et al. The mevalonate pathway is a druggable target for vaccine adjuvant discovery. Cell, 2018, 175(4): 1059-1073.

101 Lv J, Zhao R, Wu D, et al. Mesothelin is a target of chimeric antigen receptor T cells for treating gastric cancer. Journal of Hematology & Oncology, 2019, 12(1): 18.

102 Meng X, Liu X, Guo X, et al. FBXO38 mediates PD-1 ubiquitination and regulates anti-tumour immunity of T cells. Nature, 2018, 564(7734): 130.

103 Zhang Q, Bi J, Zheng X, et al. Blockade of the checkpoint receptor TIGIT prevents NK cell exhaustion and elicits potent anti-tumor immunity. Nature Immunology, 2018, 19(7): 723.

104 Su S, Zhao J, Xing Y, et al. Immune checkpoint inhibition overcomes ADCP-induced immunosuppression by macrophages. Cell, 2018, 175(2): 442-457.

技术与生物技术的融合，推动了再生医学的发展，为一系列重大慢性疾病的治愈带来了希望，同时也为器官移植中缺乏器官来源的问题找到了潜在解决方案。

基础研究领域，中国科学院动物研究所结合单倍体干细胞技术和基因编辑技术，首次成功构建了孤雄小鼠[105]；中国科学院上海营养与健康研究所利用活体成像和细胞标记技术，首次在高分辨率水平解析造血干细胞归巢机制[106]；中国科学院广州生物医药与健康研究院开发出更为高效、简单的化学小分子诱导多能干细胞的方法，可实现多种体细胞类型重编程[107]；北京大学等首次在单细胞和全转录组水平系统深入研究并进一步优化了小分子化合物诱导体细胞重编程过程[65]，显著地加快了重编程进程；克隆技术在灵长类动物中实现成功应用，中国科学院神经科学研究所成功构建了世界首例体细胞克隆猴[108]，对灵长类疾病模型的建立具有重要意义。组织器官原位修复领域，中山大学孙逸仙纪念医院将经过纳米材料改造过的神经干细胞定向移植到梗死处，将神经干细胞分化为神经元的比例提高了6倍[109]；同济大学科研人员在国际上率先利用自体肺干细胞移植技术，在临床上成功实现了肺再生[110]；中国科学院遗传与发育生物学研究所通过将脐带间充质干细胞结合胶原支架，证实了该疗法在治疗宫腔粘连时具有安全性和有效性[111]。组织器官体外构建方面，上海交通大学与国外科研人员合作通过同轴多通道生物打印系统（MCCES），实现了不同亚层结构一次性同步准确打印构建的设想[112]；上海交通大学还利用组织工程和3D生物打印技术，

105 Li Z K, Wang L Y, Wang L B, et al. Generation of bimaternal and bipaternal mice from hypomethylated haploid ESCs with imprinting region deletions. Cell Stem Cell, 2018, 23(5): 665-676.

106 Li D, Xue W, Li M, et al. VCAM-1＋ macrophages guide the homing of HSPCs to a vascular niche. Nature, 2018, 564: 119-124.

107 Cao S, Yu S, Li D, et al. Chromatin accessibility dynamics during chemical induction of pluripotency. Cell Stem Cell, 2018, 22(4): 529-542.

108 Liu Z, Cai Y, Wang Y, et al. Cloning of Macaque Monkeys by Somatic Cell Nuclear Transfer. Cell, 2018, 172: 1-7.

109 Liu L, Wang Y, Zhang F, et al. MRI-visible siRNA nanomedicine directing neuronal differentiation of neural stem cells in stroke. Advanced Functional Materials, 2018, 28(14): 170676.

110 Ma Q, Ma Y, Dai X, et al. Regeneration of functional alveoli by adult human SOX9＋ airway basal cell transplantation. Protein Cell, 2018, 9(3): 267-282.

111 Cao Y, Sun H, Zhu H, et al. Allogeneic cell therapy using umbilical cord MSCs on collagen scaffolds for patients with recurrent uterine adhesion: a phase I clinical trial. Stem Cell Research & Therapy, 2018, 9: 192.

112 Pi Q, Maharjan S, Yan X, et al. Digitally tunable microfluidic bioprinting of multilayered cannular tissues. Advanced Materials, 2018, 30(43): 1706913.

利用患者自体的耳软骨细胞，实现了小耳畸形修复[113]。类器官模型构建领域，中国科学院大连化学物理研究所利用器官芯片技术构建了一种胎盘屏障模型[114]，在体外模拟母胎界面微环境，研究细菌感染胎盘的动态过程，为解析妊娠期宫内感染提供了一种非常有应用价值的新型研究模型。

8. 人工智能进一步渗透中国医疗健康领域

2018 年，人工智能技术进一步渗透医疗健康领域，我国在人工智能技术应用于疾病风险预测、诊断和病理分析方面的突破层出不穷。

在疾病辅助诊疗上，广州医科大学、北京中日友好医院等机构开发的多款高准确度、高灵敏度人工智能系统[115]，可精确诊断眼疾、肺炎、皮肤肿瘤等多种类型的疾病，迈出了该领域的重要一步。乐普（北京）医疗器械股份有限公司自主研发的人工智能医疗器械"AI-ECG 平台"获美国 FDA 受理，有望带来心电行业的革命。医学影像方面，中国科学院苏州生物医学工程技术研究所基于人工智能算法，有效缩短了结直肠癌疾病分析和诊断的前期工作时间[116]；中国科学院自动化研究所、中国科学院分子影像重点实验室基于人工智能模型，重建了活体动物荷瘤模型内的肿瘤三维分布[117]，为疾病动物模型乃至临床影像学研究提供了全新的思路。疾病风险预测方面，中山大学中山眼科中心开发的人工智能预测模型，可提前 8 年有效预测高度近视[118]；星创视界集团与 Airdoc 公司

113 Zhou G, Jiang H, Yin Z, et al. *In vitro* regeneration of patient-specific ear-shaped cartilage and its first clinical application for auricular reconstruction. EBioMedicine, 28: 287-302.

114 Zhu Y, Yin F, Wang H, et al. Placental barrier-on-a-chip: Modeling placental inflammatory responses to bacterial infection. ACS Biomaterials Science & Engineering, 2018, 4(9): 3356-3363.

115 Kermany D S, Goldbaum M, Cai W, et al. Identifying medical diagnoses and treatable diseases by image-based deep learning. Cell, 2018, 172(5): 1122-1131.

116 Jian J M, Xiong F, Xia W, et al. Fully convolutional networks (FCNs)-based segmentation method for colorectal tumors on T2-weighted magnetic resonance images. Australasian Physical & Engineering Sciences in Medicine, 2018, 41(2): 393-401.

117 Yuan G, Kun W, Yu A, et al. Nonmodel-based bioluminescence tomography using a machine-learning reconstruction strategy. Optica, 2018, 5(11): 1451-1454.

118 Lin H T, Long E P, Ding X H, et al. Prediction of myopia development among Chinese school-aged children using refraction data from electronic medical records: A retrospective, multicentre machine learning study. Plos Medicine, 2018, 15(11): e1002674.

等研发的 AI 眼底照相机，可实时预测出糖尿病、高血压、动脉硬化、视神经疾病等 30 多种慢性病。健康管理方面，联想集团和东南大学联合研发的"智能心电衣"[119]，可实时监测健康状况，有效降低心血管疾病患者的猝死风险。平安好医生开发的"AI Doctor"平台，可为用户提供辅助诊断、康复指导及用药建议，最大程度地简化医生的工作流程，提升医院管理效率。

9. 农作物分子设计育种研究取得重大理论突破

中国科学院遗传与发育生物学研究所成功利用"水稻高产优质性状形成的分子机理及品种设计"理论基础与品种设计理念育成标志性品种'中科 804'和"中科发"系列水稻新品种，实现了高产优质多抗水稻的高效培育，该成果入选两院院士评选的年度中国十大科技进展。

（二）技术进步

2018 年，我国生物技术不断进步，医药生物技术、工业生物技术、农业生物技术、环境生物技术领域均取得多项突破性成果。

医药生物技术领域，中山大学在靶向肿瘤微环境的抗肿瘤治疗新策略取得突破，入选教育部 2018 年度"中国高等学校十大科技进展"；中国科学院、清华大学、北京大学等机构首次报道人类膜联免疫球蛋白 IgG1 重链胞内区存在增加系统性红斑狼疮（SLE）易感性的单核苷酸多态性位点（SNP）；中国科学院上海药物研究所开发的抗良性前列腺增生化学 1 类新药喹诺利辛获得国家药品监督管理局颁发的临床试验通知书；上海交通大学医学院附属仁济医院揭示了肿瘤免疫治疗 PD-L1 的调控机制，并设计了新的靶向方法；2018 年，我国累计 6 款替尼类靶向抗肿瘤药获得国家药品监督管理局批准上市。医疗器械方面，宁波美晶医疗技术有限公司自主研发的新一代 CellRich 自动化循环肿瘤细胞捕获设备获国家药品监督管理局正式审核通过，是目前国内唯一通过国家认证的基于免疫磁筛选微

---

119 Xinhua. China Focus: China develops smart vest to monitor heart and prevent disease.2018. http://www.xinhuanet.com//english/2018-07/03/c_137299155.htm[2019-8-12].

流控芯片专利技术的自动化双模式循环肿瘤细胞筛选设备；南京基蛋生物科技股份有限公司开发的 Getein3200 生化免疫定量分析仪，可实现对心肌、炎症、肾脏、凝血项目的联检，有望打破强生公司在该技术上的垄断。

工业生物技术领域，生物催化技术、生物制造工艺、生物技术工业转化研究取得多项进步。生物催化技术中，浙江大学通过在酶结合位点利用"集中理性迭代位点特异性诱变"（FRISM）的策略，开展了南极假丝酵母脂肪酶 B 的定向进化研究；江南大学首次在体外通过重构该通路制备了多种高甘露糖型 N-寡糖；南京大学首次鉴定出能够催化［6＋4］环加成反应的一类酶家族；中国科学院微生物研究所实现了羟基酪醇的高效生物合成；上海交通大学在大肠杆菌中理性设计及构建了 2-氨基-1，3-丙二醇（2-APD）的人工生物合成途径；天津大学通过理性设计和非理想突变方法构建高产虾青素的酿酒酵母细胞工厂；中国科学院天津工业生物技术研究所成功在大肠杆菌中实现了维生素 B_{12} 的从头合成。生物制造工艺中，南京工业大学完成了生物法制备二十二碳六烯酸油脂（DHA）关键技术的建立及应用；浙江工业大学完成腈水解酶工业催化剂的创制及应用。以上均推动了生物制造工艺的发展。生物技术工业转化研究中，江南大学发明了菌种耐胁迫定向选育及发酵关键技术；中国农业大学取得了半纤维素酶高效生产及应用系列关键技术的突破；南京工业大学率先开展了以裂殖壶菌为新菌种来源的 DHA 油脂的研究；江南大学完成了柠檬酸发酵关键技术的系统创新；浙江工业大学创制了系列腈水解酶工业催化剂并开发了其应用技术。

农业生物技术领域，我国实现了由跟踪国际先进向创新跨越的根本转变，整体水平在发展中国家处于领先地位，部分领域已跻身世界先进行列。特别是我国农业生物组学和水稻育种理论基础研究位居世界领先水平，基因编辑和合成生物技术不断取得新突破。基因组解析中，中国科学院遗传与发育生物学研究所完成了乌拉尔图小麦的基因组测序和染色体精细图谱绘制；中国农业大学等在基因组学层面系统解析了玉米自交系间能够形成特别显著的杂种优势的机制；华中农业大学绘制出陆地棉和海岛棉两种棉花四倍体栽培种的参考基因组；福建农林大学率先破译甘蔗割手密种基因组。水稻育种理论基础研究取得重大理论突破，中国科学院遗传与发育生物学研究所通过数量性状基因座（QTL）定位、图位克隆等技术获得了氮肥高效利用的关键基因 *GRF4*，其另一项研究揭示了籼稻品种利用硝酸盐的能力显著高于粳稻品种的机制。基因组编辑技术在农业中的应用取得具有国际影响力的重大成果，中国科学院遗传与发育生物学研究所在小麦中建立了实现基因组定点修饰的 DNA-free 基因组编辑体系，进一步完善了作物基因组编辑技术，推进了基因组编辑育种产业化进程；中国农业科学院农业基因组研究所等利用 CRISPR-Cas9 基因组编辑技术对 S-RNase 的基因进行了定点突变，获得了自交亲和的二倍体马铃薯。

环境生物技术领域，此领域发展快速，环境监测技术、污染控制技术、环境恢复技术、废弃物处理与资源化技术等方面均取得多项成果。环境生物监测技术方面（如生物传感器、环境 DNA 技术、生物标志物等）的研究取得了长足进步，南京大学建立了基于 eDNA 条形码数据预测河流污染状况的方法；厦门大学通过转基因技术开发了一种便捷的检测环境中二噁英类化合物（DLC）的生物监测技术。污染控制技术中，中国科学院水生生物研究所等机构开发出了氮氧化物固定和微藻发酵脱硝技术；轻工业环境保护研究所通过添加电子供体进行原位生物刺激可有效降解地下水中的氯代烃；广东省农业科学院农业资源与环境研究所经过研究发现，硫和 *Thiobacillus thioparus* 1904 的应用可能对控制堆肥臭味气体排放有所帮助；浙江大学构建微生物电解池 - 厌氧膜生物反应器（MEC-AnMBR）来处理抗生素废水。环境恢复技术中，中国科学院烟台海岸带研究所阐述了石油生物修复过程中沉积物中重金属浓度随着石油降解的变化规律；西南石油大学研究开发了一种强化电动力学技术，通过应用生物刺激和选择性膜（阳离子和阴离子）来净化碳氢化合物 - 重金属共污染土壤；中南大学经研究发现，芦竹与构树、桑树间种可有效修复重金属污染土壤，还可改善污染土壤的环境质量。废弃物处理与资源化技术上，我国首个等离子体危废处理示范项目通过竣工验收，标志着国内首台套等离子体危废处理的示范项目正式进入工程应用阶段；上海交通大学提出了一个两阶段的厌氧消化体系，以提高含固有机废弃物（厨余垃圾、鸡粪和园林垃圾）共消化过程中的沼气产量、效率和稳定性；江南大学为提高污泥和餐厨垃圾联合中温厌氧消化的效果，提出了蒸汽爆破的预处理措施。

（三）产业发展

生物产业是我国绿色发展的物质支撑和绿色经济的组成部分，作为 21 世纪创新最为活跃、影响最为深远的新兴产业，生物经济正加速成为我国重要的新经济形态。2018 年是举国落实十九大精神的开局之年，是实施"十三五"规划承上启下的关键一年。十九大报告提出，我国经济已由高速增长阶段转向高质量发展阶段，生物技术发展日新月异、突飞猛进，正不断刷新在医学、农业、工业、环境、能源等领域的应用场景，孕育并建立的以生物技术产品的生产、分配、使用为基础的生物经济，有望成为新经济形态。

我国《"十三五"国家战略性新兴产业发展规划》中把生物经济列入我国"十三五"战略性五大新兴产业发展规划目标之一，提出"将生物经济加速打造成为继信息经济后的重要新经济形态"的新目标，并且确定了详细的行动路线，确立了"七大方向、六大工程、三大平台"发展目标。随着一系列重磅政策的推出，我国基本形成了较完整的生物技术创新体系，生物技术产业初具规模，国际竞争力大幅提升。到 2022 年，有望实现生物技术产业规模翻番，达到 1.9 万亿的新高度。

1. 代表性领域与发展现状

我国生物医药领域市场规模进一步扩大，产业进入跃升时期。2018 年：①生物医药产业市场规模增速略有回升，市场规模超 3 500 亿元，同比增速达 4.00%，较 2017 年（3.57%）略有提升；②国家政策重磅加持，推动生物医药企业产业链价值格局重构，我国陆续出台了药品试验数据保护制度、《接受药品境外临床试验数据的技术指导原则的通告》、临床试验申请到期默认制等政策，推动创新药物研发，并通过系列税收优惠政策促进科技成果转化；③国产创新药集中式获批上市，中国创新药产业开始爆发，2018 年已有艾博卫泰、安罗替尼、硫培非格司亭、丹诺瑞韦、吡咯替尼、呋喹替尼、特瑞普利单抗、罗沙司他和信迪利单抗 9 个重磅国产新药获批上市。

中国农业科技的自主创新能力进一步提高，整体发展正处于成长阶段。①国家政策导向聚焦生物育种行业市场化改革和提质增效两个领域，种子行业集中度进一步提高。我国在玉米、水稻、大豆等主要农作物的生物育种方面取得了多项重大成果，品种权申请量 4 854 件，位居世界第一。②生物农药行业产量增速下滑，价格上扬，利润上升，业绩、利润弹性加大。2018 年 1～9 月中国化学农药原药行业产量达 155.3 万 t，较 2017 年累计下降 13%，但全年行业整体向好，业绩利润弹性加大，行业绩效继续提升。③微生物肥料产品迎来井喷式增长，2018 年新登记的 3 610 个微生物肥料中，有 1 766 个是微生物菌剂，占比达到 50%。④兽用生物制品行业规模大，非国家强制免疫兽用生物制品稳步增长，2017 年全行业实现兽用生物制品销售额 133.64 亿元，2013～2017 年国内兽用生物制品行业的销售额复合年均增长率（CAGR）为 9.10%。

生物制造领域，2018 年上半年我国生物发酵产业整体发展继续保持平稳运行，主要行业产品产量约 1 420.8 万 t，与 2017 年同期相比增长约 1.3%，除氨基酸行业产量有所下降外，有机酸、淀粉糖、酶制剂、酵母、功能发酵制品、多元醇较 2017 年同期均有不同规模的增长；生物质能源方面，我国在生物质能发电方面起步较欧美晚，但经过十几年的发展，已经基本掌握了农林生物质发电、城市垃圾发电等技术，2018 年前三季度，我国生物质能发电累计装机容量为 16.91 GW，新增装机容量达 2.15 GW。

新兴的生物服务产业领域，我国多项利好政策密集出台、医药市场快速增长促进了委托合同研究机构（CRO）和委托合同生产机构（CMO）行业发展，国内产业正处于黄金发展期。尽管我国医药研发外包相对欧美发达国家起步较晚，但近年来在政策红利和资金投入的驱动之下已经逐渐成长为承接全球医药研发外包的重要基地，2018 年国内 CRO 行业市场规模约 678 亿元人民币，预计到 2020年，这一数字将扩增至 975 亿元；2018～2020 年复合年均增长率在 20% 以上，增速高于全球市场；我国医药市场快速增长及多重政策共同驱动我国 CMO 行业茁壮成长，国内 CMO 行业处于发展"快车道"，2018 年我国 CMO 行业规模达到370 亿元，预期至 2021 年将达到 626 亿元，增速水平保持在 18.3%，高于世界平均增速水平（13.03%）。

目前，体外诊断已成为全球医疗器械最大的细分市场，与发达国家相比，我国体外诊断行业仍处在发展前期，但人口老龄化等因素助推国内体外诊断行业发展。就国内体外诊断市场的竞争格局来看，2017 年占据市场超过 5% 份额的 5 家海外巨头组成了体外诊断行业的第一梯队，共占据国内市场 36.8% 的市场份额。其产品性能好、检测精密度高，占据了国内三级医院等高端市场的主流地位。同时，国内优质的体外诊断公司如迈瑞、科华生物、达安基因、新产业等组成了第二梯队，虽然在经营规模和产品种类方面稍逊于海外巨头，但随着我国体外诊断行业的快速增长，国内体外诊断龙头也在飞速成长当中。最后，国内一大批中小型企业组成了第三梯队，600 家企业共占据约 40% 的市场，市场占有率较低，规模效益不明显。因此，未来我国在体外诊断行业还有很大的提升空间。

基因治疗是一种新兴的治疗方式，为多种医学领域带来了全新的治疗选择，我国对基因治疗等相关的基础研究、目标产品及管件技术的研发非常重视，且具有较好的技术基础和优势。我国基因治疗研究及临床试验与世界发达国家几乎同期起步，主要以肿瘤、心血管病等重大疾病为主攻方向。目前，我国已经有 2 个基因治疗产品上市：早在 2003 年，国家食品药品监督管理总局（CFDA）批准了全世界第一款基因治疗产品今又生（Gendicine）。今又生是一款携带 p53 抑癌基因的腺病毒载体基因治疗产品，用于头颈部癌的治疗。在 2005 年，CFDA 批准了全球第二款基因治疗产品安柯瑞（Oncorine），这也是全球第一款批准上市的溶瘤病毒。此外，我国还有近 20 个针对恶性肿瘤、心血管疾病、遗传性疾病的基因治疗产品进入了临床试验，其中在 Clinical Trial 网站上登记的基因治疗临床试验方案有 70 个，占亚洲基因治疗临床试验方案总数的 46.7%。

2. 中国生命科学投融资与并购形势

2018 年，中国资本市场整体遭遇寒冬，但医疗健康产业从融资规模和数量看，依然保持良好发展势头，融资数量小幅增长，融资规模显著跃升。2018 年中国医疗健康领域融资总额达到 825 亿元，同比增长 79%，融资事件 695 起，同比增长 53%。从细分领域来看，2018 年国内的投融资事件主要集中在生物技术、医疗器械、医药和医疗信息化 4 个领域，其中生物技术、医疗器械和医疗信息化基本保持了历年以来的发展态势，持续增长；而在医药行业的投融资额、投融资事件数均表现出飞速增长，增长率分别达到了 210% 和 245%。医疗金融行业在 2018 年获得了总计 80 亿元的融资，其中平安医保的 A 轮融资占到了 95% 以上，成为医疗金融行业的独角兽。

普华永道（PWC）会计师事务所在 2019 年 4 月发布了《2018 年企业并购回顾——中国医药行业》和《2018 年企业并购回顾——中国医疗器械行业》。报告数据显示，2018 年中国医药行业并购活动较为活跃，与 2017 年相比，交易数量增长约 54%，交易金额增长 16%，达到 197.7 亿美元，其增长主要来源于境内战略投资者和财务投资者，抵消了海外并购交易金额 30% 的下降；总体并购数量创下 437 宗的历史新高，来自财务投资者的并购交易数量呈现大幅增长，达到 246 宗的历史新高；交易金额较上年增长 16%，国内战略投资者和财务的交易金额呈现出大幅增长，而海外并购交易金额从 2017 年的最高点回落至过去三年的最低值。2018 年中国医疗器械行业并购活动交易金额创下 108.9 亿美元的历史新高，主要原因是发生了几宗大额海外并购；大部分领域的并购金额发生不同程度的增长，特别是海外并购交易额上升了 405%，2018 年达到 55 亿美元，并创历史新高；年度并购数量仍增长了 11%，财务投资者在交易数量上仍然保持活跃。战略投资方面，中国战略投资者交易数量和金额相比 2017 年分别增长了 1% 和 36%，其中超过 1 亿美元的大型交易有 22 起（对比 2017 年的 12 起大型交易）；战略投资者整体并购金额的增长主要来源于制药板块，生物及生物技术板块的交易数量及交易金额均有所滑落。财务投资上，私募股权基金和风险资本并购交易数量创下 215 起的新纪录，交易金额也反弹至过去三年的最高值，反映了市场资金充沛，正满足了私募行业的高融资需求。中国（不含港、澳、台）企业海外并购交易上，相较 2017 年，虽然 2018 年中国（不含港、澳、台）海外并购交易数量上升了 48%，但交易金额下降了 30%，主要是由于民营企业海外并购交易的回落；由私募股权基金等财务投资者主导的海外并购，已经成长为一个成熟的细分投资领域，财务投资者在 2018 年有 31 起海外并购，其中有 7 起超过 1 亿美元的大型交易（2017 年大型交易为 4 起）。

第二章 生命科学

 一、生命组学与细胞图谱

（一）概述

生命组学研究为生命科学研究提供保障，三代测序技术助力高质量基因组图谱的绘制，为完整解析生命奠定基础；单细胞 RNA 测序技术持续升级，成本更低，效率更高，并能够更好地反映基因表达空间信息；修饰蛋白质富集技术和质谱分析技术的进步推进蛋白质修饰组学研究向深度覆盖、高特异性、高通量方向发展，以更好地应用于生物标志物和药物靶标发现及疾病病理研究；代谢组学已被广泛应用于鉴定疾病生物标志物和表征生物作用机制。多组学交叉、多维度分析已经成为组学研究的大趋势，美国癌症基因组图谱（TCGA）计划基于 33 种常见癌症、11 000 余例患者样本获得的海量数据，首次结合癌症基因组学、转录组学、蛋白质组学、甲基化组学等多组学数据及临床数据进行了综合分析，成功绘制出"泛癌症图谱"（Pan-Cancer Altas）[19]。

细胞图谱绘制聚焦重要组织或器官、生长发育过程及威胁人类健康的重大疾病，为新类型细胞发现、生长发育和疾病研究提供了重要参考。美国哈佛大学医学院绘制热带爪蟾[23]、斑马鱼[24]胚胎发育图谱，在单细胞水平上追踪生物体发育过程，入选了 *Science* 2018 年十大科学突破。

（二）国际重要进展

1. 基因组学

三代测序技术助力高质量基因组图谱的绘制，为完整解析生命铺平道路。同时，基因组研究为探索化合物生物合成过程和加速作物改良奠定基础，并进一步推动疾病精准医疗。

美国加州大学等机构利用纳米孔测序技术生成了第一个完整精确的人类 Y 染色体着丝粒图谱。该研究填补了人类基因组序列一部分空白，为生成真正完整的人类基因组图谱奠定了基础。

国际小麦基因组测序联盟等机构绘制完成完整的小麦基因组图谱，研究整合了 21 条小麦染色体参考序列，获得 107 891 个基因的精确位置[120]。该研究为培育产量更高、营养更丰富、气候适应性更强的小麦品种奠定了基础。

英国约翰英纳斯中心等机构利用基因组测序技术在长春花基因组中发现了用于合成化学物长春花碱（vinblastine）的几个之前未知的基因，阐明长春花碱合成通路[121]。该研究有助于未来进一步利用合成生物学技术，基于关键酶偶联生物合成长春花碱。

美国得克萨斯大学 MD 安德森癌症中心等机构基于空间单细胞基因组测序技术，揭示原位和侵袭性导管癌之间的基因组关联，表明大多数基因突变和拷贝数畸变在肿瘤侵袭转移之前便已在导管内进化形成[122]。该研究更准确地测量和描述单个肿瘤细胞的具体特征，为研究早期癌症开辟新的道路。

英国牛津大学集中介绍了英国生物样本库的遗传数据，对生物样本库中约

120 Appels R, Eversole K, Stein N, et al. Shifting the limits in wheat research and breeding using a fully annotated reference genome. Science, 2018, 361(6403): eaar7191.

121 Caputi L, Franke J, Farrow S C, et al. Missing enzymes in the biosynthesis of the anticancer drug vinblastine in Madagascar periwinkle. Science, 2018, 360(6394): 1235-1239.

122 Casasent A K, Schalck A, Gao R, et al. Multiclonal invasion in breast tumors identified by topographic single cell sequencing. Cell, 2018, 172(1-2): 205-217.

N

50 万个个体的基因组和表型数据进行了描述 [123]，同时完成了生物样本库中脑成像表型的全基因组关联研究 [124]。该研究为发现新的复杂性状的遗传关联和遗传基础提供了机会，有助于更深入认识与神经和精神疾病、大脑发育和衰老相关的大脑遗传结构。

美国加州大学等机构利用基因测序技术，对 101 个侵袭性前列腺患者样本进行了全基因组和转录组分析，描绘了其完整的 DNA 分子组成，并指出位于调节基因上的遗传突变对前列腺癌的侵袭性发展有重要作用 [125]。该研究为侵袭性前列腺癌和其他侵袭性癌症的新疗法开发提供了新思路。

美国哈佛大学 - 麻省理工学院博德（Broad）研究所等机构汇集了 25 种脑部疾病的全基因组关联研究数据，发现精神疾病具有共同的遗传突变风险因子，而不同神经疾病及其与精神疾病相比，遗传突变风险因子具有明显差别 [126]。该研究强调了遗传突变作为脑部疾病风险因素的重要性，对于脑部疾病的诊断具有重要意义。

美国俄勒冈健康与科学大学等机构发布了一个庞大的癌症数据集，基于全外显子组测序详细描述了 500 多名急性髓细胞性白血病患者肿瘤样本的 DNA 分子组成，并进一步构建了基因突变—药物敏感 / 抵抗图谱，阐明了基因突变与药物反应之间的关系 [127]。该研究为我们进一步精准治疗急性髓细胞性白血病提供了新的思路和参考。

2. 转录组学

单细胞 RNA 测序技术持续升级，成本更低，效率更高，并能够更好地反映

123 Bycroft C, Freeman C, Petkova D, et al. The UK Biobank resource with deep phenotyping and genomic data. Nature, 2018, 562(7726): 203-209.

124 Elliott L T, Sharp K, Alfaro-Almagro F, et al. Genome-wide association studies of brain imaging phenotypes in UK Biobank. Nature, 2018, 562(7726): 210-216.

125 Quigley D A, Dang H X, Zhao S G, et al. Genomic hallmarks and structural variation in metastatic prostate cancer. Cell, 2018, 174(3): 758-769.

126 Verneri A, Brendan B S, Hilary K F, et al. Analysis of shared heritability in common disorders of the brain. Science, 2018, 360(6395): eaap8757.

127 Jeffrey W T, Cristina E T, Daniel B, et al. Functional genomic landscape of acute myeloid leukaemia. Nature, 2018, 562: 526-531.

基因表达空间信息。

美国斯坦福大学开发了 3D 完整组织 RNA 测序技术 STARmap，该技术集成了水凝胶组织化学、靶向信号扩增和原位测序技术，将组织的 3D 结构和细胞类型及基因表达综合起来，得到组织中细胞和基因表达空间分布图谱[21]。该研究为实现真正意义上的不同脑区、各个细胞层的、不同类型的神经细胞的转录图谱的解析奠定了基础。

美国华盛顿大学等机构开发了一种名为 SPLiT-seq 的全新单细胞转录组测序技术，利用组合条形码的分子标记方法，无须对单个细胞进行分离，并能够同时对多个细胞进行转录组测序[128]。该技术无须使用传统单细胞测序中价格昂贵的定制化微流体和微孔细胞分选设备，有望使单细胞测序成本降至 1 美分。

美国华盛顿大学等机构开发出一种同时分析数千个细胞中每个细胞的染色质可及性和 mRNA 的方法 sci-CAR，并进一步将 sci-CAR 应用于肺腺癌细胞和小鼠肾组织细胞分析，证明了该方法在全基因组水平评估基因表达和染色质可及性的准确性[129]。

英国牛津纳米孔技术公司利用纳米孔测序平台，开发出一种高度并行的单分子 RNA 测序方法，绕过逆转录和扩增步骤，同时能够检测 RNA 修饰[130]。这种直接 RNA 测序方法避免了逆转录或扩增引入偏倚的问题。

3. 蛋白质组学

修饰蛋白质富集技术和质谱分析技术的进步推进蛋白质修饰组学研究向深度覆盖、高特异性、高通量方向发展。同时，蛋白质组研究为精准医学提供了重要而全面的信息。

德国马克斯·普朗克生物化学研究所等机构基于磷酸化蛋白质组学分析，

128 Rosenberg A B, Roco C M, Muscat R A, et al. Single-cell profiling of the developing mouse brain and spinal cord with split-pool barcoding. Science, 360(6385): 176-182.

129 Junyue C, Cusanovich D A, Vijay R, et al. Joint profiling of chromatin accessibility and gene expression in thousands of single cells. Science, 2018, 361(6409): 1380-1385.

130 Garalde D R, Snell E A, Jachimowicz D, et al. Highly parallel direct RNA sequencing on an array of nanopores. Nature Methods, 2018, 15(3): 201-206.

研究经由不同阿片类受体激动剂处理、不同时间、不同脑区的蛋白质磷酸化修饰变化，揭示了阿片类药物产生副作用的潜在机制[131]。该研究将为鉴定新的药物靶点和设计一类副作用较少的新型止痛药提供方法。

英国剑桥大学等机构量化了人体血浆中的 3 000 多种蛋白质，成功绘制出人类血浆蛋白质组遗传图谱，揭示遗传变异与个体蛋白质水平之间的联系[132]。该研究揭示了遗传因素如何调控血浆中的蛋白质水平，有助于借此鉴定出新的治疗靶点，并将现有药物用于治疗新的疾病。

美国席德西奈医疗中心等机构描述了与早期动脉粥样硬化相关的蛋白质组学特征，发现了一组血浆蛋白标志物，其对血管造影确诊的冠状动脉疾病具有高度的预测性[133]。该研究为确定冠状动脉疾病的新生物标记物提供了可能性。

冰岛大学等机构对超过 5 000 名 65 岁以上冰岛人的血清蛋白进行研究，确定了与疾病和健康相关的蛋白质网络模块，并将遗传变异与复杂疾病联系起来[134]。该研究证实了血清蛋白质变化将为人类疾病治疗靶标和生物标记物鉴定提供新的思路。

4. 代谢组学

代谢组学已被广泛应用于鉴定疾病生物标志物和表征生物作用机制。

美国国立卫生研究院（NIH）等机构通过生理学检测和代谢组学分析，发现补充烟酰胺可以优化葡萄糖代谢，预防肥胖小鼠肝脏脂肪变性，减轻氧化应激反应和炎症[135]。该研究提供了关于烟酰胺在治疗肥胖和相关合并症中潜力的重要线索。

131 Liu J J, Kirti S, Luca Z, et al. *In vivo* brain GPCR signaling elucidated by phosphoproteomics. Science, 2018, 360(6395): eaao4927.

132 Sun B B, Maranville J C, Peters J E, et al. Genomic atlas of the human plasma proteome. Nature, 2018, 558(7708): 73-79.

133 Herrington D M, Chunhong M, Parker S J, et al. Proteomic architecture of human coronary and aortic atherosclerosis. Circulation, 2018, 137(25): 2741-2756.

134 Valur E, Marjan I, Lamb J R, et al. Co-regulatory networks of human serum proteins link genetics to disease. Science, 2018, 361(6404): 769-773.

135 Mitchell S J, Bernier M, Aon M A, et al. Nicotinamide improves aspects of healthspan, but not lifespan, in mice. Cell Metabolism, 2018, 27(3): 667-676.

德国亥姆霍兹慕尼黑中心等机构针对 8 个不同的小鼠组织，进行 24 h 代谢组监控分析，揭示了身体昼夜节律背后高度协调的多组织代谢网络，研究发现高脂饮食会破坏代谢平衡，进而导致疾病的发生[136]。该研究整合多个组织的昼夜代谢组学数据，进一步提高我们对健康和疾病的理解。

奥地利格拉茨医科大学等机构对 31 例慢性丙型肝炎患者血浆样本进行靶向代谢组学分析，这些患者部分患有免疫相关的抑郁症，研究发现支链氨基酸异亮氨酸在免疫相关的重度抑郁症的病理生理学中发挥作用[137]。该研究扩展了关于抑郁症炎症假说的现有知识。

美国斯克利普斯（Scripps）研究所等机构利用非靶向代谢组学和全基因组测序识别肥胖的代谢和遗传特征，研究发现近 1/3 的代谢物和体重指数（BMI）之间存在关联，代谢物水平可以用来预测肥胖状态，其特异性和敏感性达 80%～90%[138]。该研究指出代谢组谱是评估代谢健康的强有力指标，为疾病风险评估提供更精确的参考。

5. 细胞图谱

细胞图谱绘制聚焦重要组织或器官、生长发育过程及威胁人类健康的重大疾病，为新类型细胞发现、生长发育和疾病研究提供重要参考。

美国哈佛大学等机构结合多重抗误差矫正荧光原位杂交技术（multiplexed error-robust fluorescence in-situ hybridization，MERFISH）和单细胞 RNA 测序技术，建立了能够同时反映细胞空间位置和功能信息的小鼠下丘脑视前区细胞图谱[139]。该研究使得同时研究大脑神经细胞种类、位置和功能成为可能，有助于推动神经系统疾病研究。

136 Dyar K A, Dominik L, Anna A, et al. Atlas of circadian metabolism reveals system-wide coordination and communication between clocks. Cell, 2018, 174(6): 1571-1585.

137 Andreas B, Andreas M, Hans B R, et al. Metabolomics approach in the investigation of depression biomarkers in pharmacologically induced immune-related depression. Plos One, 2018, 13(11): e0208238.

138 Cirulli E T, Guo L, Leon Swisher C, et al. Profound perturbation of the metabolome in obesity is associated with health risk. Cell Metabolism, 2018, 29(2): 488-500.

139 Moffitt J R, Bambah-Mukku D, Eichhorn S W, et al. Molecular, spatial and functional single-cell profiling of the hypothalamic preoptic region. Science, 2018, 362(6416): eaau5234.

瑞士洛桑联邦理工学院等机构基于单细胞转录组分析技术，揭示皮下脂肪组织血管基质部分的脂肪干细胞和前体细胞的不同亚群，鉴定获得 CD142$^+$脂肪生成调节细胞[140]。该研究指出脂肪生成调节细胞在调节人类脂肪组织可塑性中的关键作用，未来可能有助于提高我们控制代谢和胰岛素敏感性的能力，从而治疗包括 2 型糖尿病在内的代谢疾病。

比利时鲁汶大学等机构绘制果蝇整个生命周期的大脑单细胞转录组图谱，并运用机器学习的方法，实现基于基因表达谱的细胞年龄的准确预测[141]。该研究为揭示大脑在衰老过程中的运作提供了前所未有的见解。

比利时鲁汶大学等机构发布肺癌微环境细胞图谱，共鉴定了 52 种基质细胞亚型，并揭示这些细胞亚型与患者存活率存在关联[142]。该研究提供的信息将有助于推进肺癌诊断和治疗。

（三）国内重要进展

1. 基因组学

西安交通大学等机构破译出罂粟（opium poppy）基因组密码，揭示了这种植物产生用于制造阿片类药物的化合物吗啡喃的关键步骤[143]。该研究为进一步开发罂粟的药用价值和揭示罂粟科乃至早期双子叶植物的进化历史奠定了重要基础。

中国农业科学院等机构正式发表 3 010 份亚洲栽培稻基因组研究成果，针对水稻起源、分类和驯化规律进行了深入探讨，揭示了亚洲栽培稻的起源和群体基因组变异结构，剖析了水稻核心种质资源的基因组遗传多样性[58]。该研究将推动水稻规模化基因发掘和水稻复杂性状分子改良，提升全球水稻基因组研究和分子

140 Schwalie P C, Hua D, Magda Z, et al. A stromal cell population that inhibits adipogenesis in mammalian fat depots. Nature, 2018, 559: 103-108.

141 Kristofer D, Jasper J, Duygu K, et al. A single-cell transcriptome atlas of the aging drosophila brain. Cell, 2018, 174(4): 982-998.

142 Diether L, Els W, Bram B, et al. Phenotype molding of stromal cells in the lung tumor microenvironment. Nature Medicine, 2018, 24: 1277-1289.

143 Guo L, Winzer T, Yang X, et al. The opium poppy genome and morphinan production. Science, 2018, 362(6412): 343-347.

育种水平，使水稻育种由传统的手工筛选走向基于大数据的精准设计。

华大基因等机构对 14 余万中国人无创产前基因检测数据进行深入研究，实现了多种表型的全基因组关联分析，揭示了母体血浆中临床相关病毒感染的模式[61]。该研究揭示了一系列中国人群特有的遗传特征，有助于推动我国精准医学事业的发展，加速基因科技在出生缺陷、癌症、感染等领域的应用。

首都医科大学等机构开展了多维基因组学大数据指导下的继发胶质母细胞瘤精准治疗的研究，首次在基因变异全景图的广度提出脑胶质瘤恶性进化模型，阐释 MET 融合基因及外显子变异促进脑胶质瘤恶性表型机制，研发高效通过血脑屏障、高特异性 MET 单靶点抑制剂 PLB-1001，开展针对 MET 遗传学变异脑胶质瘤患者的一期临床试验，实现脑胶质瘤临床转化重大突破[59]。该研究开辟了从融合基因角度研究脑胶质瘤恶性进展机制的新领域。

中国科学院深圳先进技术研究院等机构针对中国阿尔茨海默病患病人群进行全基因组测序研究，发现了与疾病发生发展有密切关系的新风险基因位点，揭示了人体免疫系统失调与阿尔茨海默病病变的关系[60]。该研究填补了国际上关于中国阿尔茨海默病人群全基因组数据的空白，对于阿尔茨海默病的早期诊断、生物标志物研究和药物开发具有重要意义。

中国科学院北京基因组研究所等机构在国际上首次研究了人类胚胎基因组的激活机制，找到了启动人类基因组表达的关键分子 Oct4，发现在进化历史中，最先出现的基因会先表达，而最后出现的基因往往会后表达，其原因是细胞设定程序让先出现基因的调控开关最先被打开[62]。该研究打开了认识人类胚胎发育基因表达调控的大门，为人类的优生优育提供理论基础。

2. 转录组学

浙江大学开发了新型单细胞全转录组测序技术 Holo-seq，免除了建库前的预扩增步骤，实现了基于常规建库流程的单细胞测序文库构建，并在准确提供基因表达情况的基础上，做到了保留转录本全长的链起始信息。研究人员进一步基于 Holo-seq 技术揭示潜在的肝癌肿瘤动力学模型，描绘了肝癌恶化过程中全基因组水平超级增强子的重塑过程[63]。该研究获得了精准度高、成本低、具有很高的可行性和实用性的单细胞 RNA 测序技术，为研究细胞异质性提供强有力的技术支持。

中山大学等机构通过表达谱芯片，对接受治疗后有／无出现远处转移的鼻咽癌组织全基因组表达水平进行了对比分析，鉴定了一组可有效预测局部晚期鼻咽癌转移风险的 mRNA 分子标签[64]。该研究证实了利用这组分子标签可区分鼻咽癌患者同期化疗获益人群。

北京大学等机构首次在单细胞和全转录组水平系统深入研究了小分子化合物诱导体细胞重编程过程，阐明了 XEN-like 细胞向化学诱导的多潜能干细胞 CiPSCs 转变的具体分子机制，发现了 Ci2C-like 细胞在多能性获得中的关键作用，并进一步优化了重编程体系[65]。该研究为理解细胞命运决定因素和基于小分子化合物操纵细胞命运的转变奠定了坚实的基础。

北京大学等机构首次从单细胞水平系统阐明了人类精子发生过程中的基因表达调控网络和细胞命运转变路径，绘制了人类精子发生的高精度单细胞转录组图谱，解析了成年男性全部生殖细胞类型及其关键的分子标记，并初步探索了将单细胞转录组技术用于人类非梗阻性无精症的研究和诊断[66]。该研究为人类精子发生、减数分裂调控机制的研究、无精症的分子诊断和临床治疗提供了全新的视角。

3. 蛋白质组学

中国科学院计算技术研究所等机构设计和实现了新一代开放式搜索算法 Open-pFind，采用基于序列标签索引的开放式搜索流程，快速扫描蛋白质数据库并对部分高质量谱图进行鉴定，且进一步利用机器学习的方法从中提取出重要的修饰信息和肽段信息，进行第二轮精细搜索[67]。Open-pFind 有望成为蛋白质组学日常数据分析的主力工具，为提高质谱数据解析的数量与质量提供可靠的计算技术。

中国科学院水生生物研究所对三角褐指藻的基因组进行了深度解析，构建了蛋白质组精细图谱[68]。该研究建立了完整的构建真核模式生物的蛋白质组精细图谱的实验技术和分析流程，可适用于各种已经测序的真核生物，成为解读真核生物基因组及其功能分析的重要工具。

北京大学肿瘤医院等机构从蛋白质组的角度将弥漫型胃癌分为 3 个与生存预后和化疗敏感性相关的亚型，并进一步筛选出 23 个与预后相关的胃癌候选蛋白药物靶标[7]。该研究体现出作为功能直接执行者的蛋白质在临床科学中所提供信息的重要性和全面性，可以为胃癌患者的精准医疗提供直接依据。

4. 代谢组学

华东理工大学等机构利用多个遗传编码的荧光蛋白探针，首次在单细胞和活体水平建立了氧化还原"全景式"实时动态分析技术，并应用于不同细胞器、细胞周期动态过程、巨噬细胞活化过程及斑马鱼氧化还原状态研究[69]。该研究不仅为人们更好地理解物质与能量代谢的调节机制和代谢网络提供创新性的研究工具，也为衰老及相关疾病的诊断与创新药物发现提供重要的技术支撑，对人类生命健康具有重要意义。

中国农业科学院等机构综合利用基因组、转录组、代谢组等多组学大数据分析番茄育种过程，揭示了在驯化和育种过程中番茄果实的营养和风味物质发生的变化，并发现了调控这些物质的重要遗传位点，为植物代谢物的分子机理研究提供了源头大数据和方法创新[70]。该研究为更营养、更美味番茄的全基因组设计育种提供了路线图。

清华大学等机构运用代谢组和转录组等多组学研究手段，首次揭示了转录因子 ASCL1 低表达的小细胞肺癌亚型中的新型代谢重编程通路[71]。该研究为小细胞肺癌的临床治疗提供了新靶标和新策略。

5. 细胞图谱

浙江大学等机构自主开发了一套 Microwell-seq 高通量单细胞测序平台，对来自小鼠 51 种器官组织的 40 余万个细胞进行了系统性的单细胞转录组分析，绘制了世界上第一张哺乳动物细胞图谱[16]。这项技术平台的建立必将推动前沿单细胞测序技术在基础科研和临床诊断的普及和应用，同时小鼠细胞图谱的完成也将对下一步人类细胞图谱的构建带来指导性意义。

中国科学院生物物理研究所等机构绘制出人脑前额叶胚胎发育过程的单细胞转录组图谱，并对其中关键的细胞类型进行了系统功能研究，为绘制完整的人脑细胞图谱奠定了重要基础[72]。

北京大学等机构在单细胞分辨率和全转录组水平，全面、系统、深入地阐明了食道、胃、小肠和大肠这4种器官在人类胚胎发育过程中的基因表达图谱及其信号调控机制，揭示了这4种器官不同细胞类型之间的精准发育路径和基因表达特征，并进一步详细解析了大肠从胎儿到成人的发育、成熟路径和关键生物学特征[73]。该研究为消化道生物学研究领域提供了全面翔实的发育细胞图谱数据，具有重大参考价值。

北京大学等机构基于单细胞转录组测序技术和生物信息学分析方法，相继发布非小细胞肺癌[144]和结直肠癌[26]微环境T细胞图谱，为非小细胞肺癌和结直肠癌的精准治疗提供了参考。

（四）前景与展望

基于测序技术、质谱技术、核磁共振技术等生命组学研究技术的进步，相关研究将进一步向高通量、高精度、高覆盖方向发展，为完整解析生命奠定基础。同时，不同形式、不同层次的生命组学数据的融合会聚及以单个细胞为研究对象的单细胞组学数据的解读，进一步推进了生命组学研究在探索生命发生发展过程、挖掘新型生物标志物和药物靶标中发挥重要作用，为生命科学领域发展提供保障。此外，为了系统认识人体内所有细胞的类型和特性，人类细胞图谱计划持续推进，将进一步影响生物学和医学的各个方面。

中国科研人员将进一步聚焦中国人群的组学研究，填补中国人群相关参考数据的空白，推进中国精准医学的发展。同时，在细胞图谱绘制方面，中国紧跟世界领先水平，未来将继续聚焦高通量单细胞测序技术的发展，绘制高质量的细胞图谱。

144 Guo X, Zhang Y, Zheng L, et al. Global characterization of T cells in non-small-cell lung cancer by single-cell sequencing. Nature Medicine, 2018, 24(7): 978-985.

二、脑科学与神经科学

（一）概述

国际脑计划（International Brain Initiative，IBI）于 2017 年底启动，2018 年开始实施和推进。2018 年 5 月在韩国大邱举行的国际脑计划第一次正式会议上，与会者通过了该计划的使命、愿景和目标草案，并于 2018 年 7 月在瑞士日内瓦宣布最终的愿景和目标，2018 年 11 月利益相关方讨论确认 IBI 的组织架构，2019 年初成立了实体运作机构。IBI 的愿景是通过国际合作和知识共享促进伦理神经科学，联合各类机构为全人类的利益传播相关发现。IBI 于 2019 年 4 月 7 日初发布了"下一代神经科学网络 - 基于技术和团队的神经科学"（NeuroNex）项目的资助招标，该项目旨在建立国际神经技术研究与投资网络，致力于解决神经科学中的问题[145]。2017 年 9 月成立的国际大脑实验室（IBL）2018 年也在推进建设中，发布了 21 个研究团队的数据收集、储存、共享的协调框架[146]，并发布了行为、理论和生理学三个白皮书，提出三个领域的战略计划与目标。

2018 年各国脑科学计划继续推进实施。美国"通过推动创新型神经研究"（BRAIN）计划各重要实施机构都在稳步实施该计划。美国国立卫生研究院（NIH）2018 年资助了 205 个项目，比 2017 年的 113 项增长了 81.42%；2018 年该计划共发表了 173 篇论文[147]。截止到 2018 年底，NIH 共资助了 552 个项目，产生了 538 篇论文。在资金投入方面，截止到 2018 年 1 月，NIH 向 BRAIN 计划投入了 5.59 亿美元，而且投入还将持续增长，除 NIH 常规的投入外，美国"21 世纪治愈创新基金"（21st Century Cures Innovation Fund）将向 BRAIN 计划

145 Next generation networks for neuroscience (neuronex) funding opportunity.https://www.nsf.gov/pubs/2019/nsf19563/nsf19563.htm.[2019-8-15].

146 The international brain laboratory: Data architecture. https://drive.google.com/file/d/1g4tjqUbC2W0sJUOwJGSu8gF38nzyaoU-/view[2019-8-14].

147 Insel T R, Landis S C, Collins F S. The NIH BRAIN initiative. Science, 2013, 340(6133): 687-688.

持续投入资助，到 2026 财年将总计投入 15.11 亿美元，NIH 将用这笔资金资助竞争性和非竞争性项目。NIH 于 2018 年 4 月设立了 NIH 院长 BRAIN 计划顾问委员会工作组 2.0，旨在评估 BRAIN 计划自 2014 年以来所取得的进展，对照计划愿景和目标，识别新的机会，采用新兴工具变革脑回路研究、确定需要持续发展的领域。该工作组通过咨询评议、小组讨论及公开征集等形式获得相关意见与建议，并已于 2019 年初在网上公布初步的 BRAIN 计划（BRAIN2.0）下一阶段的计划与目标，并征求公众意见。BRAIN2.0 计划有 7 个优先领域，每个领域都介绍了 NIH 目前的进展和所处阶段，以及建议未来的中短期和长期目标，这 7 个优先领域分别是：①发现多样性，了解大脑细胞的多样性，为未来治疗脑疾病提供基础；②绘制多尺度脑图谱；③活动中的大脑，理解活动中的大脑回路机制，记录活体大脑中神经元的功能；④验证因果关系，测试和理解大脑结构与功能之间的因果关系；⑤识别基本原则，解码大脑特性与潜在算法之间的关系，通过捕捉神经元电、化学信号阐释神经计算的基本原理和模型；⑥人类神经科学，克服实验方法的挑战，开展人脑结构与功能研究；⑦从 BRAIN 计划到大脑，加强前面六大优先领域的合作，开展多学科交叉融合。另外还对 BRAIN2.0 的实施提出组织机制保障，即科学的组织，从数据共享、人力资本、BRAIN 计划产生的技术共享与使用等方面提出建议和规定[148]。美国国家科学基金会（NSF）的 BRAIN 计划旨在产生一系列物理和概念工具，以确定健康大脑在人类和其他生物生命周期中的运作方式；并培养一支劳动力队伍，以创建和实施这些工具，更全面地了解思维、记忆和行为是如何从大脑中的动态活动中产生的，其主题领域包括多尺度整合大脑动态活动与结构信息，以阐明大脑动态活动与大脑功能相关的神经回路之间的关系，包括其实时的生理、行为和认知输出；神经技术与研究基础设施，创建用于成像、感知、记录和影响实时大脑功能和复杂行为的工具，并开发理论和系统来收集、可视化、分析、建模、存储和传播 BRAIN 计划产生的数据；脑功能的定量理论与建模，旨在揭

148 The Advisory Committee to the NIH Director BRAIN Initiative Working Group 2.0. The brain research through advancing innovative neurotechnologies (BRAIN) initiative 2.0-from cells to circuits, toward cures. 2018. https://braininitiative. nih.gov/strategic-planning/acd-working-group/brain-research-through-advancing-innovative-neurotechnologies[2019-7-20].

示大脑的新兴属性，并提供预测性理论框架，以指导未来的研究；脑启发的概念与设计，战略性地利用从 BRAIN 获得的见解，激发新的概念范式和创新技术与设计，教育 BRAIN 员工队伍，为 BRAIN 发现和创新创造新的职业机会[149]。美国国防部高级研究计划局（DARPA）目前在研的神经科学项目有 10 项，领域涉及创伤后应激与焦虑的治疗、（受伤战士的）感官修复、神经接口技术开发、记忆修复、变革性假肢、神经可塑性训练、用于新兴疗法的神经技术、基于昆虫高度集成的感觉神经系统开发原型计算模型等。FDA 的职责是开展相关产品和技术的监管，促进相关产品的研发并顺利上市。2018 年 12 月，FDA 出台了"脑损伤监测的生物标志物"项目，该项目旨在开发有用的脑损伤模型，识别和验证脑损伤生物标记物及研究新的脑电图技术，有望用于事故现场诊断创伤性脑损伤。

欧盟人脑计划（HBP）的各个部分在稳步推进中，包括探索大脑、模拟脑、硅脑、理解认知、医学信息学、机器人、大规模计算、社会与伦理[150]。日本"用综合性神经技术绘制脑图谱以用于疾病研究"（Brain Mapping by Integrated Neurotechnologies for Disease Studies，Brain/MINDS）计划已构建了数据库门户和 Marmoset 基因图谱（Marmoset Gene Atlas）库[151]。澳大利亚脑联盟实施澳大利亚脑计划，该计划旨在：推进健康脑功能理解，在此基础上推进先进产业发展；识别衰弱性脑病病因并开发创新疗法；建立可持续的脑等前沿研究与合作网络[152]。加拿大大脑研究战略旨在理解大脑，通过脑科学变革未来[153]。

（二）国际重要进展

大脑通过神经元细胞的电活动进行信息的传递、转换和整合，进而完成各种功能，包括感知觉、学习、记忆、抉择和运动控制等。而微观水平上神经元

149 NSF BRAIN. https://www.nsf.gov/news/special_reports/brain/initiative/.

150 Human Brain Project. https://www.humanbrainproject.eu/en/.

151 Brain/Minds. https://brainminds.jp/.

152 The Australian Brain Alliance. https://www.brainalliance.org.au/about/.

153 Canadian Brain Resarch Strategy. https://canadianbrain.ca/.

电活动的异常，与抑郁症、帕金森病、精神分裂症及阿尔茨海默病等一系列神经系统疾病密切相关。因此，大脑功能探秘及脑疾病机制探索都依赖于神经成像、神经元活动记录与追踪等方面的技术发展与突破。

1. 基础研究

（1）新型神经元鉴定与神经元操纵

哈佛大学利用 MERFISH 单分子成像技术对下丘脑的整个视前区中 150 多个基因进行成像分析，以便在原位鉴定出存在的细胞类型并且针对细胞所在的位置构建出一种空间图谱。研究人员鉴定出大约 70 种不同的神经元亚型，它们中的大多数是之前未知的，通过 MERFISH 还能观察这 70 种神经元亚型的空间分布及非神经元细胞类型的空间分布[154]。加州理工学院利用遗传学工具在小鼠大脑中鉴别出了驱动和熄灭对盐分渴望的神经元细胞。研究人员观察到，人工刺激这些神经元会促进小鼠反复舔盐，即使小鼠机体并不需要摄入钠时也是如此；随后当小鼠摄入钠时，研究人员测定了其机体中这些神经元的活性，在钠与小鼠舌头接触的几秒内，机体内钠 - 食欲神经元的活性会被抑制，然而直接将钠灌入小鼠的胃部却并不会抑制神经元的活性；当小鼠舌头上的钠受体活性被药理学阻断时，这些神经元活性的抑制也并不会发生。在包括人类在内的很多物种中，摄入钠会驱动机体摄入更多的钠，研究人员还将继续深入研究理解钠 - 食欲神经元如何随着时间延续被调节。相关研究结果有望帮助开发新型手段来调节人类对钠的渴求度[155]。

美国霍华德·休斯医学研究所、加拿大阿尔伯塔大学发现，神经元与星形胶质细胞代谢偶联保护神经元免受活性诱导的脂肪酸毒性。过度活跃的神经元中产生的有毒脂肪酸（FA）通过 ApoE 阳性脂质颗粒转移到星形胶质细胞的脂滴中。星形胶质细胞通过线粒体 β- 氧化消耗存储在脂滴中的 FA 以响应神经元

---

154 Moffitt J R, Bambah-Mukku D, Eichhorn S W, et al. Molecular, spatial, and functional single-cell profiling of the hypothalamic preoptic region. Science, 2018, 362(6416): eaau5324.

155 Lee S, Augustine V, Zhao Y, et al. Chemosensory modulation of neural circuits for sodium appetite. Nature, 2019, 568(7750): 93-97.

活动并开启解毒基因表达程序。这种动态平衡有助于大脑保持健康[156]。

可塑性是神经系统的重要特征，是指神经元可以根据内外刺激发生改变。神经传递的变化在神经元回路的重构中形成重要的可塑性赋予机制。越来越多的证据表明神经元保留了在不同神经递质之间切换的能力，神经递质表型在不断变化中。瑞典卡罗琳斯卡学院研究成年斑马鱼脊柱运动神经回路组装中谷氨酸能神经传递的表达和动力学，结果表明，部分快速运动神经元保留了在生理（运动／训练）和病理生理（脊髓损伤）条件下将其神经递质表型转换为神经肌肉接头中的核酸酶谷氨酸的能力，以增强动物的运动输出。因此，运动神经元神经递质转换是控制运动的脊髓回路重新配置中一种重要的可塑性赋予机制[157]。

神经元操纵方面，美国国家药物滥用研究所、纽约大学和霍华德·休斯医学研究所等发现了一种戒烟药——uPSEM 可作为化学开关，开启或关闭特定神经元。这种戒烟药结合到离子通道的定制蛋白上，其中离子通道控制着神经元是否会发送信息。由于这些蛋白质仅存在于某些神经元群体中，利用它们能够靶向调节特定的神经元，同时保持其他神经元不受影响[158]。

（2）脑结构解析与脑图谱绘制

神经影像技术进步使研究人员能研究人脑皮层的微观结构、连接性、基因表达及功能梯度。马克斯·普朗克科学促进学会人类认知与脑科学研究所发现了人脑皮层中的大规模梯度，这种梯度不仅限于感觉运动区域，而是扩展到整个转型关联区域（transmodal association area），证实存在大规模梯度[159]。

小脑损伤表现为各种形式的认知障碍和异常的社会行为。美国阿尔伯塔爱因斯坦医学院发现小脑向腹侧被盖区（VTA）发送直接的兴奋性投射，这是一个处理和编码奖励的大脑区域。这些直接投射使小脑在表现出社会偏好方面发

156 Ioannou M S, Jackson J, Sheu S H, et al. Neuron-astrocyte metabolic coupling protects against activity-induced fatty acid toxicity. Cell, 2019, 177(6): 1522-1535.

157 Bertuzzi M, Chang W P, Ampatzis K. Adult spinal motoneurons change their neurotransmitter phenotype to control locomotion. Proceedings of the National Academy of Sciences, 2018, 115 (42): E9926-E9933.

158 Magnus C J, Lee P H, Bonaventura J, et al. Ultrapotent chemogenetics for research and potential clinical applications. Science, 2019, 364(6436): eaav5282.

159 Huntenburg J M, Bazin P L, Margulies D S. Large-scale gradients in human cortical organization. Trends in Cognitive Sciences, 2018, 22(1): 21-31.

挥作用。在社交探索期间，对腹侧被盖区的小脑输入更为活跃。因此，腹侧被盖区神经元的去极化表现出与小鼠社会互动类似的奖励刺激[160]。

德国弗莱堡大学、哥廷根大学医学中心、柏林大学夏里特医学院、波鸿鲁尔大学、埃森大学医院和比利时根特大学构建出人类和小鼠大脑自身免疫系统的全新图谱。他们首次证实大脑中的吞噬细胞，即小胶质细胞（microglia），都具有相同的核心特征，但是依据它们的功能以不同的方式适应。该项研究详细地展示了人体大脑中的免疫系统如何在多发性硬化症的病变过程中发生变化，对未来的治疗方法开发具有重要的意义[161]。

阿姆斯特丹自由大学、荷兰神经科学研究所开展了一项大型研究，分析了1 331 010个遗传学相关的人组织样品，以检测与失眠相关的新基因位点，并深入研究相关的信号通路、细胞和组织。通过基因定位、表达数量性状基因座分析和染色质谱图，研究人员发现了涉及956个基因的202个位点与失眠相关，Meta分析揭示了2.6%的差异。研究人员发现神经元的轴突部分、皮层和皮层下组织及特定的细胞类型（包括纹状体、下丘脑和屏状体神经元）出现了大量的相关基因。研究人员还发现精神病学特征和睡眠时间存在很强的遗传学联系，而与其他的睡眠相关特点存在一定的联系。通过孟德尔随机化分析，研究人员发现了失眠和抑郁、糖尿病、心血管疾病之间的因果关系[162]。

（3）神经发生与发育

西班牙对死亡10 h以内的人群进行研究发现，大脑中的神经发生会一直持续到老年阶段，多个细胞样本中发现了双皮质素的存在，也即在43～87岁死亡的人群中，其大脑中依然存在着神经发生的过程；而阿尔茨海默病患者大脑中的神经发生较少，表明疾病不仅会掠夺患者过去的记忆，还会抑制新

160 Carta F, Chen C H, Schott A L, et al. Cerebellar modulation of the reward circuitry and social behavior. Science, 2019, 363(6424): eaav581.

161 Masuda T, Sankowski R, Staszewski O, et al. Spatial and temporal heterogeneity of mouse and human microglia at single-cell resolution. Nature, 2019, 566: 388-392.

162 Jansen P R, Watanabe K, Stringer S, et al. Genome-wide analysis of insomnia in 1, 331, 010 individuals identifies new risk loci and functional pathways. Nature Genetics, 2019, 51(3): 394-403.

记忆的形成[163]。

神经元祖细胞中基因表达的精确时间控制对于神经发生和细胞命运规范的正确调节是必需的。约翰·霍普金斯大学使用单细胞 RNA 测序分析视网膜神经发生全过程的 10 个发育阶段，全面表征神经发生开始期间的基因表达变化、发育能力变化，以及每种主要视网膜细胞类型的规格（specification）和分化。研究人员鉴定了 NFI 转录因子（Nfia、Nfib 和 Nfix）在晚期视网膜祖细胞中选择性表达，并表明它们控制双极中间神经元和 Müller 神经胶质细胞命运规格并促进增殖性静止（proliferative quiescence）[164]。

（4）脑功能研究

1）感知觉与摄食

俄克拉荷马大学的研究者发现大脑中的味觉和疼痛交叉的通路，首次证明味觉和疼痛信号在大脑中汇集在一起并使用相同的神经回路。研究人员使用分子生物学和生理学技术来了解味道和热通路如何与疼痛融合，带有厌恶品味信号的神经回路也会对疼痛产生反应。这种交叉点可能支持保护功能，并开启了味觉信息可能改变疼痛信号在大脑中传播的可能性，研究人员将开展更多的研究，以测试其对与味觉和疼痛相关的行为的影响[165]。斯坦福大学使用钙成像技术在自由活动的小鼠中鉴定出对疼痛做出反应的大脑回路，并直接测试了它们在与急性疼痛和慢性疼痛相关的动机行为中的因果关系[166]。

梭状回面孔区（fusiform face area，FFA）是一组大脑区域的主要组成部分，这些区域专门用于面部感知，被称为面部网络。每个人识别熟悉面孔的能力各不相同，从"面孔盲"个体到识别能力高于平均水平的个体都有。美国国家心

163 Moreno-Jiménez E P, Flor-García M, Terreros-Roncal J, et al. Adult hippocampal neurogenesis is abundant in neurologically healthy subjects and drops sharply in patients with Alzheimer's disease. Nature Medicine, 2019, 25(4): 554-560.

164 Clark B S, Stein-O'Brien G L, Shiau F, et al. Single-cell RNA-seq analysis of retinal development identifies NFI factors as regulating mitotic exit and late-born cell specification. Neuron, 2019, 102(6): 1111-1126.

165 Li J R, Lemon C H. Mouse parabrachial neurons signal a relationship between bitter taste and nociceptive stimuli. Journal of Neuroscience, 2019, 39(9): 1631-1648.

166 Corder G, Ahanonu B, Grewe B F, et al. An amygdalar neural ensemble that encodes the unpleasantness of pain. Science, 2019, 363(6424): 276-281.

理健康研究所对健康男性和女性的研究发现，面部网络内的连接强度与对面孔的记忆无关。通过对大脑进行更广泛的观察，研究人员证明了面部网络和其他涉及记忆与处理社交、视觉与听觉信息的回路之间的联系，可以预测参与者在面部记忆任务中的表现。这些发现表明，面部识别涉及面部特征与日常生活中出现的社会和多感官环境的融合[167]。

大脑的躯体感觉皮层（somatosensory cortex）包含一个反映触觉输入的地形图。在胚胎发育期间，来自中脑丘脑的轴突在没有感觉输入的情况下建立与皮质的柱状连接。瑞典和法国发现，这些丘脑皮质连接负责组织躯体感觉皮层。在皮质中的组织地图取决于胚胎丘脑中的自发钙波。因此，在实际感官输入开始细化细节之前勾画出体感图[168]。瑞士苏黎世大学和比利时鲁汶大学利用遗传单细胞方法，标记和操纵果蝇中枢神经系统中的单个特定机械感觉轴突，搜索控制突触形成的分子，特别是在一个亚细胞区室和目标区域，蛋白激酶和磷酸酶控制可逆磷酸化级联，这是大多数细胞内信号转导途径的核心。结果表明，再生肝脏（Prl-1）的磷酸酶调节中枢神经系统回路的形成。Prl-1可能通过靶向膜磷酸肌醇调节 InR-Akt 信号转导，以特异性地控制机械感觉神经元的一个轴突侧支的突触形成。未翻译的 prl-1 mRNA 元件可介导轴突亚室（axonal subcompartment）中 Prl-1 的局部翻译。因此，Prl-1 可以提供特异性因子来限制神经元亚细胞区室中的 Akt 信号转导和突触形成[169]。

美国耶鲁大学在新生小鼠大脑与摄食相关的特定神经元大脑早期发育中发挥作用。结果表明，在早期发育过程中，在哺乳动物能够自己寻找食物之前，Agrp神经元会对因与照顾者分离产生的压力做出反应，促进幼仔-照顾者之间的互动，使幼仔与照顾者关系亲密，在哺乳动物社会关系产生中发挥重要作用[170]。

167 Ramot M, Walsh C, Martin A. Multifaceted integration-memory for faces is subserved by widespread connections between visual, memory, auditory and social networks. Journal of Neuroscience, 2019, 39(25): 4976-4985.

168 Antón-Bolaños N, Sempere-Ferràndez A, Guillamón-Vivancos T, et al. Prenatal activity from thalamic neurons governs the emergence of functional cortical maps in mice. Science, 2019, 364(6444): 987-990.

169 Urwyler O, Izadifar A, Vandenbogaerde S, et al. Branch-restricted localization of phosphatase Prl-1 specifies axonal synaptogenesis domains. Science, 2019, 364(6439): eaau9952.

170 Zimmer M R, Fonseca A H O, Iyilikci O, et al. Functional ontogeny of hypothalamic agrp neurons in neonatal mouse behaviors. Cell, 2019, 178(1): 44-59.

2）记忆

记忆形成机制方面，时间压缩的神经元序列是巩固和编码新信息的基础。这种记忆痕迹主要是由通过选择预先配置的神经元模式导致的。然而，这些预先配置的神经元模式何时及如何首次出现在海马体中仍然是不清楚的。耶鲁大学医学院确定了一种依赖于年龄的将网络预配置发展成轨迹状序列的机制。这种预配置是在睡眠中自发表达的，它是由一系列持久的、描述位置的神经元集合（neuronal ensemble）产生的，而且这些神经元集合在很大程度上是由内在的发育程序控制的。因此，导航过程中相邻位置压缩成空间轨迹，以及它们依赖于经验的重放在自发预配置序列中协调地出现[171]。

在记忆存储方面，日本理化研究所脑科学中心发现，大脑将一部分记忆储存在位置细胞（place cell）中，另一部分储存在与位置关系不大但与环境（context）或情景（episode）关系较大的海马体细胞中[172]。法国科学研究中心等机构发现，大鼠海马体中的位置细胞，当大鼠移动时，它们缓慢地开启，随后在睡眠期间的序列重新激活过程中，它们非常快速地开启。但是，研究人员知道的另一种 θ 序列（theta sequence），当大鼠移动时，与慢速序列（slow sequence）相平行的 θ 序列快速地重复激活相同的位置细胞。这些 θ 序列被称为嵌套序列（nested sequence），进而提出了记忆形成的嵌套序列机制[173]。

记忆提取方面，美国国立卫生研究院（NIH）和杜克大学发现大脑的某些区域经历耦合波纹的高频振荡，这是回忆记忆过程的一部分。研究人员通过研究癫痫患者的电生理图，发现在两个大脑区域——内侧颞叶（medial temporal lobe）和颞叶联合皮质（temporal association cortex）之间出现了"耦合波纹"（coupled ripple）。这些耦合波纹以几乎同步的线条出现在波纹图上，同时形成了相同的波峰和波谷。结果表明观察到的耦合振荡可能是记忆回忆的一个必要

171 Farooq U, Dragoi G. Emergence of preconfigured and plastic time-compressed sequences in early postnatal development. Science, 2019, 363(6423): 168-173.

172 Tanaka K Z, He H, Tomar A, et al. The hippocampal engram maps experience but not place. Science, 2018, 361(6400): 392-397.

173 Drieu C, Todorova R, Zugaro M. Nested sequences of hippocampal assemblies during behavior support subsequent sleep replay. Science, 2018, 362(6415): 675-679.

部分，证明大脑中的振荡耦合与人类行为之间存在关联[174]。

工作记忆是一种对信息进行暂时加工和贮存的容量有限的记忆系统，在许多复杂的认知活动中起重要作用，是认知的基础。然而，典型的工作记忆模型依赖于精细调控的、有特定内容的吸引因素来维持神经活动，因此无法使行为中观察到的灵活性在工作记忆中体现出来。普林斯顿大学提出了一种新的工作记忆模型可以捕捉到这种灵活性。该模型通过两层神经元之间的随机循环连接来维持表征：结构化的"感觉"层和随机连接的非结构化层。由于所存储的内容的交互未被调整，因此网络维持任意输入。这种灵活性需要付出代价：随机连接重叠，导致信息表示（representation）会产生干扰并限制神经网络的存储容量。这与人类工作记忆的有限容量相匹配，并表明在工作记忆中灵活性和容量之间需要权衡[175]。

记忆修复方面，美国斯坦福大学发现阻断一种将循环免疫细胞附着到血管壁上的蛋白——VCAM1的表达，能够让年老的小鼠在记忆和学习测试中的表现与年轻小鼠一样好[176]。

3）抉择

美国康奈尔大学在小鼠中发现，低威胁和中威胁环境背中缝 5- 羟色胺神经元的刺激抑制运动，但在高威胁环境中运动相关的背中缝 5- 羟色胺神经动力学中发生反转，会诱导逃逸行为。背侧中缝 γ- 氨基丁酸（GABA）神经元的刺激促进了在负面而非正面环境中的运动，并且运动相关的 GABA 神经动力学在正面和负面环境中发生反转。因此，背中缝回路在不同的操作模式之间切换以促进环境适应性行为[177]。瑞士苏黎世大学研究了领导力决策的计算与神经生物学基础，神经成像研究揭示了"责任心强、领导能力强"的脑部机制[178]。

---

174 Vaz A P, Inati S K, Brunel N, et al. Coupled ripple oscillations between the medial temporal lobe and neocortex retrieve human memory. Science, 2019, 363(6430): 975-978.

175 Bouchacourt F, Buschman T J. A flexible model of working memory. Neuron, 2019, 103(1): 147-160.

176 Yousef H, Czupalla C J, Lee D, et al. Aged blood impairs hippocampal neural precursor activity and activates microglia via brain endothelial cell VCAM1. Nature Medicine, 2019, 25(6): 988-1000.

177 Seo C, Guru A, Jin M, et al. Intense threat switches dorsal raphe serotonin neurons to a paradoxical operational mode. Science, 2019, 363(6426): 538-542.

178 Edelson M G, Polania R, Ruff C C, et al. Computational and neurobiological foundations of leadership decisions. Science, 2018, 361(6401): eaat36.

2. 应用研究

（1）自闭症

自闭症致病机制研究方面，胎儿期基因活动异常阻碍大脑皮层正常发育，是自闭症的常见致病因素。美国加州大学旧金山分校进一步证实，在患有自闭症的儿童和年轻人脑部，几种特定类型的神经细胞基因表达异常，影响神经元生长和相互通信，一些基因表达异常的程度与病情严重程度相关[179]。美国加州大学旧金山分校、英国剑桥大学和德国海德堡大学使用新开发的单核 RNA 测序（single-nucleus RNA sequencing）技术，对患有自闭症谱系障碍（autism spectrum disorder，ASD）和健康受试者的 10 万多个脑细胞进行核 RNA 测序，发现了这种疾病中遭受异常调节的基因类型和发生这种异常调节的细胞类型。这些结果有助于将未来的 ASD 研究的重点缩小到最可能发生的分子和细胞异常。研究人员检测了来自 15 名 ASD 患者大脑皮层的 5 万多个单个细胞核和来自 16 名对照受试者大脑的 5 万多个细胞核中的基因表达。在 ASD 患者中，皮层上层的神经元倾向于表现出最多的基因调节异常，并且参与突触功能和转录的基因受影响最大。在大脑中发挥免疫作用的小胶质细胞在 ASD 患者中也表现出显著的基因调节异常，而且小胶质细胞激活基因和发育转录因子基因受影响最大[180]。美国卡内基科学研究所发现，导致脆性 X 综合征（fragile X syndrome）和其他潜在的自闭症相关疾病的遗传因素都源于细胞产生异常大的蛋白结构的能力存在缺陷[181]。

（2）儿童脑瘤

脑瘤是导致儿童非意外死亡的重要因素，这类疾病目前大多没有有效的治疗药物，许多研究人员研究了脑瘤的发生发展机制。加拿大多伦多 SickKids 医

---

179 Tran S S, Jun H I, Bahn J H, et al. Widespread RNA editing dysregulation in brains from autistic individuals. Nature Neuroscience, 2019, 22(1): 25-36.

180 Velmeshev D, Schirmer L, Jung D, et al. Single-cell genomics identifies cell type-specific molecular changes in autism. Science, 2019, 364(6441): 685-689.

181 Greenblatt E J, Spradling A C. Fragile X mental retardation 1 gene enhances the translation of large autism-related proteins. Science, 2018, 361(6403): 709-712.

院和多伦多大学等机构鉴定出被认为会引起儿童患上某些脑瘤的细胞，并发现这些细胞首先出现在哺乳动物发育的胚胎阶段，远早于之前的预期。研究人员利用单细胞测序技术绘制了 30 多种细胞的谱系图，并鉴定出随后转化为癌细胞的正常细胞（即起源细胞）。在胎儿的发育过程中观察到这些起源细胞的时间比人们预期的要早得多。美国范德比尔特大学发现，致癌蛋白 MYC 通常会被 SNF5 抑制，SNF5 的缺失有效地松开了 MYC 的刹车，从而加速了癌细胞的生长，阻断 MYC 在治疗恶性横纹肌样瘤（malignant rhabdoid tumor，MRT）和其他由 SNF5 失活引发的癌症方面可能会有效[182]。弥漫性内生性脑桥胶质瘤（DIPG）位于脑桥中（这是一种高度敏感的结构，将大脑连接到脊髓），不能手术切除，目前又没有有效的治疗药物。洛克菲勒大学与 Memorial Sloan Kettering 癌症中心（MSKCC）合作发现，一种名为 MI-2 的化合物可以阻止 DIPG 小鼠模型中的肿瘤生长。这种药物已经被科学家用于治疗白血病，并且被发现能够与调节基因表达的蛋白质 menin 相互作用。MI-2 直接抑制羊毛甾醇合成酶（参与胆固醇生成的酶）的作用。虽然 MI-2 可以破坏神经胶质瘤细胞，但这种药物不会破坏正常的脑细胞，表明某些癌细胞特别容易受到胆固醇紊乱的影响。越来越多的研究指出胆固醇干扰是一种治疗癌症的有前途的新方法。目前研究人员正在用降胆固醇化合物进行验证[183]。

（3）神经退行性疾病

1）阿尔茨海默病

阿尔茨海默病发病机制研究。超过 94 000 名个体的遗传数据分析显示，阿尔茨海默病有 5 个新的风险基因，并确认了其他已知的 20 个基因。这些新发现证明与特定生物过程相关的基因组是"遗传中心"，如细胞运输、脂质转运、炎症和免疫反应，也是疾病过程的重要组成部分[184]。瑞典隆德大学的研究显示，

182 Weissmiller A M, Wang J, Lorey S L, et al. Inhibition of MYC by the SMARCB1 tumor suppressor. Nature Communications, 2019, 10: 2014.

183 Phillips R E, Yang Y H, Smith R C, et al. Target identification reveals lanosterol synthase as a vulnerability in glioma. Proceedings of the National Academy of Sciences of the United States of America, 2019, 116(16): 7957-7962.

184 Kunkle B W, Grenier-Boley B, Sims R, et al. Meta-analysis of genetic association with diagnosed Alzheimer's disease identifies novel risk loci and implicates Abeta, Tau, immunity and lipid processing. Nature Genetics, 2019, 51(3): 414-430.

参与大脑炎症发生的蛋白质半乳糖凝集素 -3（galectin-3）在阿尔茨海默病中发挥关键作用。当研究人员关闭小鼠中产生这种蛋白质的基因时，阿尔茨海默氏淀粉样斑块的数量和炎症负荷都会下降[185]。该蛋白质是由大脑的小胶质细胞产生的，它们负责保护大脑的免疫系统，包括清除积聚在大脑中的有害蛋白质。大脑中淀粉样斑块形成时，需要 galectin-3 来激活小神经胶质细胞。在帕金森病中，半乳糖凝集素 -3 也参与炎症的发生。麻省理工学院证明，将小鼠暴露于独特的光与声组合，可以改善与阿尔茨海默病患者相似的认知和记忆障碍。这种非侵入性治疗通过诱导称为 γ 振荡的脑电波起作用，也显著减少了这些小鼠大脑中的淀粉样斑块的数量。斑块在大脑的大片区域被清除，包括对学习和记忆等认知功能至关重要的区域[186]。麻省理工学院首次对阿尔茨海默病患者进行了全面的单细胞转录组分析。研究人员分析了 48 个具有不同程度阿尔茨海默病病理学症状的患者前额皮质 80 660 个单核转录组。在 6 种主要的脑细胞类型中，研究人员鉴定了不同的转录组学亚群，包括与病理学相关的亚群，发现神经元存活的调节等方面存在差异。最严重的疾病相关变化出现在病理学进展的早期，并且细胞类型特异性高，而在晚期阶段被上调的基因在 6 种细胞类型中是相同的并且主要参与全面应激反应。尤其是，研究人员发现雌性细胞在疾病相关亚群中的比例过高，并且几种细胞类型（包括少突胶质细胞）在男女性别之间的转录反应显著不同。总体而言，髓鞘形成相关过程在多种细胞类型中反复受到干扰，表明髓鞘形成在阿尔茨海默病的病理生理学中发挥关键作用[187]。佛兰德斯生物技术研究所和比利时鲁汶大学（VIB-KU Leuven）的科学家通过研究发现，淀粉样前体蛋白能通过结合到特殊受体上来调节神经元的信号传输，调节这种受体或能潜在帮助治疗阿尔茨海默病和其他大脑疾病[188]。

185 Boza-Serrano A, Ruiz R, Sanchez-Varo R, et al. Galectin-3, a novel endogenous TREM2 ligand, detrimentally regulates inflammatory response in Alzheimer's disease. Acta Neuropathologica, 2019, 138(2): 251-273.

186 Martorell A J, Paulson A L, Suk H J, et al. Multi-sensory gamma stimulation ameliorates Alzheimer's-associated pathology and improves cognition. Cell, 2019, 177(2): 256-271.

187 Mathys H, Davila-Velderrain J, Peng Z Y, et al. Single-cell transcriptomic analysis of Alzheimer's disease. Nature, 2019, 570(7761): 332-337.

188 Rice H C, de Malmazet D, Schreurs A, et al. Secreted amyloid-beta precursor protein functions as a GABA(B)R1a ligand to modulate synaptic transmission. Science, 2019, 363(6423): eaao4827.

阿尔茨海默病诊断与检测方法开发。加州大学戴维斯分校和加州大学旧金山分校已经找到了一种方法来训练计算机精确检测人类大脑组织中阿尔茨海默病的生物标志物——淀粉样斑块。研究人员开发的卷积神经网络工具可以"看到"脑组织样本是否有一种类型的淀粉样蛋白斑块，并且很快就能完成。新算法可以处理整个脑片切片，准确率为98.7%，速度仅受他们使用的计算机处理器数量的限制。然后，研究人员对计算机的识别技能进行了严格的测试，以确保其分析具有生物学上的有效性[189]。韩国多家机构合作开发了一种全新的血液检测方法，可以在尚未出现症状的早期阶段检测出阿尔茨海默病患者。研究人员发现，如果一个4-（2-羟乙基）-1-哌嗪丙烷磺酸（EPPS）的小分子添加到β淀粉样蛋白（Aβ）浓度一定的溶液中，这些分子会迫使它们分开。这让他们产生了一个想法：从被诊断出患有这种疾病的患者身上提取破碎的样本，与对照组进行对比，看看是否存在差异。新技术能够可靠地区分确诊的患者和对照组的患者。他们还表明，这项技术可以作为一种监测疾病进展的方法。据报道，他们已经制订计划，让医生在临床实践中用他们的技术[190]。

阿尔茨海默病干预与新疗法开发。美国麻省总医院（MGH）发现编码记忆的大脑结构中的神经发生（neurogenesis）能够改善阿尔茨海默病小鼠模型中的认知功能。成体海马体神经发生（adult hippocampal neurogenesis，AHN）对学习和记忆至关重要。研究人员通过实验证明，在小鼠模型中，能够通过体育锻炼或药物治疗和促进神经祖细胞产生的基因疗法加以诱导AHN。动物行为测试结果揭示出对已通过药物和遗传手段诱导神经发生的小鼠而言，它们仅获得有限的认知益处。但是对通过体育锻炼诱导AHN的小鼠而言，它们表现出改善的认知能力和下降的β-淀粉样蛋白水平。此证实体育锻炼可以改善阿尔茨海默病症状[191]。美国国立卫生研究院（NIH）开发出了一种快速的早期检测包括阿

189 Tang Z Q, Chuang K V, DeCarli C, et al. Interpretable classification of Alzheimer's disease pathologies with a convolutional neural network pipeline. Nature Communications, 2019, 10: 2173.

190 Kim Y S, Yoo Y K, Kim H Y, et al. Comparative analyses of plasma amyloid-β levels in heterogeneous and monomerized states by interdigitated microelectrode sensor system. Science Advances, 2019, 5(4): eaav1388.

191 Choi S H, Bylykbashi E, Chatila Z K, et al. Combined adult neurogenesis and BDNF mimic exercise effects on cognition in an Alzheimer's mouse model. Science, 2018, 361(6406): eaan8821.

尔茨海默病在内的神经退行性疾病的新方法。这项研究中，研究人员检测了60份脑脊液样本，其中12份来自帕金森病患者，17份来自路易小体的痴呆症患者，31份来自健康人。结果表明，这种检测手段能够准确地排除31份健康人患病的风险，而诊断帕金森病与痴呆症的准确率也达到了93%。这一检测结果能够在两天之内给出，相比常规的检测手段缩短了11天[192]。

2）帕金森病

美国约翰·霍普金斯大学等机构鉴定出导致与帕金森病相关的身体和智力退化的一连串细胞死亡事件，如Parthanatos的"程序化"细胞死亡通路。这一结果可能为开发阻断帕金森病进展的药物提供新的靶点[193]。日本厚生劳动省2018年5月16日批准了大阪大学利用异体诱导多能干细胞（IPS细胞）治疗心脏病的临床研究计划。大阪大学研究小组招募了3名参与临床试验的心脏病患者，随后在年内进行了首例试验，并在移植后的1年内跟踪观察移植的安全性和有效性。此外，日本京都大学2018年11月9日宣布，该校研究人员已经开展了利用IPS细胞治疗帕金森病的临床试验。研究人员向一名患者脑部移植了由IPS细胞培养的神经祖细胞。这是全球首例利用IPS细胞治疗人类帕金森病的移植手术。患者恢复情况良好，但手术效果和安全性还需长期观察[194]。

3）其他退行性疾病

核RNA结合蛋白（RBP）当错误地被放置在细胞核外面时，会形成包括额颞叶痴呆症（FTD）和肌萎缩性脊髓侧索硬化症（ALS）在内的几种脑部疾病中观察到的有害蛋白团块。为此，人们想要逆转这些团块的形成，并将RBP重新放回细胞核内的适当位置上。正常情形下，核输入受体（nuclear-import receptor，NIR）结合到RBP的特定氨基酸序列上，引导它们进入细胞核。美国

192 Groveman B R, Orru C D, Hughson A G, et al. Rapid and ultra-sensitive quantitation of disease-associated α-synuclein seeds in brain and cerebrospinal fluid by αSyn RT-QuIC. Acta Neuropathologica Communications, 2018, 6 (1): 7.

193 Kam T I, Mao X B, Park H, et al. Poly(ADP-ribose) drives pathologic α-synuclein neurodegeneration in Parkinson's disease. Science, 2018, 362(6414): eaat8407.

194 华义. 日本首次利用 iPS 细胞治疗人类帕金森病. 2018. http: //news.sciencenet.cn/htmlnews/2018/11/419772.shtm[2019-6-20].

宾夕法尼亚大学佩雷尔曼医学院的研究人员发现，NIR 能够很快地逆转 FUS 和 TDP-43 蛋白团块的形成。但是，NIR 的表达量或活性很可能在疾病中下降了。蛋白 TDP-43 和 FUS 与这些神经退行性疾病相关联[195]。

一项国际多中心临床试验结果表明，药物 IONIS-HTTRX（现称为 RO7234292）成功降低了突变亨廷顿蛋白的水平。该试验在加拿大、英国和德国的 9 个研究中心招募了 46 名早期亨廷顿病患者。在 46 名患者中，34 名随机接受药物治疗，12 名患者随机接受安慰剂治疗。研究发现，该药物使患者的突变亨廷顿蛋白水平显著降低，且没有出现任何严重的不良反应，这表明患者安全且耐受性良好。该药目前正在不列颠哥伦比亚大学（UBC）的亨廷顿病中心和世界各地的其他中心进行的大型 3 期多中心临床试验中进行评估，旨在确定治疗是否可以减缓或阻止疾病症状的进展[196]。

（4）创伤性脑损伤

英国医学研究理事会分子生物学实验室研究了一种由重复性头部创伤（如运动伤害）引起的神经退行性疾病中的蛋白质组装。慢性创伤性脑部病变（CTE）的特征是 tau 蛋白累积聚合，类似阿尔茨海默病。虽然影响这两种疾病的是同一种 tau 蛋白，但 CTE 中的 tau 组装与阿尔茨海默病不同。tau 组装的细微差异定义了不同的神经退行性疾病。该研究有助于设计针对 CTE 的诊断测试方法，促进人们理解脑创伤是如何导致 tau 蛋白形成的，进而帮助开发能够阻止 CTE 中 tau 蛋白积聚的疗法[197]。

（5）心理健康／精神疾病

精神病发病机制研究。哈佛大学医学院精神病学系和耶鲁大学精神病学系合作，对 1 000 多位个体（包括 402 位双相情感障碍、精神分裂症和抑郁症等

———————

195 Guo L, Kim H J, Wang H J, et al. Nuclear-import receptors reverse aberrant phase transitions of RNA-binding proteins with prion-like domains. Cell, 2018, 173(3): 677-692.

196 Tabrizi S J, Leavitt B R, Landwehrmeyer G B, et al. Targeting huntingtin expression in patients with Huntington's disease. New England Journal of Medicine, 2019, 380(24): 2307-2316.

197 Falcon B, Zivanov J, Zhang W J, et al. Novel tau filament fold in chronic traumatic encephalopathy encloses hydrophobic molecules. Nature, 2019, 568(7752): 420-423.

精神病患者和 608 位健康对照者）进行功能性连接组学特征分析，找到了重要精神疾病的连接组功能特征，这些特征通常在不同形式的病理学中被破坏，而且随疾病严重程度而变化。情感和精神疾病的发生与前额网络连接性的分级中断有关（包括背外侧前额叶、背内侧前额叶、外侧顶叶和后颞叶皮层）。相反，网络连接的其他属性（包括默认网络完整性），在精神病患者中优先被中断。这些数据对于建立严重精神疾病的功能性连接指纹具有重要意义[198]。一项丹麦全国范围内的调研结果表明，感染与儿童期和青春期精神分裂症和抑郁症等精神障碍的风险增加有关。研究人员调研了丹麦 100 多万人口，结果表明，精神分裂症谱系障碍、强迫症、人格和行为障碍、精神发育迟滞、自闭症谱系障碍、注意力缺陷 / 多动障碍、对立违抗障碍和行为障碍及抽动障碍等精神疾病都与感染相关。感染使这些疾病的患病风险增加，为感染和免疫系统参与儿童和青少年多种精神障碍的病因提供了证据[199]。

精神病干预与治疗研究。布里斯托大学衡量基于正念的认知疗法（MBCT）对学生的疗效。研究人员招募了 57 名医学生，他们被全科医生或学生顾问转介到正念组，参加为期 8 周的正念培训。学生必须每周参加培训 2 h，并在每次课程之间进行 30 min 的每日家庭练习。这次培训发生在 2011 年秋季和 2015 年春季之间，向学员们讲述了思维如何运作、压力如何影响一个人的生活、压力触发的意识和压力症状的迹象、应对技巧、冥想练习及自我护理的重要性。初步研究结果表明，正念训练有助于布里斯托尔的学生减少焦虑、过度担忧、消极思维模式，提高压力恢复能力，改善情绪健康和专业发展[200]。苯妥英是英国推荐用于治疗小儿惊厥性癫痫持续状态的二线静脉抗惊厥药；然而一些证据表明，左乙拉西坦可能是一种有效且更安全的替代疗法。布里斯托尔儿童医院的医生与利物浦大学等机构合作开展临床试验，比较了苯妥英和左乙拉西坦作为

198 Baker J T, Dillon D G, Patrick L M, et al. Functional connectomics of affective and psychotic pathology. Proceedings of the National Academy of Sciences of the United States of America, 2019, 116(18): 9050-9059.

199 Köhler-Forsberg O, Petersen L, Gasse C, et al. A nationwide study in denmark of the association between treated infections and the subsequent risk of treated mental disorders in children and adolescents. JAMA Psychiatry, 2019, 76(3): 271-279.

200 Malpass A, Binnie K, Robson L. Medical students' experience of mindfulness training in the UK: Well-being, coping reserve, and professional development. Education Research International, 2019: 1.

小儿惊厥性癫痫二线治疗药物的疗效和安全性，结果表明，尽管左乙拉西坦的疗效并未明显优于苯妥英，但是安全性更好，可作为儿科药物苯妥英的适用替代产品[201]。

1）抑郁症

抑郁症机制与患病风险分析。美国能源部（DOE）阿贡国家实验室、中国东北大学等机构已经建立了抑郁症与人体肠道中发现的一组产生神经递质的细菌之间的相关性。研究人员从 23 名抑郁症受试者收集粪便样品，并用功能性磁共振成像测量其脑活动，研究人员发现粪便拟杆菌的相对丰度与大脑中和抑郁症活动增加相关的功能连接性之间存在反比关系。这意味着低丰度的拟杆菌与大脑抑郁症活动的高活性相关，反之亦然[202]。研究人员使用与抑郁相关的许多遗传变异的信息（已在超过 460 000 名成年人的样本中发现），创建反映抑郁症聚集遗传风险的分数，也称为多基因风险评分。该方法能提供更清晰的图像。该方法已成功用于量化许多常见疾病（如心脏病或糖尿病）的遗传风险[203]。北卡罗来纳大学教堂山分校（UNC）医学院使用经颅交流电刺激（tACS）治疗严重抑郁症患者，成功地改善了约 70% 的临床受试者的抑郁症状[204]。马里兰大学医学院（UMSOM）发现了与"快乐和奖励"相关的大脑活动的变化，揭示出大脑如何处理奖励的新见解，并促进对成瘾和抑郁的理解。研究人员发现两个大脑区域（海马和伏隔核）之间的信号强度对于处理相关信息至关重要。大脑的这两个部分在处理奖励经历时非常重要。这些区域之间的沟通在成瘾方面的影响更为强大，尽管其背后的机制尚不清楚。这种沟通的紊乱会发生在抑郁症中。它们之间的联系减弱可以解释导致抑郁症患者

201 Lyttle M D, Rainford N E A, Gamble C, et al. Levetiracetam versus phenytoin for second-line treatment of paediatric convulsive status epilepticus (EcLiPSE): a multicentre, open-label, randomised trial. Lancet, 2019, 393(10186): 2125-2134.

202 Strandwitz P, Kim K H, Terekhova D, et al. GABA-modulating bacteria of the human gut microbiota. Nature Microbiology, 2019, 4(3): 396-403.

203 Halldorsdottir T, Piechaczek C, Soares de Matos A P, et al. Polygenic risk: Predicting depression outcomes in clinical and epidemiological cohorts of youths. The American Journal of Psychiatry, 2019, 176(8): 615-625.

204 Alexander M L, Alagapan S, Lugo C E, et al. Double-blind, randomized pilot clinical trial targeting alpha oscillations with transcranial alternating current stimulation (tACS) for the treatment of major depressive disorder (MDD). Translational Psychiatry, 2019, 9: 106.

出现快感缺失症状的原因。奖励回路和构成其可塑性的分子成为成瘾和抑郁等疾病治疗发展的新目标[205]。

抑郁症新疗法开发。2019 年 3 月，美国食品药品监督管理局（FDA）批准了一项创新抗抑郁药物，它的主要成分是氯胺酮（ketamine）[206]，一种最初用于手术麻醉，近年来却在治疗抑郁症方面展现巨大潜力的分子。日本东京大学、美国斯坦福大学和威尔康乃尔医学院在小鼠中鉴定出氯胺酮诱导的大脑相关变化有助于缓解抑郁症相关行为，氯胺酮不仅能改善抑郁症状，还能修复抑郁给大脑留下的创伤[207]。Acadia 公司于 2019 年初启动其抗抑郁症新药 Nuplazid（pimavanserin）的 3 期临床试验，该药作为一种辅助疗法，用于对标准抗抑郁药［选择性血清素再摄取抑制剂（SSRI）或血清素去甲肾上腺素再摄取抑制剂（SNRI）］治疗反应不足的重度抑郁症（MDD）患者的治疗。Nuplazid 是一种选择性血清素反向激动剂，优先针对 HT2A 受体，该受体可能在抑郁症中起作用[208]。

2）精神分裂症

美国西奈山伊坎医学院使用全基因组关联分析和转录组学插补法（一种新的机器学习方法），确定了来自 13 个大脑区域中的 413 个精神分裂症相关基因。研究人员对 40 299 名精神分裂症患者和 62 264 名相匹配的对照样本进行了研究，结果发现与精神分裂症相关的基因在患者整个成长发育过程中都有表达：有一些表达发生在怀孕的特定阶段，另外一些表达是在青春期或成年后发生。研究人员还了解到，大脑的不同区域与不同的精神分裂症风险相关联，而大多数关联来自背外侧前额叶皮层。这项研究使用机器学习算法，从组织水平

205 LeGates T A, Kvarta M D, Tooley J R, et al. Reward behaviour is regulated by the strength of hippocampus-nucleus accumbens synapses. Nature, 2018, 564(7735): 258-262.

206 Chen A. The FDA approved a new ketamine depression drug — here's what's next. 2019. https://www.theverge. com/2019/3/11/18260297/esketamine-fda-approval-depression-ketamine-clinic-science-health[2019-6-20].

207 NIH. Ketamine reverses neural changes underlying depression-related behaviors in mice. 2019. https:// www.nih.gov/news-events/news-releases/ketamine-reverses-neural-changes-underlying-depression-related-behaviors-mice[2019-7-20].

208 BusinessWire. ACADIA Pharmaceuticals Initiates Phase 3 CLARITY Program with Pimavanserin as Adjunctive Treatment for Major Depressive Disorder. 2019. https://www.businesswire.com/news/home/20190425005313/en/ACADIA-Pharmaceuticals-Initiates-Phase-3-CLARITY-Program/[2019-7-20].

上检测基因表达，不仅可以识别出与精神分裂症相关的新基因，还可以精确定位大脑中可能发生异常表达的区域[209]。

3. 技术开发

在测序技术方面，斯坦福大学将高效的测序方法与水凝胶组织化学方法相结合，开发出用于三维完整组织 RNA 测序（three-dimensional intact-tissue RNA sequencing）技术。在单细胞分辨率水平同时绘制小鼠脑切片中 1 000 个以上基因的活动以确定细胞类型和通路状态并揭示细胞组织原理[21]。

在神经成像技术方面，鉴于双光子显微镜在研究深层大脑皮层中的局限性，麻省理工学院开发了三光子显微镜。该显微镜经过优化，可以在平均激光功率低（<20 mW）的清醒小鼠中成像大脑皮层>1 mm 深的垂直柱。对生理反应和组织损伤阈值的测量确定了无损伤三光子成像的脉冲参数和安全限制。研究人员在初级视皮层（V1）的所有层和亚板（subplate）中对表达 GCaMP6 的神经元进行了功能性视觉反应成像。这些记录揭示了深层中不同的视觉选择性：第 5 层神经元更广泛地调整（tuned）为视觉刺激，而第 6 层神经元的平均方向选择性（mean orientation selectivity）与其他层中的神经元相比略微更高。位于第 6 层皮质下白质中的亚板神经元首次被鉴定出来，显示出低视觉响应度和宽广的方向选择性。因此，用三光子显微镜能比以往更深入地了解脑细胞及大脑活动[210]。瑞士苏黎世大学开发出一种分析细胞及其组分的新方法，即迭代间接免疫荧光成像（iterative indirect immunofluorescence imaging，4i）。这种创新性的方法能同时捕获在群体、细胞、亚细胞水平的显著属性（property），包括微环境、细胞形状、细胞周期状态，还能捕获原位数千个单细胞中的细胞器、细胞骨架结构、核子隔室的详细形态及信号转导受体的命运。新方法极大地改进了生物医学中使用的标准免疫荧光成像技术，并为临床医生提供来自每个样本的大量

---

209 Huckins L M, Dobbyn A, Ruderfer D M, et al. Gene expression imputation across multiple brain regions provides insights into schizophrenia risk. Nature Genetics, 2019, 51(4): 659-674.

210 Yildirim M, Sugihara H, So P T C, et al. Functional imaging of visual cortical layers and subplate in awake mice with optimized three-photon microscopy. Nature Communications, 2019, (10): 177.

数据，使得在从组织到细胞器的不同水平下同时观察至少 40 种蛋白质及其修饰成为可能[211]。

神经元追踪和记录工具开发。美国斯坦福大学和霍华德·休斯医学研究所利用被称为 Neuropixel 探头的新设备记录了小鼠大脑中由口渴和解渴引起的数千个神经元激活的过程。这种新工具能实现一次性记录数千个神经元的神经活动。它们都沿着这种设备的一个非常细的可以微创方式直接插入大脑中的轴。通过使用这种新工具，这些研究人员能够记录 23 881 个神经元在 87 次实验中放电，覆盖了 21 只小鼠的 34 个大脑区域[212]。美国弗吉尼亚健康系统大学等机构开发了一种能够观看大脑神经元"交流"的新方法，即基于 G 蛋白偶联受体的乙酰胆碱（ACh）传感器（GACh），具有灵敏性、特异性、信噪比、动力学和光稳定性，适用于体内和体外监测 ACh 信号。这种新技术或许能帮助研究人员解开诱发多种大脑和神经系统疾病的原因，比如阿尔茨海默病、精神分裂症和抑郁症等，相关研究结果也能帮助研究人员开发新型疗法来治疗多种神经变性疾病[213]。美国麻省理工学院和加州大学伯克利分校将扩展显微镜（expansion microscopy）和晶格光片显微镜（lattice light-sheet microscopy）结合起来，形成一种高分辨率追踪神经元的新方法，并对小鼠皮质和整个果蝇大脑进行了成像。该方法能够实现对神经发育、神经回路的高通量比较研究，以及神经活动或行为及其结果的关联研究[214]。

疾病模型构建方面，都柏林圣三一学院首次建立了线粒体癫痫模型，这为患有这种失能状态的患者提供了更好的治疗方法。大约 1/4 的线粒体疾病患者会出现癫痫。他们的癫痫通常是严重的并且对常规抗癫痫药物有抵抗力。研究人员对线粒体癫痫患者进行了神经病理学研究，发现星形胶质细胞参与其中。

---

211 Gut G, Herrmann M D, Pelkmans L. Multiplexed protein maps link subcellular organization to cellular states. Science, 2018, 361(6401): eaar7042.

212 Allen W E, Chen M Z, Pichamoorthy N, et al. Thirst regulates motivated behavior through modulation of brainwide neural population dynamics. Science, 2019, 364(6437): eaav3932.

213 Jing M, Zhang P, Wang G F, et al. A genetically encoded fluorescent acetylcholine indicator for *in vitro* and *in vivo* studies. Nature Biotechnology, 2018, 36(7): 726-737.

214 Gao R X, Asano S M, Upadhyayula S, et al. Cortical column and whole-brain imaging with molecular contrast and nanoscale resolution. Science, 2019, 363(6424): eaau8302.

研究人员进一步应用星形胶质细胞特异性乌头酸酶抑制剂、氟柠檬酸盐、线粒体呼吸抑制剂鱼藤酮和氰化钾，开发了一种新的线粒体癫痫脑切片模型。研究人员使用该模型来评估星形胶质细胞在癫痫发作中的作用，并证明了 GABA- 谷氨酸 - 谷氨酰胺循环（GABA-glutamate-glutamine cycle）参与癫痫发作。值得注意的是，谷氨酰胺似乎是 GABA 能抑制基调（GABA ergic inhibitory tone）调节中神经元和星形细胞区室（astrocytic compartment）之间的重要中间分子。最后，研究人员发现，无论是在脑切片模型还是人类神经病理学研究中，谷氨酰胺合成酶缺乏都是癫痫的重要致病过程。新的线粒体癫痫模型为研究星形胶质细胞如何驱动线粒体癫痫发作提供了工具[215]。

类脑智能方面，斯坦福大学和桑迪亚国家实验室开发了基于人脑神经元连接的计算机组分：一种充当人工突触的装置，模仿神经元在大脑中的通信方式。这些设备中的 9 个原型阵列在处理速度、能效、再现性和耐久性方面表现甚至优于预期。未来，研究团队会将这种新的人工突触与传统电子设备相结合，用于支持小型设备上的人工智能学习[216]。

（三）国内重要进展

脑科学与类脑研究是我国科技布局重点之一。中国脑计划正在酝酿中，我国《"十三五"国家基础研究专项规划》启动脑科学与类脑研究重大项目[217]。2019 年初，国家有关"十四五"科技发展规划的前期研究工作正在加快推进，而中长期科技发展规划（2021—2035）也正在酝酿，2019 年相关部门将开展第六次国家技术预测，围绕信息、生物、能源等 16 个重点领域进行评估和研判，以期为规划编制提供支撑。与此同时，继 2018 年科技部"新一代人工智能"

215 Chan F, Lax N Z, Voss C M, et al. The role of astrocytes in seizure generation: insights from a novel *in vitro* seizure model based on mitochondrial dysfunction. Brain, 2019, 142(2): 391-411.

216 Fuller E J, Keene S T, Melianas A, et al. Parallel programming of an ionic floating-gate memory array for scalable neuromorphic computing. Science, 2019, 364(6440): 570-574.

217 科技部. 一图读懂"十三五"国家基础研究专项规划. 2017. http://www.gov.cn/xinwen/2017-06/16/content_5203171.htm[2019-7-20].

申报指南公布之后，脑科学与类脑研究等重大项目也将启动[218]。

1. 基础研究

继 2017 年成功实现体细胞克隆猴后，中国科学院神经科学研究所利用基因编辑技术 CRISPR-Cas9，于 2019 年初成功构建了世界首例生物节律基因 *BMAL1* 敲除猕猴模型，构建了生物节律紊乱体细胞克隆猴模型，表明中国正式开启批量化、标准化创建疾病克隆猴模型的新时代，为脑认知功能研究、重大疾病早期诊断与干预、药物研发等提供新型高效的动物模型[77]。

脑功能研究方面，中国科学院生物物理研究所发现了果蝇学习记忆中去抑制神经环路机制。GABA 能神经元是中枢神经系统中重要的抑制神经元。果蝇大脑中有一对 GABA 能神经元投射到蘑菇体，并且与果蝇嗅觉学习记忆中枢蘑菇体神经元形成负反馈调控环路。如何精确调控这对 GABA 能神经元是实现有效学习记忆的关键。多巴胺能（DA）神经元通常负责学习记忆中的奖赏或惩罚信号。在果蝇厌恶性学习记忆中，有一簇多巴胺能神经元投射到蘑菇体并且传递电击惩罚信号。研究发现这簇多巴胺能神经元与上述那对 GABA 能神经元间存在直接的突触联系，通过抑制性多巴胺受体 DD2R 对其进行抑制。通过在体功能性成像与嗅觉学习范式相结合，研究人员发现这种抑制作用解除了 GABA 能神经元对蘑菇体的抑制调节，从而实现了去抑制环路调控。这种去抑制调节对于学习记忆中发生的突触修饰是必需的，这种修饰引起的神经活性变化可以持续到学习训练之后，代表着一种记忆痕迹的产生。行为学实验显示，这对 GABA 能神经元中 DD2R 或其下游分子信号缺失，都会导致学习指数降低[78]。在摄食行为的神经机制方面，上海交通大学、中国科学院武汉物理与数学研究所、复旦大学、新加坡科技研究局和新加坡国立大学发现大脑中的一个区域在调节进食行为中发挥着关键性的作用。这些研究人员在小鼠模型中发现，饥饿和饥饿激素（ghrelin）的存在都能激活这些神经元，并进一步证实，完全移除这个区域

---

218 钟源. 我国新一轮科技发展规划加快酝酿. 2019. http://finance.people.com.cn/n1/2019/0116/c1004-30544685. html[2019-7-21].

导致食物摄入减少和体重减轻。相反，注射饥饿激素（或不给食物）导致这些小鼠在可获得食物时吃得更多。利用药物或光遗传学手段开启和关闭这些神经元，就能够控制这些小鼠的整体进食行为[219]。在决策/抉择方面，中国科学院神经科学研究所、脑科学与智能技术卓越创新中心利用双光子显微镜钙成像等先进技术发现，在动物面对未知感觉刺激时，后顶叶皮层才会启动抉择。而面对已有经验的刺激时，后顶叶皮层便不再发挥作用。进一步研究发现，部分神经元能区分新刺激和训练刺激，但经过一段时间的学习后则不再区分新刺激与训练刺激，这表明后顶叶皮层在对新刺激进行归类学习中存在一个动态编码的过程[220]。研究人员将进一步在神经环路水平探讨后顶叶皮层如何与感觉皮层交流，通过神经可塑性实现分类学习的神经环路机制。

2. 应用研究

在吗啡镇痛机制方面，浙江大学医学院首次发现，从大脑腹侧背盖区到中缝背核存在两条平行的抑制性神经通路，在介导小鼠产生厌恶这条通路上，特异的表达吗啡受体 MOP，吗啡结合 MOP 会抑制该条通路，并且使小鼠表现为强迫性的寻找和摄取吗啡的行为。反复注射吗啡使小鼠产生依赖的过程中，头端腹侧背盖区到中缝背核通路被抑制，激活该通路后可以降低因吗啡注射而产生的快乐感，但不影响吗啡产生的运动敏化和镇痛，并且缓解了吗啡反复注射引起的耐受。该研究为治疗阿片类物质依赖提供了新靶点，为开发低成瘾性的镇痛药物提供了理论基础[80]。

在神经退行性疾病机制方面，中国科学院上海有机化学研究所生物与化学交叉研究中心、香港科技大学、暨南大学合作，在果蝇大规模遗传学筛选实验中首次发现了维持神经轴突完整性的关键基因——内吞体分选转运复合物（ESCRT）基因 *Vps4*，揭示了 Vps4 和 ESCRT 具有调控神经束的自噬功能，

219 Luo S X, Huang J, Li Q, et al. Regulation of feeding by somatostatin neurons in the tuberal nucleus. Science, 2018, 361(6397): 76-81.

220 Zhong L, Zhang Y, Duan C A, et al. Causal contributions of parietal cortex to perceptual decision-making during stimulus categorization. Nature Neuroscience, 2019, 22(6): 963-973.

并运用多种神经损伤模型证明提高神经元中 Vps4 水平可以明显延缓受损神经的退化[81]。TDP-43 是一个多功能的 DNA 和 RNA 结合蛋白，由 *TARDBP* 基因编码，在细胞内的 RNA 转录、选择性剪接及 mRNA 稳定性调节等过程中发挥功能，存在于肌萎缩侧索硬化（amyotrophic lateral sclerosis，ALS）和额颞叶变性（frontotemporal lobar degeneration，FTLD）患者大脑或脊髓受损区域的神经元和胶质细胞中。而且，20%～50% 的阿尔茨海默病中有 TDP-43 蛋白的异常变化。在家族性 ALS 病例中，已鉴定出 40 多个 *TARDBP* 基因的突变，它们多集中于该蛋白 C 端的甘氨酸富集区。中国科学院生物物理研究所与美国西北大学发现，TDP-43 进入线粒体导致线粒体损伤并激活线粒体去折叠蛋白反应（UPRmt）。该结果为核定位的 RNA 结合蛋白靶向线粒体提供了重要证据，为未来开发治疗衰老相关神经退行性疾病的诊断工具和治疗方法提供了重要研究思路[221]。

在神经退行性疾病的干预方面，首都医科大学宣武医院提出了阿尔茨海默病的系统论模型，提出痴呆的预防和干预研究可以针对疾病的致病通路层面和系统性改变层面同时开展，并在该系统论模型的指导下，开展了国际首个针对血管性认知障碍早期患者的认知训练研究——Cog-VACCINE 研究［ClinicalTrials. gov（NCT02640716）］。结果显示，干预组的蒙特利尔认知评估量表评分明显提高，与对照组有显著差异。进一步采用静息态功能核磁分析发现，干预组在经过认知训练后，患者脑默认网络与执行控制网络间的连接显著增强，而且患者整体认知功能改善，提示神经可塑性是认知训练改善患者认知功能的内在机制[222]。在神经退行性疾病治疗方面，宣武医院通过血液细胞重编程获得人源诱导神经干细胞，并通过小鼠模型验证了干细胞分化移植治疗帕金森病的安全性和有效性，初步解决了帕金森病细胞治疗领域的细胞来源困难、免疫排斥反应及移植细胞安全性问题，使帕金森病病因治疗成为可能，有望向临

---

221 Wang P, Deng J W, Dong J, et al. TDP-43 induces mitochondrial damage and activates the mitochondrial unfolded protein response. PLoS Genetic, 2019, 15(5): e1007947.

222 Tang Y, Xing Y, Zhu Z, et al. The effects of 7-week cognitive training in patients with vascular cognitive impairment, no dementia (the Cog-VACCINE study): A randomized controlled trial. Alzheimer's & Dementia, 2019, 15(5): 605-614.

床转化[223]。

3. 技术开发

活体神经信息分析技术在理解大脑工作机制和脑疾病致病机理中发挥重要作用。中国科学院国家纳米科学中心和中国科学院神经科学研究所在高密度柔性神经流苏及活体神经信号稳定测量方面取得了进展。通过巧妙设计，将神经流苏浸没在熔融的聚乙二醇液体中，在液体表面张力的作用下，上千根柔性神经纤维电极自组装形成高密度神经电极／聚乙二醇复合细丝，从而极大地降低了手术植入过程中电极对脑组织的损伤。聚乙二醇可在脑组织内降解代谢，释放后的超细柔性神经纤维电极能够原位、精准测量清醒大脑内侧前额叶皮层中多个神经元的电活动。尤其重要的是，柔性神经流苏与脑组织的力学性能相匹配，因此形成了良好的相容性界面，并实现了对活体大脑神经元电活动的长期稳定记录。柔性神经流苏技术在电极尺寸、集成密度和生物相容性方面均处于领先水平[224]。

天津大学、中国医学科学院和北京协和医学院开发出了三金属（trimetallic，triM）纳米酶，这种酶具有高效的催化活性，同时还具有环境选择性。体外实验表明，triM 纳米酶可以提高受损神经细胞的活力。在脑损伤模型中，三重纳米酶处理后，超氧化物歧化酶（SOD）活性恢复显著，进而显著提高受损小鼠的存活率、改善神经炎症和参考记忆[225]。

在类脑智能技术与装置开发方面，中国科学院上海微系统与信息技术研究所与深圳大学合作，利用新型碳基二维半导体材料 C3N 构建了可调突触行为的人工突触模拟忆阻器。该忆阻器能实现多种生物突触中的突触可塑性模拟，包括兴奋性突触后电流、双脉冲易化、双脉冲抑制、双脉冲易化转换为双脉冲抑

223 中国生物技术发展中心. 自体细胞治疗帕金森病前景良好. 2019. http: //www.cncbd.org.cn/News/Detail/7973[2019-6-23].

224 Guan S, Wang J, Gu X, et al. Elastocapillary self-assembled neurotassels for stable neural activity recordings. Science Advances, 2019, 5(3): eaav2842.

225 Wu X Y, Wang J Y, Li Y H, et al. Redox trimetallic nanozyme with neutral environment preference for brain injury. ACS Nano, 2019, 13(2): 1870-1884.

制及强直后增强等。该项工作表明，基于质子传导忆阻器的人工突触在进一步构建神经形态计算系统中具有巨大潜力[226]。在大脑感知觉功能扩展方面，中国科学技术大学生命科学与医学部和美国马萨诸塞州立大学医学院合作，开发了视网膜感光细胞特异结合的上转换纳米颗粒（photoreceptor-binding upconversion nanoparticle，pbUCNP），并开发了一种特异表面修饰方法，将该纳米颗粒注射到动物视网膜中，该纳米颗粒可以与感光细胞膜表面特异糖基分子紧密结合，牢牢地贴附在感光细胞感光外段的表面，首次实现动物裸眼红外光感知和具有红外图像视觉能力。该技术有两大特点：①使动物可感知红外光，不影响可见光的感知；② pbUCNP 具有良好的生物相容性，可长期存在于动物视网膜中发挥作用，而对视网膜及动物视觉能力没有明显的负面影响。该技术有效地拓展了动物的视觉波谱范围，突破了自然界赋予动物的视觉感知物理极限，首次实现裸眼无源的红外图像视觉感知，并可能辅助修复视觉感知波谱缺陷相关疾病，如红色盲等[76]。

（四）前景与展望

未来，在脑连接、脑功能与脑发育等基础研究领域将持续获得突破。例如，目前正在发展的动态功能连接（dynamic functional connectivity，dFC）方法用于在更快的时间尺度上表征神经网络通信中的自发变化，在该时间尺度上可能发生思想内容的体内波动，可以分析大脑有意识和无意识处理信息随时间变化的连接性，能更好地反映思维游荡与脑功能之间的联系[227]。研究人员正在改进多变量解码方法，未来将会更广泛地用于脑功能研究中[228]。脑发育方面，研究人员已经开始探索遗传和环境对早期儿童大脑发育的影响及早期成像生物标志物的预测价值，未来的研究需要更好地定义儿童早期的正常和异常大脑发育，并确

226 Zhou L, Yang S W, Ding G Q, et al. Tunable synaptic behavior realized in C3N composite based memristor. Nano Energy, 2019, 58: 293-303.

227 Kucyi A. Just a thought: How mind-wandering is represented in dynamic brain connectivity. Neuroimage, 2018, 180(B): 505-514.

228 Hebart M N, Baker C I. Deconstructing multivariate decoding for the study of brain function. Neuroimage, 2018, 180(A): 4-18.

定是否有可能鉴定出后期认知和行为结果的早期成像生物标志物[229]。

在脑疾病的应用研究中，未来将从更全面、系统的角度研究脑疾病的发病机制。例如，从炎症角度而不仅限于单个神经元，重视神经系统与人体其他系统的相互作用。神经系统中的炎症（"神经炎症"），特别是长时间的炎症，在外周（神经性疼痛、纤维肌痛）和中枢（如阿尔茨海默病、帕金森病、多发性硬化症、运动神经元疾病、缺血和创伤性脑损伤抑郁症）神经系统疾病的发病机制中发挥着重要作用。神经系统和免疫系统之间广泛的交流代表了神经炎症的基本原理。与神经炎症相关的主要是小胶质细胞、肥大细胞、星形胶质细胞及少突胶质细胞。了解神经炎症还需要了解，神经胶质和肥大细胞与胶质细胞本身之间的非神经元细胞 - 细胞相互作用是炎症过程中不可或缺的一部分。未来，可以利用细胞的内源机制来提供靶向神经炎症的治疗策略[230]，如 miRNA 在调节神经炎症中的作用。可以利用这些原理开发靶向 miRNA 的神经炎症新疗法。优先抑制许多细胞抗炎蛋白翻译的 miRNA 可以驱动促炎反应。关键促炎（miR-155、miR-27b、miR-326）、抗炎（miR-124、miR-146a、miR-21、miR-223）和混合免疫调节（let-7 家族）miRNA 调节各种病理学中的神经炎症，包括脊髓损伤、多发性硬化、缺血性中风和阿尔茨海默病。miRNA 代表了新发现的生理复杂性的层面，调控 miRNA 可以改变细胞机制以改善神经炎症状态，其治疗益处仍有待充分探索和开发[231]。

已有研究开始将神经疾病与肠道菌群关联起来。例如，法国研究人员发现，帕金森病（PD）病理中的 α 突触核蛋白可能在细胞内传播，PD 病理学可能始于胃肠道，通过迷走神经传到大脑。但目前的证据不足以证明这一观点，未来还需要进一步研究和证实[232]。

229 Gilmore J H, Knickmeyer R C, Gao W. Imaging structural and functional brain development in early childhood. Nature Reviews Neuroscience, 2018, 19(3): 123-137.

230 Skaper S D, Facci L, Zusso M, et al. An inflammation-centric view of neurological disease: Beyond the neuron. Frontiers in Cellular Neuroscience, 2018, 12: 72.

231 Gaudet A D, Fonken L K, Watkins L R, et al. microRNAs: Roles in regulating neuroinflammation. Neuroscientist, 2018, 24(3): 221-245.

232 Lionnet A, Leclair-Visonneau L, Neunlist M, et al. Does Parkinson's disease start in the gut? Acta Neuropathologica, 2018, 135(1): 1-12.

未来在技术开发方面，研究人员将继续开发各种脑成像、神经元追踪技术，并改进非侵入性脑刺激（non-invasive brain stimulation，NIBS）等方法。已有研究人员指出，克服 NIBS 方法的限制与面临的问题，既需要特定的方法学改进，也需要将 NIBS 程序与其他方法相结合，如将 fMRI 与 TMS、脑电图（EEG）、脑磁图等相结合[233]。将 NIBS 方法与其他成像技术（如磁共振光谱学）相结合，可以深入了解刺激效应的特定神经生理机制。除了使用 NIBS 方法揭示因果性脑行为关系的研究之外，NIBS 已经被尝试用于识别并潜在地改善神经和精神疾病的病理生理机制，在认知增强和改善心理健康方面有重要的应用前景。脑功能连接图谱绘制技术被专家预测为未来将获得重要发展的七个技术方向之一。美国艾伦（Allen）脑科学研究所指出，单个细胞和各种细胞类型之间的联系非常复杂，以至于在整体和人群层面绘制出神经元的连接性不足以理解神经元及大脑。因此，研究人员正在绘制基于某类神经元和单个神经元水平的连接图谱，通过"顺行"和"逆行"追踪来实现这一目标，这种追踪揭示了来自特定细胞的结构，称为轴突投射（axon projection）。研究人员还使用更多基于单神经元形态学的方法，研究单个神经元投影出现和终止的位置。电子显微镜数据集覆盖范围比以前大得多。例如，在霍华德·休斯医学研究所的 Janelia 研究园区，研究人员正在努力绘制果蝇的每个神经元和突触。图像采集和样品处理两方面的改进是这些进步的关键；计算方面也取得重要进步。艾伦脑科学研究所借助机器学习算法构建鼠标脑神经连接的虚拟地图。大脑连接中存在巨大的特异性差异。但是，如果不了解全脑和局部尺度的特异性，理解行为或功能基本上是黑盒子：缺乏理解神经元活动与行为的物理基础。连接组学将填补这块信息空白[234]。

此外，国际研究界已经开始关注脑科学与神经科学的伦理问题。例如，国际脑科学计划已经提出了该计划伦理研究的神经伦理学问题[235]，包括：模型或

---

233 Polania R, Nitsche M A, Ruff C C. Studying and modifying brain function with non-invasive brain stimulation. Nature Neuroscience, 2018, 21(2): 174-187.

234 Teichmann S, Kim J S, Zhuang X W, et al. Technologies to watch in 2019. Nature, 2019, 565(7740): 521-523.

235 Rommelfanger K S, Jeong S J, Ema A, et al. Neuroethics questions to guide ethical research in the international brain initiatives. Neuron, 2018, 100(1): 19-36.

神经科学对疾病的描述对个人、社区和社会的潜在影响是什么？生物材料和数据收集的伦理标准是什么？地方标准与全球合作者的标准相比如何？神经科学研究实验室正在开发的神经系统的道德意义是什么？大脑干预如何影响或减少自主性？在哪种情况下可以使用或采用神经科学技术／创新，比如哪些应用可能被视为滥用或超出实验室的最佳操作规范？是否会带来公平问题？是否考虑利益相关方的公平获取利益等问题？随着国际脑科学计划的实施，以及其他国家／地区研究人员的持续关注，脑科学与神经科学的伦理监管将进一步完善。

三、合成生物学

（一）概述

21 世纪初，工程学思想策略与现代生物学、系统科学及合成科学的融合，形成了以采用标准化表征的生物学部件，在理性设计指导下，重组乃至从头合成新的、具有特定功能的人造生命为目标的"合成生物学"。合成生物学的崛起，开启了可定量、可计算、可预测及工程化的"会聚"研究新时代。

随着合成生物学的快速发展，其与其他学科的交叉融合也越来越明显。欧美等国家和地区已经在布局合成生物学与信息科学的交叉领域。例如，在 2018 年，美国半导体研究联盟（SRC）和国家科学基金会（NSF）先后设立"半导体合成生物学"项目，并在 2018 年年底正式发布了《半导体合成生物学路线图》，从 5 个领域设定了未来 20 年的发展目标；美国国防部先进研究项目局（DARPA）启动了新计划"持久性水生生物传感器"（PALS），以研究和改造海洋生物，研发生物能够支持的传感器系统并有效探测海底活动。英国在 2018 年提出了"计算机辅助生物学"的概念，认为未来合成生物学的重要发展方向之一是与数字化、自动化融合，实现数字化模拟生物设计与真正湿实验的无缝衔接。

在项目布局方面，2018 年 5 月，人类基因组编写计划（GP-write）的领导小组在波士顿召开会议，宣布将暂时放弃从头制造人类基因组的尝试，并将研究的重点侧重到编辑细胞以对抗病毒感染方面。最新项目的主旨是重新设计人类和其他物种的细胞基因组，使细胞"超安全"，降低病毒感染的风险。此外，澳大利亚、新加坡、中国等国也相继启动了新的合成生物学相关项目，加大对该领域的投入和支持。澳大利亚建成了合成生物学未来科学平台（SynBio FSP），开展基因编辑疗法、光控重编程等方向的研究。新加坡国立研究基金会（NRF）的合成生物学研究计划，出资 2 500 万美元，主要以菌株产品商业化、药用大麻素、制造稀有脂肪酸为三大研究重点。中国 2018 年的"合成生物学"重点专项，围绕基因组人工合成与高版本底盘细胞、人工元器件与基因线路、人工细胞合成代谢与复杂生物系统、使能技术体系与生物安全评估等 4 个任务部署了 32 个研究方向，总经费预计 8.37 亿元。

在基础设施建设方面，欧洲研究基础设施战略论坛（ESFRI）2018 年年底宣布启动新的设施："工业生物技术创新与合成生物学加速器"（IBISBA），首要目标是建立一个欧洲分布式研究基础设施，为欧洲和全球的合成生物学技术提供系列的研究支撑和服务。英国合成生物学国家产业转化中心（SynbiCITE）2018 年更新了战略目标，提出未来 5 年将推出 SynbiCITE 2.0，扩展 SynbiCITE 在英国的合成生物学创新和生态系统，创建一个高度互联的英国创新集群。中国的天津大学也在 2018 年 10 月获得教育部批准，建设合成生物学前沿科学中心，其目标是突破人工基因组合成、人工细胞工厂精准构建等重大基础科学与技术难题，促进合成生物技术产业化。

由于合成生物学未来巨大的产业前景，全球对合成生物学企业的投资保持着持续增长的趋势。2018 年，合成生物学领域的公司获得的投资总额比 2017 年（18 亿美元）翻了一倍多，达到 38 亿美元。其中，有 13 家公司通过公开募股从公共市场筹集到接近 14 亿美元，这几乎是 2017 年的 4 倍。许多后期的初创公司也获得了大笔资金。例如，Zymergen 的 C 轮融资获得 4 亿美元，是截止到 2018 年年底合成生物学领域初创公司获得的最大金额的风险投资。而各国政府也非常看重初创公司的研发潜力。例如，Amyris 通过欧盟和美国国立卫生研究院（NIH）的两项基金获得了 2 500 万美元。政府的基金大多数是早期资金，可以帮助公司研发和完善技术从而在后期能够获得风险投资的青睐。

（二）国际重要进展

在各国的大力支持下，2018 年合成生物学在基因线路、元件、合成系统、底盘细胞改造及应用研究领域都取得了一些重要进展和突破。

1. 基因线路工程及元件挖掘

美国加州大学旧金山分校和斯坦福大学分别在 *Science* 和 *Cell* 杂志发表研究成果，用人工构建的细胞实现程序化多细胞自组装结构。加州大学旧金山分校利用模块化 synNotch 近分泌信号平台来设计人工遗传程序，证明了细胞信号与细胞分选相互连接的能力[236]；斯坦福大学建立了一种 100% 基因编码的合成平台，用于在大肠杆菌中模块化细胞 - 细胞黏附，从而控制多细胞自组装[237]。这两项研究提供了对多细胞性进化的见解，展示了合成的多细胞系统有望成为研究生物膜和高等生物自然发展的模型，同时这种设计定制的多细胞系统也有望作为多组分代谢途径和材料的潜在工具。

加州大学伯克利分校创新基因组学研究所创建了一种促进细胞内特定基因进化的平台[238]。他们将这个新系统命名为"EvolvR"。该系统基于可编程 DNA 切割蛋白 Cas9，EvolvR 利用 Cas9 的一种特殊"切口"，只切割两条 DNA 链中的一条。Cas9 切割出一个缺口，发出给 DNA 聚合酶的信号，补上新的 DNA。这时聚合酶会产生错误，写入与原始 DNA 序列不同的 DNA 序列。EvolvR 能帮助科学家随机靶标基因中的 DNA，直到找到合适的突变。这种技术开辟了无数的可能性，可以有效地将废物转化为生物燃料的工程酵母，

236 Toda S, Blauch L R, Tang S K Y, et al. Programming self-organizing multicellular structures with synthetic cell-cell signaling. Science, 2018, 361(6398): 156-162.

237 Glass D S, Riedel-Kruse I H. A synthetic bacterial cell-cell adhesion toolbox for programming multicellular morphologies and patterns. Cell, 2018, 174(3): 649-658.

238 Halperin S O, Tou C J, Wong E B, et al. CRISPR-guided DNA polymerases enable diversification of all nucleotides in a tunable window. Nature, 2018, 560: 248-252.

或开发新的人类疗法。

DNA 合成是一项非常有潜力的技术，比如利用 DNA 合成技术研发新药疫苗及其他抗体。加州大学伯克利分校、劳伦斯伯克利国家实验室和联合生物能源研究所发明了一种合成 DNA 的新方法[49]。研究人员利用了脊椎动物免疫系统产生新 DNA 的酶——末端脱氧核苷酸转移酶（TdT），生成了长度为 10 个核苷酸的 DNA 链。这个过程的准确率达到 98%，比目前 DNA 合成方法的 99% 准确率稍低一些。但是，这种方法有望更容易、更快速地合成 DNA，并不需要使用毒性化学物，而且可能是更准确的。鉴于具有更高的准确性，这种技术能够产生比当前的方法长 10 倍的 DNA 链。法国科学研究中心（CNRS）和波尔多大学第一次实现了人造序列模拟 DNA 表面特征[239]，这种人造分子能抑制几种 DNA 结合酶的活性，其中包括人类免疫缺陷病毒（HIV）用来将自身基因组插入宿主细胞的酶。研究人员成功合成了螺旋分子，这些分子精确地模拟了 DNA 双螺旋的表面特征，尤其是负电荷的位置，而且这些人工合成分子也能承担功能，甚至超越天然生物成分，为抑制 DNA 与蛋白质相互作用新药理学工具的开发铺平了道路。

在蛋白质设计与合成方面，美国凯斯西保留地大学的研究人员利用基因技术改造大肠杆菌，首次人工合成了人类朊病毒[240]。朊病毒的本质是蛋白质，不仅影响动物，还会严重危害人体健康。能在试管中合成人类朊病毒，将使人们对其结构和复制方式有更深入的了解，这对开发抑制剂至关重要。研究人员还发现了一种与朊病毒病有关的辅助因子——神经节苷脂 GM1。它在细胞间信号传递中起调节作用，能触发朊病毒的传播。这一发现有助于找到抗击朊病毒病的新方法。此外，华盛顿大学从头创建和定制复杂的跨膜蛋白，甚至制造自然界中没有的跨膜蛋白来完成特定的任务[241]。

239 Ziach K, Chollet C, Parissi V, et al. Single helically folded aromatic oligoamides that mimic the charge surface of double-stranded B-DNA. Nature Chemistry, 2018, 10: 511-518.

240 Kim C, Xiao X Z, Chen S G, et al. Artificial strain of human prions created *in vitro*. Nature Communications, 2018, 9: 2166.

241 Lu P, Min D, DiMaio F, et al. Accurate computational design of multipass transmembrane proteins. Science, 2018, 359(6379): 1042-1046.

2. 合成系统

哈佛大学和首尔西江大学的国际研究小组为人工细胞设计了一个可利用光合作用进行代谢反应（包括能量收集、碳固定和细胞骨架形成）的类细胞结构[242]。为了构建这种合成系统，研究人员设计了一个来自植物和动物世界的独特光合细胞器。研究人员将植物界和动物界最好的光电转化器结合后，能协调和控制细胞能量的产生，从而控制蛋白质的产生。将功能蛋白和细胞器网络引入人工细胞环境为实现从头构建细胞的伟大目标铺平了道路。

纽约大学朗格尼（Langone）医学中心使用融合酵母染色体，从头开始创建酵母染色体[243]。他们通过融合酿酒酵母的染色体成功地产生了新的、有活力的酵母菌株，将染色体数量减少到两个，但是研究团队始终无法获得具有单一染色体的功能性酵母菌株。研究人员计划创建更多新的酵母菌株，用于解答有关染色体生物学的问题，如结构如何影响基因表达。

芬兰国家技术研究中心（VTT）开发了一种高效的合成生物学工具箱[244]。该合成表达系统（synthetic expression system，SES）工具箱能够使基因在酵母和真菌中得到更有效的表达，并且可以实现更好地控制。工具箱基于具有明确功能的 DNA 组件，这些组件可以像乐高积木一样轻易地组合在一起。通过这种方式，研究者可以很容易地构建出预期的分子机器或者进行功能改进。例如，用于提高对工业生物反应器中酵母细胞性能的控制，更加高效地生产聚合物前体、生物燃料和医药化合物等。SES 工具箱有望开发出众多新型微生物生产工艺，以便将各种废弃物加工成更高价值的化合物，为生物经济和循环经济发展过程中的众多问题提供解决方案。

242 Lee K Y, Park S J, Lee K A, et al. Photosynthetic artificial organelles sustain and control ATP-dependent reactions in a protocellular system. Nature Biotechnology, 2018, 36: 530-535.

243 Luo J C, Sun X J, Cormack B P, et al. Karyotype engineering by chromosome fusion leads to reproductive isolation in yeast. Nature, 2018, 560: 392-396.

244 Rantasalo A, Landowski C P, Kuivanen J, et al. A universal gene expression system for fungi. Nucleic Acids Research, 2018, 46(18): e111.

3. 底盘细胞的修饰与改造

哈佛大学怀斯（Wyss）研究所利用 CRISPR-Cas9 在酵母中开发了一种高通量方法[27]，能够在单个酵母细胞中同时精确改变数百种不同基因或者某个基因的多个特征，效率达到 80%～100%，能帮助研究人员从群体中筛选出显示特定行为的细胞，并确定启动或抑制它们的基因改变。该方法不仅可以用更准确的方法来完成酵母中的高通量"功能基因组学"研究，还可以模拟和测试酵母细胞中细微的人类基因变异与某些特征或疾病之间的松散关联，并找出哪些实际上具有相关性。这项研究为 CRISPR-Cas9 技术的最新应用开辟了另一条途径，即发现先前未知的细胞调节其生理学的分子机制。

华威大学和萨里大学利用工程学原理突破性地改造了细菌，让它们更适合生产药物[245]。细胞内核糖体的数量有限，插入的合成电路势必会与宿主细胞争夺有限资源。如果核糖体数量不足，要么电路失灵，要么细胞死亡，大多数情况是两者都有可能发生。研究人员开发出一套细胞基本资源动态分配系统，可同时满足合成电路生产和宿主细胞正常生存的需要。往细胞中添加合成电路，它们就能变成抗生素等药物生产的微型工厂，为医疗保健领域开辟了广阔空间。利用反馈控制回路工程（feedback control loop）原理，当合成电路需要更多核糖体时，这款"核糖体动态分配"系统就会减少宿主细胞供应，将核糖体分配给合成电路。

波士顿大学创建了一种新大肠杆菌菌株，使细菌衍生的氨酰基 -tRNA 合成酶 /tRNA 更容易工程化[246]。这种新方法能插入各种非经典氨基酸，包括 p- 硼苯丙氨酸。研究人员可以在任何地点创建一个含有非标准氨基酸的蛋白质，使用外部信号设计和监测蛋白质功能，如给蛋白质加载一个探针并发出荧光，告知它将如何移动。这项技术为探索和设计新功能蛋白开辟了新的途径。

245 Darlington A, Kim J, Jiménez J I, et al. Dynamic allocation of orthogonal ribosomes facilitates uncoupling of co-expressed genes. Nature Communications, 2018, 9: 695.

246 Italia J S, Latour C, Wrobel C J J, et al. Resurrecting the bacterial tyrosyl-tRNA synthetase/tRNA pair for expanding the genetic code of both *E. coli* and eukaryotes. Cell Chemical Biology, 2018, 25(10): 1304-1312.

美国斯克里普斯研究所扩增了遗传密码，并利用扩增的遗传密码改造细菌，使其在实验室里进化出具有更强特性的蛋白质[247]。众所周知，地球上的每个生物体都使用相同的 20 种氨基酸来制造蛋白质，这些蛋白质大分子可以发挥大部分细胞功能。在此次研究中，研究人员重新编程了细胞蛋白质生物合成机制，添加了新的氨基酸，即非经典氨基酸（ncAA），它具有常见的 20 种氨基酸中未发现的化学结构和性质。研究人员驱动细菌进化出了一种突变的高丝氨酸 O-琥珀酰转移酶（metA），可以承受比正常水平高 21℃的温度，比普通的 20 个氨基酸突变时的热稳定性提高了近两倍。这种扩增的遗传密码可以作为研究蛋白质在细胞中如何工作的工具，以及研制治疗癌症的新精密工程药物。

美国陆军研究实验室（ARL）和麻省理工学院开发了一种先进的合成生物学工具，可将 DNA 编程扩展至更加广泛的细菌中[248]。研究人员使用了一种名为 XPORT 的工程枯草芽孢杆菌，它能以高度的精确性和可控的方式将 DNA 传递给各种细菌。XPORT 细菌已经成功在 35 种不同的细菌（包括以前未发现的细菌）中进行了促进基因编程的多次演示。目前合成生物学多使用少量驯化的微生物，如大肠杆菌或酵母。而有些未经驯化的微生物却具备更加优良的性状，可以在严峻的环境下生长，或用于合成目前技术难以获得的高价值材料。解开对未经驯化的微生物的遗传获取密码已成为军事采用生物合成产品的主要障碍，这项研究推动了军用相关底盘工具的研发。

4．应用研究领域

基因工程微生物长期被用来生产药物和精细化学品。哈佛大学将微生物扩展到了工业应用广泛且基因易于操作的酵母[249]。面包酵母（*Saccharomyces cerevisiae*）产生莽草酸以产生一些用于合成蛋白质和其他生物分子的构件。研

247 Li J C, Liu T, Wang Y, et al. Enhancing protein stability with genetically encoded noncanonical amino acids. Journal of the American Chemical Society, 2018, 140(47): 15997-16000.

248 Brophy J A N, Triassi A J, Adams B L, et al. Engineered integrative and conjugative elements for efficient and inducible DNA transfer to undomesticated bacteria. Nature Microbiology, 2018, 3: 1043-1053.

249 Guo J L, Suástegui M, Sakimoto K K, et al. Light-driven fine chemical production in yeast biohybrids. Science, 2018, 362(6416): 813-816.

究人员通过遗传修饰，使细胞将其主要营养源（葡萄糖）所含的更多碳原子汇集到产生莽草酸的途径中，减少替代途径，并利用半导体为莽草酸的最后一步提供能量。当酵母生物杂交细胞处于黑暗中时，它们产生更简单的有机分子，如甘油和乙醇；当暴露在光线中时，它们很容易转变为莽草酸生产模式，生产效率提高 11 倍。这种可扩展的方法为未来生物混合技术发展打开了一个全新的局面。

美国威斯康星大学和大湖生物能源研究中心研究了利用酵母制造名为 pulcherrimin 的红色素的遗传机制[250]，该研究是利用合成途径大规模生产生物燃料异丁醇的关键一步。pulcherrimin 的红色素由几种野生酵母菌株自然产生。由于异丁醇合成的早期步骤与制备 pulcherrimin 的步骤相同，通过对 pulcherrimin 合成过程的研究可以改善异丁醇的产量。研究人员使用跨越 90 种酵母物种的比较基因组学来鉴定参与 pulcherrimin 生产的基因。通过广泛的遗传表征，他们确定 PUL1 和 PUL2 是制造分子所必需的，而 PUL3 和 PUL4 似乎有助于酵母转运并调节其产生。这项工作还展示了研究多样化的基因组能够带来新发现和新的生物学见解。

合成生物学为未来医疗提供美好前景，可以通过与半导体技术结合设计传感器以检测和斩断疾病，或通过重新设计细胞来对抗癌症和糖尿病等疾病。麻省理工学院设计的配备了基因工程细菌的胶囊可用于胃出血或其他肠道问题诊断[251]。这款由活细胞传感器和超低功率微型电子器件组成的可摄入诊断工具能将人体内的细菌反应转化为在智能手机上可读取的无线信号。该传感器被设计成能响应血液标志物血红素，并发出荧光，研究人员在大型哺乳动物猪身上证明了组合传感器的有效性，同时还设计了对炎症标志物有反应的其他传感器。美国麻省理工学院和美国东北大学合作开发的一种新型合成生物学技术，使研究人员利用改造的

250 Krause D J, Kominek J, Opulente D A, et al. Functional and evolutionary characterization of a secondary metabolite gene cluster in budding yeasts. Proceedings of the National Academy of Sciences of the United States of America, 2018, 115(43): 11030-11035.

251 Mimee M, Nadeau P, Alison Hayward A, et al. An ingestible bacterial-electronic system to monitor gastrointestinal health. Science, 2018, 360(6391): 915-918.

细胞对抗疾病的操作过程更具可控性[252]。研究人员应用控制论理念来设计在任何拷贝数下保持恒定表达水平的启动子，当稳定启动子驱动的基因从质粒转移到基因组时，3 个基因组成的代谢途径可维持功能而不需要重新调节。

在新材料研发方面，韩国中央大学和韩国科学技术院开发了一种重组大肠杆菌，并用它生物合成了包含元素周期表上 35 种元素的 60 种纳米材料，其中 33 种属于首次合成的新型纳米材料[253]。研究人员利用电位 /pH 图预测纳米材料的可生产性和结晶度来分析它们的生物合成条件。然后在不同还原电势（Eh）和 pH 水平下，预测纳米材料生物合成所需的单元素的稳定化学形式。基于电位 /pH 图分析，反应初始 pH 从 6.5 变为 7.5，结果导致了种类繁多的、前所未有的晶体纳米材料的生物合成。避免化学和物理处理，在温和条件下生物合成纳米材料，这项研究触发了生物系统生产各种各样纳米材料的潜力，同时也为理解晶体和非晶体纳米材料生物合成机理的差异打下了基础。

（三）国内重要进展

2018 年，我国在合成生物学的基础研究和应用研究等方面也取得了一系列重要进展，包括基因组设计与合成、基因编辑、天然产物合成等。

1. 基因组设计与合成

中国科学院分子植物科学卓越创新中心 / 植物生理生态研究所在国际上首次人工创建了单条染色体的真核细胞[254]。研究人员将天然复杂的酵母染色体通过人工改造以全新的简约化形式表现出来，通过 15 轮的染色体融合，最终成功创建了只有一条线形染色体的酿酒酵母菌株 SY14，颠覆了染色体三维结构决定基因时空表达的传统观念，揭示了染色体三维结构与实现细胞生命功能的全新关系。这项研究完全由中国科学家独立完成，是合成生物学"建物致知"理念

252 Segall-Shapiro T H, Sontag E D, Voigt C A. Engineered promoters enable constant gene expression at any copy number in bacteria. Nature Biotechnology, 2018, 36: 352-358.

253 Choi Y, Park T J, Lee D C, et al. Recombinant *Escherichia coli* as a biofactory for various single- and multi-element nanomaterials. Proceedings of the National Academy of Sciences of the United States of America, 2018, 115(23): 5944-5949.

254 Shao Y Y, Lu N, Wu Z F, et al. Creating a functional single-chromosome yeast. Nature, 2018, 560: 331-335.

的生动体现，为人类对生命本质的研究开辟了新方向，也是合成生物学具有里程碑意义的重大突破。

天津大学在 *Nature Communications* 期刊同期发表 3 篇研究论文，介绍了精确控制基因组重排技术等一系列研究成果。研究人员在合成酵母染色体的基础上，研究出能够精准控制基因重排的方法，使作为研究对象的微生物——酵母菌，在有限时间内产生几何级增长的基因组变异，驱动其快速进化。他们还开创了多种方法使变异后的酵母菌株具备稳定的生物活性，并作为细胞工厂来高效率产出 β- 胡萝卜素[53]。研究人员通过酵母交配的方式，将合成型酵母与野生型酵母相结合，用基因组重排系统驱动杂合二倍体和跨物种二倍体的基因组重排[54, 55]。杂合二倍体与跨物种基因组重排技术的开发有助于加速工业微生物的性状改良。这是继人工合成酵母染色体打破非生命物质和生命物质界限后，我国研究人员开启的合成生物学研究中基因组重排这一全新研究领域。

2. 基因编辑

简单、高效的 CRISPR-Cas9 编辑体系的出现给生命科学带来了新的技术革命。中国科学院遗传与发育生物学研究所建立了一个通过 CRISPR-Cas9 高效调控内源 mRNA 翻译的方法[83]。研究人员利用 CRISPR-Cas9 对 uORF 进行编辑，发现能够显著提高目标基因的翻译效率。其中，通过突变维生素 C 合成途径中关键基因 *GGP*（GDP-L-galactose phosphorylase）上游的 uORF，可以使生菜叶片中维生素 C 含量提高约 150%。该研究展示了通过基因组编辑 uORF 操纵 mRNA 翻译而调控蛋白质水平在植物分子生物学研究及遗传育种中的应用前景。

中国科学院分子植物科学卓越创新中心 / 植物生理生态研究所利用新发现的 CRISPR 家族中的 Cas13 蛋白（Ⅵ 型）及其指导 RNA（guide RNA）靶向结合特异序列单链 RNA 的能力，通过设计改造并与人源的 RNA 脱氨酶催化结构域（hADAR2d）结合，构建了实现精确定点 RNA（A→I）编辑的人工机器[84]。研究人员还构建了一系列不同的设计，从而获得了精准 RNA 编辑机器的最优参数，优化后的编辑机器对内源靶标 RNA 的编辑效率达到了 59%。这项研究实现的精准 RNA 编辑机器的功能，为逆转录病毒干预和操作提供了一个有潜力的工具。

CRISPR 相关蛋白 Cas12a 是 VA CRISPR 系统的内切核酸酶,已应用于体内基因组编辑和体外 DNA 装配。中国科学院分子植物科学卓越创新中心 / 植物生理生态研究所发现了 ssDNA 的切割活性,包括顺式和反式切割,在 Cas12a 蛋白中都是普遍存在的[255]。Cas12a 是迄今为止第一个特征性 Cas 蛋白,考虑到环境中存在大量的单链病毒,Cas12a 可能在进化过程中发挥 ssDNA 切割活性,可能成为防止外源 ssDNA 入侵的有力工具。因此,研究中表征的 Cas12a 的切割活性可以应用于快速灵敏的核酸检测等方向。

极端微生物是开发下一代工业生物技术的潜在底盘。清华大学将精准、高效的 CRISPR-Cas9 系统引入到嗜盐菌(*Halomonas* spp.)中,第一次实现了在嗜盐微生物中进行精确、快捷的基因组编辑[256]。这项研究采取的基因组工程策略加快了对 *Halomonas* 工程化的研究,为开发下一代工业生物技术提供了新的途径和方法。

3. 应用研究领域

植物天然产物合成是合成生物学的重点研究方向。中国科学院天津工业生物技术研究所与云南农业大学合作,首次实现了治疗心脑血管疾病的中成药灯盏花素的全合成[86]。研究团队利用合成生物学和生物信息学技术,从灯盏花基因组中筛选到灯盏花素合成途径中的关键基因(P450 酶基因 *EbF6H* 和糖基转移酶基因 *EbF7GAT*),并在酿酒酵母底盘中构建灯盏花素合成的细胞工厂。中国科学院天津工业生物技术研究所、云南农业大学和昆明龙津药业股份有限公司已就灯盏花素规模化生产和药物转化研究,达成产、学、研一体化合作意向,将共同推进微生物合成灯盏花素的产业转化。二萜类化合物是一类重要的植物源次生代谢产物,具有广泛的生理和药用活性,在食品工业、药物开发中

255 Li S Y, Cheng Q X, Liu J K, et al. CRISPR-Cas12a has both *cis*- and *trans*-cleavage activities on single-stranded DNA. Cell Research, 2018, 28: 491-493.

256 Qin Q, Ling C, Zhao Y Q, et al. CRISPR/Cas9 editing genome of extremophile Halomonasspp. Metabolic Engineering, 2018, 47: 219-229.

具有巨大的开发和应用前景。中国科学院分子植物科学卓越创新中心 / 植物生理生态研究所首次解析了甜茶素的生物合成过程，在甜叶悬钩子与明日叶中挖掘得到 6 条新的二萜糖基转移酶，并对其底物识别的机制进行了研究[87]。该成果对通过合成生物技术实现甜茶素类稀有二萜糖苷的大规模工业生产奠定了基础。目前，这一成果已与浙江震元制药有限公司签署了基于合成生物技术的甜茶素产业化开发协议。

医学合成生物学研究方面，华东师范大学利用合成生物学和光遗传学的理念，将来自于红细菌中响应远红光的蛋白 BphS、链球菌中的转录因子 BldD、酿脓链球菌中的 dCas9 蛋白等，经人工设计、拼接、组装，合成了远红光调控的 CRISPR-dCas9 内源基因转录装置（FACE 系统）[88]。在远红光照射下，通过 sgRNA/dCas9 的精准定位，可以实现用光来操控目标基因表达的目的。利用该技术方法，研究人员实现了用一束远红光来控制干细胞分化为具有生物功能的神经细胞。这项研究进一步开拓了光遗传学工具箱，为哺乳动物细胞基因组的精密时空遗传调控的基础理论研究和转化应用研究奠定了基础，促进了基于光遗传学的精准治疗和临床转化研究，为研究内源基因组基因功能和转化医学应用研究提供了强有力的技术支持。

噬菌体是一类专一感染细菌的病毒，同时也是人体肠道微生物组的重要组成部分。中国科学院深圳先进技术研究院合成生物学研究所（筹）首次证实了人体肠道噬菌体组和糖尿病的关联性[257]。研究人员利用已有的人体肠道微生物大数据，开发了一系列生物信息学方法，挖掘其中的噬菌体基因组序列，鉴定了大量的全新肠道噬菌体，揭示了肠道噬菌体组的多样性和新颖性。通过对这些噬菌体基因组序列的分析发现，这些噬菌体携带大量的功能基因，这些基因和宿主细菌在肠道环境中的生存适应性相关。该研究首次发现了肠道噬菌体的数量在糖尿病患者肠道中的数量显著高于对照组。该研究提供了丰富的肠道噬菌体的信息，使科研人员可以通过合成生物学的方法改造肠道噬菌体，并为应用

---

257 Ma Y, You X, Mai G, et al. A human gut phage catalog correlates the gut phageome with type 2 diabetes. Microbiome, 2018, 6: 24.

噬菌体干预肠道菌群来预防和治疗某些疾病提供了依据。

中国农业科学院生物技术研究所从真菌中发现了能够对多种药物前体进行修饰的两种关键酶，并创新性地将这两种酶的功能集成起来，构建合成生物学功能模块[258]。研究人员利用多组学、生物合成途径及化学生物学分析，首次在真菌中发现了含有新型糖基转移酶家族的糖基转移酶-甲基转移酶模块（BbGT-BbMT），并且使用合成生物学平台成功地实现了对黄酮、蒽醌和萘酚等45种药物前体的结构修饰，显著提升了这些化合物的水溶性。在大肠杆菌、酵母、哺乳动物细胞模型中表现的化合物代谢稳定性从平均50%左右提高至95%以上。这项研究在制药领域有重要的应用价值和广泛的应用前景。

在农业领域，如何通过合成生物学方法实现固氮酶系统的简化是将固氮酶系统导入植物细胞，实现植物自主固氮过程中需要解决的难题之一。北京大学引入了类似数学中"合并同类项"的思想理念，同时借鉴了自然界中植物病毒中频频出现Polyprotein的策略，利用合成生物学手段成功地将Polyprotein的策略应用到了高度复杂的钼铁固氮系统的简化过程中[89]。通过对该系统多层次有效的定量评估，将原本以6个操纵子（共转录）为单元的含有18个基因的产酸克雷伯菌钼铁固氮酶系统成功地转化为5个编码Polyprotein的巨型基因，并且其高活性可支持大肠杆菌以氮气作为唯一氮源生长。

（四）前景与展望

合成生物学的快速发展，不仅极大地提升了人类对生命本质和工作原理的理解与操控，还将由此催生一次科学、文化、技术与产业的革命。在过去的十几年中，公共和私人资金在合成生物学领域的投入都呈显著上升的趋势。科学界、产业界和政府管理部门力图通过加强战略谋划和采取各种措施，促进合成生物学的研究、应用与产业转化。政府、基金会、企业等多方资金的支持与投入，使得合成生物学领域不断涌现新的研发成果，也有利于其创新成果的转化

258 Xie L N, Zhang L W, Wang C, et al. Methylglucosylation of aromatic amino and phenolic moieties of drug-like biosynthons by combinatorial biosynthesis. Proceedings of the National Academy of Sciences of the United States of America, 2018, 115(22): E4980-E4989.

和产品的大规模生产，促进合成生物学相关产业的发展。

合成生物学所包含的多学科"融合"已不仅仅是原先意义上的"交叉"，而是科学、技术、工程乃至自然科学与社会科学、管理科学的"会聚"。这种"会聚"不仅使传统的、以学科为特征的研究模式面临巨大挑战，也代表着组织管理与文化建设的重大变革[259]。因此，合成生物学的发展，需要构建与会聚研究能力相适应的生态系统，这样的"会聚"生态系统可能涉及科研、教育、管理、合作及资助等各个方面[260]。例如，2018 年 6 月，美国国家科学院、工程院和医学院发布的《合成生物学时代的生物防御》报告，提出了合成生物学领域的风险评估框架和监管体系[261]。此外，2018 年底发生的基因编辑婴儿事件，也让人们更加意识到合成生物学作为新兴颠覆性领域，需要在制度、法规和公众舆论引导等方面进行长期研究，并逐渐形成系统性的风险管控体系，才能保证并促进其健康快速的发展。

四、表观遗传学

（一）概述

表观遗传（epigenetic）被定义为"不改变 DNA 序列却改变基因活性的任何过程"[262]。表观遗传学既研究除序列以外的 DNA 变化，也研究引发此类变化的化合物（如转录因子等）。在某些情况下，表观遗传修饰能够随着细胞分裂而被世代继承。表观遗传学在生命过程中发挥至关重要的作用，帮助特定基因在适当的时间被激活或关闭，保证不同组织、不同细胞中产生必需的特异蛋白质。

---

259 赵国屏. 合成生物学：开启生命科学"会聚研究"新时代. 中国科学院院刊，2018, 33(11): 1135-1149.

260 National Research Council. Convergence: FacilitatingTransdisciplinary Integration of Life Sciences, Physical Sciences, Engineering, and Beyond. Washinton DC: National AcademiesPress, 2014.

261 The National Academies of Sciences, Engineering, and Medicine. Biodefense in the Age of Synthetic Biology. Washinton DC: National Academies Press, 2018.

262 Weinhold B. Epigenetics: The science of change. Environmental Health Perspectives, 2006, 114(3): A160-A167.

DNA 甲基化、组蛋白修饰、非编码 RNA（ncRNA）被认为是启动和维持表观遗传变化的三个主要系统。这三个系统会开启染色质重塑、DNA 复制调控、基因组印记、染色体失活等生化过程。DNA 甲基化是被研究得最广泛和充分论证的表观遗传修饰之一，当甲基小分子被连接到特定位点时，该基因被关闭或沉默，无法生成蛋白质；组蛋白修饰和 ncRNA（尤其是微小 RNA/miRNA 和小干扰 RNA/siRNA）通过与 DNA 形成复合物，来改变染色质的结构并影响基因的表达。

除全球各国各自在表观遗传学有所布局外，美国、加拿大、欧盟、德国、日本、新加坡、澳大利亚等的科学研究机构成立了国际人类表观遗传学合作组织（IHEC）。2018 年 11 月，IHEC 发布第二阶段工作路线图"International Human Epigenome Consortium Phase Ⅱ Roadmap Document"，总结了第一阶段 IHEC 的工作成果——在 3 400 个人类样本中获得表观基因组数据集，生成 380 个参考表观基因组；开发新型分析工具，在额外的维度下（如时间）进行表观组测绘；开展表观组学的全球数据标准研究。随后 IHEC 提出第二阶段的 3 项工作目标：由现有工作小组在全球范围内增加参考表观基因组目录的可获得性；建立专题小组利用新技术对表观组数据进行多维度的功能性分析；利用 IHEC 的成果来探究人类健康和疾病发生的原因。

中国的表观遗传学研究关注表观基因图谱及调控功能验证，国家科学研究项目在表观遗传学方面的支持力度不断提高。2018 年国家重点研发计划"干细胞及转化研究"中近 1/4 的立项项目（7/30）与表观遗传机制有关，经费达 1.12 亿元，立项关注 ncRNA 调控、组蛋白修饰、RNA 修饰、染色质重塑等表观遗传调控机制，聚焦表观遗传学来推动干细胞研究与新兴医学发展。从项目设置来看，中国表观遗传学的研究内容呈现多样化发展的趋势，除 10 年前的 miRNA、5 年前的外泌体、2 年前的循环 RNA（circRNA）外，RNA 甲基化、RNA 结合蛋白（RBD）、超级增强子成为新研究对象。

中国表观遗传学的数据标准和数据平台正不断完善。2018 年 3 月 23 日，中科普瑞公司发布国内首个十万人甲基化组计划——"表观星图计划"（Epigenetics Atlas Project），项目组联合中国医学科学院肿瘤医院、中国科学院计算技术研究院、中国科学院上海生命科学研究院等研究机构，就肿瘤、糖尿病、精神类疾病、法医学等研究进行合作，积累了大量的甲基化数据，旨在成为表观或甲基化数据质量标准制定者。中国科学院北京基因组研究所发布生命与健康大数据中心表观基因组数据库—Methbank 3.0 版，收录了 4 577 个健康人外周血样本的 450K 芯片数据，编审成 34 个不同年龄组的参比甲基化组（consensus reference methylome，CRM）。3.0 版提供了更加详细、系统的注释与分析，在原有基础上整合了多个物种的数百个高质量 DNA 甲基化组并为用户在线浏览、查询与可视化甲基化数据信息提供了友好的界面。

近年来，基因编辑技术和下一代测序技术的兴起帮助科研人员更深入高效地理解表观遗传变异、基因调控与人类疾病的关系，引导分子诊断和靶向治疗新方法。人工智能技术迅猛发展，以机器学习为基础的人工智能能够将已有的知识整合成学习网络，对不同组学、来源的数据进行有效的学习去指导科研及临床治疗。

（二）国际重要进展

1. 遗传修饰与基因调控

表观遗传调控开关一直是研究人员关注的重点。美国贝勒医学院和耶鲁大学的联合研究首次确认：序列依赖性等位基因特异性甲基化（sequence-dependent，allele-specific methylation，SD-ASM）的细胞调节机制存在"数字化"和"随机化"两个特征[263]。数字化意味着，SD-ASM 仅存在"激活"和"不激活"两个状态，并无中间的活动状态。随机化则显示，SD-ASM 的调节因父本和母本基因的遗传变体有所不同，表观遗传调控存在差异。这为表观遗传学的研究大致确定了基调，研究人员从基因（组）结构、基因（组）功能等角度解读表观遗传调控。

---

263 Onuchic V, Lurie E, Carrero I, et al. Allele-specific epigenome maps reveal sequence-dependent stochastic switching at regulatory loci. Science, 2018, 361(6409): eaar3146.

美国埃默里大学的研究首次报道 DNA"半甲基化"的结构[264]。半甲基化是指 DNA 一条链中添加一个甲基,另一条链不添加。研究人员发现,半甲基化只发生在 CTCF(参与 DNA 成环的主要蛋白质)的结合位点。CTCF 是染色质的组分之一,其作用是将 DNA 折叠并压缩成密度更高的结构。如果人工去掉半甲基化修饰,CTCF 将不参与 DNA 成环。DNA 的折叠过程不仅是让 DNA 适应细胞核内狭小空间,还是影响基因正常或失调表达的原因之一。

美国索克研究所确定 CLASSY 家族蛋白能调控基因组 DNA 的甲基化定位[265]。研究人员分析了 4 个 CLASSY 蛋白与 RNA 聚合酶 IV(Pol-IV,诱导 siRNA 产生的关键蛋白)的相互作用。破坏单个 *CLASSY* 基因,会导致不同基因组区域丢失 siRNA 信号,降低对应区域的 DNA 甲基化水平;4 个 *CLASSY* 基因全被破坏后,整个基因组失去了 siRNA 信号和 DNA 甲基化。

美国路德维希癌症研究所和加州大学圣地亚哥分校在哺乳动物中鉴定了影响增强子作用的组蛋白修饰蛋白[266]。通常情况下,增强子通过促进靶基因转录调控特异基因的表达。研究人员对 HeLa 细胞单核小体中的蛋白质进行 SILAC 标记(在细胞培养中通过氨基酸进行稳定同位素标记),结合质谱实验鉴定 H3K4me1 的相关蛋白,解读组蛋白修饰调控哺乳动物中增强子依赖的转录过程。研究人员发现染色质重塑复合物 BAF 在该过程中可能发挥重要作用。H3K4me1 可以在体内增强 BAF 与增强子的相互作用,而 H3K4me1 标记的核小体可以在体外有效地改造 BAF 复合物;从蛋白结构来看,BAF 晶体结构成分 BAF45C 更倾向于与 H3K4me1 结合而非 H3K4me3。

德国马普分子遗传研究所发现 CRISPR-Cas9 系统的脱靶效应导致了整个基因组 DNA 的超甲基化[267]。研究团队在工程小鼠胚胎干细胞(mESC)中

264 Xu C H, Corces V G. Nascent DNA methylome mapping reveals inheritance of hemimethylation at CTCF/cohesin sites. Science, 2018, 359(6380): 1166-1170.

265 Zhou M, Palanca A M S, Law J A. Locus-specific control of the de novo DNA methylation pathway in *Arabidopsis* by the CLASSY family. Nature Genetics, 2018, 50(6): 865-873.

266 Local A, Huang H, Albuquerque C P, et al. Identification of H3K4me1-associated proteins at mammalian enhancers. Nature Genetics, 2018, 50(1): 73-82.

267 Galonska C, Charlton J, Mattei A L, et al. Genome-wide tracking of dCas9-methyltransferase footprints. Nature Communications, 2018, 9(1): 597.

引入 dCas9-DNMT3A 的催化融合结构，诱导干细胞的从头甲基化（ de novo methylation ）。实验使用的 mESC 模型敲除了 *DNMT3A* 和 *DNMT3B* 双基因并抑制 *DNMT1* 的表达。研究发现，dCas9-DNMT3A 结构诱导 mESC 中甲基化水平的快速增加，缺陷 mESC 实验开始时甲基化水平为 16%，第 2 天为 28%，第 7 天为 47%。人体细胞系 293T 和 MSF7 中也同样发现了脱靶效应引起的超甲基化。研究人员验证了 dCas9-DNMT3A 催化融合结构域的脱靶影响，这一研究还将扩展至 dCas9-DNMT3A-DNMT3L、dCas9-SunTag-DNMT3A 等其他系统。

美国加州大学旧金山分校发现跳跃基因 *LINE1* 是胚胎早期发育的关键[268]。*LINE1* 一般被认为具有致病风险，而小鼠胚胎干细胞中存在大量 *LINE1* 的RNA。研究人员在受精卵敲除 *LINE1* 后，受精卵只能分裂 1 次，无法突破两个细胞的阶段。在受精卵细胞中，*LINE1* 的 RNA 会被困在细胞核中，与基因调控蛋白形成一个复合体，只有复合体被激活，才能让胚胎超越"双细胞"阶段，继续发育。

中国科学院生物物理研究所与美国哥伦比亚大学的研究者报道了 Rtt109-Asf1-H3-H4 复合物的晶体结构，这是染色质领域首个组蛋白修饰酶与完整底物复合体的结构[269]。Rtt109 是一种组蛋白乙酰转移酶，Rtt109 缺陷细胞的 H3K56 乙酰化能力丧失，并且对遗传毒物（genotoxic agent）的敏感性增强。研究人员解析 Rtt109 及其组蛋白伴侣 ASF1 的复合物结构，发现 H3 的 N 端处于被解旋的状态，同时 ASF1 通过固定组蛋白 H4 的 C 端形成反向 beta 折叠片结合 Rtt109。酶活实验及酵母生长实验揭示了 Rtt109 通过与组蛋白 H3 中心螺旋处 94 位残基的相互作用，对 H3K56 乙酰化产生影响。同一时期，研究团队又解析了 DNA 复制过程中组蛋白结合和核小体的产生过程。结果显示亲本（H3-H4）$_2$ 四聚体组装成核小体结合到先导链和滞后链的过程中，先导链结合优先于滞后链[270]。Dpb3-

268 Percharde M, Lin C J, Yin Y, et al. A LINE1-nucleolin partnership regulates early development and ESC identity. Cell, 2018, 174(2): 391-405.

269 Zhang L, Serra-Cardona A, Zhou H, et al. Multisite substrate recognition in Asf1-dependent acetylation of histone H3 K56 by Rtt109. Cell, 2018, 174(4): 818-830.

270 Yu C, Gan H, Serra-Cardona A, et al. A mechanism for preventing asymmetric histone segregation onto replicating DNA strands. Science, 2018, 361(6409): 1386-1389.

Dpb4（先导链 DNA 聚合酶的两个亚基）促使亲本（H3-H4）₂组装到先导链上，防止 DNA 复制过程中亲本（H3-H4）₂的不对称分布。

浙江万里学院与美国杜克大学合作报道了龟类的表观遗传机制与温度依赖性别决策之间的联系[271]。温度依赖型性别决定（temperature-dependent sex determination，TSD）是一种常见于爬行动物的表型可塑性现象，其特征是爬行动物缺乏性染色体，性别完全取决于胚胎发育的环境温度。该研究团队发现，H3K27 去甲基化酶 KDM6B 在红耳龟未分化性腺中呈现温度依赖型二态性表达分布，通过 RNA 干扰抑制胚胎 KDM6B 后发现，80%～87% 的胚胎出现雄性向雌性性逆转。分子水平上，KDM6B 通过消除启动子区 H3K27 三甲基化标记，直接促进红耳龟雄性性别决定基因 *Dmrt1* 的表达，引起性别变化。

2. 表观遗传检测方法

基因检测技术正面向高通量、低样本、高分辨率的方向发展，不断涌现的新兴技术正在变革表观组学的研究。

英国巴布拉汉（Babraham）研究所构建了一种表观组学分析技术——单细胞核酸组、甲基化、转录组测序（scNMT-seq）[272]，其步骤为：对单细胞进行分类和裂解；使用 GcC 加急转移酶标记可获得的 DNA；物理分离 DNA 和 RNA；使用 Smart-seq2 对 RNA 进行文库制备和测序；制备 DNA 文库并进行单细胞亚硫酸氢盐测序（scBS-seq），CpG 和 GpC 甲基化能够提供甲基化和核小体占位的信息。

美国佛瑞德 - 哈钦森（Fred Hutchinson）癌症中心改良了核小体和连接子（linker）的检测技术[273]，并开发了核小体定位的生物物理模型，剖析染色质特征和核小体位置的复杂联系。核小体影响着 DNA 的复制、修复和基因表

271 Ge C, Ye J, Weber C, et al. The histone demethylase KDM6B regulates temperature-dependent sex determination in a turtle species. Science, 2018, 360(6389): 645-648.

272 Clark S J, Argelaguet R, Kapourani C A, et al. scNMT-seq enables joint profiling of chromatin accessibility DNA methylation and transcription in single cells. Nature Communications, 2018, 9(1): 781.

273 Chereji R V, Ramachandran S, Bryson T D, et al. Precise genome-wide mapping of single nucleosomes and linkers *in vivo*. Genome Biology, 2018, 19(1): 19.

达，其定位对于功能研究至关重要。研究人员基于 H4S47C 技术改良并提出了 H3Q85C 技术，其原理与 H4S47C 技术基本相同，但具有若干优势：切割长度足以进行测序；非特异性切割少，信噪比更高。

美国俄勒冈健康与科学大学开发了高度可扩展的单细胞全基因组甲基化分析方法——sci-MET（单细胞组合索引的甲基化分析）[274]，可快速有效地识别体内细胞亚型。研究人员为每个细胞添加能被测序仪读取的特异性 DNA 标签，进而同时分析大量单细胞的甲基化组信息。sci-MET 的效率是传统单细胞测序方法的 40 倍，这项技术将制备单细胞 DNA 甲基化文库的成本从每个细胞 20～50 美元降低到 50 美分以下，将极大地促进癌症、大脑疾病、心血管疾病的精准医学发展。

美国加州理工学院团队开发映射细胞核 DNA 空间组织构型和染色体 - 核小体相互作用的 3D 方法——"利用标签对相互作用进行隔离池识别"（split-pool recognition of interactions by tag extension，SPRITE）[275]。研究人员为细胞核内的复合物打上不同分子条形码，复合物内的所有分子使用相同条形码。这样，科学家们就可以根据两个或者多个分子是否具有相同条形码判断是否存在相互作用。

美国西雅图华盛顿大学首次构建哺乳动物单细胞染色质可接近性图谱[276]。研究团队从 13 只雄性小鼠的骨髓、大肠、心脏、肾、肝、肺、小肠、脾、睾丸、胸腺、全脑、小脑和前额叶皮层等组织采集了 10 万个单细胞，运用单细胞 ATAC-seq 技术，检测出了 85 种特异性染色质的可及性状态，其中大部分都能与特定细胞类型匹配。该研究重点识别不同细胞类型中基因组的活跃状态和调节方式，研究人员将结果数据与人类全基因组进行交叉分析，以寻找疾病关联遗传变异。

丹麦哥廷根大学结合 ChIP 和 EdU 标记，创造 ChOR-seq（chromatin occupancy

274 Mulqueen R M, Pokholok D, Norberg S J, et al. Highly scalable generation of DNA methylation profiles in single cells. Nature Biotechnology, 2018, 36(5): 428-431.

275 Quinodoz S A, Ollikainen N, Tabak B, et al. Higher-order inter-chromosomal hubs shape 3D genome organization in the nucleus. Cell, 2018, 174(3): 744-757.

276 Cusanovich D A, Hill A J, Aghamirzaie D, et al. A single-cell atlas of *in vivo* mammalian chromatin accessibility. Cell, 2018, 174(5): 1309-1324.

after replication，即在 DNA 复制后研究组蛋白分布的测序技术）[277]，解析细胞分裂和 DNA 复制过程中，组蛋白修饰稳定遗传的分子途径。结果显示，在新合成的 DNA 上，装配的组蛋白包括亲代细胞中的组蛋白及新合成的组蛋白，在细胞分裂完成后，新合成的组蛋白被迅速修饰，保障子代细胞在细胞周期内恢复至亲代细胞的表观遗传水平。

美国宾夕法尼亚大学开发了一种 DNA 脱氨酶——APOBEC，对附着于 DNA 表面的化学基团进行测序[278]。新方法使用的 DNA 量仅为依赖亚硫酸盐方法的1/1 000。同时，新方法还可以区分甲基化和羟甲基化两类表观遗传标记。

3. 临床应用与疾病干预

生命发育过程中，表观遗传调控发挥着至关重要的作用，表观遗传变异往往与衰老、肿瘤、代谢异常密切相关。表观组学的比对和分析，将为疾病（尤其是慢性疾病）的预防和诊断提供新思路和新方法。

美国斯坦福大学推断，组蛋白的表观遗传修饰过量可能引起免疫细胞的衰老[279]。研究人员使用质谱流式细胞仪进行细胞分选，利用细胞计数（cytometry）质谱进行单细胞水平的蛋白质检测，对不同人群来源免疫细胞的组蛋白修饰类型（乙酰化、磷酸化、泛素化、巴豆酰化）进行定量检测，构建免疫细胞组蛋白修饰图谱。其中，衰老人群免疫细胞中存在更多的组蛋白标记。随着衰老的进程，免疫细胞的组蛋白修饰差异逐渐增大，食物、睡眠、运动、感染、工作、生活环境、身体和心理压力、经济压力等非遗传因素是导致组蛋白修饰差异的影响因素。

美国加州大学洛杉矶分校发现抗衰老因子 TERT 参与了表观遗传时钟的

277 Reverón-Gómez N, González-Aguilera C, Stewart-Morgan K R, et al. Accurate recycling of parental histones reproduces the histone modification landscape during DNA replication. Molecular Cell, 2018, 72(2): 239-249.

278 Schutsky E K, DeNizio J E, Hu P, et al. Nondestructive, base-resolution sequencing of 5-hydroxymethylcytosine using a DNA deaminase. Nature Biotechnology, 2018, 36(11): 1083-1090.

279 Cheung P, Vallania F, Warsinske H C, et al. Single-cell chromatin modification profiling reveals increased epigenetic variations with aging. Cell, 2018, 73(6): 1385-1397.

进程[280]。科学家在 2013 年就提出了"表观遗传时钟"的概念，即通过追踪 DNA 甲基化程度来推算血液和组织的生物学年龄（甲基化程度越高，生物学年龄越大），进而预测个体寿命。本研究中，对 9 907 个个体的白细胞进行全基因组（GWAS）检测，发现了 5 个与内在表观遗传年龄加速器（intrinsic epigenetic age acceleration，IEAA）相关的位点和 3 个与外在表观遗传年龄加速器（extrinsic epigenetic age acceleration，EEAA）相关的位点，其中 1 个 IEAA 相关位点定位于 *TERT* 基因座。体外实验在人原代成纤维细胞中证明，*TERT* 的表达将增加表观遗传老化。由于 TERT 是端粒酶的亚基之一，基于研究结果，科学家认为应重新审视"激活端粒酶治愈衰老"的理念。

美国约翰霍普金斯大学通过甲基化图谱区分衰老细胞与肿瘤细胞[281]。研究人员用人类皮肤纤维母细胞分化出癌化细胞株和衰老（senescence）细胞株，并进行全基因体甲基化分析。整体层面上，癌化细胞和衰老细胞大部分基因座的甲基化水平降低，少数启动子 CpG 岛的甲基化水平上升。然而两类细胞受影响的基因不同，癌化细胞中甲基化上升的基因多为发育及分化相关基因，且变化随机；衰老细胞中甲基化上升的基因多为代谢途径相关基因，不受多梳蛋白调控，且在衰老过程中其变化有迹可循。

德国海德堡大学医院、德国癌症研究中心等 100 多个研究机构的联合研究发现，基于 DNA 甲基化的数据分析可以改善大脑肿瘤的诊断[5]，这将改变当前基于组织学方法分类脑肿瘤的模式。2016 年版 WHO 中枢神经系统肿瘤分类首次在组织学的基础上采用分子学的特征来进行肿瘤分类，为分子时代中枢神经系统（CNS）肿瘤诊断构建了新的概念[282]。本研究中，研究人员开发了用于甲基化数据分类的机器学习程序，基于甲基化指纹鉴定 82 种 CNS 肿瘤。训练过程采用了 2 800 例癌症患者的参照数据，机器学习程序在 1 104 例经人工诊断的 CNS 肿瘤

280 Lu A T, Xue L, Salfati E L, et al. GWAS of epigenetic aging rates in blood reveals a critical role for TERT. Nature Communications, 2018, 9(1): 387.

281 Xie W, Kagiampakis I, Pan L, et al. DNA methylation patterns separate senescence from transformation potential and indicate cancer risk. Cancer Cell, 2018, 33(2): 309-321.

282 Louis D N, Ohgaki H, Wiestler O D, et al. The 2007 WHO classification of tumours of the central nervous system. Acta Neuropathol, 2007, 114(2): 97-109.

中进行验证，其中 86% 的甲基化评判与组织学诊断一致，并发现了 12% 的病例存在误诊。研究团队生成一款免费在线工具（Molecular Neuropathology 2.0：http://www.kitz-heidelberg.de/molecular-diagnostics），可在几分钟内分析上传的数据。

美国麻省理工学院首次通过 CRISPR-dCas9 进行移除甲基化修饰，治疗由 *FMR1* 基因异常引起的脆性 X 染色体综合征[283]。*FMR1* 基因序列包括一系列三核苷酸（CGG）重复序列，这些重复序列的长度决定了一个人是否会患上脆性 X 染色体综合征。在研究人员移除 *FMR1* 重复序列的甲基化标签后，*FMR1* 基因的表达恢复到正常的水平。当被重新激活 FMR1 的诱导性多能干细胞分化成神经元，被移植到小鼠大脑中时，FMR1 能够保持至少 3 个月的活性。

加拿大多伦多大学发现，在小鼠海马体中组蛋白变体 H2A.Z 富集将抑制大脑的学习能力，进而发展为记忆缺陷[284]。H2A.Z 是常规组蛋白 H2A 的重要变体之一，广泛参与基因组稳定性、细胞增殖和分化过程的调节。研究人员选取幼年小鼠（4 个月）和中年小鼠（15.5 个月）为研究对象，在诱导记忆和环境刺激后，对小鼠大脑细胞进行 RNA-seq 检测。结果显示，中年小鼠海马区的 H2A.Z 显著增加，这一组蛋白变体随着年龄的增长不断累积。在对小鼠进行刺激后，幼年和中年小鼠中，H2A.Z 蛋白与近 3 000 个基因的结合水平显著下调，其中包括参与记忆形成的基因。这意味着，H2A.Z 调控着环境驱动和条件反射关联的学习过程，H2A.Z 的表达活性的降低会提高小鼠的记忆力。

美国加州大学洛杉矶分校的研究者发现，通过 RNA 能够在海蜗牛（*Aplysia californica*）之间实现记忆移植[285]，这意味着记忆并不只是存在于神经细胞连接中，它可能受到 RNA 诱导的表观遗传影响。研究人员用轻微电击刺激海蜗牛，引发防御性收缩（轻微敲打后收缩 50 s 左右，对照组仅收缩 1 s）。随后将两组海蜗牛的神经元 RNA 提取并注入幼体海蜗牛，24 h 后幼体海蜗牛产生类似的防

283 Liu X S, Wu H, Krzisch M, et al. Rescue of fragile X syndrome neurons by DNA methylation editing of the FMR1 gene. Cell, 2018, 172(5): 979-992.

284 Stefanelli G, Azam A B, Walters B J, et al. Learning and age-related changes in genome-wide H2A.Z binding in the mouse hippocampus. Cell Reports, 2018, 22(5): 1124-1131.

285 Bédécarrats A, Chen S, Pearce K, et al. RNA from trained aplysia can induce an epigenetic engram for long-term sensitization in untrained aplysia. eNeuro, 2018, 5(3). pii: ENEURO.0038-18.2018.

御性收缩。研究人员分离海蜗牛的感觉神经元，发现电击组的感觉神经元数量更多，感觉神经元和运动神经元的突触数量也更多。

产前暴露极有可能影响后代的身体代谢情况。产前（怀孕 1～10 周）饥荒暴露的人群后代中，6.3% 人群的 PFKFB3 和 METTL8 内含子区域的 CpG 位点产生甲基化，这两个基因参与糖酵解和脂肪生成，其表达抑制将导致血清甘油三酯水平异常，这些后代将在老年时期面临更高的代谢疾病风险[286]。雨季出生的孩子（93%）有更高的概率出现非编码 RNA nc886 基因座的甲基化差异修饰，这些孩子 5 岁时的 BMI 相对较低[287]。

瑞典乌普萨拉大学证实，仅一晚上睡眠不足就会对人体基因表达和代谢产生组织特异性影响[288]。骨骼肌和脂肪组织调控的代谢功能受到睡眠和昼夜节律的影响。急性睡眠缺失并未导致脂肪组织和骨骼肌中生物钟相关基因的甲基化变化，而是产生其他甲基化修饰，这类修饰与肥胖症和 2 型糖尿病代谢条件下的甲基化修饰相似。研究人员推断脂肪组织会在睡眠不足后增加储存能力，抵消睡眠不足带来的不利影响。

父亲的生活习惯同样会对后代产生表观影响。例如，高龄父亲的孩子可能老得更快，其寿命也比年轻父亲的孩子更短[289]，高龄父鼠的后代寿命中位值比对照组减少了 2 个月，相当于 7 年的人类寿命，这可能源于 mTOR 启动子区域含有 14 个位点的甲基化差异，引起高龄父鼠后代的 mTOR 基因超表达。精子的低温暴露则能够诱导精子的表观遗传编程[290]，提升后代棕色脂肪组织形成能力、神经元密度和去甲肾上腺素释放，在小鼠实验中，低温暴露能够通过表观调控

286 Tobi E W, Slieker R C, Luijk R, et al. DNA methylation as a mediator of the association between prenatal adversity and risk factors for metabolic disease in adulthood. Science Advances, 2018, 4(1): eaao4364.

287 Carpenter B L, Zhou W, Madaj Z, et al. Mother-child transmission of epigenetic information by tunable polymorphic imprinting. Proceedings of the National Academy of Sciences, 2018, 115(51): E11970-E11977.

288 Cedernaes J, Schönke M, Westholm J O, et al. Acute sleep loss results in tissue-specific alterations in genome-wide DNA methylation state and metabolic fuel utilization in humans. Science Advances, 2018, 4(8): eaar8590.

289 Xie K, Ryan D P, Pearson B L, et al. Epigenetic alterations in longevity regulators, reduced life span, and exacerbated aging-related pathology in old father offspring mice. Proceedings of the National Academy of Sciences, 2018, 115(10): E2348-E2357.

290 Sun W, Dong H, Becker A S, et al. Cold-induced epigenetic programming of the sperm enhances brown adipose tissue activity in the offspring. Nature Medicine, 2018, 24(9): 1372-1383.

途径上调 ABRB3 等棕色脂肪调节因子，改善系统代谢，减少雄性后代因饮食而增长的肥胖风险。

（三）国内重要进展

1. 遗传修饰与基因调控

中国科学院生物物理研究所首次在体内揭示了 *Stella* 基因通过抑制 DNMT1 活性保护卵母细胞基因甲基化正常建立的机制，打破了当前关于 DNMT1 只是维持性 DNA 甲基化转移酶的论断[291]。研究人员通过免疫染色检测发现，Stella 能够招募 UHRF1 出核并抑制后者的细胞核定位。卵子形成过程中 DNA 甲基化的正确建立需要 Stella 的参与，而 Stella 的活性依赖于 DNNMT1 发挥作用，当人为敲除 DNMT1 后，将显著降低 Stella 缺失引发的异常高甲基化现象。

北京大学第三医院与北京未来基因诊断高精尖创新中心、生命科学学院生物动态光学成像中心利用单细胞测序技术，首次实现了人类早期胚胎发育过程中 DNA 甲基化重编程在单细胞和单碱基精度的深入研究[292]。研究结果包括：发现人类胚胎发育过程中植入前阶段存在大量特异性的 DNA 从头加甲基化；发现从二细胞胚胎阶段开始父母本基因组上的剩余甲基化水平发生逆转，在同一个单细胞中母本基因组上的剩余甲基化水平显著高于父本基因组上的剩余甲基化水平；发现 DNA 甲基化在早期胚胎卵裂过程中的不对称分配可以用来追溯同一个胚胎中每个细胞的遗传谱系。

同济大学生命科学与技术学院的研究揭示胚胎干细胞向心肌细胞分化过程中，lincRNA1405 通过联合转录因子及表观修饰分子，精确调控下游心肌特意分化[293]。linc1405 的第二个外显子是介导转录因子 Eomes 和组蛋白修饰分子

291 Li Y, Zhang Z, Chen J, et al. Stella safeguards the oocyte methylome by preventing *de novo* methylation mediated by DNMT1. Nature, 2018, 564(7734): 136-140.

292 Zhu P, Guo H, Ren Y, et al. Single-cell DNA methylome sequencing of human preimplantation embryos. Nature Genetics, 2018, 50(1): 12-19.

293 Guo X, Xu Y, Wang Z, et al. A Linc1405/Eomes complex promotes cardiac mesoderm specification and cardiogenesis. Cell Stem Cell, 2018, 22(6): 893-908.

（WDR5 和 GCN5）相互作用、识别 Mesp1 基因增强子区、调节 Mesp1 表达和心肌细胞分化的关键功能片段。缺失 linc1405 的第二个外显子后，小鼠的心室壁厚度、室间隔厚度、心脏射血分数和短轴缩短率显著低于对照组。

中国科学院动物研究所发现了组蛋白变体 H2A.Z 调控大脑发育的机制[294]。研究人员深入研究了 H2A.Z 在神经前体细胞增殖和分化中的作用。行为学层面上，H2A.Z 缺陷导致记忆下降及社交障碍。分子层面上，研究人员通过体内胚胎电转的手段，建立大脑中 H2A.Z 特异性敲除小鼠（cKO）模型，发现 H2A.Z 缺陷导致神经前体细胞过度增殖并抑制其分化，H2A.Z 缺失影响了 Nkx2-4 启动子的 H3K36me3 结合，Nkx2-4 的表达量显著下调。再者，H2A.Z 能招募 H3K36 三甲基转移酶 Setd2，加强 Nkx2-4 活性并促进其转录，而且过表达 H2A.Z 及 NKX2-4 能够逆转 H2A.Z 缺陷造成的神经发生的异常。

2. 临床应用与疾病干预

北京大学第三医院与北京大学利用单细胞三组学测序技术（scTrio-seq2），在国际上首次从单细胞分辨率、多组学水平深入解析了人类结直肠癌的发生和转移过程，验证基因组拷贝数变异、DNA 甲基化异常与基因表达特征的相互关系[295]。新开发的 scTrio-seq2 测序方法将研究的细胞数量集从 25 个增加到 1 900 个，提高了 DNA 甲基化位点的覆盖度。scTrio-seq2 在转录组分析中平均可检测 8 106 个（88%）基因的表达水平，并检测到 1 600 多万个甲基化位点。利用 scTrio-seq2，研究团队在单细胞分辨率下追踪了同一遗传谱系癌细胞转移过程中的 DNA 甲基化和基因表达的变化情况，发现基因启动子区域的 DNA 甲基化与相应基因表达关系为负相关，而基因区的 DNA 甲基化与相应基因表达呈现正相关。

中国科学院北京基因组研究所连续发文，基于表观遗传修饰寻找白血病的潜在治疗靶点。在 *MLL* 基因重排型急性白血病中，研究团队发现组蛋白三甲基

294 Shen T, Ji F, Wang Y, et al. Brain-specific deletion of histone variant H2A.z results in cortical neurogenesis defects and neurodevelopmental disorder. Nucleic Acids Research, 2018, 46(5): 2290-2307.

295 Bian S, Hou Y, Zhou X, et al. Single-cell multiomics sequencing and analyses of human colorectal cancer. Science, 2018, 362(6418): 1060-1063.

转移酶 SETD2 发生失活，导致 H3K79me2 和 H3K36me3 组蛋白修饰富集，抑癌基因 *ASXL1* 被抑制，癌基因 *ERG* 被激活，最终促进 MLL 白血病发展[296]。在急性白血病中，发现调控因子 ANP32A 通过调节 H3 乙酰化（acetyl-H3）修饰，促进白血病细胞增殖、生存和克隆形成[297]。

中国科学院上海药物研究所的研究团队揭示了 EZH2 抑制剂对大部分实体瘤治疗无效的分子机制，提供了可能的协同抑制和表观遗传交互调控解决方案[298]。在 EZH2 高表达的肿瘤细胞中，接受 EZH2 抑制剂处理后 H3K27me2 和 H3K27me3 的水平都显著下降，然而 EZH2 抑制剂敏感细胞的 H3K27ac 水平几乎不变或者略有下调，而不敏感细胞的 H3K27ac 水平急剧升高。H3K27ac 水平增加的程度与细胞 IC_{50} 显著正相关，说明 EZH2 抑制剂诱导激活的 H3K27ac 对细胞耐药发挥重要作用。敲除或抑制催化 H3K27ac 的 p300/CBP 能够使对 EZH2 抑制剂不敏感的细胞变得敏感。

厦门大学药学院的研究团队发现 JMJD6 是调控相关乳腺癌细胞的生长和肿瘤形成的重要因子[299]。细胞内雌激素 / 雌激素受体介导的基因转录的异常激活是乳腺癌发展的主要原因之一，雌激素受体和增强子（enhancer）结合并且激活相应区域产生（增强子 RNA）并诱导肿瘤发生。JMJD6 被特异性地招募到雌激素受体结合的活性增强子区域，和 MED12 相互作用并结合到活性增强子区域，对增强子 RNA 及其邻近的编码基因的转录激活起决定性作用。

上海交通大学发现了首个具有功能的 SIRT6 变构激动剂 MDL-800，初步证实 SIRT6 变构激动剂可以通过阻断细胞周期来抑制肝癌增殖[300]。SIRT6 是组蛋白去乙酰化酶（HDAC）家族成员之一。研究人员利用自主研发的 Allosite 工具

296 Bu J, Chen A, Yan X, et al. SETD2-mediated crosstalk between H3K36me3 and H3K79me2 in MLL-rearranged leukemia. Leukemia, 2018, 32(4): 890-899.

297 Yang X, Lu B, Sun X, et al. ANP32A regulates histone H3 acetylation and promotes leukemogenesis. Leukemia, 2018, 32(7): 1587-1597.

298 Huang X, Yan J, Zhang M, et al. Targeting epigenetic crosstalk as a therapeutic strategy for EZH2-aberrant solid tumors. Cell, 2018, 175(1): 186-199.

299 Gao W W, Xiao R Q, Zhang W J, et al. JMJD6 licenses ERα-dependent enhancer and coding gene activation by modulating the recruitment of the CARM1/MED12 Co-activator complex. Molecular Cell, 2018, 70(2): 340-357.

300 Huang Z, Zhao J, Deng W, et al. Identification of a cellularly active SIRT6 allosteric activator. Nature Chemical Biology, 2018, 14(12): 1118-1126.

发现 SIRT6 的潜在变构位点，利用虚拟筛选和荧光 FPL 方法筛选出两个可激活 SIRT6 的化合物 MDL-800 和 MDL-801，结构生物学结合突变实验及生物物理方法进一步确证 MDL-800 能够通过变构方式激活 SIRT6 去乙酰化酶活性而不影响 SIRT6 去长链酰化和 ADP 核糖转移酶活性。药理学结果显示，MDL-800 可以在肝癌细胞内特异性激活 SIRT6 组蛋白去乙酰化活性，下调 H3K9Ac 和 H3K56Ac，阻断细胞周期阻滞从而抑制肝癌细胞增殖。

四川大学华西医院和斯坦福大学的联合研究阐明了疾病期间的 DNA 表观调控机制[301]。研究人员连续 36 个月收集人体外周血单核细胞（PBMC）并获取了 28 个甲基化组和 57 个转录组数据。受试者在实验期间两次感冒，随后机体的血糖水平显著提高，达到糖尿病水平。在此之前的 80～90 天，受试者的 DNA 甲基化模式发生了变化（甲基化基团关闭了代谢控制基因的表达）。研究人员还发现，体内存在大量的等位差异甲基化区域（aDMR），其数量是已发现的 11 倍，且分布稳定非随机。

四川大学华西口腔医院和中山大学附属第一医院发现 m6A 表观遗传修饰受到 Mettl3 影响，进而调控骨髓间充质干细胞和骨质疏松症[302]。在小鼠模型中，骨髓间充质干细胞（MSC）中 m6A 甲基转移酶的 Mettl3 条件性敲除会引发骨质疏松症的病理学特征。Mettl3 功能丧失会导致骨形成受损，成骨分化能力不足和骨髓肥胖增加。MSC 中的 Mettl3 过表达也能保护小鼠免受雌激素缺乏引起的骨质疏松症。PTH（甲状旁腺激素）/ Pth1r（甲状旁腺激素受体 -1）信号轴是 MSC 中 m6A 调节的重要下游途径。Mettl3 的敲除降低了 MSCs 谱系 Pth1r 的翻译效率，并破坏了体内 PTH 诱导的成骨和脂肪形成反应。

北京大学发现 TGF-β 信号通过 miR-29 诱导 H4K20ME3 丧失，促进心脏衰老进程[303]。机械作用下，氧化应激会激活细胞内 TGF-β 信号，导致 miR-

301 Chen R, Xia L, Tu K, et al. Longitudinal personal DNA methylome dynamics in a human with a chronic condition. Nature Medicine, 2018, 24(12): 1930-1939.

302 Wu Y, Xie L, Wang M, et al. Mettl3-mediated m6A RNA methylation regulates the fate of bone marrow mesenchymal stem cells and osteoporosis. Nature Communications, 2018, 9(1): 4772.

303 Lyu G, Guan Y, Zhang C, et al. TGF-β signaling alters H4K20me3 status via miR-29 and contributes to cellular senescence and cardiac aging. Nature Communications, 2018, 9(1): 2560.

29a 和 miR-29c 的急性积累，两者都直接抑制其靶点功能——Suv4-20h，降低 H4K20ME3 丰度，损害 DNA 损伤修复和基因组维护功能。研究人员希望通过这一表观遗传调控途径，寻找潜在的心脏衰老治疗和干预措施。

（四）前景与展望

表观遗传调控机制是生命现象中普遍存在的基因表达调控方式，在分子层面上为细胞编程提供了新的探索方向，在应用层面上也为疾病的诊断治疗提供新靶点和新技术。根据咨询公司 Grand View Research 预测，2025 年，全球表观遗传学市场将以 19.7% 的复合年均增长率达到 220.5 亿美元的市场规模，其中快速精确检测技术的复合年均增长率超过 20%，先进测序技术的复合年均增长率超过 47%。

技术革新的学科融合极大地推动了表观遗传学研究成果的产出。基因测序技术正朝向高通量、高精度、低样本、多组学的方向发展，以"单细胞"和"多组学"为特征的检测技术提高了表观组修饰的可及性，2018 年新型单细胞测序（scM & T-seq、scNMT-seq、scMT-seq、scTrio-seq 等）和组学标签（PLAYR、CITE-seq、REAP-seq）技术不断涌现，研究人员能够更精确地观测单细胞基因组、甲基化或染色质，收集和分析转录组和蛋白质组数据；人工智能和机器学习的发展能够加快生物信息学分析效率，其与系统生物学、表观生物学的结合有助于快速筛选和识别基因差异，为疾病诊断和治疗寻找潜在靶点，将来临床诊断过程中的数据规模、学科领域、逻辑关系将更加复杂，基于已有知识发展而成的人工智能将对不同组学和来源的数据进行有效学习并指导科研和临床决策；基因编辑为基因功能研究提供了快速便捷的技术途径，CRISPR-Cas9 等技术已经扩展到转录激活、转录抑制和表观遗传学修饰的研究中，为表观遗传学调控提供了一个有效、可编程、易操作的平台，开辟了表观遗传学功能获得和功能缺失研究的可能性，有助于在前所未有的深度和精度水平绘制功能性网络。

从生物学角度而言，表观遗传学的研究重点将转向表观遗传功能、细胞编程、遗传和适应性等主题；从医学和健康应用而言，重大慢性疾病是表观遗传学的主要应用方向，肿瘤治疗仍是最大的领域，将来将继续扩展至神经和精神疾病、代谢性疾病、罕见病等领域；从产品转化看，第二代表观遗传药物已进入临床试验阶段，包括 DNA 甲基化、组蛋白修饰、RNA 沉默相关的酶类，这些新型药物显示出更高的有效性和特异性。

我国也将在表观遗传学的研究基础上深入布局。未来，表观遗传学基础研究开始关注"增强子"（利用多组学数据解析增强子之间的层次结构，抑或利用染色质 3D 技术研究增强子的作用机制）；"RNA 甲基化"（包括 m6A 修饰相关的甲基转移酶、去甲基化酶）；"ncRNA"（miRNA、circRNA 等）；"外泌体"等。

我国表观遗传学研究平台还将进一步完善。2018 年年底，罗氏诊断产品（上海）有限公司与上海易毕恩基因科技有限公司宣布"罗氏诊断 - 易毕恩示范合作实验室"正式落地张江高新技术产业开发区青浦园区。示范实验室基于基因检测整体解决方案和全基因组 5- 羟甲基胞嘧啶（5 hmC）高通量检测技术，未来将致力于表观遗传学的基因检测科研服务、生物分析及产品研发，推动基因检测技术的产业化，其将在科研、政策、制度上的优势发挥到最大，进而满足生命健康的需求和挑战，由基础科学向健康产业全方位提升国民健康水平。

五、结构生物学

（一）概述

结构生物学是现代生命科学研究的前沿主流学科之一，旨在解构与分析生物大分子（如蛋白质分子和核酸分子）的分子三维结构（包括构架和形态），并研究它们结构的形成与改变及其对生物学功能的影响。对生物大分子结构与功能的深入研究不仅可以解决一系列重大的基础科学问题，帮助人们更好地理解生命现象本质，而且与人类健康息息相关，将极大地促进基于生物大分子结构的新药研究及开发。目前，为了获得用于构成活体细胞的各种各样大分子生物组件的高分辨率图像信息，结构生物学主要依赖 X 射线晶体衍射技术、冷冻电镜技术（cryo-EM）等技术手段。目前，通过电子束代替 X 射线改进衍射技术，分子 CT[304] 能够高效地确定分子结构，将极大推动药物的合成发现与分子探针的设计，该技术也因此入选了 *Science*2018 年十大科学突破。伴随着以上技术手段的发展与完善，科学家对基因（组）、染色质及蛋白质等大分子结构和功能的认识不断加深，在生物大分子元件与细胞机器的基本功能与机制、重大疾病（如癌症与神经退行性疾病）治疗、药物研发等方面展开应用研究。

（二）国际重要进展

1. 生物大分子元件的结构解析

美国文安德（van Andel）研究所等机构利用先进的冷冻电镜配套设备（David van Andel advanced cryo-electron microscopy suite），首次揭示了 TRPM2 的原子级结构[305]。由于该蛋白质能够调节核心体温，介导免疫应答及细胞凋亡、细胞程序化死亡，其结构的解析有助于治疗由化学失衡导致的氧化应激相关神经疾病（阿尔茨海默病和双相情感障碍等），成为这类疾病的潜在药物靶点。

美国洛克菲勒大学使用了来自许多不同实验的信息，采用一种新颖的综合建模方法首次确定了酵母核孔复合体（NPC）近乎完整的原子结构[306]，精确定位了通道中的 552 个核孔蛋白。该研究通过对 NPC 架构的阐明，有助于加深人们对其结构组成的认识，进一步理解这个至关重要的运输通道如何发挥调节发育和细胞生长的功能，有望解释癌细胞中所发生的变化。

美国哈佛大学医学院和丹娜 - 法伯癌症研究所利用 X 射线晶体衍射技术，首次鉴定出人类 cGAS 蛋白与其他哺乳动物中的 GAS 蛋白之间的结构差异和功能差异，并揭示出它在人体中发挥独特功能的结构基础[307]。该研究通过对 cGAS

304 Service R F. Molecular CT scan could speed drug discovery. Science , 2018, 362(6413): 389.

305 Huang Y, Winkler P A, Sun W, et al. Architecture of the TRPM2 channel and its activation mechanism by ADP-ribose and calcium. Nature, 2018, 562(7725): 145.

306 Kim S J, Fernandez-Martinez J, Nudelman I, et al. Integrative structure and functional anatomy of a nuclear pore complex. Nature, 2018, 555(7697): 475.

307 Zhou W, Whiteley A T, de Oliveira Mann C C, et al. Structure of the human cGAS-DNA complex reveals enhanced control of immune surveillance. Cell, 2018, 174(2): 300-311.

蛋白的结构特征的概述，阐述了人类 cGAS 为何与如何在识别某些类型 DNA 的同时忽略其他类型的 DNA，从而为设计适合人类 cGAS 蛋白独特结构特征的小分子药物提供了信息，有望改进当前作为抗癌疗法正在开发中的精准 cGAS 调节药物。

美国哈佛大学等机构的研究团队利用新开发的 Dip-C 方法，包括全新的单细胞全基因组扩增方法多重末端标记扩增技术（META）和适用于解释二倍体结构的软件，在高分辨率下重建了来自淋巴母细胞系和原代血细胞的人类二倍体单细胞基因组的 3D 结构[308]，定位了细胞核中特定单核苷酸变异和拷贝数变异。这是国际上首次成功破译人类二倍体单细胞基因组的 3D 结构，并发现不同细胞类型之间存在系统差异。该研究有助于揭示细胞群体差异和细胞的进化路线，帮助科学家预测突变元件与靶基因之间的关系，也将帮助人类进一步探索细胞分化、癌变、记忆及衰老等问题。

美国芝加哥大学和斯坦福大学的研究团队利用高分辨率电镜技术，首次解析出人类 teneurin 蛋白的三维结构，并利用选择性剪接过程产生了两种不同功能的 teneurin 蛋白[309]。该研究发现 teneurin 蛋白的结构与细菌毒素类似，并基于此联想到其多重功能和细菌毒素之间存在的相似性有关，加深了研究人员对其在发育期间和在神经系统中执行诸多生物学功能的理解。

美国北卡罗来纳大学首次证实鉴于 RNA 分子呈现出特定的三维形状，它们识别彼此并通过互补性的碱基配对结合在一起，从而凝聚成相同的液滴（droplet）。这些液体凝聚物转变为固体状态可能是阿尔茨海默病、帕金森病、亨廷顿病、肌萎缩性侧索硬化症（ALS）和朊病毒病等神经退行性疾病的一个风险因素。而该研究揭示了形成这些 RNA- 蛋白凝聚物的一种选择性机制。

荷兰代尔夫特理工大学与欧洲分子生物学实验室（EMBL）的研究团队开发出凝缩蛋白（condensin）的纯化方法和荧光标记方法，实时观察到该蛋白复

308 Tan L, Xing D, Chang C H, et al. Three-dimensional genome structures of single diploid human cells. Science, 2018, 361(6405): 924-928.

309 Li J, Shalev-Benami M, Sando R, et al. Structural basis for teneurin function in circuit-wiring: a toxin motif at the synapse. Cell, 2018, 173(3): 735-748.

合物如何缠绕 DNA 从而挤压出环状结构的过程[310]。该研究证明了基于许多这类环状结构，细胞能够高效地压缩基因组，从而将其均匀分布到两个子细胞中。这项研究通过凝缩蛋白作用机制的重现解答了 DNA 能够均匀分配的世纪争论，也有望推动癌症及德朗热综合征（Cornelia de Lange syndrome）等遗传性疾病的治疗。

劳伦斯伯克利国家实验室的研究团队利用冷冻电镜技术，解析了多梳抑制复合物 2（polycomb repressive complex 2，PRC2）的精细结构[311]，为理解 PRC2 功能提供了结构框架，并首次说明了这种类型的分子如何与它的底物结合[312]。该研究为理解 PRC2 调节基因表达的机制提供了重要的见解，拓宽了人们在分子水平上对基因调控的了解，有望为开发癌症疗法提供新的可能性。

美国耶鲁大学和比利时布鲁塞尔自由大学的研究团队利用 X 射线晶体衍射技术，揭示出 Klotho 蛋白中的 β-Klotho 蛋白的三维结构[313]，并进一步阐明了它的复杂机制和治疗潜力。该研究还建立了一个探索治疗多种疾病潜在疗法的平台，通过激活或阻断这个通路的药物，可能开发出靶向治疗糖尿病和肥胖症的疗法或治疗肝癌和骨病等疾病的药物。

德国马克斯·普朗克分子细胞生物学与遗传学研究所证实芽殖酵母翻译终止因子 Sup35 的朊蛋白结构域促进这种翻译终止因子的可逆相分离，从而形成生物分子凝聚物[314]。该研究有助于了解 Sup35 的朊蛋白结构域和其他的朊蛋白样结构域的生理功能，从而加深对朊蛋白样序列进化压力的形成及它们的生理和病理变化如何影响细胞适应性等方面的理解，有助于神经退行性疾病的靶向治疗。

---

310 Ganji M, Shaltiel I A, Bisht S, et al. Real-time imaging of DNA loop extrusion by condensin. Science, 2018, 360(6384): 102-105.

311 Kasinath V, Faini M, Poepsel S, et al. Structures of human PRC2 with its cofactors AEBP2 and JARID2. Science, 2018, 359(6378): 940-944.

312 Poepsel S, Kasinath V, Nogales E. Cryo-EM structures of PRC2 simultaneously engaged with two functionally distinct nucleosomes. Nature Structural & Molecular Biology, 2018, 25(2): 154.

313 Lee S, Choi J, Mohanty J, et al. Structures of β-klotho reveal a 'zip code'-like mechanism for endocrine FGF signalling. Nature, 2018, 553(7689): 501.

314 Franzmann T M, Jahnel M, Pozniakovsky A, et al. Phase separation of a yeast prion protein promotes cellular fitness. Science, 2018, 359(6371): eaao5654.

2. 细胞机器的基础功能机制

瑞典乌普萨拉大学牵头的国际研究团队利用 X 射线自由电子激光器提供的超短 X 射线激光脉冲，成功获得了光系统 II（photosystem II）的高分辨率图像、所有反应循环的 4 种稳定状态下的水分解催化剂形态和每步反应之间的一些稳定状态的快照[315]。该研究有助于研究人员更好地理解生物水氧化的复杂机制，为开发廉价而高效的太阳能燃料装置奠定了基础。

美国得克萨斯大学与洛克菲勒大学的研究团队先后利用冷冻电镜技术解析了 PTCH1 与 Hedgehog（HH）信号通路一对一的结合方式[316]，阐明两者通过不同位置结合位点进行二对一的结合方式[317]。该系列研究表明一对一的结合方式并不能充分地释放其 HH 信号通路的活性，验证了二对一的结合方式对 HH 信号的产生及传递的重要性。对 HH 信号分子机制的认知与揭示进一步帮助研究人员开发靶向该信号的药物分子，从而助力癌症治疗。

美国斯克利普斯（Scripps）研究所与加州大学伯克利分校等机构利用冷冻电镜技术，冻结蛋白酶体的某个中间运动状态，然后同时观察其呈现的多种不同构象[318]。该研究破译了蛋白酶体如何将能量转换为机械运动，从而对蛋白质展开破坏的秘密，有助于理解以帕金森病和阿尔茨海默病等为代表的蛋白酶体相关疾病，并有望助力癌症治疗。

美国洛克菲勒大学解析了 Pgp 分子泵的结构[319]，阐明了 Pgp 所具有的动态特性如何帮助其运输多种细胞分子，从而解释癌细胞排出药物分子的作用机制和

315 Kern J, Chatterjee R, Young I D, et al. Structures of the intermediates of Kok's photosynthetic water oxidation clock. Nature, 2018, 563(7731): 421.

316 Qi X, Schmiege P, Coutavas E, et al. Structures of human patched and its complex with native palmitoylated sonic hedgehog. Nature, 2018, 560(7716): 128.

317 Qi X, Schmiege P, Coutavas E, et al. Two patched molecules engage distinct sites on Hedgehog yielding a signaling-competent complex. Science, 2018, 362(6410): eaas8843.

318 Andres H, Goodall E A, Gates S N, et al. Substrate-engaged 26S proteasome structures reveal mechanisms for ATP-hydrolysis-driven translocation. Science, 2018, 362(6418): eaav725.

319 Kim Y, Chen J. Molecular structure of human P-glycoprotein in the ATP-bound, outward-facing conformation. Science, 2018, 359(6378): 915-919.

过程；同时，他们还利用冷冻电镜技术清楚呈现了 MRP1 分子泵的精细结构[320]，揭示了细胞中的"货物"如何被释放到细胞外部。该系列研究有助于人们进一步理解癌细胞对抗化疗的分子机制，从而为开发新型抗癌疗法提供新路径。

德国慕尼黑大学、马克斯·普朗克生物化学研究所与荷兰乌特勒支大学等机构利用冷冻电镜技术和电子断层扫描技术，通过对蛋白质合成、运输和修饰之间复杂相互作用的观察，解析不同类型寡糖转移酶（oligosaccharyltransferase，OST）的结构与功能差异[321]。该研究使得研究人员能够确定 OST 复合物中亚基的三维结构，并为它们的功能开发出一种分子模型，有助于深入理解蛋白转运和糖基化的偶联机制。

美国加州大学伯克利分校分离出活性极佳的端粒酶，并利用冷冻电镜技术以迄今为止最高的分辨率首次曝光人类端粒酶的精细分子结构[322]，在亚纳米尺度上得到了该分子与其底物相结合的图像。该研究有助于新药筛选和药物的智能设计，有望推动以端粒酶为基础的抗衰老药物和抗癌药物的诞生，代表着人类向开发端粒酶相关疗法迈出了至关重要的一步。

美国罗莎琳德·富兰克林（Rosalind Franklin）大学的研究团队利用冷冻电镜技术，分析破译工程 ATP 合酶（ATP synthase）的结构[323]。该研究首次阐明了 ATP 合酶的完整结构，为确定 ATP 合酶其他功能状态结构奠定了基础，为解释药物寡霉素（oligomycin）的抑制机理提供了证据，加深对代谢疾病和其他细胞病变的理解，有助于代谢性疾病等细胞病变疾病的靶向治疗开发。

瑞士苏黎世联邦理工学院（ETH）利用冷冻电镜技术，通过计算机集群为期 6 周的计算，确定了酵母寡糖转移酶的三维结构[324]，并将其显示为"电子云"

320 Johnson Z L, Chen J. ATP binding enables substrate release from multidrug resistance protein 1. Cell, 2018, 172(1-2): 81-89.

321 Braunger K, Pfeffer S, Shrimal S, et al. Structural basis for coupling protein transport and N-glycosylation at the mammalian endoplasmic reticulum. Science, 2018, 360(6385): 215-219.

322 Nguyen T H D, Tam J, Wu R A, et al. Cryo-EM structure of substrate-bound human telomerase holoenzyme. Nature, 2018, 557(7704): 190.

323 Srivastava A P, Luo M, Zhou W, et al. High-resolution cryo-EM analysis of the yeast ATP synthase in a lipid membrane. Science, 2018, 360(6389): eaas9699.

324 Wild R, Kowal J, Eyring J, et al. Structure of the yeast oligosaccharyltransferase complex gives insight into eukaryotic N-glycosylation. Science, 2018, 359(6375): 545-550.

（electron cloud）的电子密度图。该研究揭示了 OST 在糖链修饰过程中所扮演的角色，加深了人们对蛋白与糖链连接机制的理解。

英国癌症研究所采用低温电镜技术，以迄今为止最为清晰的分辨率捕捉到 RNA 聚合酶Ⅲ（Pol Ⅲ）结合到 DNA 上、将其两条链分开和准备转录 DNA 密码时的高清图片[325]。该研究揭示出 Pol Ⅲ复合物为了成功地转录 DNA 密码改变自我形状的 5 个关键阶段，而且每个阶段都可能成为新型抗癌药物的靶标，可能为开发癌症治疗的新方法开辟途径。

美国国家儿童健康与人类发育研究所（NICHD）解析了棕榈酰转移酶（DHHC20）的首个三维结构[326]，解释了它们如何发挥功能，并提出阻断 DHHC 活性来提高治疗常见肺癌和乳腺癌形式的药物有效性。由于 DHHC 中的突变与各种癌症和神经系统疾病存在关联，DHHC20 抑制剂可能有助于治疗常见的癌症，并且推动蛋白棕榈酰化领域的发展。

3. 与神经退行性疾病 / 重大传染病相关的典型蛋白质结构

英国医学研究理事会（MRC）和美国印第安纳大学的研究团队合作，利用冷冻电镜技术解析出皮克病（Pick's disease）患者中的 tau 蛋白细丝（tau filament）的结构[327]。该研究发现与皮克病相关的 tau 蛋白细丝仅含有由三个微管结合重复序列（microtubule-binding repeat）的结构（3R tau），而且形状上与在阿尔茨海默病患者中发现的那些 tau 蛋白细丝细胞明显不同，证明了神经系统疾病的差异可能是 tau 蛋白细丝结构的差异所导致。

美国加州大学洛杉矶分校和华盛顿大学利用人类血液培养疟原虫并从中提取出疟原虫输出蛋白转运体（*Plasmodium* translocon of exported protein，PTEX），

325 Abascal-Palacios G, Ramsay E P, Beuron F, et al. Structural basis of RNA polymerase Ⅲ transcription initiation. Nature, 2018, 553(7688): 301.

326 Rana M S, Kumar P, Lee C J, et al. Fatty acyl recognition and transfer by an integral membrane S-acyltransferase. Science, 2018, 359(6372): eaao6326.

327 Falcon B, Zhang W, Murzin A G, et al. Structures of filaments from Pick's disease reveal a novel tau protein fold. Nature, 2018, 561(7721): 137.

采用冷冻电镜技术首次获得 PTEX 颗粒在原子水平下的高清图片[328]。该研究证明 PTEX 直接负责运输疟原虫生长所必需的效应蛋白，有助于促进研究人员开发靶向 PTEX 的新药以阻止其正常地发挥功能。

美国劳伦斯伯克利国家实验室和加州大学伯克利分校利用冷冻电镜技术，对结合到微管上的天然全长的成熟 tau 蛋白进行成像[329]，整体分辨率为 4.1Å。该研究证实 tau 蛋白沿着微管蛋白原丝（tubulin protofilament）纵向结合，还鉴定了在 tau 蛋白 - 微管结合中起着至关重要作用的其他氨基酸残基，有助于加深人们对阿尔茨海默病等神经系统疾病的认识。

美国加州大学洛杉矶分校利用冷冻电镜技术，解析出与衣壳结合被膜复合物（capsid-associated tegument complex，CATC）结合在一起的单纯疱疹病毒 1 型（HSV-1）衣壳的原子结构。该研究表明 HSV-1 由衣壳蛋白 VP5、VP19c、VP23 和 VP26 的多个构象异构体组成，而 CATC 由被膜蛋白 pUL17、pUL25 和 pUL36 组成。这些发现有助于人们进一步理解 HSV 病毒衣壳组装的促进物和这种病毒衣壳稳定性的结构基础，为开发阻断 HSV 感染的药物奠定基础。

4. 表观遗传调控机制与药物靶点的构象变化

德国慕尼黑大学利用低温电镜技术，重建出嗜热毛壳菌（*Chaetomium thermophilum*）的染色质重塑蛋白 INO80 结合到单个核小体上的三维结构[330]；英国帝国理工学院则报道了人类染色质重塑剂 INO80 与核小体结合在一起时的三维结构[331]。上述两项研究首次重建出染色质重塑蛋白 - 核小体的三维结构，揭示了染色质重塑蛋白与缠绕在组蛋白上的 DNA 之间的复杂相互作用，增进了人们对于此类分子机器作用机制的深入理解。

---

328 Ho C M, Beck J R, Lai M, et al. Malaria parasite translocon structure and mechanism of effector export. Nature, 2018, 561(7721): 70.

329 Kellogg E H, Hejab N M A, Poepsel S, et al. Near-atomic model of microtubule-tau interactions. Science, 2018, 360(6394): 1242-1246.

330 Eustermann S, Schall K, Kostrewa D, et al. Structural basis for ATP-dependent chromatin remodelling by the INO80 complex. Nature, 2018, 556(7701): 386.

331 Ayala R, Willhoft O, Aramayo R J, et al. Structure and regulation of the human INO80-nucleosome complex. Nature, 2018, 556(7701): 391.

美国加州大学河滨分校利用 X 射线晶体衍射技术，解析出一种在 DNA 甲基化过程中起着关键作用的 DNMT3A 晶体结构[332]。该研究揭示出 DNMT3A 如何识别它的底物并让这种底物甲基化，对特定的 DNA 甲基化模式的产生方式获得更好的理解。其意义在于研究人员首次从结构上理解了 DNA 甲基化的从头建立，并针对一些 DNMT3A 突变如何导致癌症提出一种模型，而且对 DNMT3B 的认知提供重要信息。

美国得克萨斯大学的研究团队利用冷冻电镜技术，首次成功地解析出 A 型 GABA 受体（type A GABA receptor，GABAA 受体）结合到 GABA 和药物氟马西尼（flumazenil）上的三维结构[333]。该研究揭示了 GABA 如何选择性地与这种受体结合，并解释苯二氮卓类药物和氟马西尼类药物为何能够特异性地作用于这种受体上。这对于理解药物结合机制和设计治疗多种神经疾病的新药产生深远的影响，对癫痫、焦虑和失眠的治疗起到积极的推动作用。

美国加州大学旧金山分校等机构利用冷冻电镜技术，解析出人类 eIF2B 在原子尺度下的结构，获得了与 8 个 eIF2B 组分结合在一起的 ISRIB 药物的详细结构[334]，从而更清楚地描述了该药物的作用机制；英国剑桥大学的研究团队也解析出了类似的结构[335]，并且揭示出 ISRIB 类似物与 eIF2B 的结合对蛋白质翻译的影响。这两项研究使得研究人员通过对这种药物分子的调整，令其用于治疗神经变性和创伤性脑损伤。

（三）国内重要进展

1. 大分子与细胞机器的功能与机制

清华大学的研究团队利用冷冻电镜技术，首次获得了人源内切核酸酶 Dicer

332 Zhang Z M, Lu R, Wang P, et al. Structural basis for DNMT3A-mediated de novo DNA methylation. Nature, 2018, 554(7692): 387.

333 Zhu S, Noviello C M, Teng J, et al. Structure of a human synaptic GABA A receptor. Nature, 2018, 559(7712): 67.

334 Tsai J C, Miller-Vedam L E, Anand A A, et al. Structure of the nucleotide exchange factor eIF2B reveals mechanism of memory-enhancing molecule. Science, 2018, 359(6383): eaaq939.

335 Zyryanova A F, Weis F, Faille A, et al. Binding of ISRIB reveals a regulatory site in the nucleotide exchange factor eIF2B. Science, 2018, 359(6383): 1533-1536.

及其辅因子蛋白 TRBP 复合体的高分辨率三维结构，并通过体外重组的方法获得了人源 Dicer-TRBP 复合体与一种微小 RNA 的前体 pre-let-7 所形成的三元复合体，解析了该复合体的两种三维结构状态[336]。该研究为进一步解析微小 RNA 的成熟机制奠定了基础。

北京大学与香港科技大学合作利用冷冻电镜技术，详细地说明了起始识别复合物（origin recognition complex，ORC）的原子结构[337]，其中 ORC 复合物选择全基因组中的复制起始位点以便启动 DNA 复制。该研究为以前所未有的分辨率破解 DNA 复制机器的功能打开了大门，有助于充分理解分子机器的作用机制，从而加深理解由这些分子机器未发挥最佳功能而导致的疾病的根源。

中国科学院植物研究所和清华大学利用单颗粒冷冻电镜技术，首次解析了红藻光系统 I（photosystem I，PS I）核心与捕光天线复合物（PS I -LHCR）在 3.63Å 分辨率下的三维结构[338]，首次确认了真核 PsaO 亚基在 PS I 中的位置和结合色素的情况，并确认了红藻捕光色素蛋白复合体 I（LHC I）中独特的色素组成。该研究不仅揭示了红藻 PS I -LHCR 的独特结构和能量传递特征，显示了红藻 PS I 结构对环境变化的适应性，以及 PS I 从原核生物向真核生物进化过程中的结构变化，对于阐明 PS I 的进化和功能具有重要意义。

清华大学揭示了哺乳动物机械门控 Piezo1 离子通道的高分辨率三维结构及其参与机械力感受与传递的关键功能位点，进而提出 Piezo 通道以类似杠杆原理进行机械门控的精细机制[339]。该研究对于理解生物机体如何将机械力刺激转化为电化学信号这一基本生命过程及相关的疾病机制、药物设计及生物技术开发等具有重要意义。

上海交通大学与中国科学院生物化学与细胞生物学研究所的研究团队获得

336 Liu Z, Wang J, Cheng H, et al. Cryo-EM structure of human dicer and its complexes with a pre-miRNA substrate. Cell, 2018, 173(5): 1191-1203.

337 Li N, Lam W H, Zhai Y, et al. Structure of the origin recognition complex bound to DNA replication origin. Nature, 2018, 559(7713): 217.

338 Pi X, Tian L, Dai H E, et al. Unique organization of photosystem I-light-harvesting supercomplex revealed by cryo-EM from a red alga. Proceedings of the National Academy of Sciences, 2018, 115(17): 4423-4428.

339 Zhao Q, Zhou H, Chi S, et al. Structure and mechanogating mechanism of the Piezo1 channel. Nature, 2018, 554(7693): 487.

了关键性的端粒酶招募蛋白 Ku 和 Est1 及其至为重要的结合伴侣结合在一起时的晶体，并利用 X 射线衍射技术推断每个分子的三维结构[340]。该研究获得了关于这些端粒酶招募蛋白如何在时间上和空间上发挥功能和相互作用的新见解，有助于科学家理解在进化过程中相似的甚至是保守的基本分子特征和细胞特征。

清华大学的研究团队在体外将剪接反应锁定在了第一步反应之后的状态（C complex），并采用单颗粒冷冻电镜重构出了在 4.1Å 的近原子分辨率下的人源剪接体结构[341]。该研究进一步揭示了剪接体催化的机理，阐明了 RNA 剪接的分子基础，为理解高等生物的 RNA 剪接过程提供了重要基础，极大地推动了这一领域的发展。

清华大学解析了酿酒酵母剪接体处于被激活前阶段的两个完全组装的关键构象——预催化剪接体前体（precursor pre-catalytic spliceosome，pre-B 复合物）和预催化剪接体（pre-catalytic spliceosome，B 复合物）[342]。该研究为揭示剪接体组装初期如何识别 5' 剪接位点和分支点、如何进行结构重组及如何完成剪接体的激活等问题的机理提供了最直接、有效的结构证据，也将为更高等真核生物可变剪接的研究提供结构基础与理论依据。

清华大学的研究团队揭示了分辨率为 2.7Å 的人体 γ- 分泌酶结合底物 Notch 的冷冻电镜结构[343]，以及 γ- 分泌酶与其结合后发生的构象变化，并对这些构象变化的功能进行了生化研究。该研究为理解 γ- 分泌酶特异性识别并切割底物的分子机制提供了重要基础，并为研究与癌症及阿尔茨海默病相关的药物提供了重要的结构信息。

清华大学利用冷冻电镜技术报道了人类电压门控钠离子通道（Nav）1.4-β1

340 Chen H, Xue J, Churikov D, et al. Structural insights into yeast telomerase recruitment to telomeres. Cell, 2018, 172(1-2): 331-343.

341 Zhan X, Yan C, Zhang X, et al. Structure of a human catalytic step Ⅰ spliceosome. Science, 2018, 359(6375): 537-545.

342 Bai R, Wan R, Yan C, et al. Structures of the fully assembled *Saccharomyces cerevisiae* spliceosome before activation. Science, 2018, 360(6396): 1423-1429.

343 Yang G, Zhou R, Zhou Q, et al. Structural basis of notch recognition by human γ-secretase. Nature, 2019, 565(7738): 192.

复合体的结构[344]，分辨率达 3.2Å。该研究提供了关于孔道结构域、电压感应域及 β1 亚基的详细信息，进一步了解了人类 Nav1.4 通道在钠离子渗透性上的分子基础，也为其 4 个跨膜重复区域的动力学不对称性提供了新的见解，在证实该领域历史发现的同时扩宽了未来的研究道路，并使得针对 Nav 通道开发新药成为可能。

中国科学院生物物理研究所揭示了高致病性嗜肺军团菌（*Legionella pneumophila*）的新型泛素化酶 SidE 与 ubiquitin 和配体的多个复合物的高分辨率晶体结构[345]，还发现 SidE 家族蛋白对底物的识别不依赖于底物蛋白的特定三维结构。该研究的这些结果不仅较为完整地阐明了 SidE 家族蛋白新颖的泛素修饰机制，还为开发基于此新型泛素修饰系统的生物学工具提供了基础。

中国科学院生物物理研究所、湖南师范大学和中国食品药品检定研究院的研究团队采用分区重建和精确的埃瓦耳德球校正方法，重建出分辨率为 3.1Å 的单纯疱疹病毒 2 型（HSV-2）B 衣壳结构，构建出它的原子模型[98]。该研究加深了人们对 HSV-2 B 衣壳组装机制的理解，有助于进一步理解 HSV 病毒衣壳组装的促进物和这种病毒衣壳稳定性的结构基础，为开发阻断 HSV 感染的药物奠定了基础。

2. 膜蛋白和受体蛋白的功能解析与新药开发

复旦大学联合上海科技大学、美国南加州大学、荷兰阿姆斯特丹大学等机构，对目前所有已知 G 蛋白偶联受体（G protein-coupled receptor，GPCR）小分子配体的化学结构和药理活性进行了整合分析[346]，强调多重药理学和特殊骨架概念及其在靶向 GPCR 药物设计中的应用潜力。这是首次从少量已知结构数据扩展到海量配体信息的综合分析，非常及时地总结并展望了 GPCR 结构生物学

344 Pan X, Li Z, Zhou Q, et al. Structure of the human voltage-gated sodium channel Nav1. 4 in complex with β1. Science, 2018, 362(6412): eaau2486.

345 Wang Y, Shi M, Feng H, et al. Structural insights into non-canonical ubiquitination catalyzed by SidE. Cell, 2018, 173(5): 1231-1243.

346 Vass M, Kooistra A J, Yang D, et al. Chemical diversity in the G protein-coupled receptor superfamily. Trends in Pharmacological Sciences, 2018, 39(5): 494-512.

的发展方向和远景，对此类靶点的药物设计和开发极具价值。

中国科学院上海药物研究所通过研究确定了人类胰高血糖素受体（GCGR）连同胰高血糖素类似物及部分激动剂 NNC1702 的晶体结构[347]，该晶体结构首次展示了 B 类 G 蛋白偶联受体在高分辨率下结合其肽类配体的分子细节，同时研究者还意外地发现了控制受体激活的结构复杂特性，从而也扩展了对 B 类 G 蛋白偶联受体信号转导过程的理解。该研究能为我们提供最为准确的模板来帮助开发靶向作用 GCGR 的药物，为开发有效治疗 2 型糖尿病的新型药物或疗法提供新的思路和希望。

上海科技大学等机构的研究团队成功解析了首个人源卷曲受体（Frizzled-4）三维精细结构[348]，揭示了卷曲受体在无配体结合情况下特有的"空口袋"结构特征，以及其有别于以往解析的 GPCR 的激活机制。该研究加深了人们对于血脑屏障 / 血眼屏障维持与调节的分子机制的理解，为药物小分子进出大脑提供了精密的调控方案，并为基于结构的药物设计提供了重要的研究基础。

清华大学基于序列保守性和功能表征获得几种人类膜受体 Ptch1 蛋白的构建体，利用冷冻电镜技术分别在 3.9Å 分辨率和 3.6Å 分辨率下解析出人 Ptch1 单独时，以及它与 Shh 的 N 端结构域（ShhN）结合在一起时的高清图片[349]。该研究揭示出 Ptch1 和 ShhN 之间识别的分子基础，为在未来研究 HH 信号建立了重要的框架，并对含有固醇敏感多肽区（sterol-sensing domain，SSD）蛋白的固醇感知提供了关键见解。

3. 蛋白与药物靶点的结合构象研究

清华大学的研究团队利用冷冻电镜技术，分别在 2.8Å、2.6Å 和 3.2Å 的分辨率下获得了昆虫 Nav 通道与蜘蛛毒素 Dc1a 结合时的复合体，以及 Nav-Dc1a-TTX

347 Zhang H, Qiao A, Yang L, et al. Structure of the glucagon receptor in complex with a glucagon analogue. Nature, 2018, 553(7686): 106.

348 Yang S, Wu Y, Xu T H, et al. Crystal structure of the Frizzled 4 receptor in a ligand-free state. Nature, 2018, 560(7720): 666.

349 Gong X, Qian H, Cao P, et al. Structural basis for the recognition of Sonic Hedgehog by human Patched1. Science, 2018, 361(6402): eaas8935.

和 Nav-Dc1a-STX 复合体的冷冻电镜结构[350]。该研究发现了在 Nav 通道细胞膜外侧与河豚毒素（tetrodotoxin，TTX）和石房蛤毒素（saxitoxin，STX）发生相互作用的特定氨基酸位点，从而为 TTX 和 STX 阻断 Nav 通道的功能性研究提供了结构学上的解释，为研发针对特定钠离子通道亚型的药物提供了宝贵的信息。

上海科技大学、昆明医科大学、中国科学院生物物理研究所等机构联合美国、丹麦、瑞士和俄罗斯等国家的研究团队利用 X 射线晶体学技术，解析出神经系统重要蛋白 5-HT2c 血清素受体与麦角胺（ergotamine）和利坦色林（ritanserin）多种药物分子结合在一起时的结构[351]。该研究表明蛋白质与不同选择性药物结合的结构特征能够被用来控制一组蛋白靶标，并因此在药物的开发过程中控制其直接疗效和副作用，为开发具有更少副作用的新型药物创造了机会。

中国科学院国家纳米科学中心首次利用 DNA 折纸结构为载体高效且可控地实现了化疗药物阿霉素和线性小发卡 RNA 转录模板的共递送，完成了化疗和基因治疗的联合给药[352]。该类 DNA 纳米给药体系表现出非常好的肿瘤靶向性和生物相容性，能够对耐药性乳腺癌肿瘤模型产生显著的治疗效果。该研究基于生物系统的天然核酸结构，实现了化学治疗和基因治疗的联合给药，为恶性肿瘤等疾病的治疗提供了新的研究策略。

（四）前景与展望

从结构到功能的研究对生物学领域有着重要的意义。而新技术的出现，将对结构生物学的发展带来颠覆性、跨越式的进展。随着成像技术等手段与荧光传感器等元件的不断革新与突破，科研人员能够监测生命机器复杂行为的时间化、空间化特征。

以冷冻电镜为代表的电子显微镜（EM）技术在近些年来广泛用于结构生

---

350 Shen H, Li Z, Jiang Y, et al. Structural basis for the modulation of voltage-gated sodium channels by animal toxins. Science, 2018, 362(6412): eaau2596.

351 Peng Y, McCorvy J D, Harpsøe K, et al. 5-HT2C receptor structures reveal the structural basis of GPCR polypharmacology. Cell, 2018, 172(4): 719-730.

352 Liu J, Song L, Liu S, et al. A tailored DNA nanoplatform for synergistic RNAi - /chemotherapy of multidrug-resistant tumors. Angewandte Chemie International Edition, 2018, 57(47): 15486-15490.

物学领域，为该领域释放出新的活力，而且很多方面可以继续提升。首先，可以继续优化图像的对比度，使得 Cryo-EM 更加广泛地用于研究非常小的蛋白质；其次，开发新的样品制备技术，减少微升到纳升所需的样品总量；再次，使其更容易达到接近 2Å 及以上的分辨率，提高稳健性和通量。将来也可以通过直接从细胞原位研究生理和病理中的生物大分子状态，即电子低温断层扫描（Cryo-ET）技术，将结构生物学引入"原位结构生物学时代"。

 ## 六、免疫学

（一）概述

免疫学是研究免疫系统结构和功能的科学，主要探讨免疫系统识别抗原后发生免疫应答及清除抗原的规律，并致力于阐明免疫功能异常所致疾病的病理过程及其机制。近年来，免疫学基础研究不断深入，推进了免疫学在临床工作中的应用。2013 年，肿瘤免疫疗法被 *Science* 评为十大科学突破；2016 年《麻省理工科技评论》（*MIT Technology Review*）又将应用免疫工程治疗疾病评为年度十大突破技术。2018 年，国内外在免疫器官、细胞和分子的再认识和新发现，免疫识别、应答与调节的规律及机制认识，疫苗与抗感染等方面取得了突出成果。

（二）国际重要进展

1. 免疫器官、细胞和分子的再认识和新发现

美国拉霍亚过敏和免疫学研究所等机构从健康供者的血液样本中分离出不同类型的免疫细胞，评估供者特异性的遗传变异，并利用 RNA 测序确定每种细胞类型中基因的活性水平，从而绘制了人类免疫细胞图谱，并构建了免疫细胞表达、数量性状基因座表达和表观基因组学数据库（database of immune cell expression，expression of quantitative trait loci and epigenomics，DICE）[353]。该研究对于研究遗传变异对免疫系统的影响具有指导意义。

美国加州大学旧金山分校等机构在胸腺发现了一种和黏膜屏障外周簇状细胞相似的亚群——胸腺簇细胞（thymic tuft cell）。研究表明，胸腺簇细胞在训练小鼠免疫系统识别自身组织与外来抗原中发挥着重要作用[354]。此外，该团队与加州大学旧金山分校的另一研究团队合作，证实了小鼠肠道中的簇细胞与胸腺簇细胞一致依赖于 TRPM5 分子通路的信号转导能力[355]。两项研究表明控制胸腺可能是对免疫系统进行重编程的关键，相关成果对炎症性肠病等疾病的治疗具有重要的指导意义。

B 细胞受体（B cell receptor，BCR）的免疫活化是启动体液免疫的关键步骤。BCR 在机体内具有复杂的多样性，导致 B 细胞受体库的构建困难。美国范德比尔特大学等机构对成人和婴儿中的 BCR 进行了全面测序，构建了 B 细胞受体库，并测定了不同个体之间的序列共享程度[356]。B 细胞受体库为免疫系统的深入研究提供了更加便捷的工具，了解不同人群 BCR 的共性和差异，为研发跨人群的疫苗和药物提供了重要参考。

美国斯坦福大学等机构利用多重离子束飞行时间成像（multiplexed ion beam imaging by time-of-flight，MIBI-TOF）结合人工智能技术，揭示了三阴性乳腺癌免疫系统表型空间结构可以影响患者总生存率[357]。该研究表明肿瘤免疫微环境由细胞成分、空间排列、调节蛋白的表达共同构成，为进一步开发或选择可靠高效的三阴性乳腺癌治疗药物奠定了基础。

美国纪念斯隆-凯特琳癌症中心等机构使用单细胞测序技术，分析了人乳腺肿瘤及正常乳腺组织、外周血和淋巴结 4 种组织来源的共 47 016 个免疫细胞

353 Schmiedel B J, Singh D, Madrigal A, et al. Impact of genetic polymorphisms on human immune cell gene expression. Cell, 2018, 175(6): 1701-1715.

354 Miller C N, Proekt I, von Moltke J, et al. Thymic tuft cells promote an IL-4-enriched medulla and shape thymocyte development. Nature, 2018, 559(7715): 627.

355 Schneider C, O'Leary C E, von Moltke J, et al. A metabolite-triggered tuft cell-ILC2 circuit drives small intestinal remodeling. Cell, 2018, 174(2): 271-284.

356 Soto C, Bombardi R G, Branchizio A, et al. High frequency of shared clonotypes in human B cell receptor repertoires. Nature, 2019, 566(7744): 398.

357 Keren L, Bosse M, Marquez D, et al. A structured tumor-immune microenvironment in triple negative breast cancer revealed by multiplexed ion beam imaging. Cell, 2018, 174(6): 1373-1387.

的基因表达特征，揭示了肿瘤内淋巴细胞和髓系细胞的异质性，肿瘤微环境中的淋巴细胞表现出显著的表型扩增[358]。该研究为理解肿瘤微环境对免疫细胞的影响机制奠定了基础。

2. 免疫识别、应答、调节的规律与机制

美国得克萨斯大学对 NLRP3 炎性小体的多种激动剂进行研究，发现其均能引起细胞内的高尔基体反面网状结构（*trans*-Golgi network，TGN）解体成为分散的特殊结构（dTGN），dTGN 膜上富集的负电磷脂 PtdIns4P 能够诱导 NLRP3 的转运和聚集，激活炎症小体，进而活化下游的炎症信号[359]。该研究首次揭示了亚细胞结构 dTGN 在炎性小体活化激活中的重要作用，为理解炎症反应激活的机制提供了重要参考。

美国密歇根大学等机构发现革兰氏阳性菌产生的脂磷壁酸（lipoteichoic acid，LTA）结合并活化 NLRP6 炎性小体，继而通过衔接子凋亡相关斑点样蛋白（apoptosis-associated speck-like protein containing a CARD，ASC）募集 caspase-11 和 caspase-1，促进巨噬细胞 caspase-1 和 IL-1β/IL-18 成熟，加重机体革兰氏阳性菌感染[360]。该研究为 NLRP6 炎性小体激活的机制提供了新的见解。

美国麻省大学医学院等机构发现 Caspase-8 蛋白可以调控细胞焦亡（pyroptosis）底物蛋白 GSDMD 的活性，并发现耶尔森菌（*Yersinia*）毒力蛋白 YopJ 通过 TAK-Caspase-8-GSDMD 通路引发 NLRP3 依赖的炎症应答[361]。该研究揭示了 Caspase-8 参与焦亡过程的机制，颠覆了既往对耶尔森菌引起巨噬细胞凋亡的认识。

美国麻省理工学院 - 哈佛大学博德研究所等机构发现 MHC Ⅱ+ Lgr5+ 肠道干细胞（intestinal stem cell，ISC）具有向肠道 CD4+ 辅助性 T 细胞（helper T

358 Azizi E, Carr A J, Plitas G, et al. Single-cell map of diverse immune phenotypes in the breast tumor microenvironment. Cell, 2018, 174(5): 1293-1308.

359 Chen J, Chen Z J. PtdIns4P on dispersed trans-Golgi network mediates NLRP3 inflammasome activation. Nature, 2018, 564(7734): 71.

360 Hara H, Seregin S S, Yang D, et al. The NLRP6 inflammasome recognizes lipoteichoic acid and regulates gram-positive pathogen infection. Cell, 2018, 175(6): 1651-1664.

361 Orning P, Weng D, Starheim K, et al. Pathogen blockade of TAK1 triggers caspase-8-dependent cleavage of gasdermin D and cell death. Science, 2018, 362(6418): 1064-1069.

cell，Th）呈递抗原的能力，而 CD4$^+$Th 细胞分泌的细胞因子能反过来作用于肠道干细胞影响其更新和分化[362]。该研究揭示了 T 细胞和组织干细胞之间存在复杂的相互作用，共同调节组织稳态和免疫应答。

3. 疫苗与抗感染

美国哈佛大学等机构证实了靶向人类免疫缺陷病毒（human immunodeficiency virus，HIV）的广泛中和抗体（bnAb）PGT121 与 TLR7 激动剂 GS-9620 联合治疗，能够延缓停用抗病毒药物的猴子体内人/猴嵌合免疫缺陷病毒（SHIV）的反弹[363]。该研究为 HIV 的治疗提供了新的策略。

法国国家健康与医学研究院等机构发现树突状细胞和巨噬细胞中的 NONO 蛋白能够识别 HIV-2 衣壳蛋白，并和环鸟腺苷酸合成酶（cyclic GMP-AMP synthase，cGAS）相互作用，促进核内 cGAS 识别 DNA，进而活化天然免疫抗病毒效应[364]。该研究提示 NONO 是一种独特的免疫识别受体，为病毒衣壳蛋白的识别与 cGAS 核内交流机制的研究提供了思路，也为疫苗的设计与免疫治疗的开展奠定了研究基础。

德国癌症研究中心等机构对恶性疟原虫的环子孢子蛋白（PfCSP）进行研究，揭示了表达其保护性抗体的人 B 细胞的克隆选择和亲和力成熟的分子机制。研究发现 PfCSP 的重复序列加强了与之结合的两个单克隆抗体直接同型相互作用，进而增强抗原亲和力，引起 B 细胞活化[365]。该研究为开发出更有效的疟疾疫苗带来了新的希望。

362 Biton M, Haber A L, Rogel N, et al. T helper cell cytokines modulate intestinal stem cell renewal and differentiation. Cell, 2018, 175(5): 1307-1320.

363 Borducchi E N, Liu J, Nkolola J P, et al. Antibody and TLR7 agonist delay viral rebound in SHIV-infected monkeys. Nature, 2018, 563(7731): 360.

364 Lahaye X, Gentili M, Silvin A, et al. NONO detects the nuclear HIV capsid to promote cGAS-mediated innate immune activation. Cell, 2018, 175(2): 488-501.

365 Imkeller K, Scally S W, Bosch A, et al. Antihomotypic affinity maturation improves human B cell responses against a repetitive epitope. Science, 2018, 360(6395): 1358-1362.

（三）国内重要进展

1. 免疫器官、细胞和分子的再认识和新发现

中国人民解放军海军军医大学等机构系统分析了晚期癌症宿主免疫细胞的异常变化，发现了炎症状态下诱导产生的新型 Ter 细胞，并揭示了其促进癌症恶性进展机制[96]。该研究为癌症的预后与治疗提供了新的思路。

北京大学等机构对 12 例结直肠癌初治患者外周血、癌组织及癌旁组织的大量 T 细胞进行了单细胞全长转录组测序和分析。研究人员开发了 STARTRAC（single T-cell analysis by RNA-seq and TCR tracking）这一生物信息方法，系统性地描述了结直肠癌相关 T 细胞的组织分布特性、克隆性、迁移性和状态转化。利用 T 细胞受体（TCR）作为标签，研究人员发现肿瘤微环境和 TCR 共同影响了肿瘤浸润 CD8 效应记忆 T 细胞（effector memory T cell）向耗竭性 T 细胞（exhausted T cell）和效应 T 细胞（effector T cell）的转化[26]。该研究有助于理解肿瘤微环境中耗竭性 T 细胞的来源，并为逆转其状态提供新的思路。

2. 免疫识别、应答、调节的规律与机制

中国医学科学院北京协和医学院等机构发现了一种起源于宿主自身的，Ⅰ型干扰素诱导的新型长非编码 RNA lnc-Lsm3b。lnc-Lsm3b 可与病毒 RNA 竞争性结合 RIG-Ⅰ 单体，在免疫应答晚期发挥负反馈调节作用，抑制 RIG-Ⅰ 的活性[97]。新型 RNA 分子 lnc-Lsm3b 的发现及自我免疫识别可反馈性地促进炎症消退的新机制，将为炎症性疾病的防治研究提供新思路。

中国医学科学院北京协和医学院等机构发现内皮选择素分子（E-selectin）缺失的小鼠，在李斯特菌（*Listeria monocytogenes*）的感染下，血清中 IFN-γ 的表达异常升高而巨噬细胞膜表面表达的 IFN-γR2 显著降低并抑制了 IFN-γ 信号通路。从机制上看，E-selectin 可调控 BTK 激酶磷酸化胞质 IFN-γR2，结合 EFhd2 分子并促使 IFN-γR2 自高尔基体转运至细胞膜，从而激活巨噬细胞对细菌感染的免疫

应答[366]。该研究揭示了宿主体细胞与固有免疫细胞的相互作用信号可以调控细胞因子受体的表达，为细胞内固有免疫应答的发生直至宿主体内细胞因子信号通路的响应填补了研究空白，为自身免疫性疾病和肿瘤治疗奠定了研究基础。

中国人民解放军海军军医大学等机构发现 DNA 甲基化氧化酶 Tet2 能够通过调控 Socs3 mRNA 的去甲基化修饰来激活造血因子的信号通路，促进体内髓系免疫细胞增殖和病原体清除[367]。该研究不仅从免疫学角度为机体抵抗病原体感染的天然免疫机制提出了新观点，也在表观机制层面揭示了 Tet2 参与基因表达转录后调控的新模式，为有效防治感染性疾病和控制炎症性疾病提供了新思路和潜在药物研发靶标。

北京生命科学研究所等机构发现了宿主细胞质内一个新的激酶分子 ALPK1（alpha-kinase 1），ALPK1 可识别细菌七碳糖代谢中间产物 ADP-heptose（二磷酸腺苷庚糖），进而激活 NF-κB 通路介导的天然免疫反应[368]。该研究丰富和改变了人们对细菌脂多糖（lipopolysaccharide，LPS）相关分子诱导炎症反应机制的认识，为开发新的免疫调节剂和疫苗佐剂提供了新的概念和方法。

清华大学等机构报道了人类膜联免疫球蛋白 IgG1 重链胞内区存在增加系统性红斑狼疮（SLE）易感性的单核苷酸多态性位点（SNP），并揭示该 SNP 参与调控 B 细胞命运决定的新机制[369]。该研究加深了人们对系统性红斑狼疮致病机理的认识，也为该疾病的精准治疗提供了新方向。

3. 疫苗与抗感染

中国科学院生物物理研究所报道了 2 型单纯疱疹病毒（HSV-2）核衣壳的 3.1Å 原子分辨率结构，阐明了核衣壳蛋白复杂的相互作用方式和精细的结构信

---

366 Xu X, Xu J, Wu J, et al. Phosphorylation-mediated IFN-γR2 membrane translocation is required to activate macrophage innate response. Cell, 2018, 175(5): 1336-1351.

367 Shen Q, Zhang Q, Shi Y, et al. Tet2 promotes pathogen infection-induced myelopoiesis through mRNA oxidation. Nature, 2018, 554(7690): 123.

368 Zhou P, She Y, Dong N, et al. Alpha-kinase 1 is a cytosolic innate immune receptor for bacterial ADP-heptose. Nature, 2018, 561(7721): 122.

369 Chen X, Sun X, Yang W, et al. An autoimmune disease variant of IgG1 modulates B cell activation and differentiation. Science, 2018, 362(6415): 700-705.

息，提出了疱疹病毒核衣壳的组装机制和致病机理[98]。该研究为有效防治疱疹病毒的感染和开发新一代高效溶瘤病毒技术提供了参考。

厦门大学等机构基于人乳头瘤病毒（human papilloma virus，HPV）的型别特异性结构及 HPV 型别分子进化和结构保守性的关系，设计了能够同时针对三种型别 HPV 产生保护效果的嵌合病毒样颗粒（virus-like particle，VLP）[99]。该研究为研发更广谱的 HPV 疫苗奠定了技术基础。

清华大学等机构发现甲羟戊酸（MVA）通路抑制剂能够增强机体 Th1 及细胞毒性 T 淋巴细胞（CTL）应答，具有佐剂活性，在多种肿瘤模型中表现出良好的抗肿瘤效果，且和免疫检查点抗体具有很好的协同作用[100]。该研究首次发现甲羟戊酸通路可作为新型疫苗佐剂的理性设计药物靶点，对疫苗佐剂的开发具有指导意义。

（四）前景与展望

近年来，单细胞测序技术、质谱流式细胞技术、活体成像技术、基因编辑技术等快速发展，极大地提高了探索和利用免疫系统的可能性。面对免疫系统的复杂性，传统的单维度、单因素分割式研究难以揭示各种免疫机制的全貌，开展多维度和系统性研究将成为未来研发的主要趋势。免疫学机制研究的深入，为免疫相关疾病的预防和治疗研发带来了新的机遇。

七、再生医学

（一）概述

再生医学的发展为一系列重大慢性疾病的治愈带来了希望，同时也为器官移植中缺乏器官来源的问题找到潜在解决方案。随着再生医学的不断发展，其概念范畴不断扩充，一系列新兴通用技术及工程技术与生物技术的融合，推动再生医学领域不仅在以干细胞技术为核心的组织器官原位修复领域不断深入，而且在组织器官体外构建领域不断取得突破，3D生物打印技术的加入更是为复杂组织器官的体外构建提供了新机遇，进而进一步为器官移植提供了新的潜在器官来源。另外，类器官、器官芯片等技术快速发展，为基于人类细胞的组织器官模型构建提供了新的方法，也为动物模型提供了新的潜在替代来源。

再生医学巨大的发展潜力使其成为世界各国竞相布局的战略高地，发展初期，各国大都以专项规划的形式，对再生医学进行全面布局和密集资助。近年来，随着再生医学研究的不断深入，以及研究体系的不断成熟，一方面，对再生医学的资助开始更多地被纳入常规科研规划中，但仍然作为优先资助方向，且资助经费持续增长；另一方面，在稳步支持基础研究的同时，对于转化研究、跨学科研究更为关注，同时组织器官的体外制造正逐渐成为各国重点支持的新热点。2018年，美国国家自然科学基金会（NSF）与西蒙斯基金会合作，新建了4个数学生物学中心，其中加州大学欧文分校NSF-Simons多尺度细胞命运研究中心将开展细胞命运决定因素研究。欧盟地平线2020在《未来和新兴技术2018—2020工作计划》中，将再生医学和生物制造纳入"推动新兴技术发展"和"FET旗舰计划——应对重大跨学科科学和技术挑战"两部分的重点工作中。英国生物技术与生物科学研究理事会（BBSRC）在《英国生物科学前瞻》报告中，将再生医学列为未来需要应对的战略挑战之一。

（二）国际重要进展

1. 基础研究

（1）干细胞定向分化

日本京都大学等机构将人类诱导多能干细胞（iPS细胞）诱导生成原始生殖细胞样细胞（hPGCLC），进而利用小鼠胚胎细胞构建的卵巢模型模拟卵细胞早期发育环境，使hPGCLC在其中分化形成了卵原样细胞，并证实其全基因组DNA甲基化水平与自然发育的卵原细胞相当，首次证实了人类多能干细胞具有形成卵子前体细胞的能力，为实现人类配子体外构建奠定了基础[44]。

美国加州大学圣地亚哥分校等机构利用人多能性干细胞成功生成脊髓神经

干细胞，研究证实这些脊髓神经干细胞在移植到大鼠体内后，可分化为不同脊髓神经元，并能维持较长时间，移植物富含兴奋性神经元，让大量的轴突长距离延伸，使得形成的靶结构接受神经支配，实现皮质脊髓再生。该研究将有助于体外疾病模型的构建，并为脊髓疾病治疗提供了新的细胞来源[370]。

瑞典隆德大学等机构开发了一种快速有效诱导人多能干细胞分化为星形胶质细胞的方法，即在人多能干细胞中过表达转录因子 SOX9 和 NFIB，可以快速而有效地诱导产生星形胶质细胞，这些细胞表现出类似于成人星形胶质细胞的分子和功能特性，为在健康和疾病状态下研究人类星形胶质细胞提供了新的可能性[371]。

（2）新型干细胞

美国斯坦福大学医学院的科研人员成功分离出能够自我更新且具有多能性的人类骨骼干细胞（human skeletal stem cell，hSSC），基因表达分析显示不同来源的 hSSC 具有极高的相似性，因此不同来源的 hSSC 均具有分化的特异性，即仅能分化为骨骼、软骨和基质细胞，而无法分化为脂肪细胞，同时利用人骨异种移植小鼠模型还证实了 hSSC 对骨骼损伤的修复作用，为骨骼和软骨的再生治疗开辟了新道路[372]。

英国剑桥大学研究人员在果蝇大脑中发现了一种停留在 G2 阶段的新型静息干细胞，其苏醒后能够更快地产生大脑中的神经元和神经胶质细胞，相比普遍认为静息干细胞均停留在 G0 阶段的观点，此次研究发现果蝇的大多数静息干细胞都在 G2 阶段被抑制，同时研究发现，一种叫作 tribles 的基因能够选择性地调控 G2 静息干细胞[373]。

（3）胚胎体外构建

美国洛克菲勒大学利用胚胎干细胞培养的人工胚胎移植入鸡胚胎，发现人类

370 Kumamaru H, Kadoya K, Adler A F, et al. Generation and post-injury integration of human spinal cord neural stem cells. Nature Methods, 2018, 15: 723-731.

371 Canals I, Ginisty A, Quist E, et al. Rapid and efficient induction of functional astrocytes from human pluripotent stem cells. Nature methods, 2018, 15: 693-696.

372 Chan C K F, Gulati G S, Sinha R, et al. Identification of the human skeletal stem cell. Cell, 2018, 175(1): 43-56.

373 Brand L. Cell cycle heterogeneity directs the timing of neural stem cell activation from quiescence. Science, 2018, 360(6384): 99-102.

细胞不仅在鸡胚中存活下来，而且能够诱导脊柱与神经系统的基础性发育，进而首次证实了人体中"组织者"（organizer）细胞的存在。人 - 鸡细胞融合胚胎技术的实现不仅是发育生物学领域的巨大进步，为研究人类早期发育提供了重要的新工具，同时人类"组织者"细胞的证实也将为再生医学研究提供新思路[374]。

2. 组织器官原位修复

美国华盛顿大学等机构将人胚胎干细胞来源心肌细胞（hESC-CM）移植到心肌梗死的豚尾猴中，实现了豚尾猴的心肌再生，并持续改善了左心室功能；同时，该研究也解释了 hESC-CM 移植引起室性心律失常的生理基础，为干细胞疗法在治疗心肌梗死中的应用奠定了基础[375]。

美国西奈山伊坎医学院等机构基于两步重编程法，激活 β-catenin 蛋白表达以促进 Müller 神经胶质细胞的增殖，再通过转入转录因子 *Otx2*、*Crx* 和 *Nr1* 基因，使其重编程为小鼠视网膜中的视杆细胞，最终部分恢复了小鼠的视力。该研究为视网膜色素变性等相关病症治疗提供了一种新的潜在疗法[45]。

日本京都府立医科大学将取自健康人的角膜内皮细胞进行体外培养、增殖，再放入注射液中配制成悬浊液，注射到 11 名大泡性角膜病变患者的角膜内侧，经过两年的跟踪研究，发现所有患者的视力都得到恢复，且没有发生感染或者排异现象[376]。

3. 组织器官体外构建

美国加州大学圣塔芭芭拉分校利用干细胞结合支架材料，构建了一种视网膜色素上皮细胞植入物，成功治愈了一位由湿性老年黄斑变性引起的突发性严重失明患者，这是首次报道采用完全工程化的组织，安全和有效地治愈了黄斑

---

374 Martyn I, Kanno TY, Ruzo A, et al. Self-organization of a human organizer by combined Wnt and Nodal signalling. Nature, 2018, online.

375 Liu Y W, Chen B, Yang X, et al. Human embryonic stem cell-derived cardiomyocytes restore function in infarcted hearts of non-human primates. Nature Biotechnology, 2018, 36: 899.

376 Kinoshita S, Koizumi N, Ueno M, et al. Injection of cultured cells with a ROCK inhibitor for bullous keratopathy. The New England Journal of Medicine, 2018, 378: 995-1003.

变性[377]。

英国曼彻斯特大学通过在小鼠皮下植入人类多能干细胞来源的肾脏祖细胞，从而在小鼠体内形成功能性肾单位，且该肾单位具有过滤宿主血液并产生尿液的功能，该研究有望为全球数以百万计的肾病患者提供透析和肾脏移植以外的新疗法[378]。

美国加州大学洛杉矶分校通过将一种工程化免疫调节血管生成生物材料递送到中风部位，实现中风脑组织修复。研究发现这种生物材料可以在损伤部位诱导血管和神经元生成，并进一步沿着血管生成轴突网络结构，进而促使中风受损脑组织的修复。该研究证实了治疗性血管生成材料在脑组织再生和促进神经修复中的潜力，为使用该材料修复神经病变组织奠定了基础[379]。

美国明尼苏达大学开发出一种多细胞神经组织工程新方法，利用生物 3D 打印设备，将诱导多能干细胞来源的脊髓神经元祖细胞和少突胶质祖细胞一层层精确打印到生物兼容性支架上，形成生物工程脊髓，并证实脊髓神经元祖细胞能够在支架通道中分化并延伸出轴突，形成具有活性的神经元网络。该研究为那些长期受脊髓损伤困扰的人带来了希望，3D 打印出的生物工程脊髓未来有望通过外科手术植入患者脊髓损伤区域，充当损伤区域上下方神经细胞间的"桥梁"，帮助重建轴突连接[380]。

4. 类器官模型

（1）类器官

美国索尔克生物研究所成功将实验室培养的人类大脑类器官移植到小鼠大脑内，植入的大脑类器官能够分化产生具有功能的神经元和神经胶质细胞，实

377 Cruz L, Fynes K, Georigiadis O, et al. Phase 1 clinical study of an embryonic stem cell-derived retinal pigment epithelium patch in age-related macular degeneration. Nature Biotechnology, 2018, 36: 328-337.

378 Bantounas I, Ranjzad P, Tengku F, et al. Generation of functioning nephrons by implanting human pluripotent stem cell-derived kidney progenitors. Stem Cell Reports, 2018, 10(3): 766-779.

379 Nih L R, Gojgini S, Carmichael S T, et al. Dual-function injectable angiogenic biomaterial for the repair of brain tissue following stroke. Nature Materials, 2018, 17: 642-651.

380 Joung D, Truong V, Neitzke C C, et al. 3D printed stem - cell derived neural progenitors generate spinal cord scaffolds. Advanced Functional Materials, 2018, 28(39): 1870283.

现与小鼠大脑神经细胞突触连接，并能够形成血管网络，实现氧气和营养的输送，最终支持大脑类器官在小鼠体内存活 233 天。这是首个功能化、血管化人类大脑类器官体内模型，有助于加速生理条件下类器官模型的研究，并为大脑损伤修复提供了新工具[47]。

美国凯斯西储大学基于人类多能干细胞及特定的生长因子，获得了能够形成少突胶质细胞和髓鞘的大脑类器官，该大脑类器官能够更逼真地反映大脑的结构与功能，为研究中枢神经系统的髓鞘形成提供了一个多功能平台，并为疾病建模和治疗开发提供了新的机会[381]。

美国哥伦比亚大学医学中心利用来自 22 名浸润性膀胱癌患者的肿瘤细胞构建出患者特异性的肿瘤类器官，并分析了膀胱癌的组织病理学和分子多样性，证实膀胱癌肿瘤类器官有助于加深我们对膀胱癌基因组学及其如何对药物做出反应并产生耐药性的理解[382]。

（2）器官芯片

美国哈佛大学利用微流控器官芯片模拟人类神经血管单元，分析神经血管单元不同细胞类型的作用。研究人员将大脑芯片与两个血脑屏障芯片连接起来，利用该芯片模拟了甲基苯丙胺药物对大脑的影响，并揭示血脑屏障和神经元的代谢耦合。构建的器官芯片为研究神经活性药物转运、疗效和作用机制奠定了基础，同时也适用于神经病理学研究。相关成果于 2018 年 8 月 20 日发表在 *Nature Biotechnology* 上[2]。

美国麻省理工学院利用散发性肌萎缩性脊髓侧索硬化症（ALS）患者 iPS 细胞分化获得的神经元，结合其肌肉细胞，构建了 ALS 的肌肉 - 神经器官芯片，利用该芯片研究了 ALS 患者与健康神经元的差异，并利用其对两款正在临床测试阶段的新药进行了疗效验证，发现两款药物都能帮助肌肉在运动神经元的刺激下收缩，并提高神经元的存活率，且两款药物同时施用时能有效提高其穿透

381 Madhavan M, Nevin Z S, Shick H E, et al. Induction of myelinating oligodendrocytes in human cortical spheroids. Nature Methods, 2018, 15(9): 700.

382 Lee S H, Hu W, Matulay J T, et al. Tumor evolution and drug response in patient-derived organoid models of bladder cancer. Cell, 2018, 173(2): 515-528.

血脑屏障的能力[383]。

（三）国内重要进展

1. 基础研究

中国科学院动物研究所结合单倍体干细胞技术和基因编辑技术，在孤雄单倍体干细胞中筛选并删除了7个重要的印记控制区段，并利用这些细胞与另一颗精子融合形成孤雄胚胎干细胞，最终发育成为活的孤雄小鼠。该研究首次获得具有两个父系基因组的孤雄小鼠，证实了即便在最高等的哺乳动物中，孤雄生殖也有可能实现，对理解基因组印记的进化、调控和功能具有重要意义，对于开发新的动物生殖手段也有重要价值。

中国科学院上海营养与健康研究院利用先进的活体成像和细胞标记技术，在高分辨率水平解析了斑马鱼体内造血干细胞归巢的完整动态过程。该研究首次解析了造血干细胞与归巢微环境作用的动态机制，将有助于解决目前骨髓移植中造血干细胞归巢数量少所导致的细胞浪费问题，为大幅提高造血干细胞的移植效率提供了新的理论基础。

中国科学院广州生物医药与健康研究院的科研人员开发出一套高效、简单的化学小分子诱导多能干细胞的方法，只需使用两种试剂，对细胞进行依次处理，即可实现体细胞向 iPS 细胞的重编程。这一方法比之前的化学重编程方案更加简单、高效，且所需的初始细胞量少；更重要的是，可以实现多种体细胞类型重编程，包括在体外极难培养的肝细胞[107]。

北京大学等机构的科研人员首次在单细胞和全转录组水平系统深入研究了小分子化合物诱导体细胞重编程过程，发现了其中关键分子事件，回答了多能性调控网络是如何逐步建立等重要科学问题，并利用这些启示进一步优化小分子诱导方法，显著加快了重编程进程[65]。

---

383 Osaki T, Uzel S G M, Kamm R D, et al. Microphysiological 3D model of amyotrophic lateral sclerosis (ALS) from human iPS-derived muscle cells and optogenetic motor neurons. Science Advances, 2018, 4(10): eaat5847.

2. 组织器官原位修复

中山大学孙逸仙纪念医院的科研人员将经过纳米材料改造过的神经干细胞定向移植到梗死处，将神经干细胞分化为神经元的比例提高了6倍，提升了神经干细胞治疗脑梗死的效果。该成果为提高神经干细胞的治疗效果提供了新方法，有助于推动神经干细胞治疗脑梗死尽快进入临床阶段[109]。

同济大学的科研人员在在国际上率先利用自体肺干细胞移植技术，在临床上成功实现了肺再生。研究人员成功地在患者肺部支气管上皮分离出SOX9＋阳性的肺干细胞，经体外扩增培养后进行了移植，最早接受自体肺干细胞移植的两位支气管扩张患者，移植一年之后均自述咳嗽、咳痰和气喘等症状出现改善，其中一位患者的支气管扩张结构1年之后呈现局部修复情况，两位患者移植干细胞3个月之后各项肺功能即开始出现好转并保持到一年之后[110]。组织工程疗法展现出在多种疾病治疗中的稳定效果，我国首例接受干细胞结合复合胶原支架治疗卵巢早衰的患者成功产下了健康婴儿。

中国科学院遗传与发育生物学研究所的科研人员通过将脐带间充质干细胞加载到可降解的胶原支架上，在粘连松解术后移植入宫腔粘连患者的宫腔内，术后3个月对25名患者的治疗效果进行检查，结果发现10名患者子宫腔恢复正常，其中4名患者在细胞治疗后没有宫内粘连，另外6名患者显示轻度粘连。10名患者从严重宫腔粘连恢复至中度宫腔粘连，同时组织学研究显示治疗后子宫内膜增殖、分化和新血管形成均有所改善，证实了该疗法在治疗宫腔粘连的安全性和有效性[111]。

3. 组织器官体外构建

上海交通大学与国外科研人员合作通过同轴多通道生物打印系统（MCCES），实现了不同亚层结构一次性同步准确打印构建的设想，基于该系统可快速、精准、个性化地构建含有不同功能细胞的血管、尿道等复层空腔组织，未来该系统有望用于实现复杂空腔组织或器官的精准构建，尤其对需要空腔器官或组织移植的患者是一种获取供体的新形式[112]。

上海交通大学的科研人员利用组织工程和3D生物打印技术，利用患者自体的耳软骨细胞结合支架，为 5 名患有小耳畸形的儿童制造了新的耳朵，并通过手术移植到患者身上，数月至数年的随访结果显示，5 名患者中有 3 名患者的耳朵保持正常状态，另外两名患者有轻微的形状异常，显示该技术对于修复小耳畸形具有良好的效果[113]。

4. 类器官模型

中国科学院大连化学物理研究所的科研人员利用器官芯片技术构建了一种胎盘屏障模型，将人胎盘滋养细胞（代表母体侧细胞）和人脐静脉内皮细胞（代表胎儿侧细胞）植入多层夹膜芯片中进行培养，通过流体灌注和加入大肠杆菌，在体外模拟母胎界面微环境，研究细菌感染胎盘的动态过程。研究发现，大肠杆菌感染后迅速增殖，可引起胎盘屏障结构功能的变化，并诱发白介素介导的胎盘炎症反应和细胞死亡。该成果提供了一种非常有应用价值的新型研究模型，它可有助于解析妊娠期宫内感染，对于人们更好地认识和理解早产儿现象的发生，以及预防治疗具有重要意义[114]。

（四）前景与展望

跨学科融合的不断加深，使再生医学的深度和广度都得到了极大的提升，同时也加快了再生医学临床转化的进程。

基于干细胞疗法的组织器官原位修复领域孕育着治愈多种重大慢性疾病的潜力，随着未来干细胞基础研究的持续深入，相关疗法的安全性和有效性将得到大幅提升，在糖尿病、生殖系统疾病、心血管疾病等一系列疾病的治疗中都将展现广阔的发展前景。

组织器官体外构建是今年来新兴热点领域，未来 3D 生物打印等技术的融入和升级，将为组织工程领域不断带来新的生命力和活力，使组织器官的构建不断向更加复杂、精细、准确、功能性的方向发展。

器官芯片、类器官等领域的发展为组织器官模型的构建带来了全新的发展机遇，也为动物模型找到了潜在的良好替代品，未来随着技术水平的进一步提升，相关模型将在疾病治疗和药物筛选领域展现出更大的应用空间。

八、新兴与交叉技术

（一）人工智能医疗

1. 概述

2018 年，人工智能技术进一步渗透医疗健康领域，用于疾病风险预测、诊断和病理分析的突破层出不穷，预期放射学、病理学及眼科学和皮肤病学等将是最早实现人工智能应用转化的领域。在疾病风险预测上，英国、法国、加拿大、以色列等多国机构利用 AI 技术预测健康个体患急性骨髓性白血病（AML）的风险，最多可提前 5 年；谷歌大脑利用 AI 技术分析视网膜基底图像，可准确预测影响心血管健康的风险因素。肿瘤等疾病研究与诊断中，德国癌症研究中心基于甲基化数据，利用 AI 工具完成近 100 种神经系统肿瘤的诊断、分型，与病理学家的诊断结果一致性在 80% 以上；美国纽约大学医学院开发的机器学习程序，能以 97% 的准确率确定患者的肺癌类型，且可识别相关变异基因；美国谷歌 DeepMind 开发的系统可依照光学相干断层扫描（OCT）数据诊断约 50 种眼疾；我国广州医科大学联合美国加州大学圣地亚哥分校等机构开发的高准确度、高灵敏度人工智能疾病诊断系统，可精确诊断眼疾、肺炎等多种类型的疾病。

同时，人工智能医疗开始实现产业化，多款重磅 AI 医疗产品相继获批上市。美国 FDA 首次批准完全由患者自行检查、无须临床医生解读的 AI 设备 IDx-DR，检测糖尿病患者的视网膜病变，准确率超过 87.4%；FDA 还批准了全球首个基于脑部 CT 图像的 AI 辅助分诊产品，可标记急性颅内出血病例，协助放射科医生分诊，从而优化工作流程。

2. 国际重要进展

（1）辅助诊疗

德国癌症研究中心[5]基于甲基化数据，利用 AI 工具完成近 100 种神经系统肿瘤的诊断和分型，与病理学家的诊断结果一致性在 80% 以上，除诊断准确性提高之外，该 AI 工具还能诊断出新型和罕见的肿瘤。这种整合甲基化数据进行脑肿瘤的自动分类方法也为其他肿瘤创建相似算法提供了思路。

美国纽约大学医学院[384] 利用谷歌的深度卷积神经网络 Inception v3，开发了一个新型机器学习程序，不仅能够以 97% 的准确率确定患者的肺癌类型，甚至还可以识别导致异常细胞生长的变异基因，进而为肺癌患者量身定制靶向疗法，为提高精准治疗的效果提供了可能。这项研究表明，人工智能可为医生提供有效的补充信息，使患者及早接受治疗。

日本大阪大学[385] 也基于卷积神经网络开发了一种人工智能系统，可通过扫描显微图像有效区分小鼠癌细胞与人类癌细胞，以及对放疗耐受的细胞与对放疗敏感的细胞，判断准确率高于人类，此功能能够用来确定肿瘤中的细胞类型或患者机体中循环的癌细胞类型。该方法为肿瘤学领域研究带来了革命性突破，有望建立一种全面通用的系统来自动高效地识别不同类型的癌细胞。

美国谷歌 DeepMind[386] 开发的系统可依照光学相干断层扫描数据诊断约 50 种眼疾，诊断准确率达 94%，并可根据患者情况判断治疗的优先级。同时，该研究还针对人工智能黑箱问题设计了多种解决方案。该成果有望应用于眼疾、癌症、神经疾病等疾病的临床治疗中，极大地优化诊疗过程。

德国海德堡大学[387] 利用 10 万多张恶性黑色素瘤和良性痣的图像来训练人工智能识别皮肤癌，测试结果显示，人工智能仅依据皮镜图像对黑色素瘤的检出率达 95%。这意味着人工智能可快速对图像进行评估，在皮肤癌筛查中为医生提供帮助，并提出管理建议。

384 CoudrayN, Ocampo P S, Sakellaropoulos T, et al. Classification and mutation prediction from non-small cell lung cancer histopathology images using deep learning. Nature Medicine, 2018, 24(10): 1559-1567.

385 Toratani M, Konno M, Asai A, et al. A convolutional neural network uses microscopic images to differentiate between mouse and human cell lines and their radioresistant clones. Cancer Research, 2018, 78(23): 6703-6707.

386 De Fauw J, Ledsam J R, Romera-Paredes B, et al. Clinically applicable deep learning for diagnosis and referral in retinal disease. Nature Medicine, 2018, 24(9): 1342-1350.

387 Haenssle H A, Fink C, Schneiderbauer R, et al. Man against machine: diagnostic performance of a deep learning convolutional neural network for dermoscopic melanoma recognition in comparison to 58 dermatologists. Annals of Oncology, 2018, 29(8): 1836-1842.

美国马萨诸塞州综合医院[388]结合深度学习和卷积神经网络两种人工智能模型创建了一种算法，可通过区分健康和患病的视网膜血管，诊断早产儿视网膜病变（ROP），准确率为91%。这项研究成果将有助于医生及早发现病变，从而进行早期干预以防止患儿失明，可在一定程度上填补儿科护理空白。同时，该团队也在探索该算法是否可用于诊断除视网膜血管外的其他视网膜图像，以扩大其应用范围。

孟买医疗新锐Qure.ai公司[389]的胸部X光AI产品qXR已获得欧洲CE认证，此AI产品利用100万张结核病患者的X光图像进行了训练，可使用热图或方框的形式在图像中圈出异常部位进而快速诊断病情，准确率超过90%。该产品可以帮助医生快速准确地检测和诊断图像中的异常情况，从而减少误诊概率，改善治疗效果。

美国Imagen公司[390]开发的AI骨折检测系统OsteoDetect已获FDA批准上市。该软件利用机器学习技术，通过识别患者手腕的前后和侧面X光图像检测成人患者的桡骨远端骨折情况，并能够把骨折位置标记出来，该人工智能成像分析技术使手腕骨折诊断的正确率得到大幅提升。

美国Cognoa公司推出的人工智能平台获FDA批准，该平台可基于儿童自然行为和视频信息，使用机器学习评估儿童的行为健康状况，并能够识别儿童自闭症，准确率超过80%。Cognoa的人工智能平台是FDA批准的首个用于自闭症筛查的Ⅱ类诊断医疗设备，可帮助医生提高行为健康状况诊断和治疗的及时性，对显著提高儿童的护理标准具有深远影响。

（2）疾病风险预测

英国维康信托桑格研究所、欧洲生物信息研究所、加拿大大学健康网络、世

388 Brown J M, Campbell J P, Ostmo S, et al. Artificial intelligence in retinopathy of prematurity: development of a fully automated deep convolutional neural network (DeepROP) for plus disease diagnosis. Investigative Ophthalmology & Visual Science, 2018.

389 Qure. ai′s qXR Becomes First AI-based Chest X-ray Interpretation Tool to Receive CE Certification

390 FDA. FDA permits marketing of artificial intelligence algorithm for aiding providers in detecting wrist fractures. 2018. https://www.fda.gov/NewsEvents/Newsroom/PressAnnouncements/ucm608833.htm[2019-8-24].

界卫生组织等全球多家科研机构[391]使用机器学习构建了预测模型，能够预测健康个体是否有患急性骨髓性白血病（AML）的风险，特异性达98.2%，有望最多提前5年对白血病患病风险进行预测。基于其预测结果，可进一步开展筛查检测，鉴定出具有患AML风险的人并对其进行密切监测，降低AML的患病率。

美国谷歌大脑[4]（Google Brain）团队利用卷积神经网络的深度学习算法，通过分析28万多名患者的视网膜图像数据，准确地预测了影响心血管健康的风险因素。这项研究可以极大地简化评估心脏健康的流程，同时未来研究中可利用深度学习建立人体变化和疾病之间的联系，更有针对性地诊断健康问题。

美国谷歌DeepMind[392]推出了生物界的"AlphaGo"——AlphaFold人工智能系统，可基于深度神经网络准确预测并生成蛋白质的3D结构。AlphaFold在国际蛋白质结构预测竞赛（CASP）中做出了25种蛋白质的最精确结构预测，击败了所有人类参会选手，表明人工智能工具可有效地设计出治疗疾病的新结构，降低实验成本，在药物发现过程中具有潜力。

美国西奈山伊坎医学院、IBM沃森研究中心、布宜诺斯艾利斯大学、加州大学洛杉矶分校等机构[393]使用机器学习和自然语言处理技术，对两组青少年精神病高危群体的访谈文字稿进行自动分析。研究结果表明该程序能够以83%的准确率预测这些青少年是否会在两年内发病，同时该程序还可以有效区分健康个体和精神病患者。这项技术有望提高对精神疾病的预测能力，并帮助研究人员开发出新的策略以预防精神疾病，未来有望被广泛应用于精神病学领域。

（3）药物挖掘

瑞士洛桑联邦理工学院[394]（EPFL）开发了一个机器学习程序ShiftML，并利用剑桥结构化数据库（Cambridge Structural Database）中的数据对其进行训练。

391 Abelson S, Collord G, Ng S W K, et al. Prediction of acute myeloid leukaemia risk in healthy individuals. Nature, 2018, 559(7714): 400-404.

392 Service R F. Google's DeepMind aces protein folding. Science, 2018, 362(6419): 1089.

393 Corcoran C M, Carrillo F, Fernandez-Slezak D, et al. Prediction of psychosis across protocols and risk cohorts using automated language analysis. World Psychiatry, 2018, 17(1): 67-75.

394 Paruzzo F M, Hofstetter A, Musil F, et al. Chemical shifts in molecular solids by machine learning. Nature Communications, 2018, 9: 1-10.

该程序破解药物晶体的分子结构可比传统方法快近 1 万倍，而且在测定复杂化合物分子结构中的优势更加明显，显示了人工智能工具在未来辅助药物设计工作中的应用潜力。

（4）医学影像

由美国 IDx 公司开发的 IDx-DR 软件[395]，可利用人工智能算法对视网膜图像进行自动分析并生成结果，无须临床医生对图像或结果进行解读，患者可自主进行检查，目前已获美国 FDA 批准。该设备是首款不需要专业医生参与、完全自主的人工智能诊断系统，有望帮助医生和糖尿病患者及早发现视网膜病变，并及早预防患者失明。

以色列 Aidoc 公司开发的基于 AI 的工作流程优化组合产品，能够配合放射科医生的工作，在头部 CT 图像中对急性颅内出血病例进行标记。该产品是 FDA 批准的全球首个利用深度学习技术协助放射科医生进行分诊工作的产品，对优化放射科医师工作流程和提高诊疗效率具有重要意义。

（5）健康管理

美国谷歌 AI 团队[396]开发的人工智能算法，可利用患者生命体征和病史等相关数据，成功预测出患者在住院治疗后的 24 h 后是否面临死亡的风险，预测结果的准确率可达 95%。该算法使预测死亡时间的技术得到了进一步飞跃，也使医生能够及时根据患者的实际情况调整治疗方案。

美国新锐 Empatica 公司推出的人工智能手表 Embrace[397]可用于监控严重癫痫的发作，目前已获得了美国 FDA 的批准。该智能设备能够一次性监测多个癫痫指标，并记录癫痫发作的时间，因此可以 100% 地监测到癫痫的发作。这是美国 FDA 批准的首款应用于神经学领域的智能手表，也是癫痫医疗上的一个里程碑。

395 van der Heijden A A, Abramoff M D, Verbraak F, et al. Validation of automated screening for referable diabetic retinopathy with the IDx-DR device in the Hoorn Diabetes Care System. ACTA OPHTHALMOLOGICA, 2018, 96(1): 63-68.

396 Rajkomar A, Oren E, Chen K, et al. Scalable and accurate deep learning with electronic health records. Npj Digital Medicine, 2018, 18: 1-10.

397 Empatica. Embrace by Empatica is the world's first smart watch to be cleared by FDA for use in Neurology. 2018. https://www.prnewswire.com/news-releases/embrace-by-empatica-is-the-worlds-first-smart-watch-to-be-cleared-by-fda-for-use-in-neurology-300593398.html[2019-8-23].

（6）医院管理

英国伦敦大学学院医院（UCLH）与阿兰·图灵研究所（The Alan Turing Institute）合作开发的 AI 算法，不仅可以根据患者症状的严重程度进行优先级排序，还可以了解医院内员工和患者的流动情况，而且能够利用年龄、地址和天气状况等相关数据，预测无法按时到医院就诊的患者，预测准确率达到85%。该人工智能系统应用于医院管理可有效提高医护人员的工作效率，帮助医院改善服务方式和运营效率。

3. 国内重要进展

（1）辅助诊疗

我国广州医科大学和美国加州大学圣地亚哥分校等机构[115]使用卷积神经网络和迁移学习等技术开发出的人工智能计算工具，可精确诊断眼疾、肺炎等多种类型的疾病，并能在 30 s 内确定患者是否应该接受治疗，准确度达到 95% 以上。目前，该 AI 系统已在美国和拉丁美洲眼科诊所进行小规模临床试用，后续研究还会进一步增加准确标注的图片数量、可诊断的疾病种类，并将进一步进行系统优化等。

北京中日友好医院皮肤科[398]发布的优智 AI 皮肤病检测系统，采用 20 余万张皮肤镜数据进行训练，辅助诊断良恶性皮肤肿瘤符合率可达 85.2%。作为首款黄色人种皮肤肿瘤人工智能辅助决策系统，优智 AI 皮肤病检测系统不仅在识别准确度的数据上领先国际水平，更具有很强的临床指导意义，其发布在人工智能医疗领域有着里程碑式的意义。

乐普（北京）医疗器械股份有限公司全资子公司深圳市凯沃尔电子有限公司[399]自主研发的人工智能医疗器械获得美国 FDA 受理，该产品是基于人工智

398 中国经济网. 人机较量 AI 完胜皮肤科医生 未来医生会失业吗？ 2018.http: //www.ce.cn/cysc/newmain/yc/jsxw/201803/29/t20180329_28658739.shtml?from＝groupmessage[2019-8-24].

399 乐普（北京）医疗器械股份有限公司。乐普（北京）医疗器械股份有限公司关于心电图人工智能自动分析系统 "AI ECG Platform" 注册获得 FDA 受理的提示性公告. 2018. http: //pdf.dfcfw.com/pdf/H2_AN201802231094 1956831.pdf[2019-8-25].

能技术的心电图自动分析和诊断系统"AI-ECG 平台"（AI-ECG Platform）。AI-ECG Platform 既可以用于临床常规静态心电图分析和诊断，也可以用于动态心电图监测的自动分析和诊断，准确性达到 95% 以上。该产品是国内首项推向商业化的 AI 医用技术，也是处于世界前列的用于心电分析和诊断的 AI 医用技术，有望带来心电行业的革命。

（2）医学影像

中国科学院苏州生物医学工程技术研究所[116]提出了一种基于全卷积神经网络（FCN）的结直肠癌 T2 加权 MRI 图像分割方法，对结直肠癌肿瘤分割的敏感性和特异性分别达 87.85% 和 96.75%。该方法不仅能够有效缩短结直肠癌疾病分析和诊断的前期工作时间，降低医生的劳动强度，还可以拓展应用到其他的肿瘤病灶分割上，加快相关疾病的研究进展。

中国科学院自动化研究所、中国科学院分子影像重点实验室[117]基于机器学习建立人工智能模型的方法，重建了活体动物荷瘤模型内的肿瘤三维分布，解决了难以对光学图像进行三维定量的问题，并将定位误差缩小到传统方法的1/10。该项研究揭示了人工智能在提高生物医学成像的成像精度上具有显著的优越性和应用潜力，为疾病动物模型乃至临床患者的影像学研究提供了全新的思路。

（3）疾病风险预测

中山大学中山眼科中心[118]利用 10 年百余万次的近视眼医学验光大数据创建了近视眼人工智能预测模型，并进一步开发出一套人工智能云平台，可提前8 年有效预测高度近视，为近视眼的精准干预提供了科学依据。人工智能预测对青少年近视的有效干预和防控具有重大意义，有望在将来实现对青少年近视眼的有效防控。

星创视界集团与 Airdoc 联手研发的 AI 眼底照相机，可利用拍摄的眼底照片，结合 Airdoc 研发的慢性病识别算法，只需 2 min 即可实时预测出糖尿病、高血压、动脉硬化、视神经疾病等 30 多种慢性病，诊断准确率在 97% 以上。AI 眼底照相机对多种病变的诊疗水平可达三甲医院的医生水平，不仅能够大大缓解中国医疗资源稀缺的问题，而且能够使眼底照相技术得到普及。

（4）健康管理

联想集团和东南大学[119]联合研发了一款名为"智能心电衣"的监控设备，可利用人工智能算法，提取多生命体征信息识别异常情况，从而对心血管疾病进行预警。此外，穿戴者可以实时监测自己的健康状况，并获得心脏病的在线诊断和预测结果。该设备能够连续两个星期对穿戴者的心电图进行监测，有效降低心血管疾病患者的猝死风险。

（5）医院管理

平安好医生利用超过 3 亿次在线问诊大数据开发的"AI Doctor"平台，可为用户提供辅助诊断、康复指导及用药建议，平均接诊时间只需要 26 s，有效提升了患者的就医体验。该平台能够精准匹配医患需求，最大程度地简化医生的工作流程，提升医疗资源使用效率，有望带动国内医疗服务进步，改善"看病难"的问题。

4. 前景与展望

新一代人工智能已从技术变革跨入创新应用重要窗口期，成为各国抢占科技制高点、提升综合竞争优势的核心驱动力。人工智能医疗是先进的人工智能技术对医疗产业的赋能，当前以机器学习与数据挖掘为两大技术核心的人工智能技术，应用于医疗健康领域，对医疗相关产业链整体产生影响，使医疗相关研究与产业表现出降本增效的效果。

目前，人工智能医疗正在从研发阶段逐渐向应用阶段迈进，在疾病风险预测、诊断和病理分析、辅助治疗及健康管理与医院管理等方面不断突破，并逐步开始实现产业化，FDA 已相继批准多款 AI 医疗产品上市。从细分市场来看，语音电子病历、智能导诊初步开始应用；人工智能医学影像领域落地的可能性较大，技术突破、数据获取、资源整合方面具备优势，取得明显先发优势的平台型公司最具潜力，同时技术明显领先的公司有望通过技术授权获得变现。这个领域算法和技术已经成熟，企业的瓶颈在于如何获取足够丰富的医疗影像数据，如何完成准确的标注，以及如何获取收益。而其他类型的人工智能医疗企业都还大部分处于技术萌芽之后的快速上升期。

总体上看，人工智能医疗产品开始落地，但是由于高质量数据短缺、成本高和门槛高等因素，仍面临多个发展壁垒，尤其是标准化数据缺乏与深度学习神经网络黑盒仍然是目前整个人工智能医疗领域面临的瓶颈。同时，盈利模式不够清晰，也是制约人工智能医疗领域发展的原因之一。

（二）免疫治疗技术

1. 概述

免疫治疗技术已成功应用于感染性疾病、移植物抗宿主病、自身免疫病、肿瘤等多种疾病的治疗。特别是在肿瘤治疗领域，免疫治疗颠覆了传统肿瘤治疗模式，应用免疫学原理和方法，激发和增强机体抗肿瘤免疫应答，提高免疫细胞杀伤的敏感性，杀伤和抑制肿瘤生长，为肿瘤治疗带来了新的希望。2018 年，诺贝尔生理学或医学奖授予了"负性免疫调节治疗肿瘤"的奠基者 James P. Alison 和本庶佑。免疫治疗的形式很多，目前尚无统一分类。从治疗药物的本质来看，主要包括免疫细胞、免疫检查点抑制剂（抗体）、细胞因子治疗、疫苗、其他特异和非特异性的免疫刺激剂等。其中，免疫细胞治疗和免疫检查点抑制剂是当前免疫治疗的研究热点。从治疗原理来看，免疫治疗主要包括免疫激活与抑制免疫逃逸两类。2018 年，免疫治疗的免疫激活和免疫逃逸研究等方面取得了重要突破。

2. 国际重要进展

（1）免疫激活

葛兰素史克公司研发了干扰素基因刺激蛋白（STING）的小分子激动剂，在小鼠模型中通过静脉给药，可刺激产生 CD8[+]T 细胞抗肿瘤免疫应答[400]。该研

---

400 Ramanjulu J M, Pesiridis G S, Yang J, et al. Design of amidobenzimidazole STING receptor agonists with systemic activity. Nature, 2018, 564(7736): 439.

究突破了以往 STING 激动剂临床试验主要通过肿瘤内给药的限制，为肿瘤免疫治疗提供了新的候选药物。

美国拉霍亚免疫学研究所等机构发现 *Nr4a* 基因敲除 CAR-T 细胞可以缩小小鼠肿瘤，提高生存率，进一步研究揭示了 Nr4a 蛋白有助于抵抗 T 细胞衰竭[401]。该研究为解决 CAT-T 疗法中的 T 细胞衰竭难题带来了新的希望。

美国加州大学旧金山分校等机构采用电穿孔技术成功对人类机体的 T 细胞进行 CRISPR 基因编辑，在 T 细胞基因组中的特定位点快速有效地插入大 DNA 序列（大于 1 000 碱基），同时保持了细胞活力和功能[402]。该研究为免疫细胞的设计和改造提供了新的策略。

美国宾夕法尼亚大学等机构利用基因编辑工具 CRISPR-Cas9 移除健康造血干细胞中的 CD33 分子，使得 CD33 成为白血病细胞的唯一标记，从而利用靶向 CD33 蛋白的 CAR-T 细胞疗法有效治疗急性髓细胞白血病（AML）[403]。该研究展现出基因编辑技术在肿瘤免疫中应用的潜力，为开发安全有效的 AML 靶向疗法提供了新的策略。

美国得克萨斯大学 MD 安德森癌症中心等机构利用异体 T 细胞成功治愈了进行性多灶性白质脑病（progressive multifocal leukoencephalopathy，PML）的多例患者[404]。PML 长久以来无有效治疗手段，该研究为治疗 PML 提供了新的可行方案。

美国宾夕法尼亚大学等机构报告了一例慢性淋巴细胞白血病（CLL）患者接受 CAR-T 治疗后因单个 CAR-T 细胞增殖发生病情缓解的病例。研究人员将 CAR 序列插入了 *TET2* 基因中，使 *TET2* 基因发生了突变，产生了缺乏 TET2 蛋白的 T 细胞。研究发现，TET2 蛋白的缺失将促进 T 细胞进入和保持

401 Chen J, López-Moyado I F, Seo H, et al. NR4A transcription factors limit CAR T cell function in solid tumours. Nature, 2019, 567(7749): 530-534.

402 Roth T L, Puig-Saus C, Yu R, et al. Reprogramming human T cell function and specificity with non-viral genome targeting. Nature, 2018, 559(7714): 405.

403 Kim M Y, Yu K R, Kenderian S S, et al. Genetic inactivation of CD33 in hematopoietic stem cells to enable CAR T cell immunotherapy for acute myeloid leukemia. Cell, 2018, 173(6): 1439-1453.

404 Muftuoglu M, Olson A, Marin D, et al. Allogeneic BK virus-specific T cells for progressive multifocal leukoencephalopathy. New England Journal of Medicine, 2018, 379(15): 1443-1451.

中央记忆状态[405]。该研究提示 CAR-T 疗法发挥抗癌作用所需的最小剂量可能仅为 1 个细胞，该成果对于改善 CAR-T 疗法、降低 CAR-T 疗法成本具有重要的指导作用。

（2）免疫逃逸

美国波士顿丹娜 - 法伯癌症研究所等机构证实了 SWI/SNF 染色质重塑复合物（chromatin remodeling complex）参与了免疫治疗的抵抗作用[406,407]。该研究提供了潜在免疫治疗新靶点，为扩大免疫治疗技术的受益患者群体具有重要的参考意义。

美国耶鲁大学等机构证实了纤维蛋白原样蛋白 1（FGL1）是免疫抑制受体 LAG-3 的有效配体。研究人员提出一条新的肿瘤免疫逃逸通路 FGL1-LAG-3，阻断该通路可以增强机体抗肿瘤免疫[408]。该研究揭示了一种新的免疫逃逸机制，为开发新的肿瘤免疫药物提供了方向。

3. 国内重要进展

（1）免疫激活

中国科学院广州生物医药与健康研究院通过体内尾静脉模型和腹腔模型等多个模型，揭示了间皮素（mesothelin，MSLN）可作为 CAR-T 治疗胃癌的有效新靶点[101]。该研究为胃癌的 CAR-T 治疗提供了参考。

（2）免疫逃逸

中国科学院生物化学与细胞生物学研究所等机构发现程序性细胞死亡受体 -1（PD-1）在正常的 T 细胞中存在一个快速降解过程，并且鉴定了其中起关

405 Fraietta J A, Nobles C L, Sammons M A, et al. Disruption of TET2 promotes the therapeutic efficacy of CD19-targeted T cells. Nature, 2018, 558(7709): 307.

406 Miao D, Margolis C A, Gao W, et al. Genomic correlates of response to immune checkpoint therapies in clear cell renal cell carcinoma. Science, 2018, 359(6377): 801-806.

407 Pan D, Kobayashi A, Jiang P, et al. A major chromatin regulator determines resistance of tumor cells to T cell-mediated killing. Science, 2018, 359(6377): 770-775.

408 Wang J, Sanmamed M F, Datar I, et al. Fibrinogen-like protein 1 is a major immune inhibitory ligand of LAG-3. Cell, 2019, 176(1-2): 334-347.

键作用的 E3 泛素连接酶 FBXO38，进一步的研究表明白细胞介素 -2（IL-2）可以恢复 FBXO38 的"活跃度"，让 PD-1 降解以恢复正常水平，从而提高 T 细胞的抗肿瘤功能[102]。该研究首次揭示了人体免疫系统"刹车"分子 PD-1 的降解机制，对设计新的肿瘤免疫治疗方法具有重要的指导意义。

中国科学技术大学等机构发现抑制性受体 TIGIT 可导致 NK 细胞耗竭，并证明靶向 TIGIT 的单克隆抗体可逆转 NK 细胞耗竭，恢复其抗肿瘤活性，抑制肿瘤生长[103]。该研究对新型免疫检查点的寻找、提升现有肿瘤免疫治疗的疗效具有重要意义。

中山大学等机构发现抗体依赖的细胞吞噬（ADCP）可诱导巨噬细胞产生 PD-L1 及 IDO 介导的免疫抑制，相应抗体联合免疫检查点抑制剂可显著提高对肿瘤细胞的杀伤效果[104]。该研究揭示了治疗性抗体与免疫检查点抑制剂联合使用可能产生协同效应，为联合疗法的研发提供了参考。同时，艾德生物、鹍远基因的多个自主研发的液体活检产品及君实生物、信达生物的国产 PD-1 单抗药物相继获批上市，对国内患者临床用药选择具有积极意义。

4. 前景与展望

免疫治疗技术正处于高速发展的初始阶段，孕育着巨大的市场空间。免疫治疗目前面临许多亟待突破的技术瓶颈，包括有效靶点少、缺乏指示疗效的生物标志物、存在复发和不良反应问题、针对实体瘤的疗效有限、免疫细胞标准化制造技术尚不成熟等。虽然免疫治疗技术总体还处于发展初期，随着技术的进步，免疫治疗的有效性、安全性将不断提升，适应证将逐步扩展，成本也将日益降低，市场前景广阔。

（三）人类微生物组

1. 概述

人类微生物组（human microbiome）是指生活在人体上的营互生、共生和致病的所有微生物集合及其遗传物质的总和。近年来，宏组学分析与生物大数据技术、人工智能技术的融合和快速发展，功能微生物高通量分离培养技术的突破，系统与合成生物学等研究思路的创新，推动人类微生物组研究迈入新的阶段。首先，大规模队列研究为解释不同地区、不同年龄、不同健康状况人群微生物组的时空多样性提供了前所未有的细节；其次，人类微生物组与人类健康和疾病的关系揭示从关联研究上升到因果机制研究；最后，营养和药物对微生物组的调节作用为个体化营养干预和新疗法开发提供了新思路。

2. 国际重要进展

（1）人类微生物组组成分析

大规模队列研究为解释不同地区、不同年龄、不同健康状况人群微生物组的时空多样性提供了前所未有的细节，为疾病预测和诊断提供了重要生物标志物。

美国贝勒医学院等机构发现婴幼儿肠道微生物组结构变化会经历三个阶段，即发育阶段（3～14个月）、过渡阶段（15～30个月）和稳定阶段（31～46个月），母乳喂养是决定婴儿肠道微生物组组成的最重要的因素，微生物组的多样性会随婴儿断奶后摄入辅食增多而增加[409]。该研究确定了生命早期肠道微生物组的结构和功能，并为微生物-免疫串扰机制研究奠定了基础。

美国哈佛大学-麻省理工学院博德研究所等机构对婴幼儿肠道微生物组进行了表征，发现没有发展为1型糖尿病的婴幼儿的肠道微生物组中含有较多与发酵和短链脂肪酸生物合成相关的基因，短链脂肪酸或具有保护作用[410]。该研究为与胰岛自身免疫、1型糖尿病和其他儿童早期发育相关疾病提供了最大、最详细的肠道微生物组纵向功能谱。

英国帝国理工学院等机构通过分析脂肪肝患者的粪便宏基因组和分子表型组（肝转录组、血浆和尿液代谢组），建立肠道微生物组和宿主表型与脂肪肝

409 Stewart C J, Ajami N J, O'Brien J L, et al. Temporal development of the gut microbiome in early childhood from the TEDDY study. Nature, 2018, 562(7728): 583-588.

410 Vatanen T, Franzosa E A, Schwager R, et al. The human gut microbiome in early-onset type 1 diabetes from the TEDDY study. Nature, 2018, 562(7728): 589-594.

之间的分子网络关联，发现脂肪肝患者肠道微生物基因丰富度低、膳食脂质和内毒素生物合成能力增强、芳香族化合物和支链氨基酸代谢失调[411]。该研究证实基于分子表型组和宏基因组学的建模可用于预测脂肪肝发病情况，未来将转化为临床实践来预防相关肥胖并发症的发生。

（2）人类微生物组与健康

人类微生物组与人类健康和疾病的关系揭示从关联研究上升到因果机制研究，证实其影响感染性疾病、免疫性疾病、神经系统疾病、心脑血管疾病、代谢性疾病、癌症等疾病发生发展的机制。

美国贝勒医学院等机构发现肠道微生物组通过调节肠道内表达趋化因子受体 CX3CR1 的单核吞噬细胞（CX3CR1$^+$MNPs）以抑制促炎性 Th1 细胞应答，促进抗炎性 Treg 细胞响应，维持肠道稳态[412]。该研究揭示了肠道微生物组调控肠道 T 细胞响应，平衡体内免疫反应的机制。

美国哈佛大学医学院等机构发现色氨酸微生物代谢物可控制小神经胶质细胞的活化和 TGFα 与 VEGF-B 的产生，揭示微生物代谢物影响小神经胶质细胞和星形胶质细胞的致病活性和中枢神经系统炎症的途径[413]。该研究可用于指导多发性硬化和其他神经系统疾病新疗法的开发。

瑞典哥德堡大学等机构揭示肠道微生物组影响组氨酸代谢生成咪唑丙酸，咪唑丙酸通过活化 p38γ/p62/mTORC1 通路抑制胰岛素受体底物作用，损害葡萄糖耐受能力和胰岛素信号转导，导致 2 型糖尿病[414]。该研究揭示降低肠道内微生物产生的咪唑丙酸量或可成为一种治疗 2 型糖尿病患者的新方法。

美国国家癌症研究所等机构揭示肠道微生物组调控胆汁酸代谢，进一步影

411 Hoyles L, Fernández-Real J, Federici M, et al. Molecular phenomics and metagenomics of hepatic steatosis in non-diabetic obese women. Nature Medicine, 2018, 24: 1070-1080.

412 Myunghoo K, Carolina G, Hill A A, et al. Critical role for the microbiota in CX 3 CR1 ＋, intestinal mononuclear phagocyte regulation of intestinal T?Cell Responses. Immunity, 2018, 49(1): 151-163.

413 Rothhammer V, Borucki D M, Tjon E C, et al. Microglial control of astrocytes in response to microbial metabolites. Nature, 2018, 557: 724-728.

414 Koh A, Molinaro A, Ståhlman M, et al. Microbially produced imidazole propionate impairs insulin signaling through mTORC1. Cell, 2018, 175(4): 947-961.

响肝脏中的 CXCL16 表达、自然杀伤 T 细胞积累和肿瘤生长[415]。该研究证实肠道微生物组和免疫反应之间不仅存在相关性，还阐述了微生物组如何影响肝脏中免疫反应的机制，未来可用于癌症疗法的开发。

美国得克萨斯大学 MD 安德森癌症中心、美国芝加哥大学、法国古斯塔夫鲁西癌症研究所等机构相继证实肠道微生物组影响黑色素瘤[416, 417]和上皮性肿瘤[418]PD-1 免疫疗法的疗效。这些研究证实了肠道微生物组对癌症免疫治疗是否响应确实起着决定性的作用，开辟了癌症治疗新的研究方向。

美国芝加哥大学等机构发现 *Tet 2* 基因突变会破坏肠道屏障功能，引起微生物移位，并造成白细胞介素 -6（IL-6）产生量的增加，这些因素对白血病前期骨髓增生的发展起到重要作用[419]。该研究证实了肠道微生物组在白血病发病过程中起到不可或缺的作用，未来可以监控身体内的微生物和 IL-6 水平，及时干预、防止白血病的出现。

（3）营养和药物对人类微生物组的调节作用

营养和药物对人类微生物组的调节作用为个体化营养干预和新疗法开发提供了新思路。

美国克利夫兰诊所等机构开发了一种基于胆碱类似物，通过阻止肠道微生物分泌三甲胺 *N*- 氧化物从而显著降低心血管疾病风险的新方法，这种类似物在抗血栓的同时并不会增加出血风险[420]。该研究开发的胆碱类似物并不会杀死肠道微生物，仅是让它们失去产生三甲胺 *N*- 氧化物的能力，具有没有毒性、没

415 Ma C, Han M, Heinrich B, et al. Gut microbiome-mediated bile acid metabolism regulates liver cancer via NKT cells. Science, 2018, 360(6391): eaan5931.

416 Gopalakrishnan V, Spencer C N, Nezi L, et al. Gut microbiome modulates response to anti-PD-1 immunotherapy in melanoma patients. Science, 2018, 359(6371): 97-103.

417 Matson V, Fessler J, Bao R, et al. The commensal microbiome is associated with anti-PD-1 efficacy in metastatic melanoma patients. Science, 2018, 359(6371): 104-108.

418 Routy B, Chatelier E L, Derosa L, et al. Gut microbiome influences efficacy of PD-1-based immunotherapy against epithelial tumors. Science, 2018, 359(6371): 91-97.

419 Meisel M, Hinterleitner R, Pacis A, et al. Microbial signals drive pre-leukaemicmyelo proliferation in a Tet2-deficient host. Nature, 2018, 557(7706): 580-584.

420 Roberts A B, Xiaodong G, Buffa J A, et al. Development of a gut microbe-targeted nonlethal therapeutic to inhibit thrombosis potential. Nature Medicine, 2018, 24: 1407-1417.

有不良反应、不增加抗生素耐药性等优点。

美国华盛顿大学医学院等机构揭示间歇性禁食（IF）干预可改变多发性硬化症模型——实验性自身免疫性脑脊髓炎的肠道微生物组组成和代谢，并调节肠道中 T 细胞的组成，以缓解疾病[421]。该研究证实 IF 具有免疫调节作用，部分由肠道微生物组介导。

美国加州大学揭示了生酮饮食抗癫痫作用的机制，发现生酮饮食可以提高肠道内阿克曼氏菌和副拟杆菌的水平，证实特定微生物介导并赋予生酮饮食的抗癫痫作用[422]。该研究表明肠道微生物组参与调节小鼠的宿主代谢和癫痫易感性，为将来癫痫患者的肠道微生物组疗法开发提供了证据。

以色列魏茨曼科学研究所等机构分别证实益生菌肠道定植存在个体化差异[423]，抗生素治疗后使用益生菌会阻碍肠道微生物组的恢复[424]。相关研究指明益生菌个体化干预将是未来的发展方向。

欧洲分子生物学实验室等机构选用常用的 1 000 多种药物，并以 40 种常见的肠道微生物模拟人体的肠道微生物组组成，考察药物对肠道微生物组的影响。研究发现，100 多种抗菌药中有 78% 的药物会影响至少一种肠道微生物的生长，而非抗生素类药物有 27% 会影响至少一种肠道微生物的生长[425]。该研究为开发出全新的肠道微生物组调节药物或是全新的抗生素奠定了基础。

3. 国内重要进展

（1）人类微生物组组成分析

南方医科大学等机构开展了肠道微生物组与慢性疾病研究——广东省肠道

---

421 Francesca C, Claudia C, Laura G, et al. Intermittent fasting confers protection in CNS autoimmunity by altering the gut microbiota. Cell Metabolism, 2018, 27(6): 1222-1235.

422 Olson C A, Vuong H E, Yano J M, et al. The gut microbiota mediates the anti-seizure effects of the ketogenic diet. Cell, 2018, 173(7): 1728-1741.

423 Zmora N, Zilberman-Schapira G, Suez J, et al. Personalized gut mucosal colonization resistance to empiric probiotics is associated with unique host and microbiome features. Cell, 2018, 174(6): 1388-1405.

424 Suez J, Zmora N, Zilberman-Schapira G, et al. Post-antibiotic gut mucosal microbiome reconstitution is impaired by probiotics and improved by autologous FMT. Cell, 2018, 174(6): 1406-1423.

425 Maier L, Pruteanu M, Kuhn M, et al. Extensive impact of non-antibiotic drugs on human gut bacteria. Nature, 2018, 555: 623-628.

微生物组项目（GGMP），对来自中国广东省 14 个地区的 7 009 个人的肠道微生物组进行了表征，发现区域因素对微生物组的影响显著大于年龄等其他因素[426]。该研究揭示了运用肠道微生物组诊断和评估疾病风险的区域化特征。

浙江大学等机构探索了 75 例健康成人、40 例代偿期肝硬化患者和 75 例早期肝癌患者的肠道微生物组特征，成功构建了早期肝癌的肠道微生物组诊断模型，并实现了跨地域的独立验证，说明该诊断模型在中国多地域人群中的普适性[427]。该研究证实靶向肠道微生物组标志物是一种潜在的肝癌早期诊断的无创工具。

中国科学院北京生命科学研究院等机构基于 16S rRNA 基因和宏基因组测序分析发现新生儿最初的微生物组定植在宫腔内已发生并出现了原始的位点特异性群落分化，并揭示了孕期健康对新生儿生命活动初期微生物组组成的影响[428]。该研究提供了一种新的思路，即通过母体干预来调节初始微生物组定植及微生物之间的相互作用，以降低孕期疾病导致不良妊娠结局的风险。

中国科学院深圳先进技术研究院利用已有的人体肠道微生物组大数据，开发了一系列生物信息学方法，挖掘其中的噬菌体基因组序列，鉴定了大量的全新肠道噬菌体，揭示了肠道噬菌体组的多样性和新颖性，并证实了人体肠道噬菌体组和糖尿病的关联性[429]。该研究提供了丰富的肠道噬菌体的信息，使科研人员可以通过合成生物学的方法改造肠道噬菌体，并为应用噬菌体干预肠道微生物组以预防和治疗某些疾病提供了依据。

（2）人类微生物组与健康

南京大学等机构证实了胱天蛋白酶募集域蛋白（CARD9）介导的抗真菌免疫应答在维持肠道稳态和诱导肠道肿瘤中的重要作用，阐述了肠道共生真菌在

---

426 Yan H, Wei W, Hui-Min Z, et al. Regional variation limits applications of healthy gut microbiome reference ranges and disease models. Nature Medicine, 2018, 24: 1532-1535.

427 Zhigang R, Ang L, Jianwen J, et al. Gut microbiome analysis as a tool towards targeted non-invasive biomarkers for early hepatocellular carcinoma. Gut, 2019, 68: 1014-1023.

428 Wang J F, Zheng J Y, Shi W Y, et al. Dysbiosis of maternal and neonatal microbiota associated with gestational diabetes mellitus. Gut, 2018, 67: 1614-1625.

429 Ma Y, You X, Mai G, et al. A human gut phage catalog correlates the gut phageome with type 2 diabetes. Microbiome, 2018, 6(1): 24-35.

结肠肿瘤发病中的机制，发现肠道真菌的刺激可以促进髓系细胞向髓系抑制性细胞（MDSC）分化，并激活 MDSC 的免疫抑制活性[430]。该研究对于临床结肠肿瘤的诊治具有重要的指导意义。

南方医科大学等机构发现肠道微生物产生的一种二羰类化合物 1- 苯基 -1，2- 丙二酮（1-phenyl-1, 2-propanedione，PPD）具有明显的昼夜节律特征，PPD能通过消耗肝内谷胱甘肽调节对乙酰氨基酚（APAP）诱导的急性肝损伤，揭示了肠道微生物介导 APAP 诱导肝损伤的机制[431]。该研究提示针对肠道微生物组的调控将可能是解决这一重大药物性肝损伤的新策略。

（3）营养和药物对人类微生物组的调节作用

上海交通大学等机构发现摄入多样化的膳食纤维，可通过改变微生物组的结构而显著改善 2 型糖尿病患者的胰岛素分泌和胰岛素敏感性，进而改善 2 型糖尿病的临床症状[432]。该研究为 2 型糖尿病的综合防治提供了新的方向，并帮助患者将诊治关口前移，以营养干预的方式延缓甚至逆转糖尿病前期进展。

北京大学等机构发现初诊 2 型糖尿病患者口服二甲双胍后，肠道微生物组发生重塑，脆弱拟杆菌的丰度下降，胆汁酸甘氨熊去氧胆酸（GUDCA）的含量升高，二甲双胍通过肠道脆弱拟杆菌 - 胆汁酸 GUDCA- 肠 FXR 代谢轴发挥降糖作用[433]。该研究解析了二甲双胍对于肠道微生物组及其代谢产物的重塑作用，深入探究了肠道微生物组作用于宿主的靶点及其功能，揭示了胆汁酸 GUDCA 与肠 FXR 代谢轴作为治疗相关代谢性疾病的新靶点。

4. 前景与展望

人类微生物组领域技术发展的重点已由传统微生物学技术向以宏组学技术、

430 Wang T T, Fan C G, Yao A R, et al. The adaptor protein CARD9 protects against colon cancer by restricting mycobiota-mediated expansion of myeloid-derived suppressor cells. Immunity, 2018, 49(3): 504-514.

431 Gong S, Lan T, Zeng L, et al. Gut microbiota mediates diurnal variation of acetaminophen induced acute liver injury in mice. Journal of Hepatology, 2018, 69(1): 51-59.

432 Zhao L, Zhang F, Ding X, et al. Gut bacteria selectively promoted by dietary fibers alleviate type 2 diabetes. Science, 2018, 359(6380): 1151-1156.

433 Sun L, Xie C, Wang G, et al. Gut microbiota and intestinal FXR mediate the clinical benefits of metformin. Nature Medicine, 2018, 24: 1919-1929.

培养组学技术、多模态成像技术、生物大数据技术和高通量分离培养技术等为代表的新一代微生物学技术转变。相关技术创新驱动人类微生物组研究深度发展，研究发现，人类微生物组与疾病的发生发展、用药效果、饮食营养有着密切的因果关系，由此带来医疗理念的变革。人类微生物组已在疾病预警预测、特定病原体定点筛查、靶向药物精确研发、营养精准干预等方向展现出可观的应用前景，为药物研发和疾病治疗策略提供新的视角，并将原有的营养干预带入个体化阶段。在人类微生物组领域快速发展的同时，数据标准化、机制研究深入化等一系列瓶颈问题也亟待解决，以便更好地将相关研究成果推广应用。

中国具有丰富的环境和生物资源与综合集成平台，未来在人类微生物组领域必须做好顶层设计工作，从数据积累、技术攻关、自主产业发展及规范标准制定4个方面进行全面布局，抢抓人类微生物组发展窗口期，聚焦中国人群人类微生物组特征的挖掘。

第三章 生物技术

 一、医药生物技术

（一）新药研发

1. 全球新药研发概况

2018 年美国 FDA 共批准了 59 个新分子实体上市，其中新药申请（NDA）42 个，新生物制品申请（BLA）17 个，总数量和单个数量均为历年新高。此外，2018 年推出了多个首次获批上市或开展临床试验、具有里程碑意义的新药或新疗法，因此对于全球新药研发而言，2018 年可谓是不平凡的一年。美国 FDA 2018 年度新药报告 "2018 New Drug Therapy Approvals" 的评价是：2018 年是医药强势创新与进展的一年。

从获批上市新药的新颖性看，原创新药（first in class）有 19 个，占 32.20%。其中用于治疗由遗传性转甲状腺素蛋白淀粉样变性（hATTR）引起的周围神经疾病的 Onpattro，是全球首个基于 RNA 干扰疗法（siRNA）的药物，也是第一个用于治疗 hATTR 的药物，堪称里程碑式创新药物；TPOXX（Tecovirimat）是第一个口服治疗天花的药物。因天花无法通过临床试验评价其疗效，其有效性是基于动物法则（animal rule）认定的；Lucemyra（lofexidine hydrochloride）是口服选择性 α2- 肾上腺素受体激动剂，是治疗成人阿片类药物戒断症状的首个非阿片类药物；Vitrakvi（larotrectinib）是首个获批上市的口服神经营养因子受体酪氨酸激酶（TRK）抑制剂，用于治疗具有神经营养因子受体酪氨酸激酶（*NTRK*）基因融合的成人及儿童局部晚期或转移性实体瘤。与已有靶向药物不同，Vitrakvi 可以用于所有携带 *NTRK* 融合基因的成人或儿童实体瘤患者，因而是作为"广谱肿瘤药"开发的新药；Erleada（apalutamide）是新一代可口服的雄激素受体抑制剂，用于治疗非转移性去势抵抗性前列腺癌，是首个凭借无转移生存期的临床终点获批上市的肿瘤新药。

除获批上市的新药外，2018 年 FDA 还首次批准了 2 项使用"基因编辑"技术的人体临床试验。一是治疗镰状细胞贫血的 CTX001 疗法。2018 年 10 月 FDA 解除了对 CRISPR Therapeutics 与 Vertex Pharmaceuticals 两家公司合作研发、应用 CRISPR-Cas9 技术的基因疗法 CTX001 的临床试验禁令，同意其开展临床研究。CTX001 是一种对患者自体细胞进行基因编辑的疗法，从患者体内取出造血干细胞，在体外对其进行基因编辑，然后将经改造的造血干细胞回输到患者体内。二是 2018 年 12 月，距 CTX001 获批临床不到两个月的时间，FDA 批准 Editas Medicine 公司研发的全球首个在人体内使用 CRISPR 疗法的 EDIT-101 开展临床试验，适应证是 Leber 先天性黑蒙症 10 型患者（LCA10）。LCA 是遗传性视网膜退行性病变，最常见的类型是 LCA10，由 *CEP290* 基因突变所致。EDIT-101 疗法将编码 Cas9 的基因和两个指导 RNA（gRNA）装载进腺相关病毒 5（AAV5）载体，通过视网膜下注射的方式直接注射到感光细胞附近，将基因编辑系统递送到感光细胞中。当感光细胞表达基因编辑系统时，gRNA 指导的基因编辑可消除或逆转 *CEP290* 基因致病的 IVS26 突变。CRISPR-Cas9 基因编辑技术出现于 2012 年末，仅 6 年的时间就应用于临床试验，可见科学技术的发展及其向应用的转化速度越来越快。

从适应证看，抗肿瘤药仍占多数。2018 年 FDA 批准的抗肿瘤新药 17 个，占 28.81%。其后依次为抗感染药 10 个、中枢神经系统用药 7 个、遗传性疾病用药 7 个。另一特点是获批的孤儿药数量大幅增长，有 34 个获批上市，占 57.63%，远高于过去 7 年平均每年 14 个的数量，这也是孤儿药第一次在获批数量上超过半数。孤儿药研发热情高涨主要是政策激励的结果，如更容易获得 FDA 优先、加速审评审批等资格及"突破性疗法"（breakthrough therapy）认定等，还能享受减免税收、允许市场定高价等优惠政策。另外，罕见病研发也是新技术、新疗法应用的试验田，如基因治疗、RNA干扰疗法、基因编辑等。此外，从审评审批方式看也有特点。2018年FDA批准的59个新药中有43个新药（占72.88%）至少使用了一种加速审评审批的方法。例如，24个是通过快速通道（fast track）审批的，14个获得了"突破性疗法"认定。

据报道，欧洲药品管理局（EMA）2018年共批准了84个药品上市，其中包括非孤儿新药（new non-orphan medicine）32个、孤儿药（orphan medicine）21个、生物类似药（biosimilar）15个、仿制药/知情同意申请（generics/hybrids/informed consent）16个。其中孤儿药数量为近三年最多的一年。EMA批准上市的新药大部分为FDA已批准上市的药物，只有18个是与FDA同在2018年批准。亦有全球首发上市的新药，如治疗获得性血栓性血小板减少性紫癜的新药Cablivi（caplacizumab），也是首款纳米抗体药物；治疗α-甘露糖苷贮积症的新药Lamzede（velmanasealfa），是首个通过长期酶替代疗法治疗α-甘露糖苷贮积症的药物。两者均为罕见病用药。

2. 我国新药研发态势

2018年国家药品监督管理局（NMPA）批准了11个由我国自主研发的新药上市，包括6个化学药、3个生物制品和2个中药（表3-1）。其中有9个是我国自主研发的1类新药，是我国批准1类新药上市数量最多的一年。因此，2018年也是我国新药研发进程中不平凡的一年。

表3-1　2018年NMPA批准上市的我国自主创制的1类新药及中药新药

序号	通用名	商品名	上市许可持有人	适应证	注册分类
1	盐酸安罗替尼胶囊	福可维	正大天晴药业集团股份有限公司	非小细胞肺癌	化学药1.1类
2	注射用艾博卫泰	艾可宁	前沿生物药业（南京）股份有限公司	艾滋病	化学药1.1类
3	达诺瑞韦钠片	戈诺卫	歌礼药业（浙江）有限公司	丙型肝炎	化学药1.1类
4	马来酸吡咯替尼片	艾瑞妮	江苏恒瑞医药股份有限公司	表皮生长因子受体2（HER2）阳性的乳腺癌	化学药1.1类

续表

序号	通用名	商品名	上市许可持有人	适应证	注册分类
5	呋喹替尼胶囊	爱优特	和记黄埔医药（上海）有限公司	转移性结直肠癌	化学药 1.1 类
6	罗沙司他胶囊	爱瑞卓	珐博进（中国）医药技术开发有限公司	肾性贫血	化学药 1.1 类
7	关黄母颗粒	—	通化万通药业股份有限公司	女性更年期综合征	中药 6.1 类
8	金蓉颗粒	奇绩康乃欣	广州奇绩医药科技有限公司	乳腺增生症痰瘀互结、冲任失调证	中药 6.1 类
9	重组细胞因子基因衍生蛋白注射液	乐复能	杰华生物技术（青岛）有限公司	慢性乙型肝炎	生物制品 1 类
10	特瑞普利单抗注射液	拓益	上海君实生物医药科技股份有限公司	转移性黑色素瘤	生物制品 1 类
11	信迪利单抗注射液	达伯舒	信达生物制药（苏州）有限公司	霍奇金淋巴瘤	生物制品 1 类

（1）新化学药

2018 年，NMPA 批准了 6 个我国自主研发的 1.1 类新化学药，均为具有自主知识产权、全球首次上市的化学新分子实体药物，其中抗肿瘤药 3 个、抗病毒药 2 个、治疗肾性贫血药 1 个。

A. 盐酸安罗替尼胶囊（Anlotinib hydrochloride capsule），商品名"福可维"，上市许可持有人为正大天晴药业集团股份有限公司，2018 年 5 月 8 日获批上市。为小分子多靶点抗血管生成药物，单药适用于既往至少接受过 2 种系统化疗后出现进展或复发的局部晚期或转移性非小细胞肺癌患者的治疗。对于存在表皮生长因子受体（EGFR）的基因突变或间变性淋巴瘤激酶（ALK）阳性的患者，应接受相应的靶向药物治疗后进展、且至少接受过 2 种系统化疗后出现进展或复发，才可以用本品治疗。

B. 注射用艾博卫泰（Albuvirtide for injection），商品名"艾可宁"，上市许可持有人为前沿生物药业（南京）股份有限公司，2018 年 5 月 23 日获批上市，用于艾滋病的治疗。艾博卫泰是一种人类免疫缺陷病毒（HIV-1）融合抑制剂，作用位点是病毒外膜的跨膜糖蛋白 gp41，通过抑制病毒包膜与人体细胞膜的融合，从而阻断 HIV 的复制。艾博卫泰适于与其他抗逆转录病毒药物联合使用。

艾博卫泰为长效药物，可每一到两周注射给药一次。

C. 达诺瑞韦钠片（Danoprevir sodium tablet），商品名"戈诺卫"，上市许可持有人为歌礼药业（浙江）有限公司，2018 年 6 月 8 日获批上市，与利托那韦、聚乙二醇干扰素 α 和利巴韦林联合组成抗病毒治疗方案，用于治疗初治的非肝硬化的基因 1b 型慢性丙型肝炎成人患者。达诺瑞韦为新一代 NS3/4A 蛋白酶抑制剂，能抑制丙型肝炎（HCV）的病毒复制。

D. 马来酸吡咯替尼片（Pyrotinib maleate tablet），商品名"艾瑞妮"，上市许可持有人为江苏恒瑞医药股份有限公司，2018 年 8 月 12 日获批上市，联合卡培他滨用于治疗表皮生长因子受体 2（HER2）阳性、既往未接受或接受过曲妥珠单抗的复发或转移性乳腺癌患者。马来酸吡咯替尼是不可逆性 HER2、表皮生长因子受体（EGFR）双靶点酪氨酸激酶抑制剂，其作用机理为与细胞内 HER2 和 EGFR 激酶区的三磷酸腺苷（ATP）结合位点共价结合，阻止肿瘤细胞内 HER2 和 EGFR 的同质和异质二聚体形成，抑制其自身的磷酸化，阻断下游信号通路的激活，从而抑制肿瘤细胞的生长。

E. 呋喹替尼胶囊（Fruquintinib capsule），商品名"爱优特"，上市许可持有人为和记黄埔医药（上海）有限公司，2018 年 9 月 4 日获批上市。呋喹替尼胶囊单药适用于既往接受过以氟尿嘧啶类、奥沙利铂和伊立替康为基础的化疗，以及既往接受过或不适合接受抗血管内皮生长因子（VEGF）治疗、抗表皮生长因子受体（EGFR）治疗（RAS 野生型）的转移性结直肠癌患者。呋喹替尼是一种喹唑啉类血管生成抑制剂，主要作用靶点是 VEGFR 激酶家族（VEGFR1、VEGFR2 和 VEGFR3）。通过抑制血管内皮细胞表面 VEGFR 磷酸化及下游信号转导，抑制血管内皮细胞的增殖、迁移和管腔形成，从而抑制肿瘤新生血管的形成，发挥抑制肿瘤生长的效应。

F. 罗沙司他胶囊（Roxadustat capsule），商品名"爱瑞卓"，上市许可持有人为珐博进（中国）医药技术开发有限公司，2018 年 12 月 17 日获批上市。适应证为肾性贫血，用于治疗透析依赖性慢性肾病患者（DD-CKD）及非透析依赖性慢性肾病患者（NDD-CKD）贫血。口服罗沙司他胶囊是全球首个小分子低氧诱导因子脯氨酰羟化酶抑制剂（HIF-PHI）类治疗肾性贫血的药物，是首个由 NMPA 批准、在中国首发上市的原创新药，具有里程碑意义。低氧诱导因子（HIF）的生理作用不仅使红细胞生成素表达增加，也能使红细胞生成素受体及促进铁吸收和循环的蛋白表达增加。罗沙司他通过模拟脯氨酰羟化酶（PH）的底物之一酮戊二酸抑制 PH 活性，影响 PH 在维持 HIF 生成和降解速率平衡方面的作用，从而达到纠正贫血的目的。

（2）新中药

2018 年我国批准了 2 个中药复方新药上市。

A．关黄母颗粒，上市许可持有人为通化万通药业股份有限公司，2018 年 2 月 2 日获批上市，主要成分为熟地黄、龟甲胶、盐关黄柏、盐知母等，可辅助治疗女性更年期综合征。

B．金蓉颗粒，商品名"奇绩康乃欣"，上市许可持有人为广州奇绩医药科技有限公司，2018 年 12 月 25 日获批上市，该药为中药复方制剂，处方由淫羊藿、苁蓉、丹参、郁金等多味中药组成。功能为补肾活血，化痰散结，调摄冲任；用于乳腺增生症痰瘀互结、冲任失调证；症见乳房疼痛，胸肋胀痛，善于易怒，失眠多梦，神疲乏力，腰膝酸软，舌淡红或青紫或舌边尖有瘀斑，苔白，脉弦细或滑。

（3）新生物制品

2018 年 NMPA 批准了 3 个我国自主研发、具有自主知识产权的 1 类新生物制品上市，其中 2 个是抗程序性死亡受体 1（PD-1）单克隆抗体。

A．重组细胞因子基因衍生蛋白注射液（recombinant cytokine gene derived protein injection），商品名"乐复能"，生物制品 1 类，上市许可持有人为杰华生物技术（青岛）有限公司，2018 年 4 月 12 日获批上市，用于治疗 HBeAg 阳性的慢性乙型肝炎。该药是用含有重组细胞因子基因衍生蛋白基因的大肠杆菌，经发酵、分离和高度纯化后制成。

B．特瑞普利单抗注射液（Toripalimab injection），商品名"拓益"，生物制品 1 类，上市许可持有人为上海君实生物医药科技股份有限公司，2018 年 12 月 17 日获批上市。特瑞普利单抗注射液适用于既往接受全身系统治疗失败的不可切除或转移性黑色素瘤的治疗。特瑞普利单抗是首个上市的国产 PD-1 单抗，其作用机制为通过封闭 T 淋巴细胞的 PD-1，阻断其与肿瘤细胞表面 PD-L1 结合，解除肿瘤细胞对免疫细胞的免疫抑制，使免疫细胞重新发挥抗肿瘤细胞免疫作用而杀伤肿瘤细胞。

C. 信迪利单抗注射液（Sintilimab injection），商品名"达伯舒"，生物制品 1 类，上市许可持有人为信达生物制药（苏州）有限公司，2018 年 12 月 24 日获批上市。信迪利单抗适用于至少经过二线系统化疗的复发或难治性经典型霍奇金淋巴瘤的治疗。

（4）药物靶标研究进展

2018 年 1 月 4 日，中国科学院上海药物研究所的科研团队在 B 型 G 蛋白偶联受体（GPCR）结构与功能研究领域获重要突破，首次测定了胰高血糖素受体（GCGR）全长蛋白与多肽配体复合物的三维结构，揭示了该受体对细胞信号分子的特异性识别及其活化调控机制。GCGR 参与调节体内血糖稳态，是治疗 2 型糖尿病药物的重要靶点，研究人员成功解析了全长 GCGR 与胰高血糖素类似物 NNC1702 结合的复合物晶体结构，从而揭示了 B 型 GPCR 与多肽配体结合的精细模式。该研究成果发表在 *Nature* 杂志上。

2018 年 4 月 19 日，中国科学院上海药物研究所的研究团队在抗肥胖药物靶点的结构和功能研究方面取得重要进展，首次测定了神经肽 Y 受体 Y1R 分别与两种抑制剂结合的高分辨率三维结构，揭示了该受体与多种药物分子的相互作用机制，为治疗肥胖和糖尿病等疾病的药物研发提供了重要的依据。目前，由于 Y1R 的配体存在选择性差、脑屏障穿透能力差和口服生物利用率低等问题，至今尚无靶向 Y1R 的药物成功上市。该研究成果发表在 *Nature* 杂志上。

2018 年 8 月 22 日，上海科技大学 iHuman 研究所的科研团队在人体细胞信号转导研究领域获重大突破，成功解析了首个人源卷曲受体（Frizzled-4）三维精细结构，揭示了卷曲受体在无配体结合情况下特有的"空口袋"结构特征，以及其有别于以往解析的 GPCR 的激活机制。尽管目前对 GPCR 结构的研究层出不穷，然而对 10 个卷曲受体跨膜结构域的了解仍然是空白，而这一结构域正是受体参与激活信号通路和药物针对位点的核心区域。

2018 年 11 月 29 日，中国科学院生物化学与细胞生物学研究所分子生物学国家重点实验室的研究团队在 *Nature* 上发表了研究论文，首次揭示了人体免疫系统"刹车"分子 PD-1 的降解机制，以及该机制在肿瘤免疫反应中的功能。这项研究阐明了重要药物靶点 PD-1 的新调控机制，有助于研究人员更好地理解肿瘤免疫应答并设计新的肿瘤免疫治疗方法。

2018 年 11 月，上海交通大学医学院附属仁济医院的研究团队揭示了肿瘤免疫治疗的靶标程序性死亡配体 -1（PD-L1）的调控机制，并设计了新的靶向方法。通过肿瘤基因组学筛选发现了 PD-L1 与 HIP1R 的显著关联，并通过一系列的实验研究证明，HIP1R 促进 PD-L1 从溶酶体途径的降解，也就是把 PD-L1 蛋白质运送到细胞内的"回收站"进行彻底清除。失去了 PD-L1 的保护后，肿瘤细胞就会被体内的 T 细胞杀伤。这项研究为肿瘤免疫治疗提供了新的思路和方法，为提升治疗效果、改善疾病预后提供了非常有意义的参考和借鉴。相关研究成果发表于 *Nature* 杂志，该项研究为肿瘤免疫治疗提供了新的思路。

2018 年，国家纳米科学中心和美国亚利桑那州立大学合作研制出用于治疗肿瘤的智能型 DNA 纳米机器人，实现纳米机器人在活体（小鼠和猪）血管内稳定工作并高效完成定点药物运输功能。它可在体内自行找到给肿瘤供血的血管，随后释放药物制造血栓阻塞血管，从而"饿死"肿瘤。这种创新方法的治疗效果在乳腺癌、黑色素瘤、卵巢癌及原发性肺癌等多种肿瘤中都得到了验证，并且在动物模型上展示了良好的安全性和疗效。该研究入选了"2018 年度中国科学十大进展"。

（二）诊断与治疗方法

1. 体外诊断

体外诊断已经成为人类疾病预防、诊断、治疗日益重要的组成部分，也是保障人类健康与构建和谐社会日益重要的组成部分。

2018 年 2 月 9 日，国家食品药品监督管理总局正式审核通过宁波美晶医疗技术有限公司自主研发的新一代 CellRich™ 自动化循环肿瘤细胞捕获设备。该设备是目前国内唯一通过国家认证的基于免疫磁筛选微流控芯片专利技术的自动化双模式循环肿瘤细胞筛选设备，可实现人体外周血中肿瘤细胞的精准捕获，并对循环肿瘤细胞（CTC）进行染色鉴定，从而检测肿瘤患者外周血中 CTC 的数量，作为后期个性化诊疗依据，帮助临床医生及早制定后续诊疗措施及寻找最佳治疗方案。

2018 年 2 月，广州妇女儿童医疗中心和加州大学圣地亚哥分校联合研究团队基于一项"迁移学习"全新 AI 诊断工具研究发现，可通过视网膜 OCT 图像筛查致盲性视网膜疾病，并能在 30 s 内决定患者是否需要治疗，准确率可达 95% 以上，该方法有望将眼科医生从庞杂的看片工作中解放。相关研究成果以封面文章发表在 *Cell* 杂志上。

2018 年 7 月 12 日，*Molecular Cell* 杂志刊登了广州医科大学附属第三医院和中山眼科中心等研究团队合作发表的人基因组 6mA 表观修饰研究成果。该研究首次利用三代测序技术证实了 6mA 的 DNA 碱基修饰广泛存在于人类基因组，并且发现了这一修饰与肿瘤发生发展之间的关系。该研究还进一步通过 6mA-IP-seq 和 LC-MS/MS 方法，对基因组中 6mA 的区域进行了验证，发现其结果与单分子实时测序（SMRT）技术分析得到的结果高度重合，进一步验证了 SMRT 技术在 6mA 发现过程中的可靠性，该研究是人类基因组 6mA 研究的重大突破。

2018 年 8 月 13 日，国家药品监督管理局正式审核通过了广州燃石医学检验所有限公司自主研发的"人 *EGFR/ALK/BRAF/KRAS* 基因突变联合检测试剂盒（可逆末端终止测序法）"，该产品成为中国首个获得批准的肿瘤二代测序（NGS）多基因检测试剂盒。

2018 年 11 月，中国科学院、清华大学、北京大学、华中科技大学和南京医科大学的研究团队首次报道人类膜联免疫球蛋白 IgG1 重链胞内区存在增加系统性红斑狼疮（SLE）易感性的单核苷酸多态性位点（SNP），并揭示了该 SNP

参与调控 B 细胞命运决定的新机制，为研究系统性红斑狼疮等自身免疫疾病的致病机制和精准诊疗提供新的潜在靶点和理论支持。相关研究成果发表在 *Cell* 杂志上。

2018 年 11 月 12 日，经国家药品监督管理局审查，由广州市康立明生物科技有限责任公司自主研发、生产的属于三类体外诊断试剂的人类 *SDC2* 基因甲基化检测试剂盒（荧光 PCR 法）（商品名"长安心"）正式获批上市。"长安心"主要基于自主创新的高检测性能的 PCR 专利技术，用于体外定性检测人粪便样本中 *SDC2* 基因的甲基化情况。该产品是我国首个在中国人群中筛选出的粪便结直肠癌脱氧核糖核酸（DNA）甲基化标志物批准用于大肠癌辅助诊断的检测产品，可以给临床和受检者增加一种大肠癌辅助诊断方法的选择。

2. 数字诊疗装备

2018 年 1 月，由清华大学、首都医科大学附属北京天坛医院、中国医学科学院北京协和医院、中国人民解放军总医院和北京品驰医疗设备有限公司共同完成的"脑起搏器关键技术、系统与临床应用"项目获得 2018 年国家科学技术进步奖一等奖。脑起搏器通过直接刺激大脑核团，能够显著改善多种脑疾病患者的生活质量，但技术难度大，是典型高端医疗器械。项目历经 17 年，自主突破核心技术，打破美国独家垄断，并攻克帕金森病步态障碍治疗、充电安全、电极断裂和远程程控等世界难题，实现全球引领。获 6 个三类注册证，平均给每位患者节省 10 万元，三年节支 4 亿元，出口 4 个国家。这开创了我国有源植入医疗器械超越进口的先河，是近 20 年该领域实现领跑的成功范例。

2018 年 4 月，北京柏惠维康科技有限公司研发的"睿米"神经外科手术机器人（Remebot）于 2018 年通过 CFDA 三类医疗器械审查，成为国内首家正式获批的神经外科手术机器人，填补了国内空白。"睿米"作为脑外科手术的"GPS"治疗系统，定位精度达到 1 mm，可以帮助医生实现精准的神经微创手术，目前已成功应用于脑出血、帕金森病、癫痫等疾病的治疗。

2018 年 8 月，上海联影研究团队成功开发了具有自主知识产权的正电子发射计算机断层显像及核磁共振成像一体化系统（PET/MR），使其成为全球第三个能够生产此类设备的企业，并且获得国家药品监督管理局颁发的产品注册证。研发团队重点突破了 PET 和 MRI 两种模态在同一孔径中同步成像的电磁兼容性、图像重建及整机一体化实时控制等集成技术的难点，彻底突破了 PET 探测器在 MRI 成像系统中强磁场复杂电磁环境下的兼容性关键技术，能够实现两种模态完全同时成像。在性能方面，PET/MR 采用了自主研发的硅基光电转换探测技术，实现了国际最长的 PET 成像轴向视野，以及国际最高的空间分辨率，并且拥有 450 ps 时间分辨率和飞行时间成像功能。该产品的关键技术指标已达到国际领先水平，项目全部核心技术取得自主知识产权。

2018 年 10 月，在第 80 届中国国际医疗器械（秋季）博览会（CMEF）上，南京基蛋生物科技股份有限公司展示了 Getein3200 生化免疫定量分析仪。该产品采用干式荧光＋干式生化二合一技术，打破了强生公司在该技术上的垄断，可实现对心肌、炎症、肾、凝血项目的联检，不仅速度快、体积小，还可实现 50 个样本连续进样，适用于随机批量、急诊等情况。

苏州同心医疗器械公司牵头的研发团队经过不懈努力，成功研发了具有完整自主知识产权的全磁悬浮式人工心脏 CH-VAD，完成了产品的设计和制造技术开发，建立了生产和质量保证体系。2017 年 6～10 月，通过人道主义豁免许可，连续成功救治 3 名濒临死亡的终末期心衰患者。2018 年 12 月获得国家药品监督管理局的临床试验批件，进入临床试验阶段。2019 年 3 月正式临床试验展开后，至今已在 2 个中心实施植入 4 例，均取得圆满成功。在国际上，CH-VAD 具有的相对于各类现有人工心脏产品的性能优势已经得到同行专家的普遍认可，苏州同心医疗器械公司即将向美国 FDA 提出研究性器械豁免（IDE）临床试验申请。

广州索诺星信息科技有限公司的研发团队经过数年的努力，研发出无线探头式手持 B 超彩超 - 双头系列产品，声头可任选凸阵、线阵、微凸、腔内，不同的声头用于不同部位的检查，该产品重量仅为 250 g，非常小巧轻便，1 s 开机，一个探头同时具备两个声头可同时满足多种应用需求，如 120 急救中心 / 救护车、军队战场救护医疗队及灾害救护医疗组。

3. 生物医用材料

2017 年 12 月 28 日，山东威高集团有限公司研发的耐辐照输液器取得国家医疗器械产品注册证，各项性能达到了国外同类产品的水平，彻底扭转了苯乙烯类弹性体输液器原料依赖进口的局面，同时产品成本降低了 40%，减轻了患者的负担，年产 1 亿余套，销售额达 10 亿元。

2018 年 1 月，国家食品药品监督管理总局经审查，批准了山东赛克赛斯药业科技有限公司生产的创新产品"可吸收硬脑膜封合医用胶"的注册。脊液渗漏的治疗是一项复杂而棘手的难题，目前对硬脑膜损伤的修补主要有直接缝合修补法、自体组织修补法、人工合成材料修补法等。相较于常规修补法，该产品的创新之处在于将其喷涂到手术部位后，会迅速聚合形成具有空间立体网状结构的黏性水凝胶，对手术缝合后仍存在的硬脑膜脊液渗漏起到辅助封合作用。目前国内无同类产品上市，该产品属于国内首创，其临床使用为开颅手术中硬脑膜缝合后脑脊液渗漏的封堵提供了一种新的解决方案。

2018 年 2 月，中国科学院长春应用化学研究所开发的体内可吸收的界面螺钉、可吸收带线锚钉和可吸收颅颌面固定系统产品已进入产品注册证审批阶段。另外，其开发的微型螺钉、微型骨板、眶底板已完成关键工序验证工作，获得稳定制备工艺、性能稳定的样品，性能检测达到国外同类产品的要求。

2018 年 3 月，国家药品监督管理局批准了微创神通医疗科技（上海）有限公司研制的创新产品"血管重建装置"的注册。该产品属于国内首创，适用于治疗颈内动脉及椎动脉未破裂囊性动脉瘤的患者。"血管重建装置"通过低孔率的支架和高金属覆盖率的结构设计改变了动脉瘤的血流动力学，进而诱发动脉瘤内血栓形成，促进瘤颈部的内膜增生，达到治疗颅内动脉瘤的目的，同时输送导丝上的输送膜设计实现了支架的回收及重新定位，降低了手术过程中的操作风险。其临床使用为大及巨大型宽颈动脉瘤的治疗提供了新的治疗策略。

2018 年 6 月，成都欧赛医疗器械有限公司开发的"中空纤维膜血液透析滤过器"取得医疗器械产品注册证，是首个国产中空纤维膜血液滤过器。同时完成了小型透析器和小型滤过器组件模具的设计和制备，制得小型血液透析器和小型滤过器样品。这开创了佩戴式人工肾产业化的先河，全面提升了我国在血液净化领域的自主能力、创新能力和竞争能力，对肾衰竭疾病的治疗有重大意义。

2018 年 12 月，北京大清生物技术股份有限公司研发的利用猪小肠黏膜下层（SIS）构建的尿道补片在 5 家临床机构累计完成 190 例的临床试验。该尿道补片具有可降解性、低免疫原性、抗感染和促进组织再生等特性，并最终被自体再生组织所替代，完成组织的塑形重建，该产品极大地解决了临床上幼儿尿道下裂方面的问题，属国内首创，填补了国内空白，具有巨大的临床和经济效益。

二、工业生物技术

（一）生物催化技术

2018 年 6 月，北京理工大学和中国科学院高能物理研究所合作，结合实验和计算技术从四级结构角度探究了全长 N- 聚糖调节蛋白质稳定性的机制。N-糖基化是真核生物中一种重要的翻译后修饰，对调控蛋白质的稳定性具有至关重要的作用。然而，生物体内自发的 N- 糖基化随机性较强，大多的糖基修饰不能处于稳定蛋白质构象的最佳位点，导致其对蛋白质稳定性的提升作用不显著，甚至不合适的 N- 糖基化还会降低酶的稳定性，大大限制了其在蛋白质稳定性改造中的应用。作者以真菌 β- 葡萄糖醛酸酶（PGUS，同源四聚体结构）为模型蛋白，验证了蛋白质内源的 Asn383、Asn594 位点的糖基化对 PGUS-P 的稳定性有显著影响。通过计算机模拟与实验相结合的方法，揭示了 PGUS-P 的两个内源 N- 糖基提高蛋白质稳定性的机制。基于此，作者通过对 PGUS 的晶体结构分析，在超二级结构域、结构域、亚基界面间设计了 N- 糖基化位点，进一步提高了 PGUS-P 的动力学、热力学稳定性。该研究不仅从蛋白质多结构层次水平的角度对糖链和蛋白质之间的相互作用提供了独特的见解，而且促进了 N- 糖基化的理性设计，使其成为提高蛋白质稳定性的通用技术。研究结果发表于 *The Journal of Physical Chemistry Letters*。

2018 年 6 月，清华大学建立了基于 CRISPR 干扰（CRISPRi）技术的高通量微生物功能基因组学方法。由于微生物细胞工厂遗传网络的复杂性，传统上逐个研究单基因的策略局限性大，导致微生物基因型与表型关联的理解仍十分有限，限制了微生物细胞工厂的精准构建，因此迫切需要发展通用的高通量微生物功能基因组学方法。本研究首先基于 DNA 芯片合成技术制备大肠杆菌全基因组 sgRNA 质粒文库，利用靶向营养缺陷型基因的 sgRNA 文库的二代测序技术，系统研究了大肠杆菌的全部必需基因，证明了 CRISPRi 方法在性能上优于其他传统方法；通过建立首个大肠杆菌中 tRNA 必需性图谱，证明了该方法能够挖掘非编码 RNA 基因及其功能，并揭示了大肠杆菌 tRNA 之间的相互作用关系；以氨基酸代谢为例，展示了 CRISPRi 方法定量解析微生物代谢网络结构的能力；通过定量分析大肠杆菌在全基因组范围内对于典型抑制剂的耐受性图谱，发现了许多未知的耐受性基因位点，为微生物细胞工厂的系统工程化改造提供了依据。研究结果发表于 *Nature Communications*。

2018 年 7 月，北京理工大学提出了利用稀有密码子筛选产氨基酸菌株的方法，成功开发了一种不依赖于类似物的氨基酸高产菌株的高效筛选方法。结果表明，稀有密码子的整合可以以频率依赖的方式抑制标记蛋白基因的翻译。为了验证基于稀有密码子的筛选系统的效率，用 ARTP 诱变技术诱变产目标氨基酸的菌株（大肠杆菌及谷氨酸棒杆菌），构建不同氨基酸产量的突变菌库，进一步将构建的筛选用质粒 pKan-RC29、pAKR-RC8 或 pSSer-RC17 导入代表性突变菌株中，然后从随机突变文库中成功筛选出了高产不同氨基酸的大肠杆菌菌株及谷氨酸棒杆菌，这一方法为氨基酸高产菌株的构建及其氨基酸合成代谢机制的理解提供了新方法。研究结果发表于 *Nature Communications*。

2018 年 9 月，江南大学与中国科学院上海有机化学研究所合作，对来自 *Kluyveromyces polyspora* 的醇脱氢酶 KpADH 进行了立体选择性改造和催化机制解析。二芳基酮是生产药物的重要中间体，由于该类化合物具有两个大位阻的芳香侧链，被称为"难还原"酮类。KpADH 在还原 4- 氯苯基 - 吡啶 -2- 基甲酮时表现出了较高的转化率，但立体选择性较差（82% ee，R）。为了优化立体选择性，作者提出了"极性扫描"策略（polarity scanning），分别使用天冬酰胺 Asn 和缬氨酸 Val 作为极性和非极性筛子，通过定点突变获得了 KpADH 底物结合口袋上与酶催化立体选择性相关的 6 个重要氨基酸位点。之后作者对这些位点进行迭代组合突变，成功获得立体选择性显著提高的突变株 *Mu-R2*（99.2% ee，R）和立体选择性翻转的突变株 *Mu-S5*（97.8% ee，S）。进一步，作者对野生型 KpADH 及两个突变体进行蛋白质结晶、晶体结构解析和分子动力学模拟，揭示了立体选择性提高和选择性翻转的机理。该研究提供了有效的方法用于立体选择性互补的二芳基酮的醇脱氢酶工程化，并且通过计算机模拟加深了双芳基醇脱氢酶立体选择性催化机制的理解，为蛋白质工程用于新酶的理性设计提供了理论基础。研究结果发表于 *Journal of the American Chemical Society*。

2018 年 10 月，天津大学与美国伊利诺伊大学香槟分校合作，通过比较基因组学发现了厌氧菌降解色氨酸并脱羧形成挥发性芳香族化合物粪臭素过程中涉及的吲哚乙酸脱羧酶。它是一种氧气敏感的甘氨酰自由基酶。研究人员表征了它的生化特征，并将其与其他甘氨酰基脱羧酶进行比较，确定了其保守残基。报道的吲哚乙酸脱羧酶可作为鉴定产生粪臭素的环境和人类相关细菌的遗传标记，对人类健康和畜牧业有重要影响。研究结果发表于 *Nature Communications*。

2018 年 10 月，中国科学院天津工业生物技术研究所在利用人工融合蛋白提高甲醇生物转化速度方面取得新进展。该研究理性设计并构建了核酮糖单磷酸甲醇利用途径关键酶的融合蛋白，提高了甲醇到关键代谢中间物果糖 -6- 磷酸（F6P）的转化速度。对不同来源的 NAD$^+$ 依赖型甲醇脱氢酶（Mdh）、3- 己酮糖 -6- 磷酸合成酶（Hps）和 6- 磷酸 -3- 己酮糖异构酶（Phi）进行了活性筛选，构建了双功能融合蛋白（Mdh-Hps 和 Hps-Phi）和三功能融合蛋白（Mdh-Hps-Phi），并评估了不同长度柔性 linker 对融合蛋白催化效率的影响。最优融合蛋白的甲醇氧化活性提高了 4.8 倍，F6P 生成速度提高了 30%。动态光散射和透射电镜分析表明，蛋白融合表达改变了蛋白质的聚体状态，形成了较大的组装体，进而可能影响了催化活性。该研究为解决甲醛毒性及提高甲醇生物转化速度提供了有效策略。该研究结果发表于 *ChemBioChem*。

2018 年 10 月，青岛海洋科学与技术试点国家实验室海洋药物与生物制品功能实验室报道了一种全新的 tRNA 依赖型二酮哌嗪 - 萜类化合物生物合成机制。含有二酮哌嗪（DKP）骨架的天然产物具有能跨过肠屏障和血脑屏障等特点，是重要的药物先导化合物。DKP 的生物合成分为非核糖体肽合酶（NRPS）和环二肽合酶（CDPS）两类。目前报道的 DKP 主要是通过 NRPS 途径合成，而 CDPS 途径是一种与 NRPS 截然不同的途径。作者采用采掘技术，从三株链霉菌基因组中发掘了 3 个含有 CDPS 的同源基因簇，研究显示其中的环二肽合酶具有独特的底物特异性，通过系列定点突变阐释了其关键氨基酸残基，为理解 CDPS 底物特异性分子基础提供了新的认知。进一步，作者研究了基因簇的编码产物，解析了各个基因的功能，发现了首个具有底物宽泛性的 PSL 家族异戊烯基转移酶和通过双键质子化起始环化反应的细菌源膜结合萜环化酶，揭示了 tRNA 依赖型二酮哌嗪 - 萜类化合物生物合成机制。研究结果发表于 *Nature Communications*。

2018 年 10 月，清华大学通过提高 NADPH 的胞内含量来提高谷氨酸棒杆菌的赖氨酸产量。此工作主要是利用酶直接催化 NADH 来达到辅因子的平衡，来积累 NADPH。此工作在谷氨酸棒杆菌中鉴定筛选了 4 种 NADH 脱氢酶，分别是来自铜绿假单胞菌的天冬氨酸脱氢酶（PaASPDH），来自运动替斯崔纳菌的天冬氨酸 - 半醛脱氢酶（TmASADH），来自大肠杆菌的二氢吡啶二羧酸还原酶（EcDHDPR）和来自极端嗜热菌（PtDAPDH）的二氨基庚二酸脱氢酶，通过过表达上述酶，谷氨酸棒杆菌的赖氨酸产量大幅度增加（30.7%～36.8%）。表达 4 种利用 NADH 酶的四重突变体菌株，赖氨酸产量达到 24.1 g/L，转化率达到 0.30 g/g 葡萄糖。研究结果表明，酶挖掘和辅因子工程相结合能提高赖氨酸的生产效率，并且此策略能够推广至其他的生物代谢工程中，来提高目的产物的产量。研究结果发表于 *Metabolic Engineering*。

2018 年 11 月，中国科学院天津工业生物技术研究所成功在大肠杆菌中实现了维生素 B_{12} 的从头合成。此团队首先利用体外及体内两种方法对维生素 B_{12} 合成途径中的合成基因进行了功能的解析与验证，证明了钴转运蛋白在维生素

B_{12} 好氧合成途径钴螯合反应的作用，解析了维生素 B_{12} 好氧合成途径中腺苷钴啉醇酰胺磷酸的合成机理，证明好氧与厌氧合成途径均能利用 L- 苏氨酸合成（R）-1- 氨基 -2- 丙醇 -O-2- 磷酸，其中厌氧合成途径将与腺苷钴啉胺酸聚合生成腺苷钴啉醇酰胺磷酸。最后该团队将筛选的多种来源的途径相关基因，外源表达在大肠杆菌中，最后实现维生素 B_{12} 的高效合成。工程菌株发酵时间短，有望成为工业生产菌株，研究结果发表于 *Nature Communications*。

2018 年 12 月，天津大学通过理性设计和非理性突变方法构建高产虾青素的酿酒酵母细胞工厂。虾青素是一种天然的类胡萝卜素色素，具有很高的抗氧化活性和应用价值。通过代谢工程构建酵母细胞工厂生产虾青素成为一种很有前途的替代方案，但虾青素产量仍无法达到产业化水平，迫切需要将理性代谢途径设计及非理性突变方法有机结合，并系统揭示了影响虾青素生物合成的分子机制。本研究通过利用合成异源模块构建，进一步结合常压室温等离子体（ARTP）高效诱变育种技术，获得了高产虾青素的酿酒酵母突变株，摇瓶发酵达到 10.1 mg/g 细胞干重（DCW），是报道的最高产量；进一步在 5 L 发酵罐发酵，虾青素浓度达到了 217.9 mg / L（虾青素比率为 89.4%，虾青素产量高达 13.8 mg/g DCW），虾青素合成途径的副产物水平显著降低；通过比较基因组学分析首次发现了与虾青素生物合成相关的三个分子靶标基因，为进一步菌株改造提供了依据。研究结果发表于 *Biotechnology for Biofuels*。

2019 年 2 月，上海交通大学在大肠杆菌中理性设计及构建的 2- 氨基 -1，3- 丙二醇（2-amino-1, 3-propanediol，2-APD）的人工生物合成途径中有重要进展。主要通过理性设计得到转氨酶 RtxA 并异源表达于大肠杆菌中，并以此催化磷酸二羟丙酮转化为磷酸 -2-APD，随后由内源的磷酸酶进一步转化为产物 2-APD。而后通过代谢流的优化设计，得到的最优菌株 LYC-5，可利用葡萄糖作为碳源，产生 2-APD14.6g/L〔产率为 0.122g/（L/h）〕，为已报道的最高产量。此方法相对于化学合成工艺具有高效环保等优势，具有巨大的工业应用潜力。该成果发表于 *ACS Synthetic Biology*。

2019 年 3 月，中国科学院微生物研究所报道了基于酶的混杂催化活性设计的多条合成途径，通过减少细胞代谢负担并实现碳流的重排，实现羟基酪醇的高效生物合成的研究。作者利用蛋白质定向趋异进化策略对大肠杆菌单加氧酶HpaBC进行了改造，获得了分别具有酪醇羟化酶、酪胺羟化酶及酪醇/酪胺羟化酶混杂催化活性的三个优良突变体 A10、D11 和 H7。其中，具有酪醇/酪胺羟化酶混杂催化活性的 HpaBC 突变体 H7 能够有效减少蛋白质过表达造成的细胞代谢负担，并能实现生物合成碳流在两条不同的以酪氨酸为底物生产羟基酪醇的生物合成途径之间的高效分配，从而通过对多条合成途径间代谢流的重排显著提高羟基酪醇生物合成效率。该研究进一步拓展了蛋白质定向进化手段在代谢工程研究中的应用，为天然产物生物合成途径的设计构建提供了新的思路和技术依据。研究结果发表于 *Nature Communications*。

2019 年 3 月，南京大学首次鉴定出能够催化［6＋4］环加成反应的一类酶家族。周环反应是一类在反应过程中形成环状过渡态的协同反应，在有机合成中有着广泛的应用。在有机合成中观察到了［6＋4］环加成反应，但未在自然界中发现可催化［6＋4］环加成反应的酶。作者通过体内敲除基因、体外酶催化反应、量子化学计算、分子动力学模拟及蛋白晶体的研究等，在海洋放线菌中发现了首例可催化［6＋4］/［4＋2］环加成反应的酶，并对催化反应的机理进行了探究。这类酶的发现将进一步拓展人们对周环反应酶的认识，启发科学家将来利用和改造周环反应酶来实现有价值的分子转化。研究结果发表于 *Nature*。

2019 年 4 月，江南大学通过活性表达酵母多萜醇寡糖生物合成路径中的多种糖基转移酶，首次在体外通过重构该通路制备了多种高甘露糖型 N- 寡糖。体外重构高甘露糖型寡糖的方法，突破了多跨膜糖基转移酶异源表达的瓶颈，将酶法合成高甘露糖型 N- 寡糖的产量提升至毫克级别。高甘露糖型 N- 寡糖对于蛋白质折叠和分泌等功能起着至关重要的作用。研究结果发表于 *Nature Communications*。

2019 年 4 月，浙江大学联合德国马克斯·普朗克科学促进学会煤炭化学研究所合作开展了南极假丝酵母脂肪酶 B（*Candida antarctica* lipase B，CALB）的定向进化研究。利用蛋白质工程，外消旋酸和外消旋醇在有机溶剂中发生酯交换反应产生 4 种 CALB 的立体异构体。通过产生和筛选少于 25 种每种异构体的变体，该团队得到的四种都能够对模型反应有大于 90% 的选择性。该技术是通过在酶结合位点利用集中理性迭代位点特异性诱变（FRISM）的策略来实现的。通过合理设计并迭代累积单位点突变来形成最小的立体选择性的突变文库，以快速得到目的突变立体异构体。研究结果发表于 *Journal of the American Chemical Society*。

（二）生物制造工艺

开发高效、绿色的生物制造关键技术和装备，全面推动绿色生物制造工艺在化工、医药、农业、轻纺、能源、生态环境等领域的应用，可显著降低物耗、能耗、工业固体废物的产生和环境污染物的排放，建立起生态安全、绿色低碳、循环发展的生物制造工艺体系。

2018 年 8 月，中国科学院天津工业生物技术研究所理性设计并构建了高效利用甲醇的甲醇依赖型谷氨酸棒杆菌，实现转化甲醇合成谷氨酸。通过阻断戊糖磷酸途径，引入核酮糖单磷酸甲醇利用途径，使甲醇 - 木糖共利用成为菌株生长的必要条件，实现了甲醇依赖型菌株生长。由于甲醇利用速度与细胞生长速度正相关，通过适应性进化，大幅提高了菌株的生长速度和甲醇利用速度，甲醇∶木糖利用比例达到 3.83∶1，^{13}C 标记实验表明代谢物中多至 63% 的碳来自甲醇，甲醇成为细胞生长代谢的主要碳源。通过抑制细胞壁合成，还实现了转化甲醇合成谷氨酸。该研究为构建可利用甲醇作为唯一碳源的工业平台菌株，实现高效的甲醇生物转化利用奠定了基础。

2018 年 12 月，浙江工业大学完成的成果"腈水解酶工业催化剂的创制及应用"获 2018 年度中国石油和化学工业联合会技术发明一等奖。该项目攻克了腈水解酶筛选、分子改造、固定化、工程应用等方面的技术难题，创制了系列性能优异的新型腈水解酶工业催化剂，构建了以腈水解酶为催化剂的绿色生物制造技术平台，可广泛用于医药、农药、食品、材料单体等化学品的生产，应用前景十分广阔。

2019 年 1 月，南京工业大学牵头完成的"生物法制备二十二碳六烯酸油脂（DHA）关键技术及应用"项目成果，获 2018 年国家技术发明奖二等奖。该项目在国际上首次提出了利用氧化损伤修复理论有效控制菌种副产物积累的驯化方法，突破了高产 DHA 菌株选育困难的问题，获得了高生产性能的裂殖壶菌；发明了基于细胞生理特性和多维组学的过程精准调控技术，突破了不饱和脂肪酸合成过程定向调控困难的问题，开发了基于氧传质的过程放大方法，实现了高品质 DHA 油脂的规模化生产；同时发明了基于酶法的无萃取剂油脂提炼技术和配套装备，在国内率先实现了提取过程不使用有机溶剂，提高了生产安全性，实现了 DHA 油脂的连续智能化生产，油脂提取效率提高了 10 倍，综合成本降低了 80%。DHA 产品已在多家婴幼儿奶粉龙头企业和营养化学品企业成功应用，近三年合作企业新增产值 12.5 亿元，新增利润 4.1 亿元，新增税收 1.9 亿元，创汇 7 658 万美元。

2019 年 1 月，江南大学牵头完成的"耐胁迫植物乳杆菌定向选育及发酵关键技术"，获 2018 年国家技术发明奖二等奖。该技术在阐明植物乳杆菌相应酸、盐、胆碱等环境因子胁迫机制的基础上，发明了基于靶点基因和蛋白的菌种定向选育技术；发明了一套基于体外、以细胞模型和活体动物模型为核心的评价方法，可定向筛选具有生物减除食源性危害因子功能的植物乳杆菌；发明了基于胁迫响应的发酵关键技术，实现了菌株的高活性培养和高效制备，创新开发了植物乳杆菌新型产品，起到行业引领和示范作用；开发了双菌协同发酵、低温长时发酵等技术，显著提高了植物乳杆菌在产品中的生理活性；建立了年产 20 万 t 的新型益生菌发酵乳生产线，并成为全球销量最大的植物乳杆菌发酵乳制品，近三年实现新增销售收入达 38.03 亿元，新增利润 3.10 亿元。

2019 年 1 月，中国农业大学牵头开发的"半纤维素酶高效生产及应用关键技术"，获 2018 年国家科学技术进步奖二等奖。该技术发掘了 11 种具有自主知识产权的新型半纤维素酶，阐明了其酶学特性和催化作用机制，为工业化生产和应用奠定了基础；解决了高效制备半纤维素酶的难题，突破了半纤维素酶工业化生产的技术瓶颈；发明了半纤维素高效预处理技术耦合半纤维素酶转化益生元产业化关键技术，攻克了半纤维素资源高效利用的技术难题。该成果促使半纤维素酶国内市场占有率从 5% 提升至 30% 以上；低聚木糖市场占有率达 85% 以上，推动了我国酶制剂和益生元制品行业的发展和技术进步。

2019 年 3 月，中国科学院微生物研究所与宁夏龙头企业——伊品生物科技股份有限公司合作承担的中国科学院 STS 重点项目"尼龙 5X 盐关键生产技术及产业化"顺利通过验收。该项目针对国内赖氨酸发酵行业产能严重过剩及尼龙材料行业核心技术被国外垄断这两大产业问题，开发出生物基戊二胺全套生产技术，建立了 3 700 t/ 年尼龙 56 的中试线，优化设计了万吨级戊二胺生产工艺包，并建立了相应规模的戊二胺 / 尼龙 56 生产线，新增产值 8 亿元，为企业实现产业结构调整和转型升级提供了科技支撑。

2019 年 3 月，浙江工业大学、浙江华康药业股份有限公司和浙江大学通过创制高效生物催化剂、重构与强化反应和分离过程、构建区域选择性系统集成控制技术，解决了当前系列糖生产中存在的催化转化效率低、分离结晶收率低、生产控制单元离散等共性问题，建立了从上游酶选育到下游产业应用的完整技术体系，实现了系列糖产品的绿色化与集成化生产，整体技术国际领先；在国际上率先建成了 5 条高度集约化生产线，可降低系列糖生产能耗 53%、废水排放 37%，节约生产成本 32%，近三年新增销售收入 20 多亿元，新增利润 2 亿多元，经济效益和社会效益显著。

（三）生物技术工业转化研究

A. 江南大学在国家 863 计划、国家杰出青年科学基金等项目的支持下，以具有优良益生潜力的植物乳杆菌为研究对象，发明了菌种耐胁迫定向选育及发酵关键技术：①在阐明植物乳杆菌响应酸、盐、胆盐等环境因子胁迫机制的基础上，发明了基于靶点基因和蛋白的菌种定向选育技术；②发明了一套基于体外、以细胞模型和活体动物模型为核心的评价方法，可定向筛选具有生物减除食源性危害因子功能的植物乳杆菌；③发明了基于胁迫响应的发酵关键技术，实现了菌株的高活性培养和高效制备，开发了植物乳杆菌新型产品，起到行业引领和示范作用。所开发的优良菌种和核心技术在光明乳业、葵花药业、微康生物等企业得到全面应用，近三年累计实现新增销售额 38 亿余元，创造了良好的经济效益。该项目获得 2018 年度国家技术发明奖二等奖。

B. 中国农业大学针对我国在半纤维素酶及益生元等方面起步较晚，研究基础薄弱，产业发展存在诸多技术瓶颈等问题，经过 10 余年攻关，取得了半纤维素酶高效生产及应用系列关键技术突破。发掘了 11 种具有自主知识产权的新型半纤维素酶，阐明了其酶学特性和催化作用机制，为工业化生产和应用奠定了基础。开发了半纤维素酶高通量定向筛选技术，从 6 000 多份样本中选育出 13 株高产半纤维素酶的优良菌株如米黑根毛霉 CAU432 等。克隆表达了 20 个半纤维素酶基因，发掘出优良酶学性质的半纤维素酶（如比酶活力最高的葡聚糖酶），丰富了我国半纤维素酶品种。率先解析了 5 个半纤维素酶的晶体结构，阐明了催化作用机制。解决了高效制备半纤维素酶的难题，突破了半纤维素酶工业化生产的技术瓶颈。通过新型高密度发酵技术，发酵产酶水平达到国际上同类酶的最高水平，耐高温木聚糖酶的产酶水平（80 360 U/mL）比野生型提高 10.5 倍，甘露聚糖酶（85 200 U/mL）和葡聚糖酶（55 300 U/mL）的产酶水平分别为国际上同类酶最高报道的 3.5 倍和 3.6 倍。发明了半纤维素高效预处理技术耦合半纤维素酶转化生产益生元产业化关键技术，在国内率先实现了瓜尔胶等系列益生元的工业化生产，近三年 15 家企业累计新增销售额约 76.6 亿元，新增利润约 11.6 亿元。该项目获得 2018 年度国家科技进步奖二等奖。

C. 由于 DHA 的高产菌株选育困难、脂肪酸延长和去饱和过程的定向调控方法有限、不饱和脂肪酸油脂加工过程复杂且易氧化等微生物发酵法制备不饱和脂肪酸油脂的国际共性难题，高品质 DHA 油脂的规模化生产技术亟待突破等，南京工业大学在国内率先开展了以裂殖壶菌为新菌种来源的 DHA 油脂的研究。该研究取得的主要突破包括：①发明了基于油脂高通量检测的高产 DHA 菌种定向选育方法，创制了基于改变糖代谢和呼吸途径通量定向选育裂殖壶菌的技术，国际上首次提出了利用氧化损伤修复理论有效控制菌种副产物积累的驯化方法，突破了高产 DHA 菌株选育困难的问题，获得了高生产性能的裂殖壶菌，油脂合成速率是隐甲藻的 5 倍；②发明了基于细胞生理特性和多维组学的过程精准调控技术，突破了不饱和脂肪酸合成过程定向调控困难的问题，开发了基于氧传质的过程放大方法及新型膜曝气生物反应器，实现了高品质 DHA 油脂的规模化生产，最终生物量、油脂含量、DHA 含量分别达到 200 g/L、113.6 g/L、54%，处于国际领先水平，其中油脂含量和 DHA 产量分别是国际产品的 1.3 倍和 1.7 倍；③发明了基于酶法的无萃取剂油脂提炼技术和配套装备，在国内率先实现了提取过程不使用有机溶剂，提高了生产安全性，实现了 DHA 油脂的连续智能化生产，油脂提取效率提高了 10 倍，设备投资不足原来的 1/10，二级氧化产物指标茴香胺值从 14.2 降低至 4.8，生产周期缩短了 5 天，人工投入缩减 70%，综合成本降低了 80%。该项目攻克了微生物制造 DHA 油脂的关键技术难题，打破了国外企业在微藻型 DHA 生产及应用上的技术垄断，获得 2018 年度国家技术发明奖二等奖。

D. 江南大学围绕如何实现柠檬酸发酵原料水解的精细化控制、菌种代谢调控的理性化、发酵过程控制的自动化及提取精制工艺的绿色化等关键技术难题，历时 10 余年，完成了柠檬酸发酵关键技术的系统创新，主要成果包括：①进行了基于计算机模拟设计的淀粉酶定向进化，获得催化性能显著提升的酶突变体，提高了工业条件下的淀粉液化效率，并进一步揭示了糖化酶与液化糊精的构效关系，建立了以糊精结构为关键控制参数的自整定连续液化智能控制系统，通过糊精结构的精确控制显著提高了原料水解精度；②开展了基于第三代测序技术的工业黑曲霉比较基因组学分析，绘制了工业黑曲霉的精细基因图谱，系统解析了近 1 万个黑曲霉基因家族及功能，确定了柠檬酸合成关键基因，并进一步基于比较转录组学首次揭示了柠檬酸高效合成的能量调控机制和葡萄糖转运蛋白的过程及动力学；③创制了基于糖转运蛋白动力学和近红外光谱糖浓度自动控制的柠檬酸浓醪发酵技术，产酸水平显著提高；④基于黑曲霉细胞分化机制，开发了菌丝体适度分散技术与装备，直接用菌丝体进行循环培养，并建立了细胞循环培养与分割发酵耦合技术，实现了生产过程的连续化，生产强度显著提高；⑤建立了基于柠檬酸与色谱介质吸附动力学的变温色谱连续分离技术，替代了沿用 60 余年的柠檬酸传统钙盐提取技术，并建立了废水回流发酵和资源化利用技术，实现了柠檬酸高收率、低污染、低能耗的绿色制备。项目成果在江苏国信协联能源有限公司年产 20 万 t 柠檬酸生产线进行了工业化应用，产酸水平由 160 g/L 提高到 187 g/L，发酵周期由 72 h 缩短至 59 h，糖酸转化率由 97% 提高至 102%，综合能耗降低 30%。近三年累计实现销售总额 42.21 亿元，新增利润 5.23 亿元。新技术的应用使国信协联能源有限公司成为柠檬酸发酵制备技术水平国际领先的上市公司。项目成果获得 2018 年中国轻工业联合会科技进步一等奖。

E．浙江工业大学经过十几年的研究，创制了系列腈水解酶工业催化剂并开发了其应用技术，构建了腈水解酶催化剂工业应用的技术平台，为催化水解腈化合物合成多种医药及医药中间体、农药及农药中间体等化学品提供了生物制造的核心技术。该项目荣获 2018 年度中国石油和化学工业联合会科学技术奖技术发明一等奖。

F．江南大学在酸性食品添加剂发酵生产的关键技术与产业化方面经过近 10 年的努力，在菌种选育、代谢规律、生长状态和生产性能制约酸性食品添加剂高效生产机制的研究中，发展了提升生产效能的技术体系，实现了酸性食品添加剂的工业化高效生产。该成果主要的创新点包括：①建立了基于生理性状的高产菌株定向选育和高效筛选技术；②提出了增强微生物合成能力的碳流流向和通量精准调控新策略；③发明了提高生长性能的营养需求解析与定向及时供给新方法；④创建了提升环境适应性的反应器结构与细胞膜功能优化新思路，显著提升了包括缬氨酸、异亮氨酸、维生素 C、异维生素 C、L-苹果酸、结冷胶 6 种食品添加剂的产量、产率和生产强度，相关技术成果已在赢创工业集团、韩国 CJ 集团、梅花集团、新疆阜丰生物科技有限公司等 13 家国内外发酵行业知名企业实现了产业化和成果的推广应用。近 3 年累计新增产值 24.95 亿元，新增利税 4.87 亿元。

G．浙江大学项目组以 973 计划等国家项目为依托，发明了具有自主知识产权的"化学 - 酶级联法烟酰胺生产成套技术"并成功实施了产业化，打破了国外企业的技术垄断和封锁，实现了我国从技术空白到技术领跑的跨越式发展。针对国外技术均使用野生菌所产腈水合酶作为催化剂，发酵酶活和水合反应时空产率低的本质缺陷，该研究团队发现了新型高效腈水合酶 NHase_08；创造性地运用 N 端插入氨基酸标签、RBS 序列设计和同义突变、乳糖自诱导和 DO-stat 反馈补料高溶氧发酵等基因重组表达新策略，解决了制备新型高效工业用腈水合酶的关键科学问题，构建的基因工程菌株经高密度发酵所产腈水合酶活力是国际最高水平的 4.1 倍。发明了连续补加 3- 氰基吡啶生产烟酰胺新技术，显著强化了催化效率，腈水合酶催化高效制备烟酰胺生产技术水平国际领先。项目获授权国家发明专利 10 件，国家实用新型专利 20 件，形成国家标准 2 项、企业标准 4 项。构筑了覆盖产酶菌株构建及高效产酶、催化剂创制、反应工艺、产品及副产品的分离精制等方面的专利群，形成了具有完全自主知识产权的烟酰胺生产成套技术。该项目的技术成果已在安徽国星生物化学有限公司和安徽瑞邦生物科技有限公司进行了产业化应用，建成了年产 1 万 t 烟酰胺和 5 万 t 吡啶的新生产线，烟酰胺和吡啶的总产能均约占全球的 20%。近三年累计新增销售 30.75 亿元，新增利润 5.45 亿元，间接效益 1 500 亿元，产生了显著的社会经济效益。该项目获得 2018 年教育部科技进步一等奖。

H. 浙江工业大学通过创制高效生物催化剂、重构与强化反应和分离过程、构建区域选择性系统集成控制技术，解决了当前系列糖生产中存在的催化转化效率低、分离结晶收率低、生产控制单元离散等共性问题，建立了从上游酶选育到下游产业应用的完整技术体系，实现了系列糖产品的绿色化与集成化生产，整体技术国际领先。成果已于浙江华康药业股份有限公司实施产业化，国内外率先建成了 5 条高度集约化生产线，可降低系列糖生产能耗 53%、废水排放 37%，节约生产成本 32%，近三年新增销售收入超 20 亿元，新增利润超 2 亿元，经济效益和社会效益显著。该项目获 2018 年度中国轻工业联合会技术进步奖一等奖。

I. 在生物催化剂创制核心智能装备自主研发方面，针对我国在生物产业核心菌株选育方面技术能力弱、设备创新不足，导致缺乏自主知识产权的菌株、核心竞争力有限等关键问题，清华大学、上海交通大学等单位合作的自然科学基金委员会国家重大科学仪器研制专项"高通量微生物进化仪"的研制取得一系列重要成果。清华大学开发了原创的微生物高通量液滴微培养（MMC）系统，并成功实现其设备集成化，可实现在微升级液滴水平长期无干扰、自动化、高通量的微生物培养和适应性进化，其应用范围广，平台作用显著，成为我国继 ARTP（常压室温等离子体）诱变育种技术与装备之后，在高通量微生物菌种创制领域诞生的又一原创性技术和设备，目前正在广泛应用于科研和生物技术产业中，能够提升我国微生物菌种育种技术水平，提高生物产业菌种升级及迭代速度。

三、农业生物技术

进入 21 世纪以来，全球新一轮科技革命和产业变革加速演进，生命科学基础研究和原始创新加快突破，已进入一个大数据、大平台、大发现的新时代，同时催生了基因编辑技术、合成生物技术等前沿生物技术的兴起和快速发展。当前，全球农业生物技术及其产业发展处于一家独大、群雄争霸的竞争格局。美国在技术上占据了绝对优势，拥有世界上约一半的生物技术公司和一半的生物技术专利。目前，全球前 20 大农业生物技术公司中，美国就有 10 家。美国农业能称霸世界一个重要的原因就是农业生物技术的应用，能够大幅度地提高动植物的品质、产量和抗病性，从而可以大大地提高美国农业的劳动生产率。欧洲和日本等发达国家和地区属于第二梯队，中国、巴西和印度等新兴国家在整体技术水平上属于第三梯队，均在国家层面上大力发展农业生物技术，积极参与国际竞争。2018 年我国农业生物技术实现由跟踪国际先进向创新跨越的根本转变，整体水平在发展中国家处于领先地位，部分领域已跻身世界先进行列。特别是我国农业生物组学和水稻育种理论基础研究位居世界领先水平，基因编辑和合成生物技术不断取得新突破。

（一）我国农业生物组学研究位居世界领先水平

近年来，我国科学家利用高通量基因测序、基因注释与表型鉴定、生物信息学及关联分析等方法，完成了一系列重要农业生物基因组序列测定，结合转录组、蛋白质组、代谢组等不同水平的大数据分析结果，从全基因组水平阐明了农业生物和优良品种进化、驯化和优化过程，实现了主要农业生物种质资源基因型的快速鉴定，极大地提高了重要性状分子标记的开发效率，使得全基因组选择育种成为可能，奠定了中国基因组科学，特别是农业生物基因组学在国际上的领先地位。

中国科学院遗传与发育生物学研究所植物细胞与染色体国家重点实验室的小麦基因组研究团队与遗传与发育生物学研究所的基因组分析平台等合作，通过构建 A 基因组 BAC 文库和 BAC 测序，结合全基因组 PacBio 测序及最新物理图谱构建技术，最终完成了乌拉尔图小麦材料 G1812 的基因组测序和精细组装，绘制出了小麦 A 基因组 7 条染色体的分子图谱，注释出了 41 507 个蛋白编码基因。该研究成果 2018 年发表在国际著名学术刊物 *Nature* 上。乌拉尔图小麦基因组测序和染色体精细图谱绘制的完成，全面揭示了小麦 A 基因组的结构和表达特征，对深入和系统地研究麦类植物的结构与功能基因组学及进一步推动栽培小麦的遗传改良具有重要理论意义和实用价值。注释出的基因信息将助力小麦重要农艺性状基因的精细定位、克隆和功能解析，加速栽培小麦的遗传改良和分子设计育种。

中国农业大学和美国康奈尔大学等研究人员利用第三代测序技术（PacBio 单分子测序技术），结合 BioNano 光学图谱技术及 Illumina 高通量测序，对玉米 Mo17 基因组进行组装，将大小为 2.18 Gb 的 Mo17 基因组的大约 97% 序列锚定到 10 条染色体上，达到目前已完成的玉米或其他复杂基因组组装中少有的最好水平之一。该研究成果 2018 年发表在国际著名学术刊物 *Nature Genetics* 上。Mo17 基因组共注释到 38 620 个高质量的蛋白编码基因。通过比较分析，发现 Mo17 与 B73 两个基因组间存在大量遗传差异，其中比较突出的是，在染色体上的基因排列顺序上至少有 10% 的基因存在非共线性现象，同时基因组结构变异上至少 20% 的基因存在有可能导致蛋白编码功能改变的重要序列突变。研究结果在基因组学层面对玉米自交系间能够形成特别显著的杂种优势提供了一个新的解释。

棉花生产上主要使用的是两个四倍体栽培种：陆地棉和海岛棉。陆地棉是棉花的主要栽培种，其产量高、适应性强；海岛棉的产量低，栽培区域性强，但是其纤维品质比陆地棉优。为得到精细的基因组序列，华中农业大学的研究团队利用第三代测序技术（PacBio RS Ⅱ）、BioNano 光学图谱技术和染色质高级结构捕获技术（Hi-C）进行联合组装，绘制出两个棉花四倍体栽培种的参考基因组。该研究成果于 2018 年发表在国际著名学术刊物 *Nature Genetics* 上。通过比较两个棉花四倍体种的基因组，研究发现二者存在大量结构变异。通过与二倍体棉花进行比较发现，很多结构变异发生在棉花基因组的异源多倍化事件之后。该研究对陆地棉和海岛棉之间的遗传导入系材料进行基因组分析，鉴定了 13 个控制纤维品质的遗传位点。同时，结合纤维发育的转录组数据，探究了这些遗传位点的表达调控机制。

甘蔗是基因组最为复杂的作物之一。甘蔗野生种"割手密"为现代栽培杂交种提供了病虫害和逆境的抗性基因，约占了甘蔗杂交种基因组的 15%。福建农林大学的研究团队攻克了同源多倍体基因组拼接组装的世界级技术难题，率先破译甘蔗割手密种基因组，解析了甘蔗割手密种的系列生物学问题，特别是揭示了甘蔗属割手密种的基因组演化、抗逆性、高糖及自然群体演化的遗传学基础。这是全球第一个组装到染色体水平的同源多倍体基因组，标志着全球农作物基础生物学研究取得重大突破，奠定了我国在甘蔗研究领域的国际领先地位。该研究成果于 2018 年发表在国际著名学术刊物 *Nature Genetics* 上。基因组内部比较分析结果证实了野生种割手密是同源多倍体，并且发生了两次间隔较短的全基因组复制事件。同源多倍体基因组拼接组装是世界性难题，项目组发明的新算法填补了这项空白。

（二）水稻育种基础研究取得重大理论突破

20 世纪 60 年代，以半矮化育种为特征的第一次"绿色革命"，使得全世界水稻和小麦产量翻了一番。目前这些半矮化、耐高肥、抗倒伏的品种类型在当前小麦和水稻作物育种中仍然占据主导地位。但是，携带"绿色革命"基因的农作物中抑制植物生长的 DELLA 蛋白高水平积累，导致其对氮肥响应减弱和利用效率下降。中国科学院遗传与发育生物学研究所研究组从携带"绿色革命"基因的水稻资源材料中筛选到一个氮素吸收速率显著增加的新品系，通过 QTL 定位、图位克隆等技术获得了氮肥高效利用的关键基因 *GRF4*。该研究成果于 2018 年发表在国际著名学术刊物 *Nature* 上。该研究证实了 GRF4 是一个植物碳 - 氮代谢的正调控因子，可以促进氮素吸收、同化和转运途径，以及光合作用、糖类物质代谢和转运等，进而促进植物生长发育。研究还发现了一个新型的优异等位基因 *GRF4ngr2*，将这个等位变异位点导入当前主栽高产水稻和小麦品种后，不仅提高其氮肥利用效率，同时还可保持其优良的半矮化和高产特性，最终导致水稻和小麦在适当减少施氮肥条件下获得更高的产量。该项成果被评为 2018 年度中国科学十大进展之一。

亚洲栽培稻分为粳稻和籼稻两个主要亚种，二者在形态、发育与生理等方面都表现出不同的特征，且籼稻氮肥利用效率显著高于粳稻。中国科学院遗传与发育生物学研究所发现，*OsNRT1.1A* 是控制水稻氮高效高产与早熟的关键基因。*OsNRT1.1A* 的突变导致水稻植株矮化，开花期延长，产量降低。而过量表达 *OsNRT1.1A* 在不同水稻品种及在不同氮肥条件下均可显著提高水稻生物量和产量，并能大幅缩短水稻成熟时间。在北京、长沙及海南等多年多点的田间试验表明，*OsNRT1.1A* 过表达植株在高氮和低氮条件下均表现出显著的增产效果。尤其在低氮条件下，*OsNRT1.1A* 过表达株系小区产量及氮利用效率最高可提高至 60%，而且在高氮条件下相较于对照品种可提早开花 2 周以上，从而有效缩短了水稻成熟时间。该研究成果于 2018 年发表在国际著名学术刊物 *Plant Cell* 上。该项研究成果为培育兼具高产与早熟水稻品种，克服农业生产中高肥导致的"贪青晚熟"问题提供了解决方案，并有可能延伸到其他作物品种，具有巨大的应用潜力。

稻飞虱是水稻生产中发生面积最大、造成危害最严重的害虫之一。从稻种资源中发掘抗褐飞虱基因，培育抗褐飞虱水稻品种在生产中的应用，是防治褐飞虱最经济、有效、环境友好和生态安全的首选措施。武汉大学生命科学学院与杂交水稻国家重点实验室通过图位克隆法分离了抗稻飞虱主效基因 *Bph6*，并揭示了其介导的抗虫机理。*Bph6* 是一种新型抗虫基因，编码一种前人从未研究的蛋白。BPH6 蛋白与胞泌复合体亚基 EXO70E1 互作，调控水稻细胞分泌，维持细胞壁的完整性，阻碍褐飞虱取食。*Bph6* 可以协同 SA 和 JA，正调控水稻抗虫性，同时发现细胞分裂素在抗虫中也有很重要的作用，正是由于这种特殊的机制，使带有 *Bph6* 的水稻对褐飞虱具有趋避性、抗生性和耐虫性。*Bph6* 具有广谱抗虫性，高抗褐飞虱所有生物型和白背飞虱，同时对农艺性状没有负效应。*Bph6* 基因起源于野生稻并保留在亚洲热带地区的籼稻品种中。该研究成果于 2018 年发表在国际著名学术刊物 *Nature Genetics* 上。这项研究不仅对进一步探究水稻抗褐飞虱的作用机理具有十分重要的意义，同时为抗虫水稻新品种的培育提供了新的基因资源。

表观遗传是指 DNA 序列不改变时发生的可遗传的多样性状。越来越多的证据表明，表观遗传在调控作物产量、疾病、生长发育、环境适应等多个方面起着关键作用。中国农业科学院生物技术研究所的科研人员和合作者建立了"新核酸修饰检测和分析"和"新核酸修饰全基因组鉴定和应用"两个平台，证明拟南芥 DNA 腺嘌呤甲基化分布具有广泛性，不同发育时期和组织存在差异，同时以水稻功能基因组学研究中应用广泛的粳稻'日本晴'和籼稻'93-11'为研究材料，绘制了全基因组腺嘌呤甲基化修饰图谱，发现其参与生长发育、光合作用、逆境适应等生物学功能，并在调控籼稻和粳稻响应外界环境胁迫方面具有重要功能。此外，华中农业大学的研究团队也报道了'日本晴'的 DNA 腺嘌呤甲基化图谱，揭示其调控发育的重要功能。相关研究成果于 2018 年已分别发表在国际著名学术刊物 *Developmental Cell*、*Molecular Cell*、*Molecular Plant* 和 *Nature Plant* 上。这一研究工作揭示了腺嘌呤甲基化重要位点和调控基因等多个创新性结果，可应用于作物产量等重要农艺性状的定点改良，具有重要的理论和实践价值。

（三）基因组编辑技术取得具有国际影响力的重大成果

基因编辑技术是在基因组水平上对靶标基因进行定向、准确修饰的一项革命性技术，其中以 CRISPR-Cas9 为主导的基因编辑技术已经在动物、植物和微生物基因组改造中得到了广泛的应用，展现出其巨大的应用价值。中国科学院遗传与发育生物学研究所研究组在小麦中建立了基因组定点修饰的 DNA-free 基因组编辑体系，进一步完善了作物基因组编辑技术，推进了基因组编辑育种产业化进程。开发精确的植物 ABE（adenine base editor）单碱基编辑系统，在植物中实现高效的 A·T＞G·C 碱基的替换，为植物基因组功能解析和作物遗传改良及新品种培育提供了重要技术支撑。利用 nCas9 和人源胞嘧啶脱氨酶

（APOBEC1）升级了 C→T 替换的单碱基编辑系统，并成功地在小麦、水稻和马铃薯基因组中实现了高效的单碱基定点突变，建立了基因组编辑调控内源基因蛋白质翻译效率的新方法。该方法通过提高蛋白质翻译效率，增加目标基因的编码蛋白质水平。利用野生醋栗番茄为材料，利用基因编辑技术靶向决定番茄作物产量和品质的 6 个基因座，使得野生醋栗番茄能够从头驯化成目前的番茄品种，大大加快了人工驯化的周期。相关研究成果于 2018 年已分别发表在国际著名学术刊物 *Nature Protocols*、*Genome Biology* 和 *Nature Biotechnology* 上。

马铃薯营养全面，是世界上最重要的块茎类粮食作物。长期以来，马铃薯的研究和生产以四倍体为主要对象，使马铃薯育种面临研究周期长、品种更新慢、繁殖系数低、储运成本高、易携带病虫害等结构性障碍。自然界中 70% 的马铃薯种质为二倍体，普遍存在自交不亲和的现象，限制了自交系的创制。马铃薯的自交不亲和是由 *S-RNase* 基因控制的，该基因在不同材料中的多态性非常高，很难通过同源克隆的方法克隆到 *S-RNase* 基因的全长。中国农业科学院农业基因组研究所与云南师范大学合作，根据该基因的组织特异性表达和保守结构，通过对转录组进行 *de novo* 拼接的方法，获得了 *S-RNase* 基因的全长。然后，利用 CRISPR-Cas9 基因组编辑技术对 *S-RNase* 基因进行了定点突变，获得了自交亲和的二倍体马铃薯，并通过自交获得了不含有 Cas9 元件但是自交亲和的马铃薯新材料。该研究成果于 2018 年发表在国际著名学术刊物 *Nature Plant* 上。英国詹姆斯·赫顿（James Hutton）研究所的 Mark Taylor 博士为此撰写了评论，认为该研究开辟了二倍体马铃薯育种的新途径，拓展了自交亲和马铃薯资源，将加速马铃薯的遗传改良。

蜘蛛丝是自然界中机械性能最好的天然蛋白纤维，其强度甚至高于用于制作防弹衣的凯夫拉纤维，在工业、医疗和国防上都有着广泛的应用前景。但是如何大量获取蜘蛛丝纤维是一直以来难以解决的问题。家蚕是唯一可以通过人工养殖大量获取丝纤维的动物，由于蚕丝蛋白和蜘蛛丝蛋白在结构上有一定的相似性，因此利用家蚕遗传改造大量获取类蜘蛛丝纤维是一个可行性高的策略。家蚕丝蛋白的主要成分有丝素重链（FibH）、丝素轻链（FibL）、丝胶蛋白（Sericin）等，其中 FibH 的分子质量达 350kDa，占整个丝蛋白含量的 70% 以上，也是决定蚕丝纤维机械性能的主要因素。中国科学院分子植物科学卓越创新中心 / 植物生理生态研究所研究组利用基因组编辑工具 TALEN 完全敲除了 FibH 编码区，同时保留了编码区上下游完整的调控序列。在此基础上定点整合了含有部分蜘蛛丝基因和荧光标记的 DNA 片段，实现了在家蚕丝腺和蚕茧中大量表达蜘蛛丝蛋白。在转化个体的丝腺和蚕茧中均可检测到蜘蛛丝蛋白的表达，其含量在纯合个体的茧层中可达 35.2%，远远高于已报道的转基因方法（0.3%～3%）。该研究成果于 2018 年发表在国际著名学术刊物 *PNAS* 上。这一研究工作拓展了家蚕丝腺生物反应器的应用，为利用家蚕大量生产新型纤维材料及表达其他高附加值蛋白提供了新的策略。

（四）合成生物技术显示出重大颠覆性创新潜力

合成生物技术是在系统生物学研究的基础上，通过引入工程学的模块化概念和系统设计理论，以人工合成 DNA 为基础，设计创建元件、器件或模块，以及通过这些元器件改造和优化现有自然生物体系，或者从头合成具有预定功能的全新人工生物体系，从而突破自然体系的限制瓶颈，标志着现代生命科学已从认识生命进入设计和改造生命的新阶段。当前，全球农业生命技术原始创新与集成应用加快突破，合成生物技术将开创人类按照自身需求设计农作物和微生物优良品种的新纪元，如将牛奶组分合成基因网络组装到酵母菌中，创制了工业化模式的人造牛奶细胞工厂等，能够为光合作用、生物固氮、生物抗逆和生物转化等世界性农业难题解决提供革命性的新途径，将引领未来农产品工厂化生产的发展方向，为颠覆传统农业生产方式提供战略性技术支撑。

生物学教科书中将自然界存在的生命体分为具有被核膜包裹染色体细胞核的真核生物和染色体裸露无核膜包裹的原核生物。真核生物通常含有线形结构的多条染色体，而原核生物通常含有环形结构的一条染色体。中国科学院分子植物科学卓越创新中心 / 植物生理生态研究所合成生物学重点实验室的研究团队与合作者将单细胞真核生物酿酒酵母天然的 16 条染色体人工合成为具有完整功能的单条染色体，并成功创建了只有一条线形染色体的酿酒酵母菌株 SY14，同时深入鉴定 SY14 的代谢、生理和繁殖功能及其染色体的三维结构，发现虽然人工创建的单条线形染色体的三维结构发生了巨大变化，但 SY14 酵母具有正常的细胞功能，因此颠覆了染色体三维结构决定基因时空表达的传统观念，揭示了染色体三维结构与实现细胞生命功能的全新关系。该研究成果于 2018 年发表在国际著名学术刊物 *Nature* 上。该项工作表明，天然复杂的生命体系可以通过人工干预变得简约，自然生命的界限可以被人为打破，甚至可以人工创造全新的自然界不存在的生命。该项成果被评为 2018 年度中国生命科学十大进展之一。

钼铁固氮系统往往需要十几个甚至几十个基因参与，并且这些基因之间往往需要协同表达才能实现其功能，这些因素极大地限制了将钼铁固氮酶系统导入植物细胞的可能性。为了解决这一难题，北京大学研究团队引入了类似数学中"合并同类项"的思想理念，同时借鉴了自然界中植物病毒 Polyprotein 的策略，利用合成生物学手段成功地将原本以 6 个操纵子为单元的含有 18 个基因的产酸克雷伯菌钼铁固氮酶系统整合简化为 5 个编码 Polyprotein 的巨型基因，并证明其高活性可支持大肠杆菌以氮气作为唯一氮源生长。结合前期证明的植物铁硫原子簇合成模块和电子传递模块可以功能替代固氮酶系统中对应模块的研究成果，理论上讲只需要 3 个巨型基因就可以构建出能够自主固氮的高等植物。该研究成果于 2018 年发表在国际著名学术刊物 *PNAS* 上。*PNAS* 同期发表评论文章，认为这项成果建立了生物固氮系统转移到异源真核宿主的革命性新方法，是自主固氮植物构建的一个突破性进展。

真菌聚酮化合物是一类结构与生物活性多样的次生代谢物，由多亚基的聚酮合酶催化合成，其中苯二酚内酯具有调节生长、抗旱、抗癌和调节免疫系统等多种生物活性。利用组合生物合成非天然的聚酮化合物是当前农业药物研发的热点。中国农业科学院生物技术研究所与美国亚利桑那大学自然资源和环境学院的天然产物研究中心合作，针对目前已经研究清楚的 4 种天然苯二酚内酯聚酮化合物的模式生物合成途径，利用组合生物合成技术，通过聚酮合酶亚基重排和随机组合，在酿酒酵母中异源表达新型聚酮合酶，首次实现一系列"非天然的"聚酮类化合物的一步合成。利用多组学、生物合成途径及化学生物学分析，首次在真菌中发现了含有新型糖基转移酶家族的糖基转移酶 - 甲基转移酶模块（BbGT-BbMT）。通过系统发育和结构分析，深入解析了糖基转移酶的进化关系，以及 BbGT-BbMT 模块生物催化的分子机制。使用合成生物学平台，成功地实现了对黄酮、蒽醌和萘酚等 45 种药物前体的结构修饰，显著提升了这些化合物的水溶性。在大肠杆菌、酵母、哺乳动物细胞模型中表现的化合物代谢稳定性从平均 50% 左右提高至 95% 以上。该研究成果于 2018 年发表在国际著名学术刊物 PNAS 上。上述研究为新一代药物筛选提供新的候选化合物库，同时为揭示天然聚酮类化合物的程序化合成机制奠定了重要理论基础。

四、环境生物技术

21 世纪，环境问题一直是人类关注的焦点问题之一。环境生物技术是一门由现代生物技术与环境工程相结合的新兴交叉技术，采用现代分子生态学与生物学的原理，充分利用生物的催化、转化、净化等特性，建立降低或消除污染物产生、高效净化环境污染或监测环境污染物的人工技术。将生物技术用于环境领域，不仅设备简单、运行费用低、治理效果好，而且极大程度地消除了生态风险与隐患，促进环境与经济、社会的协调发展。环境生物技术主要包括环境监测技术、污染控制技术、环境恢复技术、废弃物处理与资源化技术等方面。2018 年，上述环境生物技术领域均取得了快速的发展。

（一）环境监测技术

2018 年是我国环保产业的重要转折年，国家出台的《中华人民共和国环境保护税法》《中华人民共和国环境保护税法实施条例》《生态环境损害赔偿制度改革方案》，新修订的《中华人民共和国水污染防治法》等一系列政策有力推动了环境监测网络的建设，监测远程化、智能化的实现，以及生态环境的科学决策和精准监管。

环境监测是改善环境质量、治理环境污染的重要依据。2018 年，环境监测领域从空气、水向土壤倾斜，同时由较窄领域监测向全方位领域监测的方向发展，监测指标不断增加；环境监测技术方面主要集中于化学发光、色谱、质谱、傅里叶变换红外光谱技术（FTIR）、激光雷达（LIDAR）、激光诱导击穿光谱（LIBS）等领域，涌现出数据处理、智能监测、生物传感器、三维激光雷达、无人机等新的技术，其中环境生物监测技术方面（如生物传感器、环境DNA技术、生物标志物等）的研究也取得了长足进步。

2018年，环境监测技术在生物传感器方面发展迅速，开发了一系列新的检测指标（如有机磷农药残留、藻毒素、颗粒污染物及重金属等），并针对水体、土壤和大气环境开发了一系列特异性好、灵敏度高且检测范围宽的检测技术，整体上环境监测技术朝着简便易用、适合现场检测的方向发展，有力推动了环境监测网络精准化、智能化发展。

2018年1月，西北大学城市与环境科学学院的研究团队利用离子叠层组装技术将金纳米粒子和光敏性的叠氮树脂材料在玻璃电极表面固定形成一种新型电流型生物传感器。研究者发现，该方法检测马拉硫磷和甲基对硫磷等有机磷农药时，在 $1.0\times10^{-8}\sim1.00\times10^{-12}$ g/L 的浓度具有良好的线性响应，检出限低至 $5.12\times10^{-13}\sim5.85\times10^{-13}$ g/L。该研究提供了一种简便、廉价、稳定的有机磷农药定量测定方法，为现场检测多种有机磷污染物奠定了基础。

2018年2月，国家海洋局第一海洋研究所海洋生态研究中心的研究团队以携带新型中拷贝数质粒 pWH1274_lux 的 *Acinetobacter baylyi* ADP1 菌株为载体构建了一种细胞毒性生物传感器 *Acinetobacter baylyi* Tox2，用于重金属污染海水的细胞毒性检测。生物传感器的生物发光强度随有毒化合物浓度的增加而降低，并且构建的菌株表现出较强的耐盐性，因此能够很好地应用于海水样品检测。对比试验发现构建菌株 *Acinetobacter baylyi* Tox2 用于检测海水生理毒性的效果能够与传统的鱼类毒性试验相媲美。此外，还利用 *Acinetobacter baylyi* Tox2 对野外采集的海水样品进行了细胞毒性评价。结果表明，构建菌株的发光抑制率（IR）与电感耦合等离子体质谱（ICP-MS）检测到的重金属浓度有显著的相关性。以上结果充分说明了构建的 *Acinetobacter baylyi* Tox2 生物传感器检测技术可作为水生动物的替代工具用于海洋环境中重金属污染的细胞毒性检测。

2018年3月，南京师范大学江苏省生物医用功能材料协同创新中心江苏省生物医用材料重点实验室的研究团队报道了一种基于 DNA 构象的微囊藻毒素检测技术。该研究将牛胸腺 DNA（ctDNA）固定在金电极上制备生物传感器，环境中存在的微囊藻毒素会引起固定化 ctDNA 构象发生改变，电子传递阻抗降低。该检测方法在 4～512 ng/L 浓度具有良好的线性相关性，检出限低至 1.4 ng/L，是世界卫生组织建议的检出值的 1/700。研究进一步对比发现，检测结果与传统的高效液相色谱法吻合，并且该生物传感器对天然水样中的其他成分具有良好的抗干扰特性，目前已经应用于当地水体中微囊藻毒素的定量检测，具有良好的应用前景。

2018 年 3 月，清华大学环境学院环境模拟与污染控制国家重点联合实验室制备了一种新型的气体扩散（GD）- 生物阴极传感元件，并以此为基础组成新型的微生物燃料电池传感器，实现了好氧和厌氧水体及空气质量的灵敏检测。对水体中甲醛的检测浓度为 0.0005%～0.005%；对大气样品中甲醛的检测限为 20 ppm[①]，可用于大气污染监测。该研究证实了这种微生物燃料电池传感器能够作为监测水体、气体污染物的通用生物传感器，进一步拓展了微生物燃料电池传感器的应用领域。

2018 年 3 月，清华大学环境学院环境模拟与污染控制国家重点联合实验室利用 aptamer-invertase 生物传感器与小型血糖仪（PGM）相结合构建了一种替代传统仪器的精确而有潜力的检测方法，能够实现水体样品中小分子污染物（如奎宁）的定量检测。检测结果表明该方法对纯水中奎宁的检出限为 0.13 mmol/L，回用废水中奎宁的检出限为 0.32 mmol/L，能够满足混合样品中奎宁等小分子污染物的检测要求，为水体样品中奎宁的检测分析提供了一种廉价、经济、可行的方法。

2018 年 4 月，华中科技大学报道了一种基于超细纤维表面固定化 T_4 噬菌体的大肠杆菌探针检测技术，能够实验环境样品中大肠杆菌的快速、灵敏检测。大肠杆菌浓度的变化及大肠杆菌与超细纤维表面的结合将导致光谱的变化，从而被生物传感器检测到信号变化。该方法可在 10^3～10^7 CFU/mL 对浓度

---

① 1ppm＝1mg/L

低至 10^3 CFU/mL 的大肠杆菌进行准确检测。由于微纤探针具有灵敏度高、响应速度快等优点，在环境监测和食品安全领域具有广阔的应用前景。

2018 年 4 月，清华大学环境学院环境模拟与污染控制国家重点联合实验室利用微生物燃料电池外部电路开路，而不是以前研究中使用的闭合电路，实现了利用微生物燃料电池传感器来实时监测水体环境中的硝酸盐，并取得了比闭合电路情况下更高的检测灵敏度和更好的检测稳定性。该项研究为利用生物阳极检测水体中硝酸盐浓度建立了一个新的数学模型。

2018 年 4 月，合肥工业大学电子科学与应用物理学院利用脂多糖适配体对商业化的微电极进行功能活化构建了一种快速、高特异性的革兰氏阴性菌检测方法。该方法利用双向电泳方法将活菌快速富集到微电极表面，在 30 s 反应时间内达到 10^2 个细胞 /mL 的准确检测。而该传感器对革兰氏阳性的金黄色葡萄球菌（*S. aureus*）几乎无反应，这说明研制的传感器在灵敏度、选择性、成本、简单性、响应时间等方面具有明显的优势，该方法在环境监测、食品安全、实时诊断等方面具有很大的应用潜力。

2018 年 6 月，厦门大学生命科学学院细胞应激生物学国家重点实验室以斑马鱼为载体通过转基因技术开发了一种便捷的检测环境中二噁英类化合物（DLC）的生物监测技术，该方法最低检出效应浓度达到约 1 ng/L，并可作为一种改进的快速活体检测技术。

2018 年 8 月，四川大学生命科学学院报道了一种简便、易操作、成本低、特异性强、灵敏度高的生物传感器检测平台。通过巧妙地将特异性适配子分配到引物 - 模板集成 DNA 模板中，利用单层氧化石墨烯作为可逆非特异性抑制剂，构成生物传感器平台。当检测样品中无目标检测物时，DNA 模板受到氧化石墨烯的约束，导致检测信号低；但当目标检测物存在时，DNA 模板则会被目标检测物诱导发生构象变化进而从氧化石墨烯表面释放出来，进而通过扩增反应使得检测信号明显升高。以此将目标物检测简单地转化为 DNA 检测，并可建立目标物浓度与荧光信号之间的相关性。实验结果表明，该方法具有信号增强倍数大、灵敏度高、选择性好、实用性强等优点。更重要的是，构建的生物传感器平台是多功能的，这意味着它可以方便地检测各种分析物，再加上传感材料的成本较低，并且简化了检测操作，因此这个简单的通用型生物传感器平台可以在生物检测和环境监测中得到广泛的应用。

2018 年 9 月，南京大学环境学院污染控制与资源再利用国家重点实验室就通过 eDNA 条形码技术研究了河流微生物群落结构发生变化的主要压力源，并建立了基于 eDNA 数据预测河流污染状况的方法。研究发现，河流中细菌、原生动物和后生动物群落等分类单元都可以用 eDNA 来描述，而营养物质是影响群落结构、α 多样性和生态网络的主要因素，指示性操作分类率元（OTU）的相对丰度与营养物质含量显著相关，而这些 OTU 数据可以在测试数据集上预测营养物质含量状况，准确率高达 79%。因此，该研究为利用 eDNA 数据预测河流污染状况提供了一种全新的方法。

2018 年 9 月，兰州大学资源环境学院西部环境教育部重点实验室的研究团队对兰州城区主要交通区、公园和生活区 25 种阔叶树种和 6 种针叶树种植物叶片进行环境磁学测试。研究者通过采用洗脱 - 抽滤法对叶面滞尘量进行分析，探讨了不同功能区植物叶面滞尘对城市污染的磁学响应。研究结果表明，植物叶片滞尘能力存在明显的种间差异，植物叶片表面滞尘量和磁性矿物含量均随距离地面高度的增加而减小，其值在交通区明显高于公园和生活区且二者之间呈现出明显的相关性。研究结果说明，叶表颗粒物磁性特征可作为有效指示植物叶表颗粒物污染程度的磁学参数。

2018 年 11 月，南京大学化学化工学院利用 Biobrick 技术在大肠杆菌细胞中实现了金属离子的视觉检测和生物吸附功能的整合，从而达到了从混合金属离子中高效检测和回收目标金属离子，为各种重金属的生物检测和回收提供了一种快速、便捷而有效的方法。

2018 年 11 月，四川大学轻工纺织与食品工程学院食品重点实验室构建了一种能够在不同温度条件下使用、检测背景值非常低的温度强化 DNA 酶生物传感器，以此为基础实现了对环境样品中金属离子的高灵敏检测。该研究表明，该系列 DNA 酶生物传感器在催化反应温度 20～41℃时，背景比大于 20，最低检出限可达到 0.2 nmol/L，这也是基于 DNA 酶的荧光生物传感器中检测灵敏度最高的一种。进一步研究发现，基于该 DNA 酶的生物传感器对于 Pb^{2+}

的选择性是对最活跃的干扰金属离子 Zn^{2+} 的 6 000 倍以上，能够很好地避免背景干扰，该方法已成功应用于自来水和鸡蛋中铅污染的分析，总回收率为 87%～114%。这种简便高效的设计策略将显著提高 DNA 酶生物传感器的检测性能，从而有利于推动其在食品安全分析和环境监测方面的实际应用。

（二）污染控制技术

随着经济的发展，人们的生活水平不断提高，但往往会出现新的环境污染问题，进而威胁人类的生存和发展。目前，全球性的污染问题已经迅速地引起人们的关注。为了创造良好舒适的生存环境，各国政府根据本国国情拟定开发计划，调整工业布局，制定环境政策和法律，建立环境影响评价制度，普及环境保护教育等。为了控制污染，各国都做出了努力，对关键的生产技术进行革新。例如，开发汽车尾气处理装置以控制大气污染，调整污水处理工艺以改善水污染，利用污泥发酵产沼气以进行固废污染治理等。

2018 年以来，我国在环境污染控制相关的生物技术领域取得了喜人的成果。

2018 年 1 月，中国科学院水生生物研究所与中国石油化工股份有限公司石油化工科学研究院经过多年合作，发展出了氮氧化物固定和微藻发酵脱硝技术，可望用于从工业尾气脱除氮氧化物，以克服现有脱硝技术的缺点。在微藻生物技术方面，国外的研究多着重于利用微藻的光合自养生产方式进行二氧化碳减排，产出油脂、蛋白质和高附加值产品。我国藻类学界与石化、煤化工程学界在交叉合作中逐渐认识到，利用微藻光合自养方式进行碳减排，相对于我国的二氧化碳排放量实际上难以奏效，但我国每年排放的氮氧化物只有约 2 000 万 t，利用微藻发酵技术可能解决该问题。如果对其中的 1 000 万 t 进行固定、利用，可产出约 5 000 万 t 微藻，不仅大大缓解了氮氧化物排放问题，还可顺带满足水产行业对饲料添加剂的需求，因而具有切实的应用价值。

2018 年 1 月，轻工业环境保护研究所通过添加电子供体进行原位生物刺激可有效降解地下水中的氯代烃，目前国内外常采用接种高效微生物的方法强化这一降解过程，鲜见仅利用实际污染场地含水层土著菌开展的生物降解试验。从北京市某氯代烃污染场地采集地下水样品，仅接种场地含水层沉积物，利用微宇宙实验体系初步探讨了添加不同种类和质量浓度的电子供体对地下水中1，2- 二氯乙烷的去除效果的影响。结果表明：①同时添加初级生长基质和电子供体对反应体系进行生物刺激可显著降解地下水中的 1，2- 二氯乙烷。60 天后，添加 1 g/L 乙酸钠的反应体系中 1，2- 二氯乙烷的去除率最高，可达 93.9%；添加 1 g/L 的乳酸钠反应体系次之，去除率为 82.2%；添加 1 g/L 乳酸的反应体系的去除率最低，为 61.8%。并且，添加乙酸钠的试验体系可长时间维持中性 pH 及较低的氧化还原电位。②相同条件下，对同种电子供体来说，添加量为 1 g/L 的试验组中 1，2- 二氯乙烷的降解效果优于添加量为 2 g/L 的试验组，推测较高质量浓度的电子供体可对微生物的生命活动产生抑制。③对反应体系中间产物进行监测，仅监测到了乙烯的产生，表明在试验周期内无明显毒副产物积累，1，2- 二氯乙烷的降解较为彻底。研究显示，乙酸钠为该试验体系中最适电子供体，添加适宜质量浓度乙酸钠对土著菌进行生物刺激，可实现对 1，2- 二氯乙烷的绿色降解，有利于推进氯代烃污染的控制。

2018 年 2 月，广东省农业科学院农业资源与环境研究所研究了硫和 *Thiobacillus thioparus* 1904 对堆肥过程中臭味气体排放的影响。结果表明，硫的加入降低了 pH，减少了 47.80% 的氨累积排放量和 44.23% 的氮损失量，但增加了挥发性硫化合物（VSC）的数量和硫损失量。*T. thioparus* 1904 的加入，H_2S、甲基硫化物、甲硫醇、二甲基二硫化物和累积排放量分别有效地减少了 33.24%、81.24%、32.70%、54.22% 和 54.24% 的硫损失量。硫和 *T. thioparus* 1904 的组合施用导致最大量的氮保留。氨气排放量累计减少 63.33%，氮气减少量降低 71.93%。联合施用不会增加 VSC 的排放。硫和 *T. thioparus* 1904 的应用可能对控制堆肥臭味气体排放有所帮助。

2018 年 2 月，浙江大学构建了微生物电解池 - 厌氧膜生物反应器（MEC-AnMBR）来处理抗生素废水。生物膜与常规 AnMBR 的结合被认为是提高抗生素去除效率和减少膜污染有前途的技术。然而，膜污染仍然是 AnMBR 操作中最具挑战性的问题，这限制了它们的应用。MEC-AnMBR 在 AnMBR 中的应用是减轻膜污染的潜在方法，因为施加的电场可以增强微生物的活性并减轻膜污染。新型的 MES-AnMBR 反应器中，当施加电压为 0.6 V 时，化学需氧量（COD）去除率达到最大值，几乎是没有施加电压（0 V）的 1.2 倍。另外，随着施加电压的增加，MEC-AnMBR 反应器的膜污染率逐渐减慢。膜污染的周期可以从 60 h 延长到 98 h。MEC-AnMBR 的开发对高浓度有机废水处理和 AnMBR 的改进具有显著影响。

2018 年 7 月，河南省环境监测技术重点实验室构建了一种内部含有一层生物膜的废气过滤器。废气穿过生物膜，与微生物发生生物化学反应，最终生成 H_2O、CO_2、硫酸盐、硝酸盐等无害物质，最终分解了有害气体。在大气污染控制中生物过滤技术目前重点应用在粉尘治理、废气脱硫、汽车尾气治理等方面，今后将应用在化工厂控制 VOC、轻工业、养殖业、污水处理厂、食品加工厂等，并在大气污染的治理中发挥更加重要的作用。

2018 年 8 月，上海海事大学评估了在具有和不具有赤子爱胜蚯蚓（*Eisenia fetida*）的不同 C/N 下，污泥堆肥期间温室气体（CO_2、CH_4 和 N_2O）的排放量。与没有蚯蚓的对照处理相比，蚯蚓堆肥导致 pH、TOC 和 C/N 的显著降低。C/N 对 N_2O 的排放有显著影响，而其对 CO_2 或 CH_4 排放的影响不明显。虽然二氧化碳排放不受蚯蚓的影响，但蚯蚓大大减少了 CH_4 的排放量。此外，与对照组相比，在蚯蚓堆肥中观察到更高的 N_2O 排放量。C/N 和蚯蚓都对温室气体总排放量有显著的差异。蚯蚓堆肥可以促进有机物的降解并加速氮的矿化过程，而 C/N 的增加可以减少污水污泥污染过程中的温室气体排放量。该生物方法为堆肥法降低甲烷和氮氧化物的排放量有良好的指导意义。

2018 年 9 月，重庆大学分离得到了一株 *P. stutzeri* strain XL-2，并显示出优异的好氧反硝化能力。该菌株还具有异养硝化和生物膜形成的能力。虽然已经分离出许多异养硝化好氧反硝化菌（HNAD），但几乎没有报道具有生物膜形成能力的细菌。据推测，在生物膜系统中应用该细菌可以促进氮去除效率及生物膜的形成。本研究证明了菌株 XL-2 在序批式生物膜反应器（SBBR）处理富含铵废水中能增强生物膜形成和氮去除。此外，还进行了微生物群落结构分析以验证其作用菌株 XL-2 在反应器中的应用。该工作为处理富铵废水的生物反应器开发提供了良好的前景。

2018 年 10 月，清华大学环境学院探究了植草沟对苏南地区面源污染的控制效果。结果发现，在大、中、小降雨事件中，道路径流各项指标大致呈现初期浓度较高、随后浓度不断降低的趋势，道路初期径流污染程度更大，且大雨时道路面源污染更严重；3 种雨型情况下植草沟对径流中悬浮固体（SS）和化学需氧量（COD）负荷的去除效果良好且稳定，对二者的去除率分别在 50% 和 30% 以上，但对氮、磷污染物的去除效果不好，有氮、磷污染释放的现象发生；植草沟对苏南地区道路径流水量的控制效果显著，对城市面源污染负荷保持较高的削减率，对 SS 和 COD 负荷的削减率在 90% 以上，对氮、磷负荷的削减率在 80% 以上。该方案为苏南地区构建海绵城市提供了现场试验数据及理论依据。

在环境污染控制领域，生物技术因自身的独特优势在环境治理过程中有着广泛的应用前景和巨大的发展潜力。未来还应注重相关学科的交叉与渗透，如微生物与动植物协调作用、环境工程技术与地球物理化学有机结合等，集合多领域的特长共同开发新的生物技术，可为生态环境保护做出更大的贡献。

（三）污染修复技术

我国环境污染形势严峻，环境污染修复压力巨大。在人口剧增、工业迅猛发展的过程中，随意倾倒和堆放的城市生活垃圾，工矿企业的废水、废气、废渣，农药、化肥过度使用的残留等，对土壤、水体造成了严重的污染和破坏。被污染的土壤、水体等所承载的有害物质具有潜在的风险性，严重危害人体的健康，破坏了生态环境。对这些污染土壤、水体实施治理和修复，已成为当下刻不容缓的事情。在迫切的现实需求下，2018 年以来我国在环境修复生物技术领域的研究取得了喜人的成果。

2018 年 1 月，中国科学院烟台海岸带研究所对渤海中部蓬莱 19-3 溢油污染区域某溢油钻井平台附近海域的表层沉积物中的重金属、石油烃含量进行了分析，阐述了石油生物修复过程中沉积物中重金属浓度随着石油降解的变化规律，探讨了二者的相关性。结果表明，随着石油的降解，重金属 Cr、Cu、Ni、As 和 Cd 的浓度呈现出一种先上升后下降的趋势，并且浓度变化幅度较大。前期沉积物中重金属浓度的升高可能与石油降解有一定的相关性，后期重金属浓

2019 中国生命科学与生物技术发展报告

度降低可能是微生物和植物的作用、沉积物的再悬浮作用或重金属的纵向迁移导致的。Pb 则随着修复的进行表现为浓度的持续减小，且变化幅度较平稳，这可能与活性 Pb 与沉水植物根系的作用及沉积物 pH 和有机质含量减少有关。修复后除 As（8.2%）外，沉积物中的 Cr、Cu、Ni、Pb 和 Cd 浓度的降低幅度为 48.5%，表明石油降解菌对沉积物中的重金属也有良好的修复效果。本研究为石油污染土壤或沉积物中的重金属与石油烃复合污染的生物修复提供了一定的理论基础。

2018 年 3 月，南华大学铀矿冶生物技术国防重点学科实验室采集水生或者喜水植物 12 种，进行铀富集特性对比研究。对含铀废水的净化结果表明：满江红鱼腥藻对铀的富集能力最强，在修复 25 天时，体系中铀的去除率达到 97.7%，达到国家允许排放的标准；香蒲草在修复进行 20 天以后，铀的去除率也超过 92%。对铀富集特性的主坐标分析（PCoA）表明，满江红鱼腥藻和香蒲草、碎米沙草和白鹤芋、合果芋和水莎草、大藻和水葫芦对铀的富集特性是相似的。植物对铀毒害的耐受性监测表明，满江红鱼腥藻、合果芋和香蒲草等对铀的耐受性比较强。

2018 年 4 月，西南石油大学研究开发了一种强化电动力学技术，通过应用生物刺激和选择性膜（阳离子和阴离子）来净化碳氢化合物 - 重金属共污染土壤。在实验室中进行了 30 天的试验，用石油总烃（TPH）（9 075 mg/kg）和镍（446.6 mg/kg）进行修复。结果表明，阴离子交换膜和阳离子交换膜的加入保持了土壤酸碱度的稳定性。在 pH 控制下进行生物钾修复可改善微生物生长、微生物降解石油状况和降低生物毒性。污染土壤中 TPH 的降解率与降解 TPH 微生物种群的增加呈线性相关（$P<0.05$）。在最佳操作条件下，电生物修复 30 天后，TPH 降解率达到 77.4%，镍去除率达到 58.5%。因此，使用阳离子交换膜和阴离子交换膜可以提高微生物的生长和生物降解能力，而本土细菌可以有效地降低金属毒性，该技术能有效地治理重金属和有机污染物污染的土壤。

2018 年 4 月，浙江省土壤污染生物修复重点实验室及浙江农林大学环境与资源学院选用玉米（*Zea mays*）为供试植物，采用盆栽试验研究了接种丛枝菌根（arbuscular mycorrhiza，AM）真菌（*Funneliformis mosseae*）和添加不同粒径

188

猪炭对多氯联苯（polychlorinated biphenyl，PCB）污染土壤的联合修复效应及其对土壤微生物的影响。结果表明，接种 AM 真菌（10% 接种量）及添加 2.5% 猪炭对土壤有效磷含量的提高具有显著的协同效应，猪炭还显著提高了土壤有机碳、速效钾含量和 pH（$P<0.05$）；猪炭显著促进了菌根真菌的侵染率，但对玉米根系生物量具有抑制作用。接种 AM 真菌的同时添加猪炭提高了细菌 16 S rDNA 丰度，且接种 AM 真菌同时添加粒径>0.25 mm 猪炭显著促进了土壤 PCB 的降解率。AM 真菌与猪炭改变了土壤微生物种群的相对丰度。其中，浮霉菌（Planctomycetes）与土壤三氯联苯降解显著相关（$r=0.049$，$P<0.05$），而酸杆菌（Acidobacteria）与五氯联苯降解显著相关（$r=0.008$，$P<0.01$）。AM 真菌及猪炭提高了土壤有效养分含量，促进了植物生物量和土壤 PCB 降解，对 PCB 污染土壤具有较好的修复潜力。

2018 年 4 月，中南大学冶金与环境学院环境工程研究所通过温室盆栽实验，研究草本植物芦竹与木本植物构树、桑树间种修复重金属污染土壤的潜力。结果表明，重金属污染土壤上芦竹与构树、桑树间种有利于植物的生长，提高植物对污染土壤中重金属的富集能力，并有效改善土壤酶活性。重金属污染土壤上单种芦竹、构树和桑树的叶片光合色素含量随着修复时间的延长呈下降趋势，而芦竹与构树、桑树间种修复 270 天后，构树叶片叶绿素 a 和类胡萝卜素含量、桑树叶片叶绿素 b 和类胡萝卜素含量均与修复初期（90 天）相比无显著差异；桑树叶片叶绿素 a、叶绿素 b 及类胡萝卜素含量较单种桑树分别显著（$P<0.05$）提高 99.1%、177.1% 和 119.9%，且整株生物量显著（$P<0.05$）提高 26.1%。芦竹 - 构树间种下植物地上部分 Pb 和 Zn 总量较单种芦竹分别显著（$P<0.05$）提高 171% 和 124%；芦竹 - 桑树间种下植物地上部分 As 和 Pb 总量较单种桑树和芦竹修复分别显著（$P<0.05$）提高 150% 和 76.5%。芦竹与构树、桑树间种修复 270 天后，污染土壤中 As、Cd、Pb 和 Zn 的赋存形态无明显变化，而且土壤脲酶、酸性磷酸酶和总磷酸酶活性明显优于部分单一植物修复。上述结果表明，芦竹与构树、桑树间种可有效修复重金属污染土壤，还可改善污染土壤的环境质量。

2018 年 6 月，天津师范大学地理与环境科学学院采集沈阳细河疏浚底泥，并从中筛选得到高效淋滤丝状真菌 SY1，经形态学及 ITS rDNA 基因序列分析鉴定为黑曲霉，命名为 *Aspergillus niger* SY1，测定了其生长特性和采用摇瓶培养法去除污染底泥中重金属的效果。结果表明：细河底泥受到重金属 Cd 污染最为严重，含量为 33.3 mg/kg，且以生物可利用态为主；SY1 最适合的温度为 25～35℃，最适合初始 pH 为 6.0～7.0；该菌株生长代谢过程中产生葡萄糖酸和草酸，最高分别达 14.7 g/L 和 6.4 g/L。在最优条件下（底泥浓度为 20 g/L、糖浓度为 100 g/L、孢子浓度为 2×10^7 个 /mL），经过 SY1 8 天的淋滤，底泥中 Cd、Pb、Cu 和 Zn 淋出率分别为 93.5%、11.4%、62.3% 和 68.2%。因此，SY1 是比较有潜力的重金属底泥淋滤菌株，可用于重金属污染疏浚底泥的淋滤修复。

2018 年 6 月，华东师范大学生态与环境科学学院选择凤眼莲与柠檬酸杆菌作为水生植物与微生物的代表物种，对二者修复含镉水体的最佳条件进行研究，并进一步探索二者对含镉水体的修复机制。实验结果表明，凤眼莲在 pH 7、生物量为 6.25 株 /L 及温度为 30℃ 的条件下，对初始浓度为 15 mg/L 含镉水体的修复效果达到峰值，可达 81.37%；柠檬酸杆菌在 pH 6、菌浓度为 3 g/L 及温度为 30℃ 的条件下，对初始浓度为 15 mg/L 的含镉水体去除率最高，可达到 93.09%。凤眼莲主要通过植物吸收作用修复含镉水体，其中以根系吸收效果最为突出；柠檬酸杆菌主要通过生成沉淀物从而降低镉的含量。在室外大规模、开放性水体中，建议采用"圈植培养"凤眼莲修复含镉水体。

2018 年 7 月，四川省环境保护科学研究院通过利用高效降解菌 *Mycobacterium* sp. ESG4 对模拟草甘膦污染土壤进行生物修复。试验在接种量 6.0×10^6 CFU/g 条件下培养 24 天，发现菌株对 50 mg/kg 草甘膦的降解率为 68.89%，较土壤原生微生物的降解率提高 36.21%。菌株 ESG4 对草甘膦的降解符合一级动力学方程，加入菌株 ESG4 使草甘膦降解半衰期由 38.72 天缩短至 9.10 天。伴随着草甘膦的迅速降解，土壤脱氢酶活性由 45.40% 提升至 73.32%，而对照处理的土壤脱氢酶活性仅提升 6.88%。试验结果表明：菌株 ESG4 能与土壤原生微生物协同增效降解草甘膦。

2018 年 7 月，中国石油大学针对白腐真菌修复石油污染土壤过程缓慢的问题，通过单因素实验考察 NH_4NO_3 投加量、含水率、木屑添加量、翻耕频率等生物刺激手段对白腐真菌降解土壤石油烃的影响，利用 SPSS 20.0 进行单因素实验结果的方差分析，并根据单因素实验结果选取最佳参数组合与白腐真菌共同修复污染土壤。结果表明，生物刺激最佳组合为 NH_4NO_3 投加量为 1 g/kg、木屑添加量为 3%、含水率为 30%、翻耕频率为 1 次 / 天，其中含水率是影响白腐真菌修复土壤最显著的因素，最佳生物刺激组合与白腐真菌修复土壤的 35 天石油烃降解率为 41.87%。

2018 年 7 月，中国海洋大学环境科学与工程学院通过在天津油田区进行的生物修复石油污染盐碱土壤的现场实验，研究了添加肥料和接种菌剂，添加缓释肥料和种植碱蓬，以及同时添加肥料、接种菌剂和种植碱蓬对石油烃强化降解的影响。结果表明，2 个月的生物修复期内，同时添加菌剂、肥料并种植碱蓬的体系中石油烃的降解率最高，达到 47.3%，为油对照体系的 3.1 倍，该体系中土壤养分和石油烃降解菌总数的平均值也是最高的，表明植物 - 微生物共生体系能够利用混合肥料释放出来的营养元素而快速生长，加快石油烃的降解；其次为添加菌剂和肥料的体系，石油烃的降解率为 38.6%，为油对照体系的 2.6 倍；然后为种植碱蓬并添加肥料的体系，石油烃的降解率为 36.1%，是油对照体系的 2.4 倍。上述结果表明，所接种石油烃降解菌和碱蓬与所添加的肥料可协同提高盐碱土壤中石油污染的生物降解率。

2018 年 9 月，吉林农业大学研究一株氧化木糖无色杆菌 LAX 2 对镉（Cd）的碳酸盐矿化作用及其对 Cd 污染稻田土壤的修复效果。将 LAX2 接种于含 0～40 mg/L Cd^{2+} 的牛肉膏蛋白胨液体培养基中，测定 LAX2 对 Cd 的耐受性。在 LAX2 发酵液中加入 0.1 mol/L $CdCl_2$ 放置 12 h，利用 X 射线衍射、红外光谱、扫描电镜和能谱对菌株 LAX2 矿化固结 Cd 的产物特征进行分析，并通过水稻盆栽试验验证菌株 LAX2 对 Cd 污染土壤的修复效果。结果表明，菌株 LAX2 对 Cd^{2+} 的耐受能力较强，当溶液中 Cd^{2+} 质量浓度达 35 mg/L 时，其生长不受明显影响；但当 Cd^{2+} 质量浓度为 40 mg/L 时，LAX2 生长受到明显抑制。矿化产物特征分析结果表明，菌株 LAX2 可通过碳酸盐矿化作用将 Cd 矿化为呈小颗粒团聚体的 $CdCO_3$ 晶体。Cd 污染稻田土壤经菌株 LAX2 发酵液、无菌发酵液和菌体细胞修复后，水稻根部 Cd 含量分别下降了 35.3%、19.4% 和 12.5%，茎叶 Cd 含量分别降低了 26.7%、15.6% 和 8.4%，水稻籽粒中 Cd 含量分别降低了 28.7%、16.4% 和 7.5%，土壤有效态 Cd 含量分别下降了 56.9%、34.5% 和 21.0%。菌株 LAX2 可通过碳酸盐矿化作用固结土壤中的有效态 Cd，从而减少水稻对 Cd 的吸收。

2018 年 10 月，苏州科技大学环境科学与工程学院探讨了黑麦草对水体中镉 - 壬基酚（Cd-NP）复合污染的生理响应及修复作用。结果表明，单一 Cd 污染情况下，高浓度 Cd^{2+}（10 mg/L）对黑麦草的生物量和叶绿素含量均有显著的抑制作用，植株过氧化物酶（POD）和多酚氧化酶（PPO）活性显著增大。单一 NP 污染情况下，黑麦草的生物量、叶绿素含量和 MDA 含量均无显著性变化；高浓度 NP（5 mg/L）存在下，植株 POD 活性显著增大。当黑麦草受到复合污染胁迫时，高浓度 NP 的加入降低了 Cd 的抑制作用，使黑麦草的 MDA 含量有所回落，植株 PPO 活性有所下降。Cd^{2+} 浓度为 1 mg/L 时，黑麦草对 Cd^{2+} 有较好的去除效果，12 h 的去除率达到了 55.3%。吸收时间超过 12 h，高浓度 NP 对黑麦草吸收 Cd^{2+} 有较显著的促进作用。NP 浓度对植株地下部分 Cd^{2+} 吸收量有极显著影响，转移系数随着 NP 浓度增大而呈现上升趋势。NP 浓度为 5 mg/L 时，黑麦草对 NP 的吸收效果较好，24 h 的吸收率为 44.6%。低浓度 Cd^{2+} 的加入对黑麦草去除 NP 无显著性影响，而高浓度 Cd^{2+} 的加入对黑麦草吸收和降解 NP 均有极显著的抑制作用。

2018 年，东北农业大学资源与环境学院采用富集培养方法从江苏某激素研究所污水处理池排污口污泥中分离得到 1 株氯嘧磺隆降解菌，经菌株形态学特征和 26 S rDNA 序列分析，鉴定为胶红酵母菌（*Rhodotorula mucilaginosa*）。经降解条件优化，菌株对含 100 mg/L 氯嘧磺隆的无机盐培养基中氯嘧磺隆的最佳降解条件为接种量 2.5%、培养温度 28℃、pH 6.0、培养 5 天后降解率为 87.33%；在氯嘧磺隆初始浓度为 10 mg/kg（干土）的模拟污染土壤中，菌株最佳降解条件为接种量 2.5%、温度 25℃、pH 6.0、土壤含水量 30%、静息培养 30 天后降解率为 90.74%。土壤修复实验结果表明，施加胶红酵母菌后减轻了氯嘧磺隆对小麦幼苗的药害，在氯嘧磺隆浓度为 10 mg/kg 的土壤中投加降解菌后，小麦的出苗率、株高、根长及鲜重均明显高于未投加降解菌的对照组

（P＜0.05）。

2018年，广东省环境科学研究院探索了适合当地条件的土壤污染修复技术与模式，对逐步改善土壤环境质量、保障农产品安全和人体健康具有重要意义。为考察植物技术措施对粤北矿区周边重金属污染农田土壤的修复和安全利用的可行性，选择粤北某矿区周边重金属镉锌中度污染稻田，通过田间试验开展了超富集植物伴矿景天（Sedum plumbizincicola）、富集植物杨桃（Averrhoa carambola）、农作物玉米（Zea mays）低积累品种单种及套种对污染土壤植物修复和安全利用效果的研究。结果表明，单种模式下，伴矿景天田间生长217天后，其地上部生物量可达2.82 t/hm²，地上部Cd和Zn平均质量分数分别为119 mg/kg和7 716 mg/kg，对Cd的修复效率可达11.1%；杨桃田间生长约600天后，其根、茎和叶的生物量分别可达15.4 t/hm²、15.5 t/hm²和7.81 t/hm²，Cd质量分数分别为8.21 mg/kg、14.1 mg/kg和15.4 mg/kg，Zn质量分数分别为199 mg/kg、294 mg/kg和642 mg/kg，其对Cd的总体修复效率可达15.9%。伴矿景天和杨桃套种模式下，两者种植密度均较单种时降低一半，两种修复植物套种处理对Cd修复效率可达到13.5%。试验稻田改种低积累品种玉米，无论玉米单种或同伴矿景天套种，其籽粒中Cd质量分数均可达到食品安全国家标准限量要求。利用伴矿景天和杨桃对粤北受镉中度污染稻田土壤进行修复，以及通过种植低积累品种玉米实现污染土壤安全利用具有较强的可行性。

2018年，沈阳建筑大学市政与环境工程学院采用盆栽试验，以实际油田污染土与自然土和沙土按照一定比例配置两种污染浓度的土壤［多环芳烃（PAHs）总浓度分别为122.40 mg/kg和183.60 mg/kg］，以株高、生物量变化及芘（Pyr）、屈（Chr）、苯并b荧蒽（BbF）、苯并k荧蒽（BkF）4种多环芳烃去除率为指标，研究了紫松果菊对PAHs污染土壤的修复效能。结果表明：①4种多环芳烃污染土壤对紫松果菊的株高和生物量有明显的抑制作用，在PAHs总浓度为183.60 mg/kg时，紫松果菊仍能存活，说明紫松果菊对PAHs污染土壤具有较强的耐性。②在PAHs总浓度为183.60 mg/kg时，紫松果菊对土壤中4种PAHs的去除率分别为66.2%、70.3%、40.6%和65.4%，4种PAHs的总量由183.60 mg/kg降到104.52 mg/kg，总去除率为56.93%，远大于对照组中

PAHs 的总去除率。这说明紫松果菊具有修复 PAHs 重污染土壤的潜能。相关性分析发现，PAHs 的去除率与地下生物量的相关性更好，说明植物地下生物量对多环芳烃去除率影响较大。本研究拓展了利用植物修复 PAHs 污染土壤的应用范围，使重污染土壤的植物修复成为可能。

总体来说，我国的环境污染修复任重道远，大力开展面向环境修复应用的环境生物技术，为环保市场提供高品质的环境修复技术，将有力推进生物技术在环境保护中的应用，缓解我国污染修复压力，帮助解决我国面临的污染困境。

（四）废弃物处理与资源化技术

生态环境部于 2018 年 12 月公布了《2018 年全国大、中城市固体废物污染环境防治年报》，经统计，此次发布信息的大、中城市一般工业固体废物产生量为 13.1 亿 t，综合利用量为 7.7 亿 t，处置量为 3.1 亿 t，贮存量为 7.3 亿 t，倾倒丢弃量为 9.0 万 t。工业危险废物产生量为 4 010.1 万 t，医疗废物产生量为 78.1 万 t，生活垃圾产生量为 20 194.4 万 t。一般工业固体废物综合利用量占利用处置总量的 42.5%，处置和贮存分别占比 17.1% 和 40.3%，综合利用仍然是处理一般工业固体废物的主要途径，部分城市对历史堆存的固体废物进行了有效的利用和处置。

目前我国固体废弃物处理方式主要有填埋、焚烧、堆肥三种。固体废弃物处理的目的是未来实现三化，即"无害化、减量化、资源化"。然而由于固体废弃物成分复杂、物理性状多变，固体废弃物极难妥善处理。可喜的是，2018 年以来，我国在废弃物处理与资源化技术领域取得了喜人的成果。

2018 年 1 月，我国首个等离子体危废处理示范项目（广东省清远市 10 t/ 天等离子体危废处理项目）通过竣工验收。等离子体危废处理技术利用等离子体瞬间产生的上万摄氏度高温，将二噁英等有机污染物快速裂解为无害化的小分子，将重金属等无机污染物固化在玻璃体中，最终得到的玻璃体可作为路基、建材等被使用，真正实现固体废物的减量化、无害化、稳定化及资源化目标。作为中广核等离子体危废处理技术成功推广到民用环保领域的首个项目和标杆工程，该项目的成功验收标志着国内首台套等离子体危废处理的示范项目正式进入工程应用阶段，为国内医疗垃圾、生活垃圾、废矿物油等废物的处理探索出一条新路。

2018年1月，中国石油工程建设有限公司（CPECC）在含油污泥热解技术工程化应用实验成果展示上，介绍了应用热解技术来处理含油污泥的原理和方法。热解技术主要有如下几个特点：①技术先进，热解设备防结焦，自动化操作，可实现流程化连续生产；②本质安全，热解核心设备安全性能好，热解过程全密闭，油泥绝氧间接加热；③适应性强，满足不同油泥处理温度要求（370～650℃），可处理炼化不同种类和油田的含油污泥；④达标排放，处理后残渣含油率小于1%；⑤资源回收，油品可回收，不凝气可作为辅助燃料，实现资源化利用；⑥橇装设计，核心设备和配套设备均可实现橇装化，便于运输和安装；⑦成本优势，运行成本相对较低。热解技术平均处理成本为1 000元，500万t炼油厂一年产生的各类含油污泥和炼化固体废弃物约7 000 t，采用热解技术可为企业每年节省外委处理费用约1 800万元，同时热解处理技术可消除环保污染和隐患，回收大量石油资源，为炼厂带来增值效益。含油污泥热解技术在国内炼化企业油泥处理领域的首次试验性应用，开拓了炼化企业油泥处理的新思路。

2018年2月，上海交通大学提出了一个两阶段的厌氧消化体系，以提高高含固有机废弃物（厨余垃圾、鸡粪和园林垃圾）共消化过程中的沼气产量、效率和稳定性。在该两阶段过程中，厨余废物和鸡粪首先进行高含固消化，随后与园林垃圾混合进行二次消化。研究指出，4：5：5的厨余垃圾、鸡粪和园林垃圾质量比具有最高的沼气产量和效率。在最佳条件下，挥发性固体（VS）去除率为57.30%。与一阶段消化相比，两阶段过程的沼气产量提高了83.25%，消化时间缩短至18天。当有机负荷率（OLR）为4.00 gVS/L（两阶段过程）时，高含固厌氧消化过程稳定，平均甲烷产量为113.4 mL/gVS。该研究为探索改进高含固厌氧消化的新技术奠定了一定的基础。

2018年4月，江南大学环境微生物技术研究室为提高污泥和餐厨垃圾联合中温厌氧消化的效果，提出了蒸汽爆破的预处理措施。该研究利用小型发酵罐在35℃下开展了未预处理污泥和餐厨垃圾联合消化、汽爆污泥单独消化、汽爆污泥和餐厨垃圾联合消化的试验。结果表明，未预处理污泥与餐厨垃圾联合消化阶段，VS 去除率为 33.9%，沼气产率为 311 mL/g（以投料 VS 计）；汽爆污泥单独消化阶段，VS 去除率和沼气产率均略高于未预处理污泥与餐厨垃圾联合消化阶段，但反应器 NH_4^+-N 过高，影响产气稳定性，沼气较低。汽爆污泥与餐厨垃圾联合消化阶段，VS 去除率和沼气产率分别达到 49.5% 和 420 mL/g，显著优于未预处理联合消化阶段。研究显示，汽爆预处理可提高污泥和餐厨垃圾联合中温厌氧消化工艺 35.2% 的沼气产率，但由于预处理能耗较高，预处理过程中热能的有效回收是汽爆预处理应用于污泥和餐厨垃圾联合中温厌氧消化经济可行的关键。该研究解析了污泥汽爆预处理对联合消化产沼气的促进效果，评估了采用汽爆预处理促进污泥和餐厨垃圾联合消化产沼气的经济可行性，为汽爆污泥和餐厨垃圾联合中温厌氧消化的工业应用奠定了基础。

2018 年 6 月，浙江大学联合浙江传超环保科技有限公司研发的村镇易腐垃圾机器成肥技术，设备比能耗＜70 kW，处理规模为 1～10 t/ 天。目前已在浙江省杭州市、宁波市、绍兴市、嘉兴市等 10 余个乡（镇、街道）推广应用，已实现产业化推广销售额 2 000 余万元。该技术实现机械化进料，并配置固液分离系统，同时采用推流式好氧发酵工艺，以提高产品品质。

2018 年 10 月，北京林业大学环境科学与工程学院通过向反应体系中投加颗粒活性炭（GAC）强化直接种间电子传递（DIET），进而提升餐厨垃圾的厌氧产甲烷处理效能，同时研究了颗粒活性炭的投加对微生物群落变化的影响。研究发现，投加了颗粒活性炭的实验组反应器能够在更高的有机负荷下［10.4 kg COD/（m^3·天）］稳定运行并维持较高的甲烷产率；不投加颗粒活性炭的对照组在有机负荷 7.8 kg COD/（m^3·天）时甲烷产率及 pH 均明显降低，挥发酸大量积累，反应器酸化崩溃。微生物群落结构分析发现，颗粒活性炭表面富集了大量可以胞外电子传递的细菌（占细菌丰度的 34%）和可以参与直接种间电子传递的产甲烷菌（占古菌丰度的 88%），表明颗粒活性炭的加入可以有效富集这两类微生物的生长，并可能通过颗粒活性炭强化直接种间电子传递促进了餐厨垃圾的厌氧消化。

2018 年 12 月，中国兰州大学联合韩国汉阳大学以微藻为原料，通过改进预处理和转化技术，使用连续的高通量发酵，实现了微藻生物质前所未有的能量转换效率（46%）。该技术分为三个连续的过程：在阶段Ⅰ中，碳水化合物通过发酵获得生物乙醇；然后剩余的生物质在阶段Ⅱ中发酵蛋白质以生产高级醇；在阶段Ⅲ中，将脂质部分酯交换成潜在的脂肪酸以进一步生产生物柴油。通过这三个阶段，微藻生物组分（碳水化合物、脂质和蛋白质）被转化为有价值的生物燃料，且无须化学预处理过程。研究结果显示，阶段Ⅰ（碳水化合物发酵），每克糖生产 0.5 g 乙醇；阶段Ⅱ（从阶段Ⅰ剩余的生物质发酵），每克氨基羧酸生产 0.37 g 高级醇（从微藻蛋白质）；阶段Ⅲ（剩余脂质的酯交换部分），每克脂肪酸产生 0.5 g 生物柴油。连续发酵作为前转化过程和主转化过程，使得微藻生物质转化效率达到 89%。该研究提供了一个概念验证，即微藻生物质的连续高通量发酵可以用于大规模生产过程中。

2018 年，同济大学污染控制与资源化研究国家重点实验室分析了污泥热解工艺及其他工艺的优缺点，并说明了污泥热解污泥衍生生物炭制备过程的影响因素。重点综述了污泥衍生生物炭在污泥物催化降解、电化学储能和转化等全新领域的潜在应用前景，讨论了污泥中无机小分子和金属氢化物等成分对生物炭功能特性的影响。污泥热解技术可在回收液态生物油、气态热解气的同时获得污泥衍生生物炭，此受益于相对封闭的热解环境。只需在制备过程中回收处理尾气废液便可很好地规避二次污染问题，能让污泥达到减量化、资源化、无害化处理。而基于污泥衍生炭的结构和特性，其吸附、土壤修复、催化、储能等多个领域都有所应用，尤其是非均相 Fenton 反应催化、湿式氧化催化、非均相 TiO_2 光催化及储能方面的应用研究已成为近年来的研究热点。

2018 年是改革开放 40 周年，固废产业也随着国家的发展取得了前所未有的进步。未来中国固废处理行业将呈现四大方面发展趋势：①研发适配技术，以适应全过程减量化和资源化要求；②提升二次污染防控水平，使"邻避"矛盾向"邻利"效应转变；③发展智能管控技术，实现全程一体化管理；④推进科技实证平台建设，完善全产业链体系。

我国的废弃物处理与资源化技术发展方兴未艾，大力开展以废弃物处理与资源化技术为主体的环境生物技术的研究，将有力推进生物技术在环境保护中的应用，促进生物技术与产业化、智能化结合，解决我国目前和未来所面临的环境保护问题，并为环保市场提供高品质的环境保护技术。

五、生物安全技术

我国在病原微生物基础研究、两用生物技术、生物安全实验室技术和装备、生物入侵、生物防御等方面，取得了众多值得关注的科研成果。本节选编部分具有较高科技、经济或社会影响的研究成果，在各自方向有一定的代表性。

（一）病原微生物基础研究

开展未来新发突发传染病病原体的筛查、鉴定，提高传染病预防控制工作的主动性和预见性，实现从被动应付疫情到主动应对威胁的重大转变，对新发突发传染病的防控意义重大。中国疾病预防控制中心传染病预防控制所研究开展了覆盖我国东南沿海、北方森林草原、西部高原等大部分地区的野生动物源性未来新发突发传染病病原体的调查工作。共采集野生动物及媒介样本 11.45 万份、临床样本 9 900 份，从中发现了微生物新种 1 700 余种。分别在无脊椎动物和脊椎动物中一次性报道新病毒 1 445 种和 214 种，其中包括 5 个新的病毒科。此前，国际上已知的病毒仅有 2 000 余种。这一成果极大地丰富了病毒的物种多样性，填补了现有病毒进化树上的诸多空白，揭示了病毒遗传进化的规律，重新定义了 RNA 病毒圈，对未来动物源性新发突发传染病的预测预判也奠定了坚实的基础。该成果已经在 *Cell* 上发表综述。

野生动物是天然的"病原体"储备库，近 71.8% 的动物源性新发传染病是由野生动物源性病原体引起的。军事科学院军事医学科学院军事兽医研究所针对途经我国的全球迁徙候鸟、跨境迁移和口岸入境陆生野生动物开展了全面系统的监测与研究，首次实现了迁徙野生动物疫源疫病"三库一基地"的建立——鸟类迁徙数据库、野生动物疫源疫病数据库、野生动物疫病样本库和预警示范基地，为建立健全跨境乃至全球迁徙野生动物疫源疫病监测预警网络体系提供了关键装备支撑。鸟类迁徙数据库，完成了 830 余种 400 万只鸟类环志历史数据整理，对 50 种重要疫源候鸟迁徙过程进行了卫星追踪，并绘制了迁徙路线图；野生动物疫源疫病数据库、野生动物疫病样本库，在全国 31 个省（自治区、直辖市）采集涉及 150 余种野生鸟类的各类样品 7 万余份、媒介样品 2 万余份，在中越、中俄边境地区采集跨境涉及 15 种动物的各类样本 3 000 余份，已经完成病毒、细菌、寄生虫等相关病原体的鉴定分离工作；依托湖北省武汉市沉湖湿地自然保护区初步建立了 1 处野生动物疫源疫病联防联控主动预警示范基地。"三库一基地"的建立，破解了候鸟迁徙疫病传播生物安全风险预警的关键技术瓶颈，为探索全空域主动预警监测新模式、提高野生动物疫源疫病监测预警能力、实现关口前移建立了示范模本。

中国科学院武汉病毒研究所历经多年持续研究，以我国蝙蝠携带的严重急性呼吸综合征（SARS）冠状病毒等重要病毒为研究对象，全面、系统地开展了我国蝙蝠携带病毒的分子流行病学、新病毒发现与鉴定、跨种传播机理等方面的研究，并取得了重大突破，获得多项原创成果。最重要的贡献包括证实蝙蝠是 SARS 冠状病毒的自然宿主，为 SARS 的动物溯源提供多个重要证据；首次在我国蝙蝠体内检测到烈性病毒尼帕病毒和埃博拉病毒抗体；发现腺病毒、圆环病毒等遗传多样的新型蝙蝠病毒等，其中关于 SARS 冠状病毒溯源的代表性研究成果发表在 *Nature*、*Science* 等顶级学术期刊上。研究开创了国内系统研究蝙蝠病毒的先河，对动物源新发病毒病原学、新病毒发现等研究方向的发展起到了积极的推动作用；研究团队也成为国际上蝙蝠病毒研究领域最有影响力的实验室之一。"中国蝙蝠携带重要病毒研究"项目，获得 2018 年国家自然科学奖二等奖。

中国疾病预防控制中心病毒病预防控制所、军事科学院军事医学研究院牵头，联合多家高校、科研院所，开展了重要新发突发病原体的发生与播散机制研究，成功应对多起新发突发流感疫情。该项目首次报道了我国首个 HPAI H7N9 病毒导致人的感染和死亡，并阐明了该病毒的起源进化和生物学特征，首次系统分析并发现新的基因座是导致我国第五波 H7N9 疫情的可能原因，为 H7N9 疫情的阻断提供了强有力的技术支持。此外，该项目还阐明了 H5N6 禽流感病毒的起源和进化过程，首次提出 H5N6 禽流感病毒来源于我国流行的 H5N1 和 H6N6 禽流感病毒，至少有两次独立的重配事件，为人感染 H5N6 禽流感疫情的防控提供了科学依据。项目首次发现人感染新型重配欧亚类禽（EA H1N1）猪流感病毒病例，并阐明 EA H1N1 病毒的进化和致病机制。上述研究为我国重要新发突发传染病的防控提供了科学依据，成功应对了多起新发突发流感疫情。

中国疾病预防控制中心寄生虫病预防控制所等单位，针对诺氏疟疾、美洲锥虫病、巴贝虫病、曼氏血吸虫病和广州管圆线虫病 5 种重要入侵热带病的病原及其媒介的传播规律及其防控技术开展了研究，获得了一系列重要进展。确认了上述 5 种热带病"媒介 - 病原"所处的入侵阶段，建立相应的风险评估、预警模型、干预措施和调查方法；建立了上述 5 种不同入侵阶段的热带病鉴定和溯源技术，为入侵媒介及病原的变异与鉴定的快速筛检提供了技术支撑；揭示了这些热带病病原变异与致病机制；建立了入侵媒介及病原的实物标本库、数据库及共享平台。研发的监测预警技术，分别在广西、上海、江西、福建、广州、云南、海南、贵州等省（自治区、直辖市）开展了推广应用试点，并通过资源库和共享平台，及时诊断、治疗了 2 例非洲锥虫病、2 例曼氏血吸虫病和数千例输入性疟疾病例；相关成果分别获得省部级科技进步奖一等奖 1 项和二等奖 1 项，发布卫生行业标准 4 项。

此外，在"西班牙流感"暴发 100 周年之际，*Cell* 刊登了中国疾病预防控制中心主任高福的新发突发传染病评论文章。该文对新发突发病原体导致的传染病进行了历史性回顾，指出目前全世界持续存在着各类新发、突发传染病威胁。该文介绍了我国及中国科学院在传染病防控领域采取的行动及取得的成绩，呼吁要铭记历史教训，避免悲剧再次上演，要持续加强在基础研究方面的投入，以此来积极促进公共健康政策和创新合作举措的有效施行。

（二）两用生物技术

中国科学院分子植物科学卓越创新中心 / 植物生理生态研究所合成生物学重点实验室与合作者，在国际上首次人工创建了具有完整功能的单条染色体的真核细胞。这项研究建立了一系列具有 16 条染色体连续融合的菌株，颠覆了染色体三维结构决定基因表达的传统观念，对染色体进化、染色体复制、端粒生物学、着丝粒生物学、减数分裂重组及细胞核结构与功能的关系具有重要价值，为酵母遗传学研究提供了新材料、新思路。该研究的结果也说明酿酒酵母对染色体长度惊人的容忍度（至少可以长达 12 Mb），这为利用酵母构建高等生物的超长染色体提供了理论依据，有利于后续 GP-write 项目（基因组编写计划）的开展。

中国科学院上海巴斯德研究所的团队开发了一种在恶性疟原虫中进行基因编辑的新型遗传操作工具。研究团队利用 CRISPR-dCas9 系统，在恶性疟原虫中成功构建了基于表观遗传修饰的新型基因编辑工具。运用此新型 CRISPR-dCas9 技术，该团队分别对恶性疟原虫感染人体红细胞的两个关键基因 *PfRh4* 和 *PfEBA-175* 成功地进行了表达调控，并诱导出相应的感染表型的变化。在此基础上，该团队进一步鉴定出恶性疟原虫生长必需基因 *PfSET1* 参与调节恶性疟原虫红内期生长过程的分子基础。该研究成果为恶性疟原虫基因编辑提供了新的有效的遗传操作工具，为恶性疟原虫功能基因组学研究提供了强大的遗传操作系统。中国科学院武汉病毒研究所的研究团队利用合成工程技术研制出新型 ZIKV 弱毒疫苗。研究人员利用反向遗传学操作技术成功拯救出三株致弱的寨卡病毒（Min E、Min NS1 和 Min E＋NS1）。合成减毒病毒工程技术（synthetic attenuated virus engineering，SAVE），又称为"密码对去优化技术"，在不改变氨基酸种类及尽可能不影响 RNA 空间结构的情况下，提高病毒基因组中罕见的密码对所占的比例，从而降低病毒的复制翻译效率，使病毒致病性减弱。该技术制备弱毒疫苗具有周期短、安全及免疫原性强等特点。

清华大学医学院的科研团队发现一种肠道菌可调控蚊虫传播病毒。该研究首次鉴定出一种蚊虫肠道共生菌黏质沙雷氏菌（*Serratia marcescens*）可通过分泌增效因子蛋白 SmEnhancin 决定蚊虫对病毒的易感性，最终调控蚊虫传播病毒的能力。该研究揭示了肠道共生菌、媒介蚊虫和病毒之间的互作关系，阐明了黏质沙雷氏菌通过分泌增效因子影响媒介易感性的分子机制，发现黏质沙雷氏菌与登革热流行存在一定的关联。该研究为蚊媒病毒的防控提供了新的科学依据。

（三）生物安全实验室技术和装备

军事科学院军事医学研究院等单位在突破生物安全实验室初级防护屏障、气密防护、高效过滤、消毒灭菌等系列核心关键技术的基础上，研制出 13 种新产品样机，主要包括：①手套箱式隔离器、禽负压隔离器、生物安全型独立通风笼具及双门气密传递桶 3 种初级防护屏障新产品；②自动渡槽传递窗、管线穿墙密封装置、气密型地漏、双气囊充气式生物密闭门、双级高效空气过滤器、RTP 气密传递桶 6 种气密防护及过滤产品；③房间用汽化过氧化氢消毒机、箱仪一体化汽化过氧化氢消毒机、个人防护器材汽化过氧化氢熏蒸消毒柜、高强度脉冲紫外线杀菌机器人 4 种消毒灭菌技术和产品。上述新产品均通过第三方检验，综合性能指标达到国外同类产品先进或领先水平；禽负压隔离器目前已经开始在我国高等级实验室进行推广应用，共计 15 台，应用单位均通过了国家 CNAS 的认可评审；房间用汽化过氧化氢消毒机成功运用于湖北省疾病预防控制中心、浙江大学附属第一医院、杭州市急救中心救护车消毒等；双级高效空气过滤器、双气囊充气式生物密闭门、管线穿墙密封装置、自动渡槽传递窗等新产品已成功应用于我国生物安全四级模式化实验室建设。长久以来我国生物安全实验室关键技术与装备严重依赖进口。上述成果为进一步推动我国生物安全实验室的完全国产化，实现实验室生物安全的自主可控提供了强有力的技术和装备支撑。

中国农业科学院哈尔滨兽医研究所和军事科学院系统工程研究院卫勤保障技术研究所等单位，在研制成功一批四级实验室关键设备的基础上，初步研究建成我国第一座具有完全自主知识产权的国产化生物安全四级模式实验室。研制的四级实验室关键设备包括正压防护服、化学淋浴设备、生命支持系统、双级高效过滤器单元、气密性传递窗、渡槽、生物安全型双扉高压灭菌器和污水处理系统等，均可以实现批量生产，经第三方检验，主要技术指标达到国外同类产品水平。在以上工作的基础上，依据 GB 19489—2008《实验室生物安全通用要求》和 GB 50346—2011《生物安全实验室建设技术规范》等有关标准规范，使用上述国产关键防护设备，依托中国农业科学院哈尔滨兽医研究所，成功建成了我国首个国产化生物安全四级模式实验室。四级模式实验室的建成，标志着我国已基本具备应用国产设备建设四级实验室的能力，打破了少数国家对四级实验室关键技术的垄断。建成的四级模式实验室将成为国产化生物安全关键技术与设备的研发、测试、评价、示范及人员培训基地。

中国科学院武汉病毒研究所等单位以建设高等级病原微生物防护水平的病原微生物模式实验室为目标，建成了国产化关键设施设备示范与验证平台，建立了一套生物实验室管理、维护和人员培训体系，并为实验室认可准则的完善提供了方案和技术支持。上述工作为开展国内外生物安全相关宣贯培训提供了重要平台资源。2018 年 10 月 15～25 日，"生物安全实验室管理与技术国际培训班"在武汉成功举办。培训班由外交部、中国科学院主办，中国科学院武汉病毒研究所承办。来自孟加拉国、巴基斯坦、巴西、保加利亚、波兰、柬埔寨、喀麦隆、克罗地亚、刚果民主共和国、埃及等 22 个国家的科研人员参加了培训。培训班的成功举办，得到国际各方的充分肯定，取得了良好的国际影响。这对我国积极推进全球生物安全治理，践行《禁止生物武器公约》，做好生物安全国际合作与交流具有重要的现实意义。

（四）生物入侵

中国科学院动物研究所、中国农业科学院植物保护研究所和中国环境科学研究院等单位在外来生物入侵防控基础研究及其防治技术与产品研制方面取得了显著进展。揭示了入侵生物"可塑性基因驱动"入侵特性和"虫菌共生"入侵机制，为入侵生物的风险评估、预测预报、检验检疫、综合防治提供了新思路；建立了上千种外来有害生物的分子检测、DNA 条码自动识别等高通量鉴定技术与检疫产品，开发了多物种智能图像识别 APP 平台系统，实现了重大入侵物种的远程在线识别和实时诊断；针对红火蚁、苹果蠹蛾、马铃薯甲虫、稻水象甲、美国白蛾、葡萄蛀果蛾、苹果枯枝病等农林业重大入侵物种，研究建立了集成疫区源头治理、严格检疫、扩散阻截、早期扑灭等应急控制技术体系，灭除了 20 余个疫情点；针对豚草、空心莲子草、斑潜蝇等大面积发生的恶性入侵种，研发了天敌昆虫规模化繁育及释放技术 20 项；构建了基于生物防治和生态修复联防联控的区域性持续治理示范实践新模式，示范应用面积逾1 000 万亩[①]。研究提出的"基因驱动""共生入侵"及"竞争替代"等假说，丰富与发展了入侵生物学理论，使我国部分方向的研究水平进入国际前列；外来物种入侵防控技术与产品取得了巨大的经济、生态和社会效益。相关成果发表在 *Nature Communications*、*Ecology*、*PNAS*、*ISME Journal*、*Annual Review of Ecology*、*Evolution and Systematics* 等杂志上。

以华南农业大学红火蚁研究中心为主的科技团队率先开展"入侵害虫——红火蚁防控研究"，系统解决了红火蚁入侵、传播和扩张时空规律，揭示了其灾变规律和机理，阐释了红火蚁化学防治基础理论，研发出高效药剂及配套应用技术，创建了适用于我国的检疫除害、监测应急、根除与治理的防控技术体系，为有效控制红火蚁扩张和猖獗危害提供了有力的科技支撑和保障。近三年来取得的显著进展包括：提出了包含区域疫情分布类型、管理难度、发生特征等覆盖几乎全部入侵区域特征的管理模式；建立了疫情管理的标准化程序，包括发现疫情、明确疫情、制定规划、编制方案、组织实施、检查评估等工作阶段及其详细内容、要求；明确了新两步法中饵剂、粉剂 12 种组合对红火蚁的联合防治效果，提出了适合不同入侵区域环境和发生特征的防控实施模式；集成创建了适合于我国 8 类生态区的应急防控、根除与治理模式和技术体系。技术成果已在 5 省区 40 多个县区应用，累计达到 80 多万亩次。

南京农业大学作物疫病研究团队经过 10 余年的研究，在"入侵病原物——大豆疫霉的流行成灾机制和防控"方面取得了阶段性重要进展。该成果尤其针对该病防控过程中大豆品种抗病性容易丧失的难题，以揭示病原菌无毒基因的变异规律为突破口，一是研发了无毒基因的高效鉴定与监测技术体系，鉴定了 Avr3b 等 8 个大豆疫霉无毒基因，阐明了无毒基因通过序列突变和基因沉默等方式变异，导致抗性丧失；首次提出在我国大豆生产中使用与低变异水平无毒基因对应的抗病基因 *Rps1a*、*Rps1c* 或 *Rps1k* 等可有效防病，为病害防控奠定了理论基础。二是创建了"识别关键无毒基因"的抗病品种快速精准鉴定技术，

---

① 1 亩 ≈ 666.7 m²

准确性达 85% 以上，鉴定时间从 2 个月缩短到 1 周；系统评价了我国 6 275份大豆的抗病基因组成，指导不同大豆主产区分别遴选并布局了含有 *Rps1a*、*Rps1c* 和 *Rps1k* 等抗病基因的主栽品种。三是创建了大豆疫霉及其他主要根部病原菌的检测及拌种防控技术，形成了病原监测、抗病品种和种子处理等三项关键技术，构建了我国东北、黄淮海和南方等主产区的防控技术模式，经大面积推广应用，防控效果达 85% 以上，大豆增产超过 20%，农药减量 60% 以上，实现了我国对大豆疫霉根腐病从不了解、难防控到高效可持续防控的转变。

中国科学院动物研究所系统评估了"一带一路"区域外来脊椎动物的入侵风险。他们分析了 816 种有潜在重要危害的外来脊椎动物，包括 98 种两栖动物、177 种爬行动物、391 种鸟类和 150 种哺乳动物，在"一带一路"区域的总体入侵风险，并用模型预测了这些外来种的野生种群建立风险。结果显示，"一带一路"沿线国家 15% 的区域面临极高的外来脊椎动物引种风险，超过 2/3的"一带一路"国家具有适宜外来脊椎动物建立野生种群的适宜栖息地。该研究鉴定出 14 个入侵热点，其中孟中印缅经济走廊、中国—中南半岛经济走廊和中国—中亚—西亚经济走廊内的入侵热点比较多。基于此，研究人员呼吁相关部门对外来野生动物进行更严格的检查，并建议建立一个特别基金来支持生物安全措施的实施。

（五）生物防御研究

中国首个寨卡检测试剂获批准。2018 年 4 月，我国研产的首个寨卡病毒核酸检测试剂——"之江生物寨卡病毒核酸检测试剂"，被世界卫生组织（WHO）正式批准，并纳入其官方采购名录。该检测试剂经过了新加坡国立大学医院和陈笃生医院的临床验证，试剂采用实时荧光 PCR 法，可以检测血浆、唾液和尿液样本，也是 WHO 批准的三款寨卡病毒检测试剂中唯一可以检测唾液样本的试剂。

中国农业科学院哈尔滨兽医研究所研制的用于预防 H5 亚型禽流感的 DNA疫苗，获得国家一类新兽药证书，这是全球获得批准的首个禽病 DNA 疫苗产品，也是中国农业科学院哈尔滨兽医研究所动物流感团队继成功研制出重组禽流感病毒灭活疫苗和禽流感、新城疫重组二联活疫苗后的又一项创新成果。

四级病原胡宁病毒的治疗性单抗方面取得进展。中国科学院武汉病毒研究所的科研团队获得了针对四级病原胡宁病毒的一系列中和单抗，其中命名为 J99 的单抗可在体外以 0.78 μg/mL 的作用浓度抑制 50% 病毒的感染（IC_{50}＝0.78 μg/mL），有望在体内发挥治疗作用。该团队获得的这些单抗是研究人员通过对小鼠进行 DNA 免疫，并通过传统杂交瘤融合和筛选得到的。该项工作获得的针对胡宁病毒的治疗性单抗作为药物储备，将为阿根廷出血热的防治提供候选药物；建立的获取针对沙粒病毒单抗的方法作为技术储备，将为获取更多类似病毒的单抗提供理论支撑。

联合筛选得到沙粒病毒入侵抑制剂。中国科学院武汉病毒研究所、南开大学药学院、天津国际生物医药联合研究院的研究团队，成功筛选得到阻断四级病原拉沙病毒（LASV）入侵的抑制剂：化合物 21、29、57、72；并对其作用机制进行了详细阐述。LASV 引发烈性传染病拉沙热，被美国疾控中心归类为 A 类生物恐怖病原。该研究为沙粒病毒的暴发流行提供了候选应急药物储备，为抗沙粒病毒的药物研发提供了理论依据与优化策略。

军事科学院军事医学研究院联合国内外多家科研单位协同攻关，成功将寨卡病毒疫苗株开发为新型溶瘤病毒，为胶质母细胞瘤的临床治疗开辟了新的方向。2017 年，军事医学研究院的研究团队与合作人员共同发现寨卡病毒可以特异地感染和杀伤神经前体细胞和神经干细胞，并因此研发出不同类型的寨卡减毒活疫苗。实验表明，该疫苗株颅内注射也非常安全，其神经毒力比目前广泛使用的乙脑疫苗还要低。在此基础上，研究人员进一步在细胞水平评估了寨卡疫苗株对胶质瘤干细胞的溶瘤活性。发现寨卡疫苗株可高效感染胶质瘤干细胞，并快速诱导大量细胞死亡，阻止肿瘤球的形成。更重要的是，寨卡疫苗株仅对胶质瘤干细胞表现出较高的杀伤效果，能够有效避免"误伤"正常脑细胞。

上海市公共卫生临床中心、复旦大学生物医学研究院、同济大学生命科学与技术学院联合科研团队合作研发了一个新的病原体抗原性计算平台。研究团队研究设计了一个空间免疫表位比对工具 CE-BLAST，以高效计算不同病原体

之间的抗原性距离。CE-BLAST 最大的优势在于可以不需要借助实验数据作为训练来构建模型，这对于一些还缺少实验数据的新病原体，以及新暴发的如寨卡病毒等传染性疾病而言，尤为关键。研究人员在病毒亚型内不同毒株间、病毒不同亚型之间、跨病毒这三个层面上依次验证了方法的有效性。

第四章 生物产业

2018 年是举国上下贯彻落实十九大精神的开局之年，是实施"十三五"规划承上启下的关键一年。中国经济由高速增长转向高质量发展，每个产业、企业都应当朝着这个方向坚定前行。作为我国绿色发展的物质支撑和绿色经济的组成部分，生物产业也不例外。

当前，世界新一轮科技革命和产业变革与我国加快转变经济发展方式形成历史性交汇。在 2018 年的两院院士大会上，习近平总书记指出，我们"既面临着千载难逢的历史机遇，又面临着差距拉大的严峻挑战。我们必须清醒认识到，有的历史性交汇期可能产生同频共振，有的历史性交汇期也可能擦肩而过"。*

十九大报告提出，我国经济已由高速增长阶段转向高质量发展阶段，在此时期，世界范围内的科技和产业变革正在加速演进，其中生物技术发展日新月异、突飞猛进，正不断刷新在医学、农业、工业、环境、能源等领域的应用场景，孕育建立以生物技术产品的生产、分配、使用为基础的生物经济，有望接棒成为下一个最有可能的新经济形态。

作为 21 世纪创新最为活跃、影响最为深远的新兴产业，生物经济正加速成为我国重要的新经济形态。我国《"十三五"国家战略性新兴产业发展规划》中把生物经济列入我国"十三五"战略性五大新兴产业发展规划目标之一，提出"将生物经济加速打造成为继信息经济后的重要新经济形态"的新目标，并且确定了详细的行动路线，确立了"七大方向、六大工程、三大平台"发展目标。到 2018 年年底，全国 168 个高新区将生物医药产业列为第一产业的超过 50 个，全国各地掀起了生物医药产业发展热潮。截至 2018 年年底，包括生物

---

* 引自 http://rencai.people.com.cn/n1/2018/0529/c244801-30019627.html

医药在内的全国生命健康领域企业数量突破 192 万家，中国生物医药产业在此宏观趋势下正迎来前所未有的创新时代。

随着精准医疗战略、仿制药一致性评价、药品上市持有人制度、CFDA 加入人用药品注册技术国际协调会（ICH）、36 条（《关于深化审评审批制度改革鼓励药品医疗器械创新的意见》）等重磅政策的推出，我国生物产业正经历一场从中国制造到中国创造、从仿制到创新的涅槃之路，在基础研究领域取得了重大原创性成果，突破一批核心关键技术，并培育出一批具有重大创新能力的企业，基本形成较完整的生物技术创新体系，生物技术产业初具规模，国际竞争力大幅提升。到 2022 年，实现生物技术产业规模翻番，达到 1.9 万亿元的新高度。

 一、生物医药

生物医药产业有广义和狭义两种概念。广义的"生物医药"是指将现代生物技术与各种形式的新药研发、生产相结合，以及与各种疾病的诊断、预防和治疗相结合的高技术产业，即"现代生物技术与新医药"。狭义的"生物医药"是指人们运用现代生物技术生产的用于人类疾病预防、诊断、治疗的医药产品，包括基因工程药物、基因工程疫苗、新型疫苗、诊断试剂（盒）、微生态制剂、血液制品及代用品等。

中国生物医药产业从 20 世纪 80 年代开始发展，在 1993 年取得了第一个突破，"十一五"期间我国逐步形成了长、珠江三角洲和京津冀地区 3 个综合性生物产业基地，到"十三五"国家已将生物医药行业作为国民经济的支柱产业大力发展。

生物医药行业已经成为中国一个具有极强生命力和成长性的新兴产业，也是医药行业中最具投资价值的子行业之一。随着行业整体技术水平的提升及整个医药行业的快速发展，生物医药行业仍具备较大的发展空间。

生物医药行业的发达程度对一个国家的发展影响较大，但同时生物医药与高科技行业一样技术要求高，前期投入大，产品开发周期长，但投资回报相当可观，新药品投入市场后，2～3 年投资方就可收回全部投资。所以，生物医药

第四章　生物产业

行业不仅市场准入标准非常高，各个环节都受到国家法律的严格监管。

（一）市场规模进一步扩大，产业进入跃升时期

从整体上看，近年来我国医药产业整体形势稳中向好，市场规模呈现出逐年增长的变化态势，但增速呈现出逐年递减的趋势。2017 年，中国规模以上制药工业企业实现主营业务收入 29 826.0 亿元，同比增长 12.2%（图 4-1），高于全国工业增速 5.6 个百分点，较上年提高 2.3 个百分点，增速重新恢复两位数。

2018 年 1～11 月，我国规模以上制药工业企业主营业务收入 25 840.0 亿元，同比增长 12.7%，增幅比全国平均值高 4.2 个百分点；实现利润 3 364.5 亿元，同比增长 10.9%，行业利润增速有所放缓。据预计，2018 年全年我国规模以上制药工业企业主营业务收入将超过 3 万亿元。改革开放 40 年来，生物医药行业实现跨越式发展，行业规模增长了 400 多倍。促进主营收入增速提高的主要因素有：在日益增长的健康需求的作用下，医疗机构、零售药店等药品终端购药金额稳定增加，增速高于上年同期；主要受原料药价格提高的推动，化学药品原料药制造收入增幅较大。各子行业增速不均，除医疗仪器设备及器械制造出现下降外，其他都有增长。目前，中国已经成长为世界第一大原料生产国和世界第二大医药消费国。而行业利润的下降主要有以下几个原因：从政策上来看，药品监督管理、医疗改革、产业发展及财税环保等各项政策持续调

图 4-1 　2014～2018 年（1～11 月）医药工业规模以上企业实现主营业务收入及利润情况

数据来源：国家统计局

整，覆盖了医药研发和生产、流通、医疗、医保各个领域，特别是药监制度改革并加快了与国际标准接轨，力度前所未有，同时国务院机构改革、中美贸易摩擦、"4＋7"带量采购等深刻影响着行业发展格局。

具体到生物医药方面，经历了 2017 年生物医药产业增速的急剧放缓之后，2018 年生物医药产业市场规模增速略有回升（图 4-2）。前瞻产业研究院发布的《中国生物医药行业市场前瞻与投资战略规划分析报告》统计数据显示，2012～2017 年我国生物医药行业市场规模呈不断上涨趋势，增速平稳但有缓慢下降的趋势。其中，2012 年我国生物医药行业市场规模已达 1 775.43 亿元。2016 年我国生物医药行业市场规模突破 3 000 亿元。截至 2017 年，我国生物医药行业市场规模增长至 3 417.19 亿元，同比增长 3.57%。2018 年我国生物医药行业市场规模超过 3 500 亿元，同比增速较 2017 年略有提升，达到 4.00%。

图 4-2 2012～2018 年我国生物医药行业市场规模统计及增长情况

数据来源：《中国生物医药行业市场前瞻与投资战略规划分析报告》

（二）重磅政策影响行业格局

2018 年，我国出台了一系列与生物医药产业产生直接或间接影响的政策，从研发创新、成果转化、加工制造、商贸流通等各环节缓解两票制、带量采购等政策所带来的行业压力，增厚企业利润，进而推动生物医药企业产业链价值格局的重构。

在推动创新药物研发方面，我国陆续出台了药品试验数据保护制度、《接受药品境外临床试验数据的技术指导原则的通告》、临床试验申请到期默认制等政策（表 4-1）。2018 年 4 月 26 日，国家药品监督管理局公布《药品试验数据保护实施办法（暂行）（征求意见稿）》，办法对于创新药、罕见病和儿童专用药给予一定期限的数据保护期，突破性地拓展了创新药和专用药的数据保护时间和范围。作为与药品专利保护完全不同的知识产权保护体系，这一鼓励创新的后继保护措施对于支持医药研发和技术转化具有十分重要的意义。7 月 10 日，国家药品监督管理局发布了《关于发布接受药品境外临床试验数据的技术指导原则的通告》（2018 年第 52 号）（以下简称为《通告》），明确境外临床试验数据可用于在中国的药品注册申报，国外新药进入中国的速度将越来越快。7 月 27 日，国家药品监督管理局发布《关于调整药物临床试验审评审批程序的公告》，标志着我国临床试验由"批准制"改为"默认制"。在"批准制"情况下，我国药品临床试验的平均启动时间为 14～20 个月，"默认制"的实施则意味着我国临床试验申请自申请受理并缴费之日起 60 日内，申请人未收到国家药品监督管理局药品审评中心（CDE）否定或质疑意见的，即可开展临床试验，此举将大大提升国内创新药物临床开发进程。

表 4-1　2018 年对生物医药产业有影响的重点政策概览

序号	政策文件名称	政策要点
1	《药品试验数据保护实施办法（暂行）（征求意见稿）》	对于创新药、罕见病和儿童专用药给予一定期限的数据保护期，突破性地拓展了创新药和专用药的数据保护时间和范围
2	《关于发布接受药品境外临床试验数据的技术指导原则的通告》（2018 年第 52 号）	明确境外临床试验数据可用于在中国的药品注册申报
3	《关于调整药物临床试验审评审批程序的公告》	在我国申报药物临床试验的，自申请受理并缴费之日起 60 日内，申请人未收到国家药品监督管理局药品审评中心（以下简称药审中心）否定或质疑意见的，可按照提交的方案开展药物临床试验
4	《接受药品境外临床试验数据的技术指导原则的通告》	对接受境外临床试验数据的适用范围、基本原则、完整性要求、数据提交的技术要求及接受程度均给予明确
5	《关于药品制剂所用原料药、药用辅料和药包材登记和关联审评审批有关事宜的公告（征求意见稿）》	明确药品制剂所用原料药、药用辅料和药包材关联审批工作
6	《关于修改〈关于改革完善并严格实施上市公司退市制度的若干意见〉的决定》	明确了上市公司构成涉及国家安全、公共安全、生产安全和公众健康安全等领域的重大违法行为的，证券交易所应当严格依法做出暂停、终止公司股票上市交易的决定的基本制度要求

序号	政策文件名称	政策要点
7	《关于征求境外已上市临床急需新药名单意见的通知》	对近年来美国、欧盟或日本批准上市新药进行了梳理，遴选出了 Alectinib Hydrochloride 等 48 个境外已上市临床急需新药名单，可提交或补交境外取得的全部研究资料和不存在人种差异的支持性材料，直接提出上市申请
8	《医疗器械不良事件监测和再评价管理办法》	明确提出医疗器械注册证书和医疗器械备案凭证持有人负有主体责任，境内销售的进口医疗器械的由境外持有人指定的代理人承担监测和再评价义务
9	《关于完善国家基本药物制度的意见》	从基本药物的遴选、生产、流通、使用、支付、监测等环节完善政策，全面带动药品供应保障体系建设，着力保障药品安全有效、价格合理、供应充分，缓解"看病贵"问题
10	《关于改革和完善疫苗管理体制的意见》	提出要采取强有力举措，严格市场准入，强化市场监管等；发挥国有企业和大型骨干企业的主导作用，加强疫苗研发创新、技术升级和质量管理
11	《新型抗肿瘤药物临床应用指导原则（2018年版）》	根据药物适应证、药物可及性和肿瘤治疗价值，将抗肿瘤药物分为普通使用级和限制使用级
12	《关于科技企业孵化器大学科技园和众创空间税收政策的通知》（财税〔2018〕120号）	三年内，符合条件的创新企业载体享受房产税、增值税等方面的免征优惠
13	《关于提高研究开发费用税前加计扣除比例的通知》（财税〔2018〕99号）	三年内，企业研发费用税前加计扣除比例提升 25 个百分点，激励企业研发创新，由科技型中小企业扩大至所有企业
14	《关于贯彻落实进一步扩大小型微利企业所得税优惠政策范围有关征管问题的公告》（国家税务总局公告 2018 年第 40 号）	年应纳税所得额在 50 万～100 万元符合条件的企业，成为新增的收益群体，减按 50% 计入应纳税所得额，按 20% 的税率缴纳企业所得税
15	《关于进一步扩大小型微利企业所得税优惠政策范围的通知》（财税〔2018〕77号）	
16	《关于企业委托境外研究开发费用税前加计扣除有关政策问题的通知》（财税〔2018〕64号）	委托境外研究开发费用税前加计扣除优惠政策
17	《关于调整增值税税率的通知》（财税〔2018〕32号）	生物医药制造业增值税税率降低 1 个百分点
18	《关于统一增值税小规模纳税人标准等若干增值税问题的公告》（国家税务总局公告 2018 年第 18 号）	增值税小规模纳税人标准上限上调为年应征增值税销售额 500 万元，符合条件的一般纳税人可转为小规模纳税人
19	《关于统一增值税小规模纳税人标准的通知》（财税〔2018〕33号）	科技人员的先进奖励减半计入"工资、薪金所得"
20	《关于科技人员取得植物科技成果转化现金奖励有关个人所得税政策的通知》（财税〔2018〕58号）	
21	《关于抗癌药品增值税政策的通知》（财税〔2018〕47号）	大幅降低抗癌药物增值税税率
22	《关于进一步落实好简政减税降负措施更好服务经济社会发展有关工作的通知》（税总发〔2018〕150号）	指导加强落实各项税收优惠政策

税收政策方面，2018 年是我国税务变革力度较大的一年，国家也在增值税税率调整、激励研发创新、小规模纳税人等方面出台了一系列税收扶持政策，这些税收政策对生物医药企业市场行为和绩效将产生一定的影响，进而逐步推动生物医药产业的市场格局发生变化。例如，为了激励企业研发创新，2018 年 9 月，财政部发布了《关于提高研究开发费用税前加计扣除比例的通知》，明确规定企业开展研发活动中实际发生的费用，未形成无形资产计入当期损益的，在按规定据实扣除的基础上，在 2018 年 1 月 1 日至 2020 年 12 月 31 日期间，再按照发生额的 75% 在税前加计扣除；形成无形资产的，在上述期间按照无形资产成本的 175% 在税前摊销。同时，该政策将享受对象由科技型中小企业扩大至所有企业。此外，2018 年 6 月，国家取消了"2015 年起执行的'财税〔2015〕119 号'文件第二条第一款第三项，企业委托境外机构或个人进行研发活动所发生的费用，不得加计扣除"这一限制条款，出台了《关于企业委托境外研究开发费用税前加计扣除有关政策问题的通知》（财税〔2018〕64 号），委托境外进行研发活动所发生的费用，按照费用实际发生额的 80% 计入委托方的委托境外研发费用。委托境外研发费用不超过境内符合条件的研发费用三分之二的部分，可以按规定在企业所得税前加计扣除。委托境外研发活动不包括委托境外个人进行的研发活动。

　　此外，为促进科技成果转化，我国相关税收优惠政策从增值税、个人所得税、企业所得税等多个层面协同并举。部分政策将技术成果限定为生物医药新品种、植物新品种、专利技术等 6 种类型。伴随着一系列科技成果转化税收支持政策及上市许可持有人制度等政策的组合实施，对生物医药产业科技成果转化率的提升、拓宽技术成果交易路径将产生一定的积极影响。例如，根据《关于科技企业孵化器大学科技园和众创空间税收政策的通知》（财税〔2018〕120 号），自 2019～2021 年，对国家级、省级科技企业孵化器、大学科技园和国家备案众创空间向在孵对象提供孵化服务取得的收入，免征增值税。此外，根据《关于完善股权激励和技术入股有关所得税政策的通知》（财税〔2016〕101 号），企业及个人以技术成果投资入股递延缴纳所得税，即投资入股当期可暂不纳税，允许递延至转让股权时，按股权转让收入减去技术成果原值和合理税费后的差额计算缴纳所得税。其中，技术成果是指专利技术、植物新品种、生物医药新品种等 6 种类型。

国家政策的重磅加持，未来生物医药行业将保持增长的趋势，《"十三五"生物产业发展规划》中明确指出到 2020 年，实现医药工业销售收入 4.5 万亿元，增加值占全国工业增加值的 3.6%。

（三）药企并购融资速度加快

进入 2018 年后，全球生物医药领域重磅交易频频，掀起了一波并购热潮。根据科睿唯安数据，2018 年全球生物医药行业共发生了 269 起并购（含药物、药物输送技术、CRO 及临床试验服务，但不含医疗设备、诊断、研究工具、动物健康和医疗保险），略低于 2017 年的 300 例，其中不乏百亿美元级别的收购案。例如，武田制药以 460 亿英镑（约合人民币 4 050 亿元，620 亿美元）的价格收购爱尔兰制药巨头夏尔（Shire）（表 4-2）。但是，总体交易额达到了 1 630 亿美元，较 2017 年 1 360 亿美元增长了约 20%。

表 4-2　2018 年全球生物医药领域重要并购案例

交易时间	收购方	被收购方	收购价
1 月 6 日	武田制药（Takeda）	TiGenix	6.3 亿美元
1 月 7 日	新基制药（Celgene）	Impact Biomedicines	70 亿美元
1 月 22 日	赛诺菲（Sanofi）	Bioverativ	116 亿美元
1 月 22 日	新基制药（Celgene）	Juno Therapeutics	90 亿美元
1 月 29 日	赛诺菲（Sanofi）	Ablynx	39 亿欧元
1 月 31 日	西雅图遗传学（Seattle Genetics）	Cascadian Therapeutics	6.14 亿美元
3 月 27 日	葛兰素史克（GSK）	诺华消费者医疗合资企业 36.5% 股份	130 亿美元
4 月 6 日	罗氏（Roche）	Flatiron Health	19 亿美元
4 月 9 日	诺华（Novartis）	AveXis	87 亿美元
4 月 11 日	Alexion	Wilson Therapeutics	8.55 亿美元
4 月 16 日	施维雅（Servier）	Shire 肿瘤业务单元	24 亿美元
4 月 17 日	Advent International	赛诺菲欧洲仿制药业务 Zentiva	19.2 亿欧元
4 月 19 日	宝洁（P&G）	默克消费者保健业务	42 亿美元
5 月 2 日	强生旗下公司杨森（Janssen Biotech）	BeneVirBiopharm	10 亿美元
5 月 8 日	武田制药（Takeda）	Shire	460 亿英镑（约合 620 亿美元）
5 月 10 日	礼来（ELi Lilly）	ARMO BioSciences	16 亿美元
5 月 15 日	礼来（ELi Lilly）	AurKa Pharma	5.76 亿美元
6 月 8 日	强生旗下 Ethicon 高级灭菌产品事业部（ASP）	Fortive Corporation	28 亿美元

续表

交易时间	收购方	被收购方	收购价
6月14日	强生旗下糖尿病业务（LifeScan）	私募股权公司 Platinum Equity	21 亿美元
6月20日	罗氏（Roche）	Foundation Medicine	24 亿美元
6月29日	亚马逊（Amazon）	PillPack	10 亿美元
10月18日	诺华（Novartis）	Endocyte	21 亿美元
11月2日	亿明达（Illumina）	Pacific Biosciences	12 亿美元

数据来源：根据公开资料整理

受国际大环境持续火热的局面影响，以及我国生物技术升级、诸多利好政策出台，我国生物医药产业资本市场的并购融资也不断升温。截至 2018 年 10 月，我国医疗保健行业完成并购交易量 357 起，总规模超过 1 200 亿元，并购规模同比增加了近 20%。在总共的 357 起并购交易中，其中又以生物医药领域表现最为突出，投资事件数超 240 起，数量约占医疗保健全行业的 3/5。可见，今年以来我国生物医药企业并购融资速度不断加快，生物医药行业备受青睐。在创新药研发领域中，机构聚焦于利用现代生物技术进行新型抗肿瘤药物、疗法及孤儿药等开发的趋势愈加明显。

（四）生物医药产业呈现集群式发展

我国医药工业产业稳步增长，增长率预计为 5 年来新高，这与目前我国生物医药集群化发展密不可分。生物医药产业有着天然形成区域集群发展的基因。《2018 年中国生物医药产业园区发展现状分析报告》显示，我国生物医药产业布局呈现出地理选择性，产业布局主要集中在自然资源丰富、科技水平高、人才聚集度高的地区。我国生物医药产业起初主要集中在北京、上海和珠三角地区，由于其经济水平较高、研发创新能力较强、投融资环境较好，吸引了众多生物医药企业聚集形成产业园区。随着我国生物医药产业的稳步发展，长沙、成都等内地省会城市及东北地区生物医药产业也先后步入了成长期。截至 2018 年底，我国生物医药产业形成了以北京、上海为核心，以珠三角、东北地区为重点，中西部地区点状发展的空间格局，形成了环渤海、长三角、珠三角、川渝等生物产业主要集聚区。

就区域生物医药产业发展主要成果看，2018年环渤海集群京津冀企业数量快速发展，其中石家庄2018年新增企业3 915家，占京津冀地区整体的13.85%。与此同时，长三角生物医药企业高速增长，源头创新、规模化服务不断增强。珠三角集群生物医药产业企业增加量位列全国第一。生物医药正在成为区域经济发展的新引擎。

（五）国产创新药取得突破性发展

2018年，我国生物医药领域获得了突破性的发展，中国创新药产业开始爆发。2018年全年已有艾博卫泰、安罗替尼、硫培非格司亭、丹诺瑞韦、马来酸吡咯替尼、呋喹替尼、特瑞普利单抗、罗沙司他和信迪利单抗9个重磅国产新药获批上市（表4-3）。其中，2款新药在中国属于首发上市：呋喹替尼作为境内外均未上市的创新药在中国首次上市，为转移性结直肠癌患者提供了新的治疗途径；治疗肾性贫血新药罗沙司他获批上市，这款新药是由珐博进（FibroGen）研发的一款首创（first-in-class）新药，目前尚未在其他任何国家上市。抗肿瘤方面，三款酪氨酸激酶抑制剂上市，恒瑞乳腺癌新药马来酸吡咯替尼凭Ⅱ期临床获批上市，被认为是中国自主研发创新药物优先审评审批的典范之一。肺癌靶向药安罗替尼，为中国晚期非小细胞肺癌患者三线治疗提供了一种有效的全新治疗手段。抗感染病方面，今年我们见证了首个国产抗艾滋病新药艾博卫泰获批上市；首个国产丙肝新药戈诺卫上市。

表4-3 2018年国内获批上市的国产创新药（优先审评）

药物名称	商品名	靶点机制	适应证	公司	批准时间
艾博卫泰	艾可宁	长效gp41抑制剂	HIV	前沿生物药业（南京）股份有限公司	5月23日
丹诺瑞韦	戈诺卫	NS3/4A蛋白酶抑制剂	丙型肝炎	歌礼药业（浙江）有限公司	6月11日
安罗替尼	福可维	VEGFR抑制剂	晚期肺癌	正大天晴药业集团股份有限公司	5月8日
硫培非格司亭	艾多	peg-G-CSF	中性粒细胞减少症	江苏恒瑞医药股份有限公司	5月8日
呋喹替尼	爱优特	VEGFR抑制剂	转移性结直肠癌	和记黄埔医药（上海）有限公司	9月4日
马来酸吡咯替尼	艾瑞妮	HER1/HER2抑制剂	乳腺癌	江苏恒瑞医药股份有限公司	8月14日

续表

药物名称	商品名	靶点机制	适应证	公司	批准时间
特瑞普利单抗	拓益	PD-1	黑色素瘤	上海君实生物医药科技股份有限公司	12 月 17 日
罗沙司他	爱瑞卓	HIF-PH 抑制剂	肾性贫血	珐博进（中国）医药技术开发有限公司	12 月 17 日
信迪利单抗	达伯舒	PD-1	经典型霍奇金淋巴瘤（cHL）	信达生物制药（苏州）有限公司	12 月 27 日

数据来源：CDE 公开数据整理

国产新药集中式的获批上市，一方面得益于，2017 年 10 月中共中央办公厅、国务院办公厅印发的《关于深化审评审批制度改革鼓励药品医疗器械创新的意见》，缩短了新药临床试验审批流程。2018 年 7 月，国家药品监督管理局又对药物临床试验审评审批做出调整：自申请受理并缴费之日起 60 日内，申请人未收到国家药品监督管理局药品审评中心否定或质疑意见的，可按照提交的方案开展试验。另一方面，我国生物医药公司长期积累的技术经验有助于新药研发效率的提升，促使我国国产新药申请数量的增长。

此外，我国国产新药临床申请（IND）申报数量在 2003～2012 年的十年仅维持在每年 30 个左右，到 2012 年国产新药临床申请数量为 33 个。2012 年之后我国国产新药 IND 申报数量开始呈现加速增长，到 2017 年国产新药临床申请数量增长至 131 个，相比 2016 年提升了 46%，到 2018 年国产新药临床申请再度大幅攀升，达到 224 个，相比 2017 年提升了 71%。短短三年时间，我国国产新药临床申请平均增幅逼近 60%。从新药 IND 的数量来看，以江苏恒瑞医药股份有限公司 IND 占比为例，2017 年，江苏恒瑞医药股份有限公司 IND 占国内的比例为 10%，而 2018 年比例为 4%。2017～2018 年江苏恒瑞医药股份有限公司进入研发加速期的同时，国内众多生物医药公司同样发展迅速。整体规模的加速发展也有助于我国生物医药领域在全球化的竞争中获取更有优势的竞争地位。

二、生物农业

农业是经济发展、社会安定、国家自立的基础。我国是农业大国，现代农业产业的健康发展和农产品的充足供给对人民生活的改善和社会的协调进步具有重要影响。2018 年中央一号文件《中共中央国务院关于实施乡村振兴战略的意见》提出了"乡村振兴"的战略目标，明确提出"提升农业发展质量，培育乡村发展新动能"的发展目标。农业生物科技的发展将为乡村振兴战略带来强有力的科技支撑，赋予现代农业发展以新的动能。

生物农业是将各种新型生物技术应用于农业领域而产生的新型品种和生物制品。具体来看，生物农业可运用基因工程、发酵工程、酶工程、蛋白质工程、细胞工程、胚胎工程和分子育种等现代生物技术手段，培育动植物新品种，生产安全、优质、高效的绿色农产品，研制性能高效、安全的农业用品。根据生物技术所应用的不同领域，我国生物农业包括生物育种、生物肥料、生物农药、兽用生物制品等 4 个领域。

2018 年，中国农业科技的自主创新能力进一步提高，原始创新和基础研究方面涌现了一批重大新品种和新技术，一些设施技术在改变农业生产方式方面发挥了关键作用，农业科技成果转化进一步加快，围绕农业生产中的关键问题进行推广，创新推广转化模式机制效果明显。基于农业科技的创新成果，本文从主要农作物分子育种、种质资源、植物保护与病虫害防治、动物遗传育种、畜禽疾病防治、园艺科学、分子生物技术、耕作栽培与农业机械化、农产品加工及储藏、农业环境与可持续作物生物育种等方面进行统计与论述。

目前全球生物农业的发展开始进入大规模产业化阶段，我国的生物农业发展与全球发展基本同步，但发展进度略慢，整体发展正处于成长阶段，参与公司数量较多，但大部分公司规模普遍偏小。

（一）生物育种

生物育种是指运用生物学技术原理，培育生物品种的过程。其通常包括杂交育种、诱变育种、单倍体育种、多倍体育种、细胞工程育种、基因工程育种等多种技术手段和方法。目前，育种研究已经从传统育种转向依靠生物技术育种阶段。生物育种是目前发展最快、应用最广的一个领域。我国是一个人口大国，相应也是粮食消费大国，但干旱、洪涝及病虫害等问题严重威胁着粮食安全。因此，生物育种技术是提高作物抵御病虫灾害能力、确保粮食产量的有效途径，是推动现代农业科技创新、产业发展和环境保护等的有效手段。

1. 国家政策导向聚焦行业市场化改革和提质增效两个领域

种业是我国战略性核心产业，是保障国家粮食安全的根本。对于种业发展，近些年来，政府高层频发的文件力度之大史无前例（表4-4）。早在 2011 年，国务院就印发了《关于加快推进现代农作物种业发展的意见》，2013 年，国务院办公厅印发了《关于深化种业体制改革提高创新能力的意见》。

表 4-4　2018 年以来对种业产业具有重大影响力的政策／事件及其影响

时间	政策／事件	影响
2018 年 1 月	《中共中央国务院关于实施乡村振兴战略的意见》颁布	属于纲领性文件，为我国估计农业发展指明了方向，具有指导意义
2018 年 1 月	《2018 年种植业种植重点》发布	结构调整、提质增效是 2018 年工作重点
2018 年 2 月	2018 年稻谷最低收购价格公布	主粮市场改革持续推进，价补分离有望让粮价逐步走向市场化
2018 年 4 月	习近平主席考察国家南繁科研育种基地	明确了种业的重要战略地位，行业提质增效的抓手为品种
2018 年 5 月	《乡村振兴战略规划（2018—2022 年）》和《关于打赢脱贫攻坚战三年行动的指导意见》审议通过	农业发展阶段性目标方向划定，显示出国家对农业产业发展的高度重视
2018 年 7 月	财政部、农业农村部、中国银行保险监督管理委员会日前联合下发《关于将三大粮食作物制种纳入中央财政农业保险保险费补贴目录有关事项的通知》	将水稻、玉米、小麦三大粮食作物制种纳入中央财政农业保险保险费补贴目录。从风险保障层面扶持制种产业

时间	政策/事件	影响
2018 年 7 月	农业农村部发布《农业绿色发展技术导则（2018—2030 年）》	选育和推广一批高效优质多抗的农作物、牧草和畜禽水产新品种，显著提高农产品的生产效率和优质化率。研发一批绿色高效的功能性肥料、生物肥料、新型土壤调理剂，低风险农药、施药助剂和理化诱控等绿色防控品，绿色高效饲料添加剂、低毒低耐药性兽药、高效安全疫苗等新型产品，突破我国农业生产中减量、安全、高效等方面的瓶颈问题。创制一批节能低耗智能机械装备，提升农业生产过程信息化、机械化、智能化水平。肥料、饲料、农药等投入品的有效利用率显著提高
2018 年 11 月	国家公布 2019 年小麦最低收购价	粮食市场化改革持续推进，"价补分离"有望让粮价逐步走向市场化
2019 年 2 月	《中共中央 国务院关于坚持农业农村优先发展做好"三农"工作的若干意见》	农业、农村优先发展，提高行业经营质量

2014 年也被确认为种业改革年，在国家政策的支持下，我国开始实行农业供给侧改革，先后出台了新版《主要农作物品种审定办法》《国家级水稻玉米品种审定绿色通道试验指南（试行）》《全国种植业结构调整规划（2016—2020 年）》等相关政策文件，同时国家也逐步取消玉米、大豆和棉花临时收储政策并逐步降低小麦、稻谷最低收购价格，政策导向市场化趋势不断增强，特别是 2019 年中央一号文件，再次强调要持续推行农业供给侧改革，通过市场化的方式完成行业供给侧改革和实现行业的高质量发展，我国传统种业向现代种业实现了新跨越。

2. 种子行业集中度进一步提高

种业是农业产业链的源头，是国家战略性、基础性核心产业，在保障国家粮食安全和农业产业安全上发挥着不可替代的作用。自 2011 年以来，国家对种业的重视达到了一个新的高度，随着国家对种业发展各项政策措施的推进，种子市场监管力度不断加强，种业发展环境更加优化，促进了种业快速发展。但长期以来我国的种业体制格局是在政府主导下形成的，大田作物由科研机构、院校负责研发、选育，国有种子公司进行种子生产经营，各级乡镇推广机构负责分销；经济作物种子的研发、生产、经营的单位较多，主要以科研机构、国有种子公司、私人种子公司、外国种子公司为主。《中华人民共和国种子法》实施后，国内种子企业发展迅速，企业的市场主体地位日渐突出。但是面对现代生物技术的快速发展和跨国种子企业竞争，我国种业的竞争力要素优劣并存，种业发展面临机遇和挑战。有数据显示，目前我国共有农作物种子企业 5 900 多家，市场价值超过 1 000 亿元。

世界发达国家的种子行业已发展成及科研、生产、加工、销售、技术服务于一体，相当完善的可持续发展产业体系，少数几家大型种子集团垄断了世界种子行业的大部分市场。

相较于发达国家，我国种业仍处于初级阶段，企业数量和规模虽明显改善，但是市场力量仍以中小企业为主。《中国种业报告》数据显示，截至 2016 年年末，我国持有经营许可证的企业数量为 4 316 家，较 2010 年减少 4 384 家；全国种子企业资产总额达到 1 867.6 亿元，资产总额达到 1 亿元以上的仅 373 家，占比 8.6%。此外，据全国农业技术推广服务中心的数据，2017 年种业排名前十（CR10）企业市场占有率为 18%，按作物分，水稻集中度较高，其中杂交稻为 37.46%，常规稻为 33.92%，但是和美国等发达国家 70%～90% 的市场占有率水平相比仍有待提高（图 4-3）。

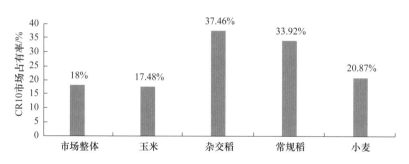

图 4-3　2017 年我国种业市场 CR10 企业占有率情况（按数量）

数据来源：全国农业技术推广服务中心

对于我国种业来说，首先，我国种子行业处于供过于求状态，在城镇化和工业化快速发展的背景下，下游种植面积面临下滑压力，同时随着制种技术不断改进带来单位用种量的下降，种业面临销量增长瓶颈。另外，随着行业市场化改革的持续推进，下游盈利提升受阻，种业产品价格提升面临较大的市场压力。基于在销量增长和价格提升层面均面临较大的市场压力，我国种业已面临自然增长瓶颈。因此，从行业自身发展诉求和国家产业政策导向来看，整合将成为我国种业发展必经之路，未来由整合带来的行业集中度提升有望成为我国种业突破当前行业瓶颈和提升行业经营效益的主要手段（图4-4）。

落实到上市公司层面，2017 年，隆平高科水稻国审品种数为 65 个，位居全国第一，占全国的比例为 36.5%；2017 年，登海种业玉米国审品种数为 21 个，位居全国第一，占全国的比例为 11.80%（图 4-5、图 4-6）。

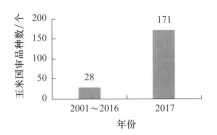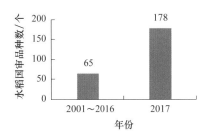

图 4-4 2001～2017 年我国玉米和水稻国审品种数量情况

数据来源：Wind，国元证券研究中心

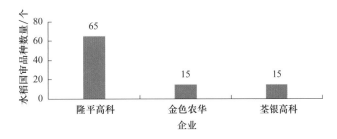

图 4-5 2017 年水稻国审品种数量的企业分布情况

数据来源：Wind，国元证券研究中心

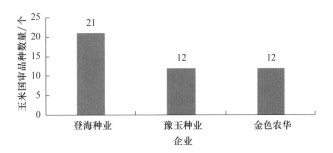

图 4-6 2017 年玉米国审品种数量的企业分布情况

数据来源：Wind，国元证券研究中心

3. 生物育种重要科技成果井喷

在生物育种自主创新能力方面，近年来我国取得了一系列重要成果，尤其是 2018 年以来，我国在玉米、水稻、大豆等主要农作物的生物育种方面取得了多项重大成果。据农业农村部副部长张桃林在"2019 中国种子大会"上的介绍，2018 年，我国品种权申请量 4 854 件，位居世界第一。截至目前，全国选育农作物品种 4 万多个，申请职务新品种保护达到了 2.7 万个，受权品种超过了 1.1 万个，实现了中国粮主要用中国种。以矮化育种、杂种优势利用等为代表的突破，给农业带来了革命性变化，推动了农业主导品种的更新换代，良种覆盖率保持在 96% 以上。

在玉米育种方面，2018 年 7 月中国农业大学赖锦盛教授课题组宣布在玉米杂种优势机理方面取得重要进展[434]。该研究利用第三代测序技术（PacBio 单分子测序技术）和 BioNano 映射技术组装了高质量的玉米 Mo17 基因组，发现在染色体上的基因排列顺序上至少有 10% 的基因存在非共线性现象，同时基因组结构变异上至少 20% 的基因存在有可能导致蛋白编码功能改变的重要序列突变。

在水稻育种方面，2018 年 2 月中国科学院遗传与发育生物学研究所傅向东研究员课题组宣布发现了一个可以让稻米品质和产量"协同提高"的关键基因[435]，厘清了植物细胞 G 蛋白信号转导途径调控种子大小作用的全新分子机制，应用到新品种水稻培育中，有望让水稻好吃又高产。2018 年 4 月，我国杂交水稻国家重点实验室何光存课题组宣布在水稻抗褐飞虱研究方面取得重要进展[436]。该项研究从水稻农家品种中鉴定和定位了抗稻飞虱基因 *Bph6*，并应用图位克隆法成功分离了该基因。研究发现 *Bph6* 编码一种新的蛋白 BPH6，该蛋白与胞泌复合体亚基 Exo70E1 相互作用，调控水稻细胞的分泌，BPH6 能保持水稻细

434 Silong S, Yingsi Z, Jian C , et al. Extensive intraspecific gene order and gene structural variations between Mo17 and other maize genomes. Nature Genetics, 2018, 50: 1289-1295.

435 Sun S, Wang L, Mao H, et al. A G-protein pathway determines grain size in rice. Nature Communications, 2018, 9(1): 851.

436 Guo J, Xu C,Wu D, et al. Bph6 encodes an exocyst-localized protein and confers broad resistance to planthoppers in rice. Nature Genetic. 2018, 50 (2): 297-306.

胞壁的稳定，阻碍褐飞虱取食。通过多年的杂交和回交，该课题组已经将 *Bph6* 从农家种转育到高产优质水稻品种中，抗稻飞虱效果显著。相关成果近期已在 *Nature Genetics* 杂志上发表。此外，2018 年 10 月 29 日，"杂交水稻之父"袁隆平及其团队培育的超级杂交稻品种'湘两优 900（超优千号）'经第三方专家测产，该品种的水稻在试验田内亩产 1 203.36kg，再次创造了新的亩产世界纪录。

在大豆育种方面，2018 年 7 月，中国科学院遗传与发育生物学研究所联合中国科学技术大学、江苏省农业科学院种质资源与生物技术研究所和北京贝瑞和康生物技术有限公司等研究团队发布了新中国大豆基因组，可促进大豆优良品种改良[437]。该研究综合运用单分子实时测序（SMRT）、单分子光学图谱（optical mapping）和高通量染色体构象捕获技术（Hi-C），成功组装了中国大豆'中黄 13 号'（Gmax_ZH13）新的大豆基因组。通过综合分析，在新基因组中共注释了 36 429 个转座因子和 52 051 个蛋白质编码基因。据悉，该基因组将能够促进豆科植物基因组学的研究和未来大豆作物的改良。

4. 生物育种市场潜力大

生物育种是一个高回报的行业，据业内人士估测，产品利润率为 30%～60%。同时，中国是世界最大的农业生产国，也是最大的种子需求国之一，根据全国农业技术推广服务中心数据，每年种子总用量约为 125 亿 kg，其中商品化种子约 60 亿 kg，市场总规模超过 500 亿元，占世界种子市场规模的 21%。

我国是传统农业大国，在发展生物育种领域，我国素来具备较丰富的生物资源和较明显的市场优势。据统计，目前我国拥有约 26 万种生物物种、12 800 种药用动植物资源及 32 万份农业种质资源，是世界生物物种最丰富的国家之一，具有发展生物育种独特的资源优势。

此外，我国拥有一支庞大的生物技术人才队伍，生物技术水平处于世界前列，生物育种技术与发达国家水平差距较小，而且我国拥有发展生物产业特别

---

437 Shen Y T, Liu J, Geng H Y, et al. *De novo* assembly of a Chinese soybean genome. Science China (Life Sciences), 2018, 61(8): 3-16.

是育种产业的广阔市场空间。目前我国的杂交育种技术已经走在了世界的前列，尤其是杂交水稻技术早已走出国门。迄今为止，全球已有 40 多个国家和地区引进中国的杂交水稻品种，特别是一些东南亚国家，当地引进中国杂交水稻品种之后，增产效益十分显著。此外，我国在转基因生物育种技术的研究和应用方面也取得了突破性的进展。

政策的红利、技术的进步及庞大的市场需求将极大地推动生物育种市场发展，预计到 2020 年我国将会成为继美国之后的第二大生物育种市场，且未来10 年内，中国生物育种领域的投资将持续保持较高的热情。

（二）生物农药

1. 行业产量增速下滑，价格上扬，利润上升，业绩、利润弹性加大

进入 2018 年后，在国家环保等政策趋紧的影响下，农药原药产量进一步下降。国家统计局的数据显示，2018 年 1～9 月中国化学农药原药行业产量为155.3 万 t，2017 年 1～9 月产量为 266.1 万 t。尽管产量仍然下滑，但业绩有很大的起色。全球农药市场在历经两年多的行业低迷后，去库存已基本完毕，行业进入新一轮补库周期，加上多年的环保高压政策与去产能的延续，为 2018年的结构调整与单价提升做了铺垫。进入 2018 年后行业境况似有变化，调整市场策略，走绿色创新路线，提高销售价格，行业大有起色。国内农药上市公司 2018 年前三季度报告就很好地说明了这一情况，据统计的 37 份报告中披露的数据来看，前三季度，30 家盈利，7 家亏损，27 家公司净利润同比增长，占比 73%，其中 5 家公司净利润增幅超 100%；净利润超过 1 亿元的有 23 家，占比 62%，净利润不足 0.5 亿元的有 11 家，占比 30%。2018 年以来农药行业上市公司的业绩较好，尽管在 37 家农药企业中有 7 家企业亏损，但从整体来看，销售收入、利润等报表数字还是不错的，这与农药结构调整、创新升级、价位提升是分不开的。东吴农化股份有限公司表示，业绩增长主要是因为报告期公司主导产品销量稳步增长，产品的市场价格始终保持在高价位状态，受到了产品销量和市场价格因素的影响。2018 年 8 月以来，杀虫剂、杀菌剂原药价格

大幅上涨，阿维菌素原药、氟虫腈原药、高效氯氟氰菊酯原药、联苯菊酯原药等上涨，咪鲜胺原药、三环唑原药、戊唑醇原药、烯酰吗啉原药、功夫酸等上涨，新安前三季度公司草甘膦原药和制剂出厂价格同比分别上涨了20.7%、13.7%，销量同比分别增长31.4%、21.6%。总体来看，全年行业整体向好，业绩利润弹性加大，行业绩效继续提升。

2. 农药国际化加快

2018年以来，"一带一路"促进了我国农药国际化，尽管有中美贸易战的影响，但我国农药出口增速加快。2018年是我国改革开放40周年，40年来的改革开放，加快了我国农药国际化进程，加之全球农业发展与国内农药用量的减少等因素也推动了农药出口。中国海关数据显示："截止到2018年5月底，我国农药出口额达到32.46亿美元，同比2017年的24.40亿增长33.0%；农药出口量57.04万吨，同比2017年的57.16万吨，下降0.2%。其中，原药出口额达到18.27亿美元，同比2017年的13.68亿增长33.5%；农药出口量19.10万吨，同比2017年的20.26万吨，下降5.8%；其中，制剂出口额达到14.20亿美元，同比2017年的10.72亿增长32.4%；农药出口量37.95万吨，同比2017年的36.90万吨，增长2.8%"。这些数字表明2018年我国农药国际化成绩斐然，尽管有中美贸易战的影响及国际市场上的单边保护主义的侵蚀，但我国农药克服这些困扰的能力逐步增强，在国际市场特别是亚洲、北美等市场上的口碑越来越好，亚洲与北美两大市场占据出口额的半壁江山。在亚洲、北美尤其是土耳其、巴基斯坦等国家和地区我国农药出口尚有提升空间，但农药出口要搞清不同国家的用药需求，如巴基斯坦农药需求主要是棉花，要针对棉花用药去开拓市场，扩大出口；而土耳其对杀菌剂有较大需求，因此必须有的放矢，这对于2019年我国农药出口工作具有重要的意义。

3. 生物农药国家/行业标准制定取得较大进展

生物农药标准已取得较大进展，标准类别覆盖多领域，对提高生物农药产品整体质量，科学、规范生物农药登记管理政策和要求具有重要意义。但缺乏系统性，缺少规范检测技术、质量管理规范、评价准则、安全使用和贮藏运输等环节的通用标准。

到 2018 年年底，我国已制定生物农药标准超过 120 个，其中有 60 多项产品质量和方法标准；药效有近 30 项评价、使用技术规程等标准；毒理学有 6 项微生物毒理学试验准则（NY/T 2186.1—6-2012）；新发布 9 项环境标准，即微生物农药环境风险评价试验准则（鸟类、蜜蜂、家蚕、鱼类、溞类、藻类，NY/T 3152.1～6—2017）和微生物农药、土壤、水、植物叶面（NY/T 3278.1～3—2018）；还有 14 项残留标准。在《食品安全国家标准食品中农药最大残留限量》（GB 2763—2016）中规定了阿维菌素（abamectin）、春雷霉素（kasugamycin）、多抗霉素 B（polyoxin B）、多杀霉素（spinosad）、井冈霉素（jingangmycin A）、宁南霉素（ningnanmycin）、除虫菊素（pyrethrins）、苦参碱（matrine）、鱼藤酮（rotenone）、复硝酚钠（sodiumnitrophenolate）等生物农药的每日允许摄入量（ADI）和最大允许残留限量（MRL）。

此外，目前国际组织相关生物农药标准有 12 个，其中有 5 个 FAO/WHO 标准手册——微生物杀幼虫细菌 TK/WP/WG/WT/SC 规范（正在修订为 FAO/WHO 第 9 节微生物农药标准导则，其试用版计划在 2018 年底前发布），产品标准有 5 个 WHO 标准、2 个 FAO 标准。在 2018 年 FAO/WHO 农药标准联席会议上，虽然枯草芽孢杆菌（*Bacillus subtilis*）QST713TK/WP/SC 的 FAO/WHO 标准未通过，但在 2019 年将会继续讨论此标准，以及我国提出的甜菜夜蛾核型多角体病毒（Spodoptera exigua nucleopolyhedrovirus，SeNPV）TK/SC 的 FAO 标准，由此看到了国际生物农药标准的发展，我国的生物农药标准也在加速挺进国际领域。

4. 生物农药未来市场空间广阔

根据新华社报道，目前我国生物农药年产量达到近 30 万 t（包括原药和制剂），约占农药产量的 8%。生物农药防治覆盖率近 10%。这一数据反映了生物农药在农药市场上所占份额不高。价格、接受程度等因素仍在制约生物农药的推广。

发展生物农药有助于促进农业可持续发展、保障群众健康、保护生态环境。

更重要的是，发展生物农药还将有助于增强中国农产品的国际竞争力，为农产品出口创造十分有利的条件。科学选药用药、减少农药用量是绿色发展的要求。今后几年，随着残留高、毒性大的化学农药逐步退出农药市场，绿色、无残留的生物农药无疑是理想的替代品。世界上很多国家都投入大量资金研究和开发生物农药。中国是农业大国，生物农药必然有极为广阔的发展空间。

（三）生物肥料

生物肥料又称微生物肥料、接种剂或菌肥（bacterial manure）等，是指以微生物的生命活动为核心，使农作物获得特定的肥料效应的一类肥料制品。化学肥料的过量使用会对土壤造成有机质减少、土壤板结、耕地退化等问题。生物肥料不但能提高作物产量、改善作物品质，而且能提高土壤肥力、改善土壤生态，是对环境较为友好的肥料品种。

近十年来，我国粮食产量的连年增长伴随着化肥和农药的过量使用及土壤和生态环境的恶化，目前国内已经开始了化肥农药零增量行动，并鼓励使用有机肥和生物肥替代化肥，进而促进农业生产的绿色可持续发展。生物肥料在我国开发利用较早，其在改善作物品质、降低成本、提高产量、减少环境污染、改善土壤性质等方面具有重要作用。通过多年的研究积累，我国在固氮、分解土壤有机物质和难溶性矿物、抗病与刺激作物生长、根系共生菌等领域相继开发出微生物土壤接种剂、肥田灵复合生物肥、微生物叶面增效剂、解磷、溶磷、解钾、促生磷联合固氮细菌等一批生物肥料产品。其中固氮类生物肥料如根瘤菌是最重要的品种，其他种类的生物肥料生产数量和种类相对较少。

1. 政策升级，进一步扶持生物肥料市场

双重政策的利好将进一步驱动生物肥料产业的发展。一方面，环保政策约束不断强化。2015年农业部发布《关于打好农业面源污染防治攻坚战的实施意见》，提出了到2020年实现农业用水总量控制、化肥农药使用量减少、畜禽粪便秸秆地膜基本资源化利用的"一控两减三基本"的目标任务；2017年我国水稻、玉米、小麦三大粮食作物化肥利用率为37.8%，农药利用率为38.8%，化

肥农药零增长提前三年实现；2018 年 6 月，国务院印发的《打赢蓝天保卫战三年行动计划的通知》，明确要"减少化肥农药使用量，增加有机肥使用量，实现化肥农药使用量负增长"。化肥是重要的农业生产资料，是粮食的"粮食"。但目前存在化肥过量施用、盲目施用等问题，带来了成本的增加和环境的污染，急需改进施肥方式，提高肥料利用率，减少不合理投入，保障粮食等主要农产品有效供给，促进农业可持续发展。

另一方面，国家多次鼓励强调新技术研发，大力推动高效低耗农业的发展。例如，2012 年国务院发布《生物产业发展规划》，生物肥料被纳入到"农用生物制品发展行动计划"，2015 年中央一号文件明确提出大力推广生物肥料，生物肥料生产企业迎来了发展机会。2016 年 5 月，国务院印发的《土壤污染防治行动计划》提出，鼓励施有机肥、减施化肥，对畜禽规模养殖集中区鼓励农作物种植与畜禽粪便综合利用相结合。

2. 微生物肥料产品迎来井喷式增长

2018 年，生物肥料产品迎来爆发。截至 2018 年 10 月，我国累计登记微生物肥料 6 428 个，其中 3 610 个是 2018 年登记的，占比达到 56%（图 4-7）。目前，生物肥料主要包括微生物菌剂、生物有机肥、复合微生物肥料三大类。值得注意的是，近几年，每年新登记的微生物菌剂占比越来越大。越来越多的企业关注土壤修复和改良，纷纷生产微生物菌剂产品。微生物菌剂登记数量的爆发，和今年该类产品的火热相吻合。尽管生物有机肥和复合微生物肥料也处在

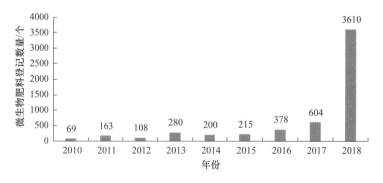

图 4-7　2010～2018 年新增微生物肥料登记数量统计

数据来源：安全生产监督管理局

快速增长中，但增速要稍低于微生物菌剂。在 2018 年新登记的 3 610 个微生物肥料中，有 1 766 个是微生物菌剂，占比达到 49%（图 4-8）。

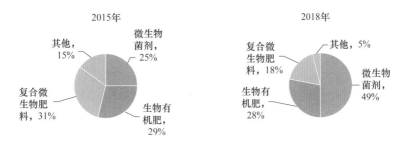

图 4-8 **2015 年和 2018 年生物肥料产品主要类别对比**

数据来源：安全生产监督管理局

3. 生物肥料产业快速稳定发展，产业规模不断壮大

与传统肥料相比，生物肥料在保护生态、农业废弃物资源利用、维护土壤健康、提高肥料利用率和农产品品质等方面具有优势。

2013～2018 年，我国生物肥料产业快速稳定发展，产业规模不断壮大，形成了三大特点：①产品种类多，共有 170 多种；②应用面积广，超过 2 亿亩；③生产规模大，产能已达 3 000 万 t，在新型肥料中年产量占比 70%。此外，我国生物肥料应用主要集中在三大区域：①南方水稻种植区域，应用面积达到 4 700 万亩，用量超过 10 万 t；②大中城市周边区域，该区域多为蔬菜、水果等经济价值较高的种植区域，应用微生物肥料可提高农产品品质，减少土传病害的发生，增加农产品的经济价值；③珠三角、长三角的污染耕地区域，正在探索应用微生物肥料抑制重金属、降低农药用量，保护生态环境的技术方法和措施。

截至 2018 年 10 月底，我国已有微生物肥料企业 2 050 家，产能达到 3 000 万 t，登记产品 6 428 个，产值 400 亿元，微生物肥料已经成为我国新型肥料中年产量最大、应用面积最广的品种。

4. 生物肥料市场未来潜力大

生物肥料作为重要的支农物资，直接关系到粮食增产、农民增收，始终得到国家政策的大力扶持。特别是近几年来，党中央、国务院及相关部委在一系列重要文件中，进一步明确指出要加快发展生物肥料行业，促进农业生态可持续发展，为我国生物肥料行业发展提供了极其良好的机遇。农村农业部制定《到 2020 年化肥使用量零增长行动方案》，明确要求实现肥料零增长限制政策，提倡大力发展生物菌肥。化肥是重要的农业生产资料，是粮食的"粮食"。但目前存在化肥过量施用、盲目施用等问题，带来了成本的增加和环境的污染，急需改进施肥方式，提高肥料利用率，减少不合理投入，保障粮食等主要农产品有效供给，促进农业可持续发展。2018 年我国生物菌肥市场规模约为 250 亿元，生物菌肥的大发展春天已经到来。深圳市中研普华管理咨询有限公司预计，2018～2023 年我国生物菌肥复合年均增长率约为 21%，2023 年市场规模会超过 650 亿元（图 4-9）。

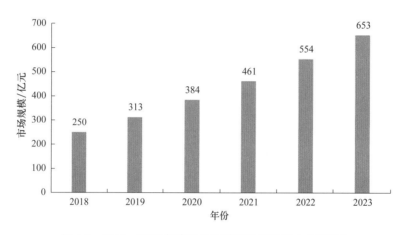

图 4-9　2018～2023 年我国生物菌肥市场规模（含预测）

数据来源：深圳市中研普华管理咨询有限公司

此外，2017 年农村农业部印发了《开展果菜茶有机肥替代化肥行动方案》，这就为化肥零增长行动提出了具体的实践做法。除了有机肥之外，生物菌肥在这两年越来越受到农民的欢迎，对于农资企业而言也意味着巨大商机。由于国家对生物菌肥的大力支持，大量企业进入生物菌肥行业，生物菌肥行业总资产迅速扩大。2018 年我国生物菌肥行业总资产约为 1 300 亿元，预计 2021 年总资产规模突破 2 000 亿元（图 4-10）。生物肥料的效果正在引起农资行业各个层面的高度关注，未来生物肥料将要迎来更大的发展，菌肥产业正在崛起，新产品、新技术备受期待。

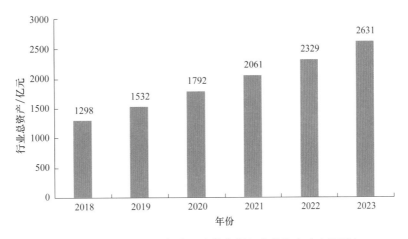

图 4-10　2018～2023 年我国生物菌肥行业总资产（含预测）

数据来源：深圳市中研普华管理咨询有限公司

（四）兽用生物制品

兽用生物制品是指利用天然或人工改造的微生物、寄生虫、生物毒素或生物组织及代谢产物等为材料，应用微生物学、寄生虫学、免疫学、遗传学、生物化学和生物工程等方法和技术，制成的菌苗、病毒疫苗、虫苗、类毒素、诊断制剂和抗血清等生物制剂，主要用于预防、诊断、治疗畜禽等动物特定传染病或其他有关的疾病。

1. 国家政策推动和市场需求改变

我国兽用生物制品行业发展起步较晚，但由于我国动物疫病病种多、病原复杂、流行范围广，并且随着畜牧业生产规模不断扩大，养殖密度不断增加，畜禽感染病原的机会日渐增多，兽用生物制品尤其是兽用疫苗在畜禽养殖中的重要性越发凸显。

与西方发达国家相比，我国兽用生物制品行业起步较晚，初期发展较为缓慢，直到 2000 年，随着我国国有企业体制改革，国家对重大动物疫病采取强制免疫政策，我国兽用生物制品行业才取得了突破性发展，迎来了行业快速发展的"黄金十年"（表 4-5）。根据中国兽药协会统计数据，2000～2017 年，我国兽用生物制品的行业市场规模由 10 亿元增长至 134 亿元，年均增速约高达

18%。国家实施强制免疫政策、政府统一采购招标苗对兽用生物制品行业市场规模的爆发式增长起到了强大的推动作用。目前，我国兽用生物制品按针对的疫病是否属于国家强制免疫，可以分为国家强制免疫兽用生物制品和非国家强制免疫兽用生物制品两类。2017 年国家强制免疫兽用生物制品的销售额为58.69 亿元，占兽用生物制品整体销售额的比例为 43.92%，2017 年非国家强制免疫兽用生物制品的销售额为 74.95 亿元，较 2016 年增长了 12.58 亿元，占兽用生物制品整体销售额的比例为 56.08%。

表 4-5 2016～2018 年我国强制免疫病种情况

年份	强制免疫病种	使用区域
2016	高致病性禽流感、口蹄疫、高致病性猪蓝耳病、猪瘟、小反刍兽疫	全国
	布鲁氏菌病、包虫病	布鲁氏菌病、包虫病重疫区
2017	H5 亚型高致病性禽流感、口蹄疫、小反刍兽疫	全国
	布鲁氏菌病	布鲁氏菌病一类地区，种畜禁止免疫；布鲁氏病二类地区，原则上禁止对牛、羊免疫
	包虫病	在包虫病流行区，对新补栏羊进行免疫
2018	高致病性禽流感、口蹄疫、小反刍兽疫	全国
	布鲁氏菌病	布鲁氏菌病一类地区，种畜禁止免疫；布鲁氏病二类地区，原则上禁止对牛、羊免疫
	包虫病	包虫病流行病区，对新生羔羊、补栏羊及时进行包虫病免疫

然而，随着兽用生物行业不断发展，以及畜牧业规模化养殖程度不断提高，政府招标苗存在的问题也逐渐显现，低价格、低质量、免疫效果不佳的政府招标苗已经不能满足现有的市场需求。相比之下，注重产品质量、技术含量高、免疫效果更好的市场苗的市场优势日益凸显，逐渐成为推动兽用生物制品行业发展的首要驱动因素。

2. 兽用生物制品行业规模大，非国家强制免疫兽用生物制品稳步增长

近几年来，由于国家加大防疫投入，实行强制免疫制度，促进我国兽用疫苗市场步入快速成长期。在 2004 年以前，列入国家强制免疫范围的动物疫病只有口蹄疫。从 2004 年开始，高致病性禽流感、高致病性猪蓝耳病、猪瘟、小反刍

兽疫等重大动物疫病逐步被列入国家强制免疫范围，大大促进了市场对相关疫苗产品的需求。特别是 2007 年，高致病性猪蓝耳病和猪瘟均被列入国家强制免疫范围，当年国内兽用疫苗市场增长幅度较大。根据中国兽药协会公布的数据，截至 2017 年底，我国共有 94 家兽用生物制品生产企业（另有 6 家新建企业尚未生产），拥有 1 860 个有效的产品批准文号，从业人员超过 20 000 人。2017 年，全行业实现兽用生物制品销售额 133.64 亿元，其中猪用生物制品和禽用生物制品销售额合计 97.32 亿元，占兽用生物制品总销售额的 72.82%，2013～2017 年，国内兽用生物制品行业的销售额复合年均增长率为 9.10%（图 4-11）。

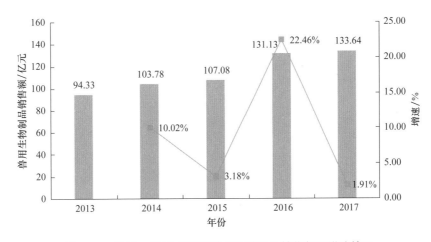

图 4-11　2013～2017 年我国兽用生物制品销售额及增速情况

数据来源：中国兽药协会

2017 年国家强制免疫兽用生物制品的销售额为 58.69 亿元，占兽用生物制品整体销售额的比例为 43.92%，2017 年非国家强制免疫兽用生物制品的销售额为 74.95 亿元，较 2016 年增长了 12.58 亿元，占兽用生物制品整体销售额的比例为 56.08%。

3. 行业集中度不断提高

近年来，随着我国社会经济水平不断提高，国民的食品安全意识不断增强，加之规模化、集约化养殖业快速发展，国家对于兽用生物制品行业的监管力度不断强化，对兽用生物制品的产品质量和免疫效果提出了更高要求，推动兽用生物制品行业向规范化、集中化方向发展，未来整个兽用生物制品行业的产业集中度必将呈现逐渐增强的趋势。

随着国内兽用生物制品行业的不断发展，行业中的领先企业在企业规模、产品数量、品牌效应等多方面取得优势，从而获得了更高的经济效益。目前，我国兽用生物制品市场已具有较高的市场集中度。截至 2017 年底，我国共有 94 家兽用生物制品生产企业（另有 6 家新建企业尚未生产），拥有 1 860 个有效的产品批准文号。2017 年，销售额排名前 10 位的企业的兽用生物制品销售总额为 75.20 亿元，占全行业销售额的比例为 56%（图 4-12）。根据招股书数据计算，排名前 10 位的公司平均销售额 7.52 亿元，而其他各家企业平均销售额仅 7 000 万元。

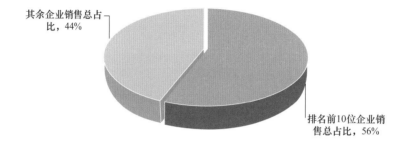

图 4-12　2017 年我国兽用生物制品市场集中度情况

数据来源：中国兽药协会

根据国家统计局等部门出台的大中小微企业划分标准，截至 2017 年底，兽用生物制品行业共有大型企业 21 家，中型企业 58 家，小型企业 15 家，无微型企业（图 4-13）。

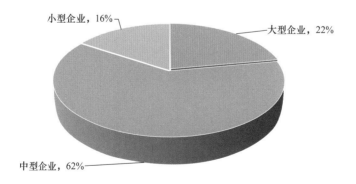

图 4-13　目前我国兽用生物制品市场不同规模企业占比情况

数据来源：中国兽药协会

4. 诊断试剂将成为未来兽用生物制品行业新的增长点

动物疫病诊断检测是指综合利用病理学、分子生物学、血清学等学科知识，应用病原分离鉴定等生物技术手段对动物及动物产品进行疫病的诊断和检测，其应用范围涵盖了动物疫情诊断、流行病学调查、免疫监测、疫情预警预报等各方面。动物疫病诊断检测不仅是控制动物疫病、保证动物产品安全的重要技术手段，也是维护兽医公共卫生安全的关键环节。

目前，我国动物疫病诊断检测工作仍处于初步发展阶段，动物疫病诊断检测体系建设尚未完善，大部分兽用生物制品企业只是将诊断检测视为核心产品以外的技术延伸，与兽用疫苗产品相比，国内诊断试剂整体市场规模较小。未来，随着公众对于食品公共卫生的关注程度不断提高，国家对于因动物染疫造成动物源性食品安全问题的愈加重视，整个动物保健行业将会逐步由动物疫病防控向动物疫病净化方向过渡，动物疫病诊断检测作为该过渡过程中的关键环节，将具有广阔的发展空间，其市场规模将不断扩大。一方面，快速、简便、特异、敏感的诊断试剂，能够实现动物疫病的快速检测和现地检验，为畜牧业规模化养殖方式的转变提供了有力的技术保障；另一方面，兽用诊断试剂的广泛应用、新型诊断试剂的研发与生产，对于提高我国动物疫病诊断检测能力，搭建完善的动物疫病诊断检测、动物疫情风险评估体系和食品质量安全管理体系具有重要意义。因此，动物疫病诊断技术不断发展与诊断试剂市场规模逐渐扩大是未来兽用生物制品行业的重要发展趋势。

三、生物制造

（一）生物发酵

我国生物发酵产业经历近几十年的不断发展，已成为世界生物发酵产业大国，近年来，在玉米产业政策重大调整的新形势下，全行业坚持以提高发展质量和效益为中心，以深化拓展供给侧结构性改革为主线，深化创新驱动，加快产品结构调整和优化升级，不断加强精细化管理和技术创新，推动加快产业绿色发展、智能制造步伐，有力地促进了行业经济平稳健康发展。

1. 整体发展继续保持平稳

2017 年我国生物发酵产业主要行业产品总产值约 2 390 亿元人民币，产量约 2 846 万 t，较 2016 年同期增长约 7.7%。2018 年上半年生物发酵产业延续了 2017 年的发展态势，整体发展继续保持平稳运行，主要行业产品产量约 1 418.8 万 t，与 2017 年同期相比增长约 1.3%。其中，氨基酸行业产量约为 192 万 t，较 2017 年同期下降 10.7% 左右；有机酸行业产量 116 万 t，较 2017 年同期增长 5.4%；淀粉糖行业产量 758 万 t，较 2017 年同期增长 3.0%；酶制剂行业产量 75 万标吨，较 2017 年同期增长 8.0%；酵母行业产量 22.8 万 t，较 2017 年同期增长 4.0%；功能发酵制品行业产量 168 万 t，较 2017 年同期增长 3.1%；多元醇行业产量基本与 2017 年同期持平，增长 1.3%（注：酵素行业中食用酵素半年产量为首次统计，未计入总增长速率）（表 4-6）。

表 4-6　2018 年 1～6 月生物发酵主要行业产量

序号	行业	产量 / 万 t	同比增长 /%	产值 / 亿元
1	氨基酸	192	−10.7	160
2	有机酸	116	5.4	80
3	淀粉糖	758	3.0	230
4	多元醇	80	1.3	65
5	酶制剂	75（标吨）	8.0	65
6	酵母	22.8	4.0	48
7	功能发酵制品	168	3.1	300
8	酵素（食用酵素）	7	—	150
	合计	1 418.8	1.3	1 098

数据来源：行业统计数据

主要产品中，味精、赖氨酸出现负增长；柠檬酸、乳酸、果葡糖浆、麦芽糖浆、结晶葡萄糖保持小幅增长；苏氨酸、葡萄糖酸、山梨醇、木糖醇、麦芽糖醇产品，与 2017 年同期相比基本持平（表 4-7）。

表 4-7　2018 年 1～6 月生物发酵主要产品产量

序号	产品	产量 /万 t	同比增长 /%
1	味精	108	−10.0
2	赖氨酸	60	−14.3
3	苏氨酸	20	0.0
4	柠檬酸	76	8.6
5	乳酸	7.1	5.9
6	葡萄糖酸	30	0.0
7	果葡糖浆	210	5.0
8	麦芽糖浆	190	1.1
9	结晶葡萄糖	180	2.8
10	山梨醇	66	0.0
11	木糖醇	3	0.0
12	麦芽糖醇	7	0.0
13	食用酵素	7	—

数据来源：行业统计数据

2. 产品出口总体保持快速增长势头

根据海关进出口数据统计，2017 年生物发酵行业主要行业、主要产品出口量 501.6 万 t，与 2016 年相比增长 22.9%，出口量继续保持两位数增长；出口额 42.8 亿美元，同比增长 16.8%。出口量方面，除柠檬酸、葡萄糖酸、酶制剂和酵母增长幅度在个位数外，其余行业产品均在两位数增长幅度，苏氨酸产品出口增长最大达到 54%，谷氨酸类产品紧随其后，达到了 40%，多元醇产品增幅 31%，乳酸产品也有较大幅的增长，达到了 22.5%。出口价格方面，柠檬酸、多元醇产品出口价格较 2016 年同期有了较大提高，谷氨酸产品、淀粉糖产品、酶制剂产品出口平均价格都有较大程度的降低，特别是谷氨酸产品。

纵观 2010～2017 年我国生物发酵主要产品出口情况，从 2016 年开始大幅增加，2017 年增幅超过 2016 年增幅（图 4-14）。产品出口大幅增加的主要因素是玉米价格恢复市场定价机制后，玉米价格下降，产品成本随之下降，产品价格更具有国际竞争能力，企业开拓国际市场步伐加快。另外，国家对玉米深加工产品给予的出口退税政策支持，在很大程度上推动了企业开发国际市场的

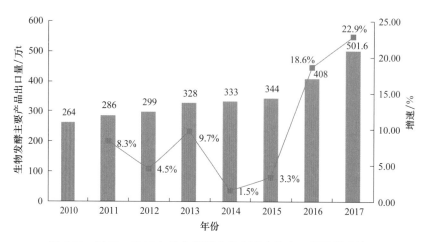

图 4-14 　2010～2017 年生物发酵产业主要产品出口量及增速情况

数据来源：海关总署

步伐。这反映出国际市场需求不断增加，国内生产技术水平和产品质量不断提升，国内发酵产品在国际市场中也占据了一席之地。

3. 行业发展面临新一轮洗牌

2017 年 4 月国家发展改革委员会办公厅《废止〈关于玉米深加工项目管理有关事项的通知〉的通知》发布以后，加上玉米主产区政策优惠扶持及国家玉米去库存的要求，很多企业存在扩产或新建玉米深加工项目的趋势。当前全国玉米加工拟新增的产能已达 2 000 万 t 左右，主要集中在燃料乙醇、淀粉糖、氨基酸等行业。上半年大部分项目处在建设期，对原有市场未造成实质影响。2018 年底，新的产能将陆续进入市场，对已饱和的淀粉糖、赖氨酸等行业将带来较大冲击，行业竞争必将更加激烈，或将面临新一轮洗牌。

与此同时，各地环保政策升级，环保压力日益增大。国家对环境保护、资源能源消耗的要求越来越高、越来越严格，特别是中央开始加大环保核查力度以来，各地的环保监管特别是对大气污染的监管越来越严厉，对资源能源消耗的监测也日益重视，各地环保不达标或污染重的企业陆续全面关停，切实达到了淘汰落后产能的作用。虽然从生物发酵行业总体来看，行业产能逐步向具有规模优势、技术优势和品牌优势的企业集中，但由于分行业众多，产品种类繁多，目前上规模的企业只占少部分。由于环保压力力度加大，全行业企业发展压力大增，部分地区限期实施更严格的排放标准，关注 COD、总氮、磷等排放指标最低限值，企业必须投入更多人力、物力、财力来应对政策变化，下半年将对企业带来较大影响。同时环保政策的升级，将加速行业洗牌进程，对淘汰落后产能、缓解产能过剩矛盾、优化产业结构、促进行业健康发展起到推动作用。

4. 原辅材料、核心技术欠缺等限制行业发展

生物发酵产业生产所需的材料涉及领域广泛，其中农业、化工、能源领域的变化对行业的影响最为明显。玉米作为生物发酵产业生产重要的原料，近十几年受国家产业政策的影响波动较大。从 2006 年开始，玉米供需紧张，限制玉米深加工产业的发展，到 2017 年取消限制的政策出台，玉米价格一直处于波动状态。2016 年开始，玉米种植面积下降，玉米产量也开始逐步下降。2017年，生物发酵产业主要产品产量增加 7.7%，玉米消耗量 3 500 多万吨。种植面积的下降，玉米价格的波动性上涨，迫使企业将生产基地向玉米产量大的玉米产地转移，以降低由原料价格及供应量波动带来的成本压力。

同时，随着环保要求的日益严苛，化工产业及能源产业均受到了严格的管控，部分原辅材料生产企业被迫关停、产量减少、生产成本不断上涨等因素都迫使原辅材料价格急剧上涨。原辅材料价格的波动使得发酵产品的利润空间也随之波动，有时甚至呈现倒挂的局面。

此外，我国生物发酵产业的发展初始源于国外技术的引进，因为发展的需要，在原有基础上进行了优化和革新。但究其根本，并不是源于自主研发，由此带来的侵权隐患，近年来已逐步显现。特别体现在生产关键的菌种问题上，一是国外"引进"的菌种较多，二是国内筛选优良菌种的能力不足，缺乏拥有自主知识产权的核心菌种。同时，由于对自主知识产权的保护力度不够，"抄袭"现象屡见不鲜。产业的发展存在一种误区，就是对别人研究成果的"信手拈来"，严重缺乏知识产权意识。

5. 绿色制造、智能制造是生物发酵行业未来发展方向

企业高度重视绿色制造、智能制造发展。《中国制造 2025》《绿色制造工程

实施指南（2016—2020 年）》《工业绿色发展规划（2016—2020 年）》《智能制造发展规划（2016—2020 年）》《国务院关于积极推进"互联网＋"行动的指导意见》等文件的发布，为我国制造业发展指明了方向。进入"十三五"以来，在工业和信息化部的大力推动下，我国加快了绿色制造、智能制造体系建设进程。生物发酵行业一直以来积极落实国家绿色制造、智能制造体系建设的要求，企业积极参与行业绿色标准的申请制定工作，积极参与行业内召开的绿色制造、智能制造高峰论坛及协会开展的节能环保企业、"绿色制造"商标认证工作，申报绿色制造集成项目、生态（绿色）设计示范企业、绿色工厂、绿色设计产品等绿色体系相关工作。未来企业将抓住绿色发展、智能发展的脉搏，紧跟国家绿色制造、智能制造的步伐，大力提升绿色制造、智能制造水平。

（二）生物质能源

生物质是指通过光合作用而形成的各种有机体，包括所有的动植物和微生物。而生物质能就是太阳能以化学能形式贮存在生物质中的能量形式，即以生物质为载体的能量。它直接或间接地来源于绿色植物的光合作用，可转化为常规的固态、液态和气态燃料。可利用生物质的种类很多，可以从各种各样的农作物、森林的原材料直接获得，也可以从森林工业的副产品，回收利用家庭垃圾、回收利用毁坏的木材和纸张中获得。

相较于其他新能源，生物质能利用具有多重意义。生物质能是可再生能源领域最重要、也是可以发挥更多作用的能源品种。为打好"污染防治攻坚战"和更好地实施"蓝天保卫战"行动计划，我国应加大力度、加快速度重点推动生物质天然气、生物质热电联产、生物质锅炉供热及分散性生物质成型燃料的应用。并通过加强国际合作，推动不同地区之间在产业政策、标准制定和市场化发展机制的相互交流，为下一步中国生物质能产业的发展创造良好环境，推动其成为中国清洁能源产业发展的一支重要力量。

1. 产业仍处在政策引导扶持期

我国在生物质能发电方面起步较欧美晚，但经过十几年的发展，已经基本掌握了农林生物质发电、城市垃圾发电等技术。

从产业整体状况分析，生物质发电及生物质燃料目前仍处在政策引导扶持期。生物质发电行业的标杆企业在技术、成本方面已经具有明显优势，已投产生物质发电项目的盈利能力已逐步显现，直燃生物质开发利用已经初步产业化。随着生物质能产业化程度的提升、我国政府对农林废弃物收集处理的重视，基于我国丰富的生物质资源，行业未来的利用空间非常广阔。

我国生物质能发电技术产业呈现出全面加速的发展态势。近年来，随着低碳经济的发展不断提高节能减排的要求，并且国内外对生物质能的开发利用力度不断加大，我国政府也把生物质能的综合利用提到了新能源开发的重要位置，加大了对生物质能开发的政策支持力度。随着《中华人民共和国可再生能源法》和相关可再生能源电价补贴等一系列政策的出台和实施，我国生物质发电投资热情迅速高涨，启动建设了各类农林废弃物发电项目。

2. 生物质能发电获重大进展

作为全球第一大能源消费国，节能减排和能源结构调整一直是中国能源事业的发展重点。具备资源优势的生物质能源开发和利用也受到了中国政府的重视。近年来，随着生物质能源政策的落实和技术的突破，我国生物质能源发电项目建设取得了积极的成效。从生物质发电装机规模的变化来看，2018 年前三季度，我国生物质能发电累计装机容量为 16.91GW，新增装机容量达 2.15GW。2012 年以来我国生物质发电装机规模增长超过 4 倍，发展十分迅速（图 4-15）。

在各种政策的支持下，我国在生物质能发电领域取得了重大进展。截至 2017 年底，全国共有 30 个省（自治区、直辖市）投产了 747 个生物质发电项目，并网装机容量 1 476.2 万 kW（不含自备电厂），年发电量 794.5 亿 kW·h。其中农林生物质发电项目 271 个，累计并网装机 700.9 万 kW，年发电量 397.3 亿 kW·h；生活垃圾焚烧发电项目 339 个，累计并网装机 725.3 万 kW，年发电量 375.2 亿 kW·h；沼气发电项目 137 个，累计并网装机 50.0 万 kW，年发电量 22.0 亿 kW·h。生物质发电累计并网装机排名前四位的省份是山东、浙江、江苏和安徽，分别为 210.7 万 kW、158.0 万 kW、145.9 万 kW 和 116.3 万 kW；年发电量排名前四

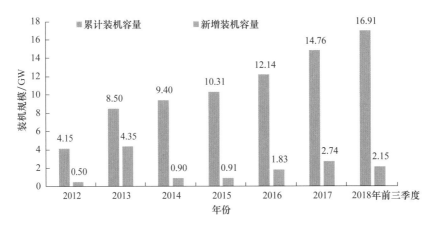

图 4-15　2012～2018 年前三季度中国生物质能发电装机规模情况

数据来源:《中国生物质能源行业市场前瞻与投资规划深度分析报告》

位的省份是山东、江苏、浙江和安徽,分别是 106.5 亿 kW·h、90.5 亿 kW·h、82.4 亿 kW·h 和 66.2 亿 kW·h。

相关机构发布的《2019 年至 2025 年中国生物质能发电行业投资潜力分析及未来前景预测报告》内容显示,2017 年,全国生物质发电替代化石能源约 2 500 万 t 标煤,减排二氧化碳约 6 500 万 t。农林生物质发电共计处理农林废弃物约 5 400 万 t;垃圾焚烧发电共计处理城镇生活垃圾约 10 600 万 t,约占全国垃圾清运量的 37.9%。

3. 垃圾发电和秸秆发电规模并重,沼气发展迅速

我国生物质发电项目中,垃圾和秸秆焚烧发电规模占据主体。其中,垃圾焚烧发电所占比例最大,在 49.13% 左右;秸秆焚烧发电的比例在 47.48% 左右;沼气发电的项目类型最少,占比为 3.39%(图 4-16)。其中,2017 年中国秸秆发电的装机规模和垃圾发电装机规模分别达到 708 万 kW 和 725 万 kW,分别同比增长 10.1% 和 33.5%。最新数据显示,2018 年前三季度,中国秸秆发电的装机规模达到 811 万 kW,而垃圾发电的装机规模也已上升为 830 万 kW,继续保持较快的增长速度(图 4-17、图 4-18)。

虽然沼气发电的规模较小,中国沼气发展进入有史以来最好的时期。此前,国家发展改革委员会公布的“中长期可再生能源发展规划”明确指出,2020 年中国沼气产气规模达到 440 亿 m^3,其中大中型沼气产气规模达到 140 亿 m^3。

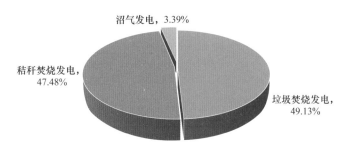

图 4-16 我国生物质能发电项目类型结构

数据来源:《中国生物质能源行业市场前瞻与投资规划深度分析报告》

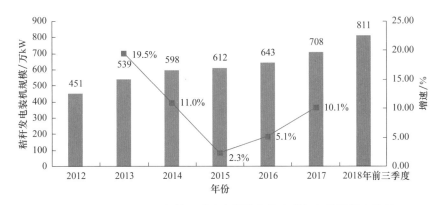

图 4-17 2012～2018 年前三季度中国秸秆发电装机规模及增速情况

数据来源:《中国生物质能源行业市场前瞻与投资规划深度分析报告》

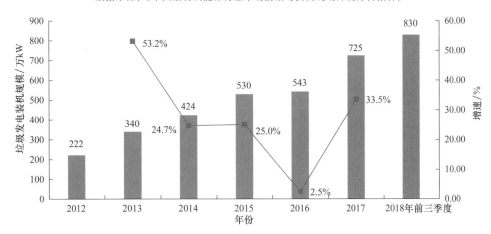

图 4-18 2012～2018 年前三季度中国垃圾发电装机规模及增速情况

数据来源:《中国生物质能源行业市场前瞻与投资规划深度分析报告》

此外,国家发展改革委员会、农业部联合印发《全国农村沼气发展"十三五"规划》(以下简称《规划》)。根据《规划》,"十三五"期间,农村沼气工程总投资将达 500 亿元。其中规模化生物天然气工程 181.2 亿元,占比最高，达到 36.24%；规模化大型沼气工程 133.61 亿元，中型沼气工程 91 亿元，小型沼气工程 59 亿元，户用沼气 33.3 亿元，沼气科技创新平台 1.89 亿元。国家政策的强力支持将推进沼气发电的发展进程。

4. 生物质能源发展空间巨大

中国的生物质资源相当丰富，但目前得以利用的规模却十分小。目前，中国生物质资源可转换为能源的潜力约为 4.6 亿 t 标准煤，已利用量约 2 200 万 t 标准煤，还有约 4.4 亿 t 可作为能源利用；今后随着造林面积的扩大和社会经济的发展，生物质资源转换为能源的潜力可达 10 亿 t 标准煤。

生物质发电装机规模方面，当前中国生物质发电装机规模占全球的比例已经从 2012 年的 5% 左右上升到 14% 左右。而根据国际能源署（IEA）的判断，中国有望在 2023 年超越欧美成为全球最大的生物质能源生产国和消费国，届时中国生物质发电装机规模占全球的比例或将上升到 22% 左右。在中国各项政策的支持和引导下，生物质能源发展空间巨大，将在中国得到迅速蔓延。

四、生物服务

作为生物产业新兴领域的生物服务有着两层含义：一方面是依靠生物技术和其他现代科技手段，为社会发展和生活改善提供的新型服务业态；另一方面是针对生物产业自身特点，为生物产业自身的发展提供的专项技术服务。具体而言，生物服务主要包括以下 4 个方面。

首先，针对重点创新产品产业化的技术外包服务，如医疗领域的 CRO、CMO、医药销售外包模式（CSO），以及近年来逐渐发展形成的"定制研发＋定制生产"的合同定制研发生产模式（CDMO）模式。随着全球药物市场的竞争日益激烈，制药产业链出现了明显的产业分工，国际医药行业现已呈现出专注自己的核心业务，而把非核心业务外包的大趋势。从疾病目标研究、药物化合物的筛选和研发、人体临床试验、国家药品监督管理局审核、委托生产代加工、乃至市场销售的价值链，已渐渐由研发、生产甚至销售的专业服务厂商提供相关的配套服务，透过利润共享与风险共担的理念，医药产业渐渐形成了一个完整的产业价值链。

其次，针对生物技术自身，从技术研究到产品研发各环节的公共技术服务，如基因组学研究、实验室设备和试剂供应的配套服务等。

再次，依靠现代生物技术开展的各种延伸服务，如个体化医疗、远程医疗和远程环境监测等。

最后，生物服务还包括为生物技术和生物产业发展提供的专业中介服务，如法律、金融、技术孵化等。

由于全球生物服务产业的统计体系尚未完全建立，目前只有技术外包服务形成了相对成熟的产业价值链，本报告中主要以生物研发型服务业及生产性服务业（即 CRO 和 CMO）的情况来说明生物服务业的情况。

（一）合同研发外包

委托合同研究机构（contract research organization，CRO）是指通过合同形式为生物医药企业在药物研发过程中提供专业化外包服务的公司或机构，其业务模式主要是接受客户（主要是医药企业）委托，按照行业法规及客户要求提供药物从研发到上市过程中的全流程或者部分流程服务。

CRO 行业服务范围基本覆盖新药研究与开发的各个阶段和领域，主要包括成药性研究和新药临床前的药学、药效学与分子机制、药动学及安全评价、Ⅰ至Ⅳ期临床试验的设计、研究者和试验单位的选择、技术服务、监查、稽查、数据管理、统计分析、注册申报及上市后药物安全监测等工作。CRO 企业也分为临床前 CRO 和临床 CRO 两大主要类别（图 4-19）。

1. 新药研发投入大、回报率低等因素促进 CRO 产业发展

随着经济和科技的快速发展，以及人口老龄化加速、研发成本攀升等问题，药物研发外包成为全球密切关注的领域。德勤数据显示，从 2010 年 11.9 亿美元，上升为 2018 年 21.7 亿美元，2010～2018 年单个新药的平均研发成本复合

年均增长率为 7.8%（图 4-20）；而大型药企新药投资回报率则逐年下降：新药研发的投资回报率从 2010 年的 10.1% 下降至 2018 年的 1.9%（图 4-21）。据 EvaluatePharma 预计，2015～2020 年全球药企在医药研发的投入将以 2%～3% 的复合年均增长率增长，2020 年达到 1 570 亿美元。此外，CRO 业务渗透率也在不断提升，从 2015 年的 39.5% 增长至 2018 年 44.6%（图 4-22）。制药、生物技术和医疗器械公司在研发上不断增加的投入，新药研发周期拉长、研发投入增大、回报率下降，以及 CRO 业务渗透率提升等因素将直接推动 CRO 市场的增长，未来仍将保持高增长趋势。

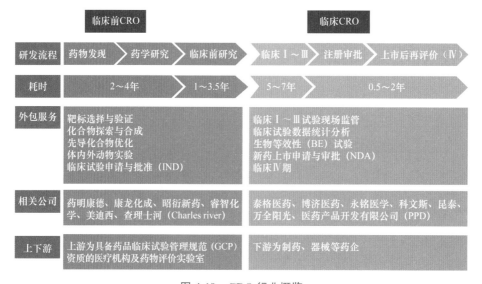

图 4-19　CRO 行业概览

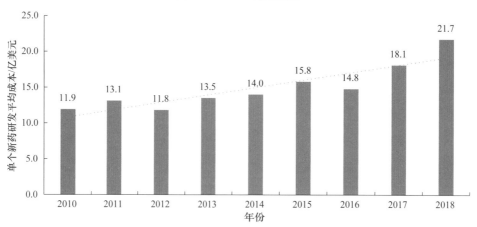

图 4-20　2010～2018 年单个新药研发平均成本变化

数据来源：德勤、方正证券

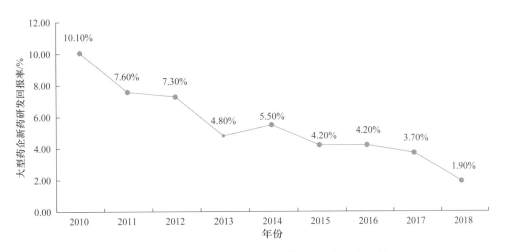

图 4-21　2010～2018 年大型药企新药研发回报率变化情况

数据来源：德勤，方正证券

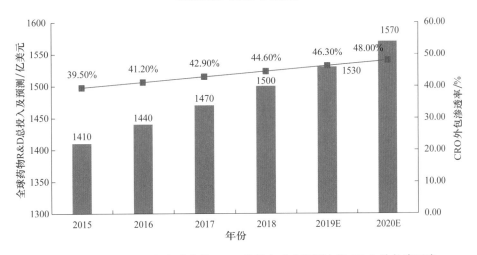

图 4-22　2015～2020 年全球药物 R&D 总投入（含预测）及 CRO 外包渗透率

数据来源：Evaluate Pharma

2. 利好政策密集出台促进国内 CRO 产业发展

CRO 企业受医药研发政策的影响大。新药审批的要求、流程或者节奏变化都会对医药企业的研发投入及药品注册申报进度产生直接的影响，间接影响企业未来的经营业绩。为鼓励创新，并解决药品注册申请积压等问题，2015 年起，国务院及国家食品药品监督管理总局密集出台了药物研发相关政策，自此进入医药改革深水区（表 4-8）。

表 4-8　国内 CRO 相关政策（部分）

时间	相关政策文件名称	主要内容
2016 年 6 月	《关于印发药品上市许可持有人制度试点方案的通知》	将药品上市许可与生产许可分离，上市许可和生产许可相互独立，上市许可持有人可以将产品委托给不同的生产商生产，药品的安全性、有效性和质量可控性均由上市许可人对公众负责
2017 年 5 月	《关于鼓励药品医疗器械创新改革临床试验管理的相关政策》	支持研究者和临床试验机构开展临床试验；优化临床试验审查程序；接受境外临床试验数据
2017 年 7 月	加入 ICH	ICH 的基本宗旨是在药品注册技术领域协调和建立关于药品安全、有效和质量的国际技术标准和规范，作为监管机构批准药品上市的基础从而减少药品研发和上市成本
2017 年 12 月	《关于鼓励药品创新实行优先审评审批的意见》	文件明确了优先审评审批的范围、程序和工作要求，有利于加快具有临床价值的新药和临床急需仿制药的研发上市，解决药品注册申请积压的矛盾
2018 年 4 月	《药品试验数据保护实施办法》	对于创新药、罕见病和儿童专用药给予一定期限的数据保护期，对于支持医药研发和技术转化具有重要意义
2018 年 6 月	《关于组织实施生物医药合同研发和生产服务平台建设专项的通知》	通过专项实施，有效支撑创新药研发和产业化，力争达到每年为 100 个以上新药开发提供服务的能力；提高药品生产规模化、集约化水平和全产业发展效率，支撑一批创新创业型中小企业发展；带动区域生物医药产业进一步高质量集聚，加快培育形成一批世界级生物医药产业集群
2018 年 6 月	《医疗器械监督管理条例修正案》	完善医疗器械上市许可持有人制度、改革临床试验管理制度、优化审批程序、完善上市后监管要求
2018 年 7 月	《关于发布接受药品境外临床试验数据的技术指导原则的通告》	明确了境外临床试验数据可用于在中国的药品注册申报，国外新药进入中国的速度将会越来越快
2018 年 7 月	《关于调整药物临床试验审评审批程序的公告》	"默认制"则是临床试验申请自申请受理并缴费之日起 60 日内，申请人未收到国家药品监督管理局药品审评中心（CDE）否定或质疑意见的，即可开展临床试验，此举将大大提升国内创新药物临床开发进程
2018 年 10 月	《延长授权国务院在部分地方开展药品上市许可持有人制度（MAH）试点期限的决定》	对于激发研发人员的积极性、降低生产机构的重复建设发挥重要推动作用
2018 年 12 月	《关于仿制药质量和疗效一致性评价有关事项的公告》	自 2017 年执行的一致性评价将进入常态化管理，自首家品种通过一致性评价后，其他药品生产企业的相同品种原则上应在 3 年内完成一致性评价
2019 年 1 月	《国家组织药品集中采购和使用试点方案的通知》	4＋7 城市对部分品种实行带量采购与"最低价独家中标""一年一招标"规则，仿制药降价压力大

2016 年 6 月正式发布的药品上市许可持有人（MAH）制度建立了一种全新的责任体系。进入 2018 年以来，随着《药品试验数据保护实施办法》《关于

发布接受药品境外临床试验数据的技术指导原则的通告》等创新药鼓励政策的密集出台，一致性评价及带量采购等政策落实，传统的仿制药红利模式面临着巨大的生存压力，国内药企纷纷加大研发投入、走上创新转型道路。在此背景下，国内新兴一批纯正的小型创新药企业（以生物药为主），这些小型药企的药品研发对 CRO 的需求更为迫切，国内医药市场融资环境良好，为此类公司提供了充分的研发经费，也为 CRO 机构提供了新的收入来源。一般来说，大中药企的研发投入由营收和研发占比决定，新药企的研发投入由融资头决定，因此行业政策大环境好坏十分影响药企的研发投入。

3. 国内 CRO 产业正处黄金发展期

尽管我国医药研发外包相对欧美发达国家起步较晚，但近年来在政策红利和资金投入的驱动之下已经逐渐成长为承接全球医药研发外包的重要基地。2018 年，国内 CRO 行业市场规模约 678 亿元人民币，预计到 2020 年，这一数字将增至 975 亿元；2018～2020 年复合年均增长率在 20% 以上，增速高于全球市场（图 4-23）。未来几年，本土研发外包服务需求有望在全产业链均得到增加，随着现有制药企业需求的扩大和未来大批初创药企的涌现，中国 CRO 市场空间巨大。

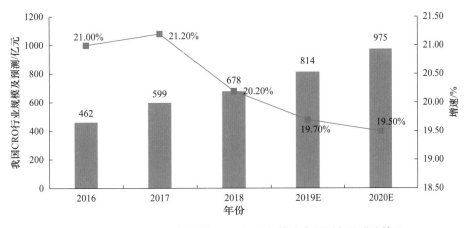

图 4-23 2016～2020 年我国 CRO 行业规模（含预测）及增速情况

数据来源：中国产业信息网

4. 国内 CRO 行业整体呈现多、小、散的格局

目前国内药物创新的热度方兴未艾，截至 2017 年 9 月底，国内涉足 CRO 的企业有 525 家，其中临床服务企业 248 家，非临床服务企业 262 家，综合性服务外包企业 15 家（表 4-9）。CRO 行业整体规模较小，呈现多、小、散的格局，与世界水平相比仍有很大提升空间。

表 4-9　我国 CRO 企业汇总

大类	类型	企业数/家	代表企业	重点代表企业
临床前	化学合成	90	西安凯美医药、韩德创鸿生化、安徽瑞金生物、常州协丰医药、浙江鸿拓生物、海口南陆医药、迈百瑞国际生物、斯芬克斯药业、石家庄篮夏生物	康龙化成、华威医药、美迪西生物医药、Chemp-artner、勇山生物科技
	药理/毒理/药物代谢	50	桑迪亚医药、成都博瑞泰生物、南京勇善生物、北京永欣康泰、苏州圣苏医药、普莱特生物、上海益诺思生物、中立安医药	
	动物模型	34	亦康医药、上海开阳生物、广州一科生物、天信和生物、合力众盈医药、赛澜生物技术、中美奥达生物	
	动物筛选	19	金弗康生物科技、奥达空港生物技术、北京博图远创生物、杭州皓阳生物科技、南京金斯瑞生物	
	其他	69	—	
临床	注册申报	60	北京瑞吉斯医药、济南贵隆医药技术、北京法玛赛科医药、国信医药科技、嘉实医药	CrownBio、北京昭衍新药研究中心、方恩医药、普瑞盛
	数据管理	50	北京西而欧生物医药开发、北京令华阳光医药、北京科林李康医学研究、昆明易通健康信息咨询、北京中生恒益医药、宁波瑞达医药	
	临床机构管理（SMO）	12	上海凯锐斯生物、北京春天医药、广州埃力生药品研究、北京源杰	
	临床检查	18	北京中诚科祥医药、北京比中生物医药、安徽万邦医药、哈尔滨舒曼德医药	
	信息咨询	17	重庆富取生物、天津恩斯特医药、北京精城永泰医药、南京奥村生物、广州一韵医药	
	医学撰写	12	爱驰康医疗咨询、北京兴德通医药、济南三才医药、北京思力康医药、南京西格玛医药	
	其他	79	—	
综合型	—	15	药明康德、博济、欣昊医药、合肥合源药业、盈瑞科、新生源	药明康德、欣昊医药

新药研发是一个系统工程，因此延伸服务链，为药企提供涵盖医药研发整

个阶段的一站式平台服务是未来行业的趋势。行业内的标杆企业通过在细分行业领域内投资并购的方式来拓展产品线及服务，CMO 和 CSO 正在逐步融入 CRO 公司的服务内容中。以国内龙头企业药明康德为例，2007 年和 2015 年分别收购了 AppTec 和 NextCode Health，布局体外诊断和基因诊断行业。之后又与全球排名第八的研发巨头 PRA 成立了子公司 WuPRA，在中国提供临床服务。上市的 8 年间，药明康德不断进行各类投资并购扩大公司规模，形成了集实验室服务和制药服务为一体的 CRO 全产业链覆盖的综合性药物研发和生产服务提供商。

地区分布方面，北京、上海、江苏是国内 CRO 企业主要集聚区，北京 CRO 企业达 167 家，占比 32%；上海地区 CRO 企业有 100 家，占比 19%；江苏 CRO 企业有 90 家，占比 17%。这三个地区的产业园区发展相对成熟、医药企业相对集中、创新创业产业发展活跃、人才及教育资源较为丰富。

（二）合同生产外包

委托合同生产机构（contract manufacture organization，CMO）（图 4-24），主要侧重临床及商业化阶段制药工艺开发和药物制备，是通过合同形式为制药企业在药物生产过程中提供专业化服务，包括临床和商业化阶段的药物制备和工艺开发，涉及临床用药、中间体制造、原料药生产、制剂生产及包装等服务。CMO 按服务类型主要划分为原料药和中间体（active pharmaceutical ingredient，API）、最终剂型（finished dosage form，DP）。

传统的 CMO 企业（以海外成熟 CMO 企业为代表）基本上是沿着"技术转移＋定制生产"的经营模式，即承接相关定制化生产业务时基本不涉及自有技术创新，仅依靠客户提供的成熟工艺路线，利用自身生产设施进行工艺实施，提供扩大化生产服务。而近些年来，一些海外大型 CMO 及新兴市场快速成长的 CMO 企业为了增强客户黏性、培养长期战略合作关系等，从药物开发临床早期阶段就参与其中，形成"定制研发＋定制生产"的合同定制研发生产（contract development and manufacturing organization，CDMO）模式：依托自身积累的强大技术创新能力为客户进行临床阶段和商业化阶段的药物工艺开发和生产，并能不断进行工艺优化，持续降低成本。与传统 CMO 业务模式相比，CDMO 业务技术创新、项目管理等综合壁垒更高，符合产业未来发展趋势。

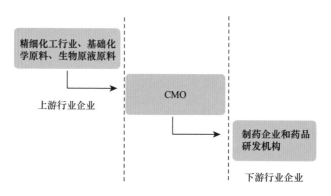

图 4-24　CMO 企业上下游产业关系

从产业链上，CMO 上游为精细化工行业或生物试剂行业，主要将化学原料等生产成中间体或制剂及生物药原料，服务于下游制药公司。产能过剩、过度竞争所引起的新机会、新市场的渴望与需求为国际化分工带来了机遇。

1. 我国医药市场快速增长助推我国 CMO 行业茁壮成长

2018 年，我国位居全球医药市场第二位，极大地刺激了国内医药外包市场的快速发展。由于我国人口基数庞大、消费结构持续升级、老龄人口深化、医保普及、医疗投入扩增等因素，国内医药行业正处于发展的黄金时期。目前，我国已成为仅次于美国的第二大医药大国，面对如此庞大的市场，考虑到药品审批地域性特点及成本优势、市场熟知度，跨国药企纷纷在国内投资参股或寻求产研机构，目前全球排行前 10 位的制药公司已全部进军中国市场，排名前 25 位的制药企业中有 15 家在中国设有办事处机构，为国内医药外包市场储备了雄厚的发展潜力。

2018 年，我国医药市场整体规模为 1 550 亿～1 850 亿美元，2014～2018 年复合年均增长率为 10%～13%，增速居前。目前，全球医药市场超过 70% 的份额集中在欧、美、日等发达国家或地区，但由于市场已接近成熟，遭遇发展瓶颈，2014～2018 年复合年均增长率（3%～6%）低于全球平均水平（4%～7%）。根据艾美仕（IMS）研究，近年来，以中国、印度为代表的新兴市场国家经济快速崛起，4年复合年均增长率达到8%～11%，2018年，我国药物市场达1 550亿～1 850亿美元，以10%～13%的增长率居于全球药物发展前列（图4-25）。

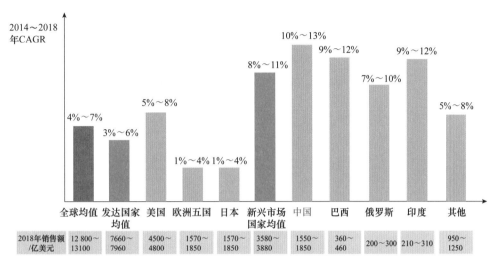

图4-25 2014～2018年全球主要经济体医药市场增速情况及2018年销售额情况

数据来源：IMS

注：欧洲五国指德、法、意、西、英，新兴市场国家是指2014～2018年
年增长超10亿美元且人均GDP低于25 000美元的国家

2. 多重政策共同驱动国内CMO产业发展

近年来，随着药品上市许可持有人制度（MAH）、药品一致性评价、加速审评审批等政策利好释放，医药行业改革步伐加快，有效支撑医药产业优化升级，CMO行业凭借一系列政策红利快速发展（表4-10）。

表4-10 2018年以来影响CMO行业的重要政策梳理

时间	部门	政策	内容
2018年5月	国家卫生健康委员会、科技部、工业和信息化部、国家药品监督管理局、国家中医药管理局	《关于公布第一批罕见病目录的通知》	国家版罕见病名录终于落定，共计收录重症肌无力、白化病、血友病等121个病种；提高罕见病诊疗水平，维护罕见病患者健康权益
2018年5月	国家药品监督管理局、国家卫生健康委员会	《关于优化药品注册审评审批有关事宜的公告》	对防治严重危及生命且尚无有效治疗手段疾病及罕见病药品，药审中心建立与申请人间的沟通机制，加强对药品研发的指导，对纳入优先审评审批各环节优先配置资源

时间	部门	政策	内容
2018 年 6 月	国家卫生健康委员会	《关于印发罕见病目录制订工作程序的通知》	将分批遴选目录覆盖病种,并对目录进行动态更新;对于境外已上市的罕见病药品,经研究不存在人种差异的,可以提交境外临床试验数据直接申报上市注册申请
2018 年 7 月	国家药品监督管理局	《接受药品境外临床试验数据的技术指导原则》	对于用于危重疾病、罕见病、儿科且缺乏有效治疗手段的药品注册申请,经评估其境外临床试验数据属于"部分接受"情形的,可有条件接受临床试验数据
2018 年 10 月	国家药品监督管理局	《关于发布用于罕见病防治医疗器械注册审查指导原则的通告》	鼓励用于罕见病防治医疗器械研发:①针对用于罕见病治疗的医疗器械,有证据能够确定患者使用该器械受益显著大于风险的,可免于进行临床试验;②针对境外已上市的用于罕见病防治的医疗器械,其境外临床试验数据如满足《接受医疗器械境外临床试验数据技术指导原则》的,可在注册时作为临床试验资料申报
2019 年 1 月	国务院办公厅	《国家组织药品集中采购和使用试点方案的通知》	4+7 城市对部分品种实行带量采购与"最低价独家中标""一年一招标"规则,仿制药降价压力大

　　四部委联合发布《关于组织实施生物医药合同研发和生产服务平台建设专项的通知》,明确表示对 CMO 行业的支持态度。2018 年 6 月 11 日,国家发展改革委员会、工业和信息化部、国家卫生健康委员会、国家药品监督管理局联合发布《关于组织实施生物医药合同研发和生产服务平台建设专项的通知》,拟于"十三五"期间组织实施生物医药合同研发和生产服务平台建设专项,力争达到每年为 100 个以上新药开发提供服务的能力,在 CMO 领域,重点支持创新药及已上市药物规模化委托加工平台建设,申报企业需满足 2017 年 CMO 服务金额超过 3 亿元且应为行业优质企业,国家发展改革委员会对于符合条件项目给予中央预算内投资支持,单个项目补助资金约为项目总投资的 30%,金额不超过 1 亿元,直接表明对我国医药外包产业的支持态度。

　　尤其是 MAH 制度实现上市许可与生产许可"分离",直接促进了 CMO 行业的发展。MAH 制度推动我国制药产业专业化分工的细化,实现市场要素灵活流动,是我国药品注册制度由上市许可与生产许可的"捆绑制"向"分离制"转型的突破口,使得药品研发、生产和销售分离成为可能,在 MAH 制度下，上市许可持有人可以选择自产或者委托生产，如若委托生产，上市许可持有人对药品安全性、有效性及质量可控性负责，生产企业按合同规定对上市许可持有人负责，药品质量责任主体更为明确，同时研发企业可以专注于药物研发或市场推广，具有 GMP 资质的 CMO 企业承接研发企业药品批件进行规模化生产，术业专攻下大幅提升药品产研效率，利好 CMO 行业蓬勃发展。

2018 年以来，越来越多的国内药企会选择和 CMO 公司进行 MAH 方面的合作。2018 年 6 月，药明康德子公司合全药业的合作伙伴歌礼迎来重磅喜讯，旗下的首个抗丙肝 1 类创新药戈诺卫®（达诺瑞韦，ASC08）获得国家药品监督管理局批准上市。戈诺卫® 是首个由中国本土企业开发的直接抗病毒药物（DAA），获"十三五"国家科技重大专项"重大新药创制"专项立项支持。药明康德子公司合全药业也因此成为中国 MAH 制度试点开展以来首个支持获批创新药的受托企业。2018 年 9 月，和记黄埔医药有限公司用于治疗转移性结直肠癌的新药爱优特（呋喹替尼胶囊）在国内获批上市。这是一款境内外均未上市的创新药，两年前成为上海 MAH 改革试点的首批品种之一，如今成为该制度下药明康德子公司合全药业助力的第二款成功上市的 1 类创新药。

3. 国内 CMO 行业处于发展"快车道"

受益于我国医药行业处于黄金发展阶段，叠加众多产业政策扶持，我国 CMO 行业处于快速发展时期。2018 年，我国 CMO 行业规模达到 370 亿元，预期至 2021 年将到达 626 亿元，增速水平保持在 18.3%，高于世界平均增速水平（13.03%）（图 4-26）。

4. 生物药物 CMO 或将成为行业主要驱动力

相比于小分子化药，生物制剂分子结构复杂、研制标准严苛、临床试验成本巨大、配方分析技术难度升级、前期固资投入门槛高，制药企业难以完全掌控生物制剂开发过程中的全部技能和风险，特别是在商业化阶段，因此越来越多的生物制药企业转向 CMO 服务。

Evaluate Pharma 的统计数据显示，2017 年全球医药销售市场规模达 8 250

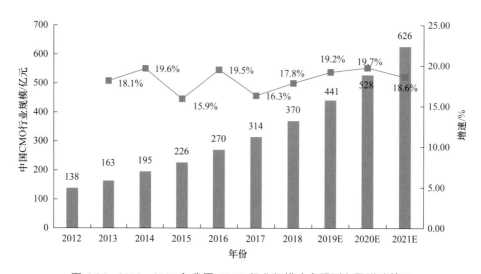

图 4-26　2012～2021 年我国 CMO 行业规模（含预测）及增速情况

数据来源：Business Insight，渤海证券研究所

亿美元左右，非生物药（主要为化学药）与生物药市场占比分别为 74.79% 和 25.21%；而 2017 年全球销量前 100 的药品中，生物药占比已达 49%，比 2010 年提高了 17%，预计到 2024 年生物药占比将超过化学药，达到 52% 左右。

据前瞻产业研究院统计，2017 年全球生物 CMO 市场规模 113 亿美元，预期将以 18.9% 的增速上涨至 2020 年的 190 亿美元，其中我国生物药 CMO 更是呈现爆发式增长态势（34.63%），未来生物药 CMO 可能成为行业发展的主要动力。随着生物药行业的发展，CMO 行业将有望得到快速发展。

 ## 五、产业前瞻

（一）体外诊断产业

体外诊断（*in vitro* diagnosis，IVD）是指在人体之外，通过对人体样本（血液、体液、组织液等）进行检测而获取临床诊断信息，进而判断疾病或机体功能的产品和服务。目前全球医疗决策中约有 2/3 是基于诊断信息做出的，进一步提升诊断技术和手段，可以为人类疾病预防、诊断、治疗提供更科学的决策依据，也是未来发展的重要方向。

IVD产品主要由诊断设备（仪器）和诊断试剂构成。按照搭配试剂方式，体外诊断设备可分为开放式系统与封闭式系统两类。开放式系统所使用的检测试剂与设备之间并无专业性限制，因此同一系统适用于不同厂家的试剂，而封闭式系统通常须搭配专属试剂才能顺利完成检验。目前，全球主要体外诊断厂商以封闭式系统为主，一方面由于不同诊断（检验）方法之间存在一定的技术障碍，另一方面也因为封闭式系统具备较好的持续盈利能力。

完整的体外诊断产业链是由上游原材料、中游体外诊断试剂和仪器、下游服务和需求共同组成的（图4-27）。

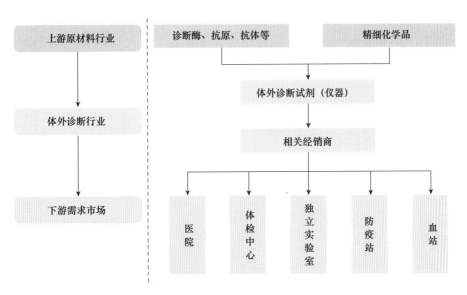

图4-27 体外诊断行业产业链

体外诊断试剂上游主要是提供相关化学和生物原材料，包括精细化学品、抗原、抗体、生物酶、高分子微粒材料等的供应商；体外诊断仪器上游主要是电子器件和磨具生产商等。

中游汇集了中国绝大部分体外诊断公司，在生化、免疫、血细胞、微生物、分子诊断等领域进行仪器和试剂生产销售。

下游的消费需求主要来自医学检测和血液筛查，其中医学检测是体外诊断产品最主要的消费方向，包括医院检验科、体检中心、独立实验室、疾病预防控制中心、计划生育指导站等,而血液筛查主要是采血部门对于血液的检测,包括各类血站和血制品厂家。

1. 体外诊断已成为全球医疗器械最大细分市场

在医疗器械领域的众多子行业中,体外诊断行业早在 2014 年就已成为全球医疗器械中的第一大子行业,占比 13.1%。根据 EvaluateMedTech 的最新统计数据,2017 年全球医疗器械市场容量最大的 10 个领域分别是体外诊断、心脏病、影像诊断、矫形、眼科、普通及整形外科、内窥镜、给药系统、创伤护理和牙科。其中,体外诊断依旧是全球医疗器械规模最大的细分市场。2016 年市场规模 494 亿美金,规模最大、增速第二,预计到 2022 年全球市场销售额将超过 700 亿美元,市场份额将扩大至 13.4%,2016~2022 年的复合年均增长率约为 5.9%;到 2024 年销售额将达到 796 亿美元,占医疗器械总销售额的 13.4%,继续保持医疗器械子行业第一的市场份额。体外诊断行业随着人们健康需求的日益增加,不仅是诊断的需求,而且对于疾病的风险预测、健康管理、慢病管理等需求,体外诊断的市场依然有较大的发展空间,尤其是医疗水平不发达的区域和国家(图 4-28、图 4-29)。

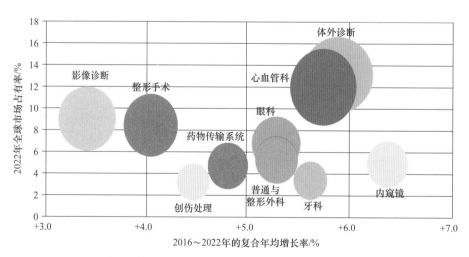

图 4-28　2022 年全球医疗器械 Top10 细分领域份额及增速(2016~2022 年)分析

资料来源:EvaluateMedTech World Preview 2017

注:气泡大小表示 2022 年全球销售规模

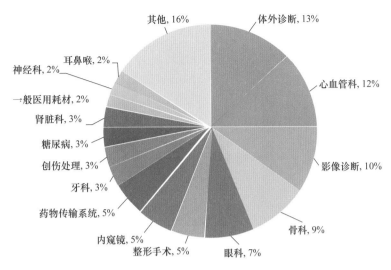

图 4-29　2016 年全球器械各细分领域占比

资料来源：EvaluateMedTech World Preview 2017

2. 全球 IVD 行业容量稳健增长

近年来，全球体外诊断年均复合增速达 5%，预计 2020 年市场规模达到 747 亿美元。随着全球经济的发展、人们保健意识的提高及全球多数国家医疗保障政策的完善，全球 IVD 行业持续发展。2013 年，全球 IVD 行业市场规模约为 533 亿美元，到 2017 年，市场规模已经接近 650 亿美元。据 Allied Market Research 预测，未来几年内全球 IVD 行业将以约 5% 的复合年均增长率增长，并在 2020 年达到 747 亿美元（图 4-30）。

3. 我国 IVD 行业仍处于发展前期

与发达国家相比，我国体外诊断行业仍处在发展前期。我国人口约占全球的 1/5，但体外诊断市场规模仅为全球的 3%，规模仍然较小。根据中国产业信息网的统计，目前我国体外诊断产品人均年消费支出仅为 4.6 美元，仅约为全球平均消费水平的一半（约 8.5 美元），更是远远低于发达国家的人均水平，如美国人均体外诊断消费支出高达 62.8 美元，日本为 38.3 美元。全球 IVD 市场约占全部药品市场的 5% 左右；而我国仅为 1%～1.5%。因此，未来我国在体外诊断行业还有很大的提升空间（图 4-31）。

图 4-30　2013～2020 年全球 IVD 行业市场规模（含预测）及增速情况

资料来源：Allied Market Research ™

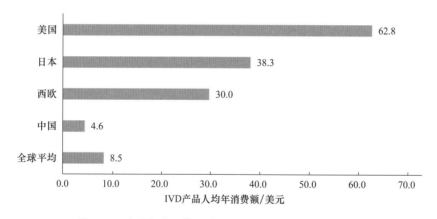

图 4-31　全球与我国体外诊断产品人均年消费额情况对比

资料来源：中国产业信息网

4. 人口老龄化等因素助推国内体外诊断行业发展

由于计划生育政策的影响及经济发展水平提高后生育率的下滑，我国人口结构正逐步进入老龄化阶段。从老龄人口总量来看，根据全国老龄工作委员会办公室公布的数据，截至 2018 年年底，我国 60 岁及以上老年人口 2.49 亿人，占总人口的 17.9%，其中 65 周岁及以上人口为 1.7 亿人，占总人口的比例为 11.9%。人口统计数据显示，我国从 1999 年进入人口老龄化社会到 2018 年的

19 年间，老年人口净增 1.3 亿，预计到 2050 年前后，我国老年人口数将达到峰值 4.87 亿，占总人口的 34.9%（图 4-32）[438]。

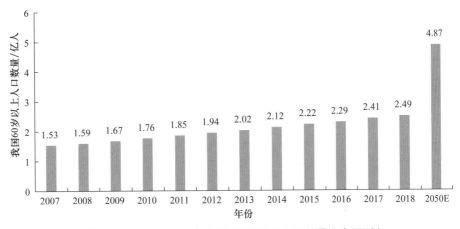

图 4-32　2007～2050 年中国 60 岁以上人口数量（含预测）

资料来源：国家统计局

　　45 岁以后人类即进入了慢性病高发的阶段，而众多慢性病的诊断均需要体外诊断试剂。2016 年我国 45 岁以上人口数量已达 5.36 亿，占比达 38.22%，并且占比仍在提升，据联合国预测，我国 45 岁以上人口占比在 2040 年前都将处于持续快速提升之中。人口老龄化叠加经济发展水平的提升，带来人均卫生费用支出的稳步快速增长，为体外诊断行业的发展打下了良好的基础。世界卫生组织（WHO）预测，中国的疾病谱已经开始从传染病转向非传染性疾病。到 2030 年，慢性非传染性疾病的患病率将至少增加 40%，且男性和女性的情况有所不同，因为男性的慢性病危险因素持有率更高；到 2030 年，与现在相比，患有一种及以上慢性病的人数将增加 3 倍以上，包括男性和女性（图 4-33）[439]。

5. 国内体外诊断行业集中度较低

　　相比之下，国内市场的集中度偏低。就国内体外诊断市场的竞争格局来看，2017 年占据市场超过 5% 份额的 5 家海外巨头组成了体外诊断行业的第一梯

438 国家统计局. 中国统计年鉴. 北京：中国统计出版社，2018.

439 World Health Organization. China country assessment report on ageing and health. Geneva: WHO, 2016.

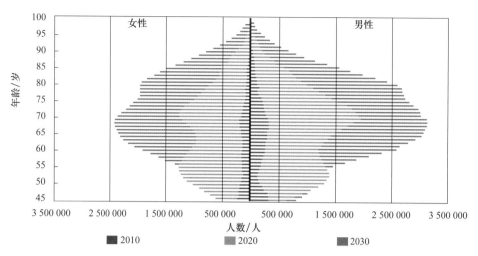

图 4-33 到 2010 年、2020 年、2030 年中国 45 岁以上人群不同性别患有 1 种及以上慢性（非传染性）疾病的人数及预测

资料来源：WHO

队，共占据国内市场 36.8% 的市场份额。其产品性能好、检测精密度高，占据了国内三级医院等高端市场的主流地位。同时，国内优质的体外诊断公司如迈瑞、科华生物、达安基因、新产业等组成了第二梯队，虽然在经营规模和产品种类方面稍逊于海外巨头，但随着我国体外诊断行业的快速增长，国内体外诊断龙头也在飞速成长当中。最后，国内一大批中小型企业组成了第三梯队，600家企业共占据约 40% 的市场，市场占有率较低，规模效益不明显。

就国内市场而言，国内企业起步较晚，在规模、实力、技术、产品质量方面与国际知名诊断企业有较大差距。目前我国共有体外诊断企业 1 000 余家，由于体外诊断产品的特殊性，2017 年国内体外诊断业务销售收入过亿的企业有40 余家，但与国际知名诊断企业规模差距明显。国内企业在体外诊断的中低端市场占有一定份额，合计占据了 44% 的市场份额，但较为分散，市场份额超过 1% 的有 13 家，包括深圳迈瑞、科华生物、达安基因及新产业等知名企业（图 4-34）。

（二）基因治疗产业

基因治疗是一种新兴的治疗方式，为多种医学领域带来了全新的治疗选择，

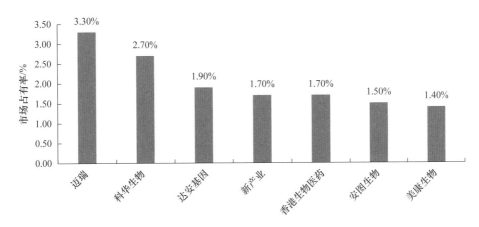

图 4-34　2017 年体外诊断行业国内主要企业市场占有率

资料来源：前瞻产业研究院

其原理是利用分子生物学方法将外源正常基因导入患者体内，以纠正或补偿缺陷和异常基因引起的疾病，从而达到治疗目的。

虽然基因治疗的理念早在 20 世纪 60 年代就已经提出，但直到 20 世纪末随着基因工程技术及转运载体技术的迅速发展，基因治疗的理念才得以实施及临床应用——1990 年 9 月美国国立卫生研究院（NIH）临床中心首次采用基因治疗成功治愈腺苷脱氨酶（ADA）基因缺陷而患重度联合免疫缺损和免疫系统功能低下的疾患。这期间，基因治疗得到快速发展，并且很快涉及多个疾病领域，包括遗传病、恶性肿瘤、感染性疾病等，尤其是近年来在临床上的进展，使得基因治疗登入美国 Science 杂志 2009 年度十大科学进展[440]。基因治疗已经成为当代生命科学中最有前景的科学技术之一。

1. 基因治疗研究开发和产业化已取得重要进展

截至 2018 年年底，基因治疗临床试验已经遍布五大洲（图 4-35），跨越 38 个国家。其中，有 7 个国家是从 2013 年以后才开始涉足基因治疗，这些国家包括阿根廷、布基纳法索、冈比亚、肯尼亚、科威特、塞内加尔和乌干达（各有一个临床试验）。总体的临床试验分布并没有很大变化，64.51% 的试验在美洲进行，

---

440 Science News Staff. Breakthrough of the year: The runners-up. Science , 2009, 326(5960): 1600-1607.

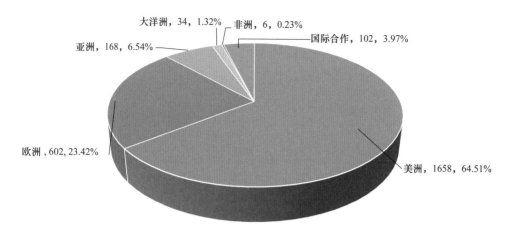

图 4-35 全球各大洲基因治疗临床试验分布

数据来源：The Journal of Gene Medicine 数据库

欧洲有 23.42%，亚洲达到 6.54%，这也反映出区域科研经费的支出情况。

经过几十年的发展，基因治疗逐渐发展成为最具革命性的医疗技术之一。目前，基因治疗领域已有多款产品在不同国家和地区上市（表 4-11）。

表 4-11 目前已批准上市的基因疗法产品

药物名称	适应证	批准时间	批准机构
今又生	头颈部癌	2003 年	CFDA
安科瑞	头颈部癌	2005 年	CFDA
Rexin-G	实体瘤	2007 年	菲律宾 FDA
Neovasculgen	周边动脉疾病	2011 年	俄罗斯药品监督管理局
Glybera	脂蛋白酯酶缺乏症	2012 年	欧洲药品管理局（EMA）
Strimvelis	儿童重症联合免疫缺陷病	2016 年	EMA
Luxturna	视网膜疾病	2017 年	FDA
Kymriah	急性淋巴细胞白血病	2017 年	FDA
Yescarta	非霍奇金淋巴瘤	2017 年	FDA

2. 全球主要国家均有布局基因治疗

目前，基因治疗产业已成为各国纷纷布局的重要领域。据统计，从 2017 年 7 月至 2018 年 5 月，全球基因治疗临床试验的总数量就已从 2 600 多项猛增至接近 3 600 项，这一数目毫无疑问地仍在快速增长中。截至 2017 年底，美国已拥有 1 643 项临床试验，占全球基因治疗试验的 63.3%，位列全球第一。另有加拿大的 27 项和墨西哥的 2 项临床试验也归于整个美洲。在欧洲，英国拥有 221 项试验，占世界总量的 8.5%；德国拥有 92 项试验，占世界总量的 3.5%；法国拥有 59 项试验，占比 2.3%；瑞士拥有 50 项试验，占比 1.9%；西班牙拥有 32 项试验，占比 1.2%；意大利拥有 28 项试验，占比 1.1%（图 4-36）。

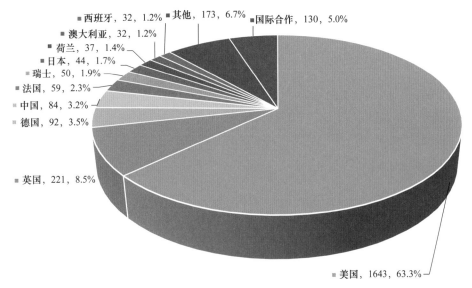

图 4-36　全球各国基因治疗临床试验分布

数据来源：The Journal of Gene Medicine 数据库

在亚洲，中国和日本的试验数量有了显著的增加。中国是增长数量最快的国家，从 2012 年的 26 项（1.4%）增加到 2017 年底的 84 项（3.2%），紧随其后的是日本，从 2012 年的 20 项增加到 2017 年底的 44 项（1.7%）。韩国已经从 2012 的 14 项试验上升到 2017 年底的 20 项（0.8%）。以色列有 8 项试验，此外，新加坡 3 项，中国台湾地区 2 项。

值得注意的是，国际联合试验的数目增长明显，从 2012 年的 12 项增加到目前的 130 项。这反映了基因治疗试验多中心协作试验的增加，以及某些疾病需要一个以上国家的患者入组才能完成，尤其是治疗对象是罕见病的情况下。

3. 国家政策高度关注基因治疗

当前，我国对基因治疗等相关的基础研究、目标产品及管件技术的研发非常重视，对基因技术在医疗领域的发展和应用也高度关注。早在 2003 年，我国 CFDA 就已经颁布《人基因治疗研究和制剂质量控制技术指导原则》，确定了 CFDA 对于基因治疗的临床试验申报要求。2016 年，卫生和计划生育委员会、科技部等部门联合提出中国精准医疗计划，将精准医疗上升为国家战略，计划在 2030 年投入 600 亿元。国务院印发的《"健康中国 2030"规划纲要》提出，到 2030 年我国健康服务业总规模将达到 16 万亿元，其中涉及基因技术在健康医疗中的相关应用[441]。随后出台的《"十三五"国家战略性新兴产业发展规划》（以下简称"《规划》"）和《中国制造 2025》重点领域技术路线图，都对未来我国基因技术的发展和应用做出了系统性的规划和政策支持。例如，《规划》提出，要在相关技术突破的前提下，加速基因技术在疾病筛查、癌症治疗、慢性病治疗等领域的应用。

此外，2017 年 4 月，科技部印发《"十三五"生物技术创新专项规划》，明确发展基因治疗等现代生物治疗技术，提出"加强免疫检查点抑制剂、基因治疗、免疫细胞治疗等生物治疗相关的原创性研究，突破免疫细胞获取与存储、免疫细胞基因工程修饰技术、生物治疗靶标筛选、新型基因治疗载体研发等产品研发及临床转化的关键技术，提升我国生物治疗的产业发展和国际竞争力"。

与此同时，我国将进一步推进基因治疗技术基础设施建设，并以多项举措推进相关技术在医疗领域的应用。国内多家企业负责人和研究机构表示，基因检测、基因编辑等技术已进入成熟期，并开始逐渐应用于疾病筛查、癌症治疗、慢性病治疗等领域。预计到 2030 年，相关市场规模有望突破万亿大关。

2018 年 2 月，在深圳国家基因库理事会第三次会议上明确我国将正式启动国家基因库二期工程建设，预计 5 年内基因数据总量将超过美欧日三大基因库总和。同时，我国将加速建立从基因检测到个体化精准免疫的基因技术体系和基础设施。此外，我国将出台相关政策，对经确定为创新医疗器械的基因检测

---

441 中国共产党中央委员会，中华人民共和国国务院 . "健康中国 2030"规划纲要 . 中国实用乡村医生杂志，2017，24（7）：1-12.

产品等，按照创新医疗器械审批程序优先审查，加快创新医疗服务项目进入医疗体系，促进新技术进入临床使用。

4. 技术积累具有一定优势

在基因治疗领域，我国拥有较好的技术基础和优势。我国基因治疗研究及临床试验与世界发达国家几乎同期起步，主要以肿瘤、心血管病等重大疾病为主攻方向。目前，我国已经有 2 个基因治疗产品上市：早在 2003 年，国家食品药品监督管理总局（CFDA）批准了全世界第一款基因治疗产品今又生（Gendicine）。今又生是一款携带 p53 抑癌基因的腺病毒载体基因治疗产品，用于头颈部癌的治疗。在 2005 年，CFDA 批准了全球第二款基因治疗产品安柯瑞（Oncorine），这也是全球第一款批准上市的溶瘤病毒。

此外，我国还有近 20 个针对恶性肿瘤、心血管疾病、遗传性疾病的基因治疗产品进入了临床试验，其中在 Clinical Trial 网站上登记的基因治疗临床试验方案有 70 个，占亚洲基因治疗临床试验方案总数的 46.7%。例如，华中科技大学等研发的肿瘤基因治疗产品 ADV-TK 对肝癌和难治复发性头颈癌都具有显著疗效，正在开展多中心的Ⅲ期临床试验。中山大学等研发的重组人内皮抑素腺病毒注射液（E-10A）治疗晚期头颈鳞癌效果较好，目前该产品在中国和北美洲地区开展Ⅲ期临床试验研究，发展前景好。军事医学科学院研发的治疗心肌梗死的基因治疗产品 Ad-HGF 注射液进入Ⅱ期临床试验，与人福医药集团股份公司合作研发的治疗肢端缺血的基因治疗产品重组质粒 - 肝细胞生长因子注射液获得了Ⅲ期临床批文。成都康弘生物科技有限公司研发的治疗头颈部肿瘤的工程化溶瘤腺病毒基因治疗制剂 KH901 已完成Ⅱ期临床试验。四川大学等研发的具有抗肿瘤血管生成的基因治疗产品 EDS01 正在开展Ⅱ期临床试验研究。此外，我国还有 40 多项重大疾病的基因治疗制剂处于临床前研究阶段，上百个项目处于实验室研究阶段（表 4-12）。

表 4-12　国内基因治疗进展相关项目

产品	类型	公司	适应证	靶点	临床/上市	临床试验编号
今又生	腺病毒	赛百诺	头颈癌	p53	CFDA 批准上市（2004）	—
安柯瑞	腺病毒	三维生物	头颈癌、鼻咽癌	p53	CFDA 批准上市（2006）	—
ADV-TK	腺病毒	天达康基因	进展期肝癌肝移植	—	Ⅲ期	CTR20132308
—	裸质粒	诺思兰德	下肢动脉缺血性疾病	HGF	Ⅲ期	—
OrienX010	单纯病毒	奥源和力	恶性黑色素瘤	GM-CSF	Ⅱ期	CTR20171275
Ad-HGF	腺病毒	人福医药	心肌缺血	HGF	Ad-HGF	
KH901	特异性溶瘤重组腺病毒	康弘生物	头颈部肿瘤	—	Ⅱ期	
Ad-HGF	腺病毒	海泰联合	缺血性心脏病	HGF	Ⅱ期	CTR20130386
EDS01	腺病毒	恩多施生物	晚期头颈部恶性肿瘤	EDS	Ⅱ期	CTR20140842
LCAR-B38M CAR-T	慢病毒 CAR-T	南京传奇	多发性骨髓瘤	BCMA	临床	
—	慢病毒	深圳免疫基因治疗研究院	β-地中海贫血	—	Ⅰ/Ⅱ期	NCT03351829
YUVA-GT-F801/F901	慢病毒	深圳免疫基因治疗研究院	血友病	Factor Ⅷ/Ⅸ	Ⅰ/Ⅱ期	NCT03217032
—	慢病毒	广东铱科基因科技	β-地中海贫血		Ⅰ/Ⅱ期	NCT03276455

资料来源：药智网、ClinicalTrials

5. 我国基因治疗市场潜力巨大

目前，肿瘤、心脑血管病等慢性疾病已成为威胁我国人口健康的主要因素，随之而来的是医疗费用支出的增长。根据《中国疾病预防控制工作进展（2015年）》与国家卫生和计划生育委员会发布的《中国居民营养与慢性病状况》的数据，目前我国的慢性病患者已超过 3 亿人，慢性病导致的死亡人数已占到全国总死亡人数的 86.6%，其中心脑血管疾病、癌症和慢性呼吸系统疾病占总死亡人数的 79.4%。导致的疾病负担占总疾病负担的近 70%。同时，以糖尿病为例的慢性病已呈现年轻化发展趋势，严重影响到居民的生活质量和身体健康。

当前，基因检测、基因编辑等技术已进入成熟期，并开始逐渐应用于疾病筛查、癌症治疗、慢性病治疗等领域。相比传统医疗手段，以基因技术为基础的基因治疗手段更具针对性，能够获得较为理想的治疗效果，并能大大减轻患者痛苦，其应用被业内普遍看好。在癌症治疗及慢性病治疗领域，基因治疗同样具有广阔的应用前景，相关临床试验获得成功，将促使相应的基因治疗快速应用，并有望大大改善现有癌症治疗情况。据 Allied Market Research 报告，到2023 年全球癌症基因治疗市场将超过 20.82 亿美元，未来五年的复合年均增长率将达到 32.4%。在我国，到 2020 年基因治疗相关市场将达到 3 000 亿元。此外，关键性的基因治疗技术将在 2020 年左右取得突破，并在 2022 年左右进行商业应用，市场潜力巨大。

6. 国内医药企业紧跟国际技术发展前沿

企业方面，国内医药企业也紧跟国际技术发展前沿，根据火石创造公司的统计数据，目前国内已有几百家公司开展与基因治疗相关的业务，主要集中在东部沿海一带，包括上海、广东、江苏及北京等省（直辖市）。虽然基因治疗在国内如火如荼地开展，但与国外还有不小的差距，我们认为这个现象是中国医药生物的科研和技术水平长期落后于国外导致的，不仅仅是基因治疗这一个领域。从全球范围来看，基因治疗在经历了 10 多年的行业大整改之后刚刚进入快速发展的阶段，国内外的差距要小于其他传统医药领域，国内企业仍拥有后来居上的潜力。

第五章 投 融 资

 一、全球投融资发展态势

（一）融资金额再创新高

医药创新企业前期研发投入高，是资金和技术密集型行业，融资需求旺盛。2018 年全球医疗健康领域融资总额 388 亿美元，同比增长 71%，融资事件共 1410 起，同比增长 37%（图 5-1）。

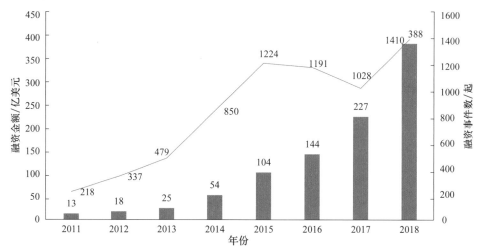

图 5-1　2011～2018 年全球生命健康行业投融资交易金额和数量年度趋势

数据来源：动脉网，2019 年，《2018 年医疗健康领域投融资报告》

（二）生物技术成为融资热门领域

2018 年全球医疗健康融资领域中生物技术、医药、医疗器械无论在融资总额还是融资事件数上均位居前三位，而这三个领域恰恰是医药行业创新企业聚集地。其中生物技术以 309 起投融资事件和 138 亿美元的融资金额继续领先整个行业，其投融资总额达到第二名医药的两倍（图 5-2，表 5-1）。

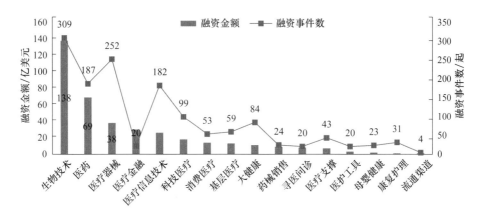

图 5-2　2018 年全球医疗健康投融资领域分布

数据来源：动脉网，2019 年，《2018 年医疗健康领域投融资报告》

表 5-1　2018 年全球医疗健康投融资领域 / 轮次分布　　（单位：起）

领域	种子 / 天使轮	PreA/A/A＋轮	B/B＋轮	C/C＋轮	D 轮以上	战略投资	其他	总计
生物技术	34	105	62	37	6	19	46	309
医药	17	73	37	16	7	12	25	187
医疗器械	33	81	54	14	9	11	50	252
医疗金融	1	8	2	1	1	1	6	20
医疗信息技术	31	64	27	10	10	11	29	182
科技医疗	21	46	11	6	2	2	11	99
消费医疗	12	13	10	3	4	7	4	53
基层医疗	5	22	11	2	2	8	9	59
大健康	20	22	12	10	2	3	15	84
药械销售	3	5	6	3	2	3	2	24
寻医问诊	2	11	5	0	1	0	1	20
医疗支撑	5	10	9	2	3	5	9	43
医护工具	4	8	2	1	1	0	4	20
母婴健康	3	7	3	3	0	4	3	23
康复护理	6	16	1	0	0	2	6	31
流通渠道	0	3	0	1	0	0	0	4
总计	197	494	252	109	50	88	220	1 410

数据来源：动脉网，2019 年，《2018 年医疗健康领域投融资报告》

（三）A 轮融资规模占比最高

2018 年全球医疗健康领域融资事件发生在 A 轮及以前的共有 691 起，占总体的比例为 57%，其中 A 轮最多，达 494 起，融资额达 88.35 亿美元。其次是 B 轮，融资事件达 252 起（图 5-3）。

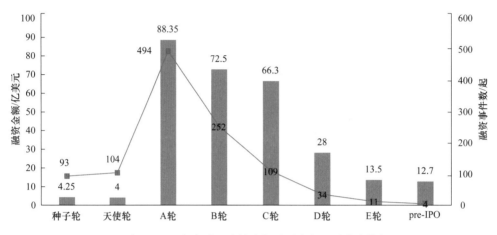

图 5-3　2018 年全球医疗健康领域融资额及融资事件数

数据来源：动脉网，2019 年，《2018 年医疗健康领域投融资报告》

（四）医药及生物科技企业 IPO 持续增长

无论是数量还是总金额，医药及生物科技企业 IPO 持续增长，2018 年是全球医药及生物科技相关行业 IPO 的大年。以美股、A 股及港股市场口径计，2018 年全球医药及生物科技相关行业 IPO 总募资规模达到约 115 亿美元，通过 IPO 实现上市企业共计 74 家，均创 10 年来新高（图 5-4）。

过去 10 年中，美股医药及生物科技相关行业 IPO 整体在波动中呈增长趋势。美国作为全球金融市场的中心，其在这一领域的融资规模及数量均占据显著地位。中国香港市场是亚洲范围对全球投资者最具吸引力的市场之一，并充当着中国内地资本市场与全球资本市场互联互通的重要纽带。过去 10 年港股在全球医药及生物科技相关行业 IPO 中一直扮演着重要角色。港股市场 2018 年医药及生物科技企业 IPO 表现亮眼，共有 8 家企业完成了 IPO，数量及金额

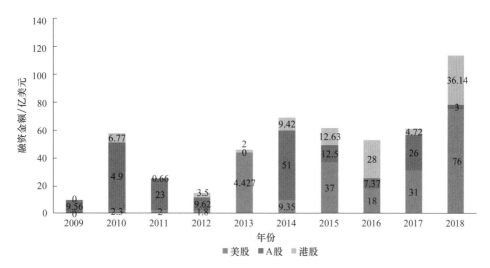

图 5-4 美股、A 股及港股 IPO 融资规模（一）

数据来源：德勤，2019 年，《资本市场回顾与展望：创新药驱动下的医药与生物科技行业》

注：美股市场 IPO 数据不包括以美国作为第二上市地的公司在 NYSE/Nasdaq 首次发行

均远远超过 2017 年。港交所于 2018 年初出台新规，允许尚未盈利或未有收入的生物科技公司赴港上市，2018 全年共计 5 家企业通过该新规成功登陆港股。A 股市场医药及生物科技相关行业 IPO 在过去 10 年中的表现一直存在波动。2017 年生物医药类 IPO 迎来爆发期，共 33 家企业完成了 IPO，2018 年受到 IPO 监管收紧影响，仅 3 家医药及生物科技企业上市（图 5-5）。

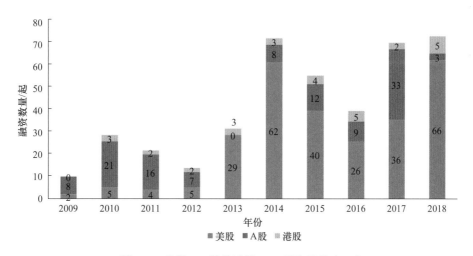

图 5-5 美股、A 股及港股 IPO 融资规模（二）

数据来源：德勤，2019 年，《资本市场回顾与展望：创新药驱动下的医药与生物科技行业》

注：美股市场 IPO 数据不包括以美国作为第二上市地的公司在 NYSE/Nasdaq 首次发行

2019 中国生命科学与生物技术发展报告

（五）企业并购在波动中保持增长

总体来说，近 10 年来全球生物医药及生物科技行业并购交易在波动中保持增长的趋势（图 5-6）。预计 2019 年全年生物医药及生物科技企业并购规模将进一步提升。以交易总额 80 亿美元的礼来收购 Loxo Oncology 案例为代表，其背后的主要原因是制药企业结构及战略调整的需求及媒体舆论影响所致，增加产品线、完成产业链布局、进一步巩固市场地位仍是主要的并购动机；2019 年 1 月，BMS 宣布以 740 亿美元收购生物科技公司 Celgene Corporation，交易规模仅次于 1999 年 Pfizer/Warner-Lambert 的并购交易，为有史以来生物医药行业第二大并购交易（表 5-2）。

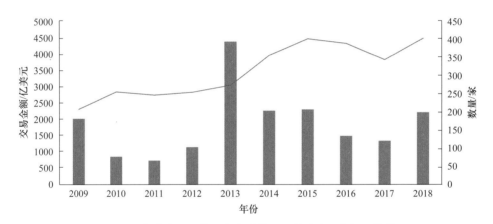

图 5-6 全球生物医药及生物科技行业并购交易金额及数量

数据来源：德勤，2019 年，《资本市场回顾与展望：创新药驱动下的医药与生物科技行业》

表 5-2 2014 年至今全球生物医药及生物科技行业并购前十大交易

公布时间	收购方	标的	交易金额/百万美元	收购类型	标的所属细分行业
2014 年 2 月	Allergan Plc	Forest Laboratories Inc	23 126	全额收购	制药（药物研发）
2014 年 11 月	Actavis Plc	Allergan Inc	63 199	全额收购	制药（创新药、医疗器械研发）
2015 年 2 月	辉瑞	Hospira Inc	16 323	全额收购	制药（生物仿制药）
2015 年 3 月	AbbVie Inc	Pharmacyclics Inc	19 045	全额收购	生物科技、制药（创新药研发）
2015 年 7 月	Teva Pharmaceutical Industries Ltd	Allergan plc（仿制药业务）	39 633	全额收购	制药（仿制药）

276

公布时间	收购方	标的	交易金额 / 百万美元	收购类型	标的所属细分行业
2016 年 1 月	Shire Plc	Baxalta Inc	35 219	全额收购	制药（药物研发和商业化）
2017 年 1 月	强生	Actelion Pharmaceuticals Ltd	29 592	全额收购	生物科技、制药（药物研发和商业化）
2018 年 5 月	武田制药	Shire Plc	78 198	全额收购	生物科技、制药
2019 年 1 月	BMS	Celgene Corporation	89 489	全额收购	生物科技、制药（药物研发及商业化）
2019 年 2 月	丹纳赫	GE Healthcare Life Sciences（生物医药业务）	21 400	全额收购	生物科技（药物研发相关仪器、耗材及软件）

数据来源：德勤，2019 年，《资本市场回顾与展望：创新药驱动下的医药与生物科技行业》

 ## 二、中国投融资发展态势

（一）投融资年度增长趋势明显

医疗健康产业被称为继信息技术产业之后的全球"财富第五波"，备受资本关注。2018 年，中国资本市场整体遭遇寒冬，但医疗健康产业从融资规模和数量看，依然保持良好发展势头，融资数量小幅增长，融资规模显著跃升。2018 年中国医疗健康领域融资总额达到 825 亿元，同比增长 79%，融资事件 695 起，同比增长 53%（图 5-7）。

（二）化学药成为融资热门领域

2018 年中国医疗健康领域融资事件涉及 16 个细分领域，化学药反超生物技术在融资额方面位居第一，但从融资事件数上看，医疗器械领域融资事件最多，而医药领域融资总额最高。虽然医疗金融的融资事件数量很少，但单笔融资金额相对较高。因此总金额甚至排在医疗器械之前（图 5-8）。医疗金融行业在 2018 年获得了总计 80 亿元的融资，其中平安医保的 A 轮融资占到了 95%

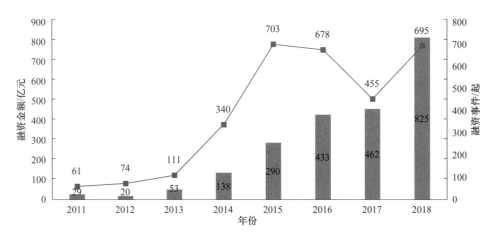

图 5-7 中国医疗健康领域融资额及融资事件数

数据来源: 动脉网, 2019 年,《2018 年医疗健康领域投融资报告》

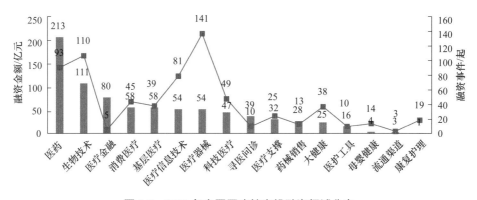

图 5-8 2018 年中国医疗健康投融资领域分布

数据来源: 动脉网, 2019 年,《2018 年医疗健康领域投融资报告》

以上,主要源于平安医保在 2018 年 2 月获得了 11.5 亿美元的 A 轮融资,成为医疗金融行业的独角兽。

2018 年国内医疗健康领域的投融资事件主要集中在医疗器械、生物技术、医药和医疗信息技术 4 个领域。其中生物技术、医疗器械和医疗信息技术基本保持了历年以来的发展态势,显得不温不火。而在医药行业的投融资额、投融资事件数均表现出飞速增长,增长率分别达到了 210% 和 245%(表 5-3)。医药行业的突然发力很可能是受到了国家政策的影响,主要是药品审批改革和"4+7"药品带量采购为整个医药行业带来了新的增长点,同时也加强了投资人对医药行业的信心。

表 5-3　2018 年中国医疗健康投融资事件数　　　（单位：起）

领域	种子 / 天使轮	PreA/A/A＋轮	B/B＋轮	C/C＋轮	D 轮以上	战略投资	其他	总计
医药	12	35	20	9	3	10	4	93
生物技术	14	45	18	7	0	14	12	110
医疗金融	0	4	1	0	0	0	0	5
消费医疗	12	12	7	2	4	6	2	45
基层医疗	2	18	8	2	0	7	2	39
医疗信息技术	10	36	12	3	4	9	7	81
医疗器械	19	62	31	6	1	9	13	141
科技医疗	12	24	8	5	0	0	0	49
寻医问诊	0	7	2	0	1	0	0	10
医疗支撑	2	6	6	2	1	5	3	25
药械销售	2	3	4	0	1	3	0	13
大健康	13	13	2	4	1	2	3	38
医护工具	1	5	1	1	1	0	1	10
母婴健康	2	5	1	2	0	3	1	14
流通渠道	0	3	0	0	0	0	0	3
康复护理	3	10	1	0	0	2	3	19
总计	104	288	122	43	17	70	51	695

数据来源：动脉网，2019 年，《2018 年医疗健康领域投融资报告》

（三）投融资轮次情况与国际形势基本一致

国内医疗健康领域融资事件中，A 轮、B 轮和 C 轮的融资事件和金额占比最多，其中在 A 轮及以前的共 392 起，占比 44%，其中 A 轮高达 288 起，融资额 210 亿元。因此，国内的投融资轮次情况与国际形势基本一致，接近半数投融资时间都发生在 A 轮及以前（图 5-9）。

（四）投融资金额分布出现双峰曲线

2018 年中国医疗健康领域的投融资金额分布出现双峰曲线，在 1 000 万～2 000 万和 1 亿～10 亿融资金额各出现了一个高峰。其中 1 000 万～2 000 万的投融资事件基本都发生在天使轮—A 轮，细分领域除了生物技术之外，在医疗

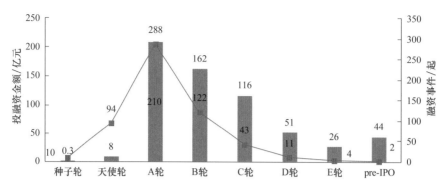

图 5-9　中国医疗健康领域投融资金额及投融资事件数

数据来源：动脉网，2019 年，《2018 年医疗健康领域投融资报告》

器械、医疗信息技术和科技医疗领域也有大量分布。新型可穿戴设备和基于大数据的智能分析在 2018 年获得了大量的融资机会，也催生了医疗器械和医疗信息技术两个细分领域的又一次投融资高峰。在 1 亿～10 亿的另一个高峰，则显得更加多种多样。投融资轮次从天使轮到 E 轮均有分布，投融资领域也包括绝大多数的细分领域（图 5-10）。

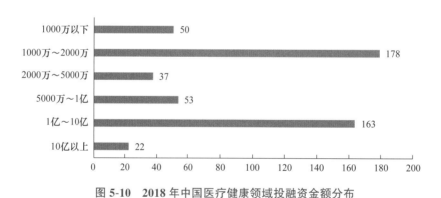

图 5-10　2018 年中国医疗健康领域投融资金额分布

数据来源：动脉网，2019 年，《2018 年医疗健康领域投融资报告》

从 2018 年国内 PE/VC 生物科技投资重大案例来看，大的投资案例不少，排名前 15 的投资案例金额均接近或超过 3 亿元，合计投资额近 75.6 亿元，单克隆抗体和细胞治疗成为资本追逐的热点，丽珠单抗以约 10 亿元的 A 轮融资额高居榜首，零氪科技和利德曼的 D 轮和战略融资均在 10 亿元左右（表 5-4）。

表 5-4 2018 年国内 PE/VC 生物科技投融资重大案例

融资轮次	披露日期	融资企业	行业	PE/VC	投资机构 投资金额/万元	地域
C	2018-01-04	泛生子生物	生物科技	—	26 666.67	北京
Strategy	2018-05-05	中优精准医疗	生物科技	鱼跃医疗	53 700.00	上海
Strategy	2018-05-24	Brii Biosciences	生物科技	蓝驰创投	29 466.64	上海
Strategy	2018-05-24	Brii Biosciences	生物科技	红杉资本中国	29 466.64	上海
Strategy	2018-05-24	Brii Biosciences	生物科技	云锋基金	29 466.64	上海
Strategy	2018-05-24	Brii Biosciences	生物科技	博裕资本	29 466.64	上海
Strategy	2018-05-24	Brii Biosciences	生物科技	Arch Venture Partners	29 466.64	上海
Strategy	2018-05-24	Brii Biosciences	生物科技	通和毓承	29 466.64	上海
A	2018-06-26	丽珠单抗	生物科技	—	100 640.00	珠海
D	2018-07-04	零氪科技	生命科学工具和服务	中投公司	100 000.00	北京
B	2018-07-19	复宏汉霖	生物科技	—	53 380.00	上海
B	2018-07-19	复宏汉霖	生物科技	中金公司	53 380.00	上海
Strategy	2018-08-20	利德曼	生物科技	—	99 000.00	北京
Pre-A	2018-09-25	泰诺麦博	生物科技	—	30 000.00	珠海
C+	2018-12-17	上海细胞治疗	生物科技	—	32 500.00	上海
C+	2018-12-17	上海细胞治疗	生物科技	海尔资本	32 500.00	上海

数据来源：Wind

（五）医药行业并购活动较为活跃

2018 年中国医药行业并购活动较为活跃，与 2017 年相比，交易数量增长约 54%，交易金额增长 16%，达到 197.7 亿美元，其增长主要来源于境内战略投资者和财务投资者（表 5-5）。

表 5-5 中国医药行业并购交易数量与金额

类型	2015		2016		2017		2018		2018 Vs 2017 差异/%	
	数量 /起	金额 /亿万美元	数量 /起	金额 /亿万美元	数量 /起	金额 /亿万美元	数量 /起	金额 /亿万美元	数量	金额
战略投资者										
境内	194	234.54	172	114.11	158	64.81	167	90.33	6	39
境外	4	0.19	8	0.97	11	1.78	3	—	（73）	不适用
合计	198	234.73	180	115.08	169	66.59	170	90.33	1	36

续表

类型	2015 数量/起	2015 金额/亿万美元	2016 数量/起	2016 金额/亿万美元	2017 数量/起	2017 金额/亿万美元	2018 数量/起	2018 金额/亿万美元	2018 Vs 2017 差异/% 数量	2018 Vs 2017 差异/% 金额
财务投资者										
私募股权基金交易	37	74.31	53	53.73	39	40.01	86	59.63	121	49
风险投资基金交易	47	0.85	38	1.94	39	0.87	129	2.93	231	238
合计	84	75.16	91	55.67	78	40.88	215	62.56	176	53
中国大陆企业海外并购										
国有企业	—	—	—	—	2	5.76	3	1.93	50	（66）
民营企业	7	1.17	25	26.68	24	38.77	15	10.47	（38）	（73）
财务投资者	1	—	5	5.64	7	19.09	31	32.22	343	69
合计	8	1.17	30	32.31	33	63.62	49	44.62	48	（30）
香港企业海外并购	1	0.53	3	2.76	3	0.06	3	0.18	0	175
总计	291	311.59	304	205.82	283	171.15	437	197.69	54	16

数据来源：普华永道，2019 年，《2018 年并购回顾——中国医药行业》

注："海外并购"是指中国内地企业在境外进行收购

总体并购数量创下 437 起的历史新高，来自财务投资者的并购交易数量呈现大幅增长，达到 246 起的历史新高（图 5-11）。

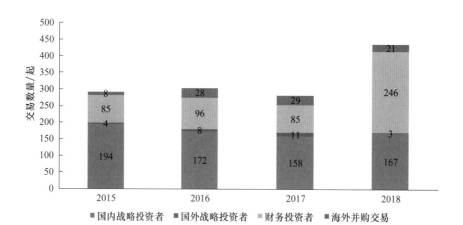

图 5-11　2015～2018 年中国医药行业并购交易数量

数据来源：普华永道，2019 年，《2018 年并购回顾—中国医药行业》

2018 年交易金额较 2017 年增长 16%，国内战略投资者和财务投资者的交易金额呈现出大幅增长，而国外战略投资者和海外并购交易金额从 2017 年的最高点回落至过去三年的最低值（图 5-12）。

图 5-12　2015～2018 年中国医药行业并购交易金额

数据来源：普华永道，2019 年，《2018 年并购回顾—中国医药行业》

1. 战略投资者

中国战略投资者交易数量和金额相比 2017 年分别增长了 1% 和 36%，其中超过 1 亿美元的大型交易有 22 起（2017 年为 12 起大型交易）；另外，国外战略投资者依旧不甚活跃（图 5-13、表 5-6）。

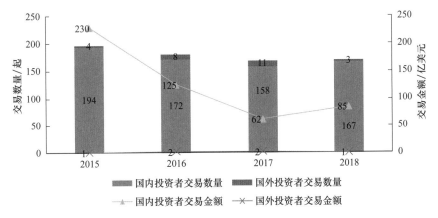

图 5-13　中国战略投资者交易数量和金额

战略投资者整体并购金额的增长主要来源于制药板块；生物及生物技术板块的交易数量及交易金额均有所滑落（图 5-14）。

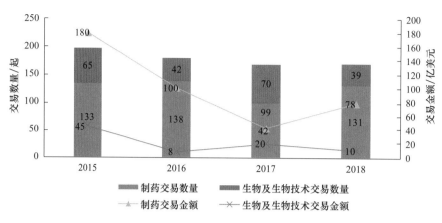

图 5-14　中国战略投资者不同领域的交易数量和金额

2. 财务投资者

私募股权基金和风险资本并购交易数量创下 215 起的新纪录，交易金额也反弹至过去三年的最高值，反映了市场资金充沛正满足了私募行业的高融资需求。从交易数量来看，除 2017 年小幅下降外，2015～2018 年总体呈上升趋势（图 5-15、表 5-7）。

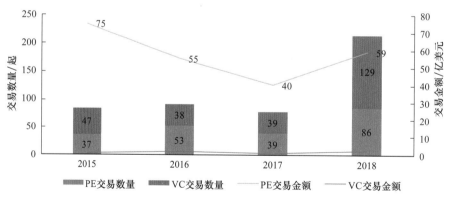

图 5-15　2015～2018 年中国医药行业财务投资交易数量和金额

3. 中国内地企业境外并购交易

相较 2017 年，虽然 2018 年中国内地境外并购交易数量上升了 48%，但交易金额下降了 30%，主要由于民营企业境外并购交易的回落；由私募股权基金等财务投资者主导的境外并购，已经成长为一个成熟的细分投资领域，财务投

资者在 2018 年有 31 起境外并购，其中有 7 起超过 1 亿美元的大型交易（2017
年大型交易为 4 起）（图 5-16、表 5-8）。

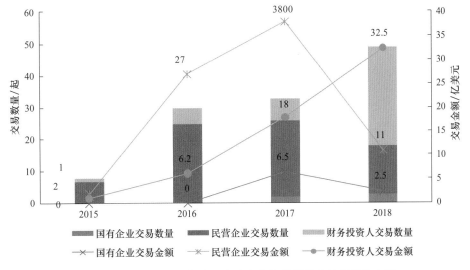

图 5-16　2015～2018 年中国内地企业境外并购交易数量和金额

表 5-6　2018 年战略投资者并购案例（2 亿美元以上的交易，按交易金额排序）

序号	宣布日	交易金额/亿美元	买方	目标公司	目标公司行业	摘要
1	2018-01-05	13.08	中国生物制药有限公司	中国生物（北京）有限公司	制药	中国生物制药有限公司有条件同意购买法国投资（中国）集团有限公司（卖方）持有的中国生物（北京）有限公司已发行股本的 51% 股份，并将以按每股股份 12.73 港元的发行价向卖方发行 7.23 亿股股份的方式付清对价
2	2018-7-10	12.03	北京东方新星石化工程股份有限公司	江苏奥赛康药业股份有限公司	制药	北京东方新星石化工程股份有限公司与江苏奥赛康药业股份有限公司进行 100% 股权置换，交易完成后，江苏奥赛康药业股份有限公司将借壳北京东方新星石化工程股份有限公司，资产初步作价人民币 80 亿元
3	2018-06-02	6.67	华润医药控股有限公司	江中药业有限公司	制药	隶属于华润集团的华润医药控股有限公司拟对江中集团进行重组，以实现收购江中集团的控股权益。假设拟议收购完成，华润集团间接拥有江中药业有限公司已发行股份超过 30% 的权益，从而触发全面要约收购义务。全面要约收购的每股要约收购价格将为人民币 25.03 元，要约下的可收购数量为约 1.71 亿股江中药业有限公司的上市流通股，要约收购所需最高资金总额约为人民币 42.78 亿元
4	2018-12-28	4.37	南宁八菱科技股份有限公司	北京弘润天源生物技术有限公司	生物技术	南宁八菱科技股份有限公司发布公告，拟收购北京弘润天源生物技术有限公司 100% 股权，预计交易金额不超过人民币 30 亿元
5	2018-03-19	3.41	平安人寿保险股份有限公司	中国中药控股有限公司	制药	中国平安旗下平安人寿保险股份有限公司同意以每股 4.43 港元认购 6.04 亿股中国中药控股有限公司股票。认购净额 26.74 亿港元左右，认购股份占中国中药控股有限公司扩大后已发行股本的约 12%
6	2018-05-21	2.80	上海医药（香港）投资有限公司 /Sunrise Bright Investment Limited	广东天普生化医药股份有限公司	制药	上海医药集团境外全资子公司上海医药（香港）投资有限公司拟出资 1.44 亿美元（折合人民币约 9.15 亿元）收购 TakedaPharmaAG（"武田瑞士"）全资子公司 Takeda Chromo BeteiligungsAG 的 100% 股权，从而间接持有广东天普生化医药股份有限公司 26.34% 的股份。本次交易完成后，上海医药（香港）投资有限公司持有广东天普生化医药股份有限公司的股权比例将从 40.80% 增至约 67.14%，实现绝对控股。同时，Sunrise Bright Investment Limited 将以 1.36 亿美元（折合人民币约 8.66 亿元）的价格收购武田瑞士另一全资子公司 100% 的股权，从而间接持有广东天普生化医药股份有限公司 25% 的股权

序号	宣布日	交易金额/亿美元	买方	目标公司	目标公司行业	摘要
7	2018-06-15	2.73	银鸽实业集团有限公司/iCapital Limited	北京杰华生物技术有限公司	生物技术	银鸽投资控股股东漯河银鸽实业集团有限公司与iCapital Limited、Novagen Holding Corporation 签署了《投资协议》，约定银鸽实业集团有限公司和iCapital Limited共同设立离岸投资主体，通过受让老股及投资新股的方式以2.73亿美元（约合人民币17.4亿元）收购北京杰华生物技术有限公司1 400万股股份，占北京杰华生物技术有限公司扩大股份后的10%
8	2018-11-27	2.69	成都兴城投资集团有限公司	天津红日药业股份有限公司	制药	天津红日药业股份有限公司原股东与成都兴城投资集团签署股份转让协议，拟转让股份数量为4.87亿股，占公司总股本的16.195%，转让单价为人民币3.83元/股，总价约人民币18.68亿元。本次股份转让后，成都兴城投资集团将持有公司16.195%股权，成为公司第一大股东
9	2018-08-31	2.52	深圳诺鱼科技有限公司	冠福控股股份有限公司	制药	冠福控股股份有限公司股东林氏家族筹划将公司股份3.84亿股，转让给深圳诺鱼科技有限公司，价格拟定为不低于4.5元/股
10	2018-06-01	2.42	远大医药（中国）有限公司	上海运佳黄浦制药有限公司	制药	远大医药（中国）有限公司拟以对价15.51亿元人民币向运佳远东有限公司收购上海运佳黄浦制药有限公司100%股权
11	2018-05-24	2.41	远大医药健康控股有限公司	台湾东洋国际股份有限公司	制药	远大医药健康控股有限公司完成向GLSaino Investment Limited收购台湾东洋国际股份有限公司100%已发行股份。台湾东洋国际股份有限公司为一家总部在上海的从原料到制剂研发、生产和销售的企业。本次交易累计代价为人民币15.4亿元，其中约人民币9.24亿元将以现金方式支付，以及约人民币6.16亿元将通过按每股港币4.2元发行约1.81亿股代价股份的方式支付

表 5-7 2018 年财务投资者并购案例（2 亿美元以上的交易，按交易金额排序）

序号	宣布日	交易金额/亿美元	买方	目标公司	目标公司行业	摘要
1	2018-04-24	2.85	各投资机构	斯丹赛生物技术有限公司	生物技术	近期斯丹赛生物技术有限公司已完成新一轮融资，融资额 1.8 亿元人民币，本轮融资由火山石投资、高特佳投资、软银中国、敦厚资本及智诚资本等国内多家知名投资机构共同出资完成。斯丹赛生物技术有限公司是一家细胞治疗技术研发商，主要从事于细胞与再生医学、分子生物学的新技术、新材料和新产品研发，同时提供分子细胞相关的多个服务项目，包括基因克隆构建、病毒包装、细胞培养与转染服务等
2	2018-08-03	2.77	高瓴资本/新加坡政府投资公司（GIC）/Baker Bros/汇桥资本（Ally Bridge）	百济神州（北京）生物科技有限公司	生物制药	百济神州（北京）生物科技有限公司于 2018 年 8 月 8 日在港股上市，发行 6560 万股，每股发行价 108 港元，募资规模约 9.03 亿美元。该公司引入 4 名基石投资者，当中高瓴资本（Hillhouse）将认购 5.59 亿港元、新加坡政府投资公司（GIC）认购 1 亿美元、汇桥资本（Ally Bridge）则认购 2500 万美元
3	2018-05-24	2.60	红杉资本/云锋基金/博裕资本/蓝池资本/ARCH/通和毓承	腾盛博药医药技术（上海）有限公司	生物制药	腾盛博药医药技术（上海）有限公司是一家创新药物研发商，专注于治疗慢性疾病和感染性疾病的新药物的研发与生产，并为用户提供医疗保健健康解决方案。其于 2018 年 5 月成立并已完成 2.6 亿美元融资，本轮融资由 ARCHVenture Partners、通和毓承资本、博裕资本、云锋基金、红杉资本和蓝池资本领投
4	2018-05-09	2.60	各投资机构	基石药业（苏州）有限公司	制药	基石药业（苏州）有限公司是一家专注于肿瘤免疫治疗的开发和联合治疗的公司。本轮融资由主权财富基金新加坡政府投资公司（GIC）领投，红杉资本中国基金、云锋基金、通和毓承资本、中信产业基金、泰康保险集团、ARCHVenture Partners、King Star Capital、3WPartners、AVICT、弘晖资本参与，以及现有投资方元禾原点、博裕资本及毓承资本继续跟投
5	2018-10-16	2.46	各投资机构	信达生物制药（苏州）有限公司	生物制药	2018 年 10 月 16 日，信达生物制药（苏州）有限公司在香港宣布首次公开招股，将以每股 12.5~14 港元的价格出售 2.36 亿股，占扩大股本后的 21%，集资金额最高可达 33 亿港元。基石投资者包括 Seacliff 及 Dwyer、Cormorant Asset Management, LP、景林资产管理有限公司、LAVBiosciences Fund IV, LP、Prime Capital Funds、Rock Springs Capital Master Fund, L.P、SCCGrowth VHoldco L, Ltd、Elbrus Investments Pte. Ltd.、惠理基金管理香港有限公司、VivoFunds，认购总额 19.18 亿港元可购买的发售股份数目

续表

序号	宣布日	交易金额/亿美元	买方	目标公司	目标公司行业	摘要
6	2018-12-10	2.42	各投资机构	上海君实生物医药科技股份有限公司	生物制药	上海君实生物医药科技股份有限公司为一家生物制药公司，从事创新药物的发现和开发，以及在全球范围内的临床研究及商业化。其股份自2018年12月24日起在港挂牌买卖，集资总额30.8亿~32.4亿港元。7名基石投资者已承诺认购公司共计2.42美元的股份
7	2018-06-29	2.20	弘毅投资/鼎晖投资/厚朴投资/高瓴资本/新加坡经济发展局/汇桥资本/康桥资本/天士力资本	天境生物有限公司	生物制药	聚焦于肿瘤免疫和自身免疫疾病治疗领域的创新药物研发企业，天境生物有限公司宣布完成2.2亿美金C轮融资，是目前为止中国创新药领域C轮最大的融资之一。本次融资由弘毅资本领投，厚朴投资、鼎晖投资、汇桥资本及以新加坡为基地的经济发展局投资局投资私人有限公司（EDBI）等参与，现有投资方康桥资本及天士力资本继续跟投
8	2018-12-26	2.01	无锡中保嘉沃	云南沃森生物技术股份有限公司	生物技术	云南沃森生物技术股份有限公司发布公告称，公司股东云南工投集团与受让方无锡中保嘉沃签署了股份转让协议。云南工投集团将转让给无锡中保嘉沃，本次股份转让的5%的公司股份（约为7687万股）转让给无锡中保嘉沃，本次股份转让价款为人民币1.378亿元。云南沃森生物技术股份有限公司是一家专业从事生物医药苗疫类产品研发、生产和营销的企业
9	2018-11-28	2.00	爱尔兰战略投资基金/淡马锡/云锋基金/红杉	明码（上海）生物科技有限公司	生物技术	2018年11月28日，爱尔兰战略投资基金、淡马锡投资管理有限公司、红杉资本中国基金、云锋投资明码（上海）生物科技有限公司2亿美元

表 5-8 2018 年中国内地企业境外并购交易（2 亿美元以上的交易，按交易金额排序）

序号	宣布日	交易金额/亿美元	买方	目标公司	目标公司行业	摘要
1	2018-04-11	5.93	中国建银投资有限责任公司	Australia Nature's Care Biotech	营养品制药	中国建银投资有限责任公司及其全资子公司建投华文及 Tanar Alliance Partners FundI, LP, 收购 Australia Nature's Care Biotech（ANCB）75% 股权。ANCB 总部位于澳大利亚悉尼，在膳食营养补充剂、维生素、护肤和婴幼儿护理等领域均处于领先地位
2	2018-08-31	5.10	微医控股有限公司/茂宸集团控股有限公司/Aldworth Management	Genea Biomedx	生物技术	微医控股有限公司与茂宸集团控股有限公司及 Aldworth Management 作价 34.3 亿~40 亿港元收购澳洲生科企业 Genea Biomedx 89.5% 的股权。Genea Biomedx 于澳大利亚提供不孕症治疗服务，有 30 年服务经验。Genea Biomedx 主力研发试管婴儿、人工受孕及人体培养液技术及产品
3	2018-02-08	5.00	各投资机构	Moderna Therapeutics	生物制药	开发创新 mRNA 药物和疫苗的生物技术公司 Moderna Therapeutics 宣布在新一轮融资中筹集了 5 亿美元。Moderna Therapeutics 将使用这项融资进一步推进管线中的 mRNA 新药研发
4	2018-09-12	4.50	野牛资本	徐诺药业有限公司	制药	野牛资本（BCAC）同意以 4.5 亿美元收购美国生物制药公司徐诺药业有限公司。根据合并协议的条款，徐诺药业有限公司将成为 BCAC 的全资子公司并经营业务，BCAC 将更名为 "Xynomic Pharmaceuticals Holdings, Inc。徐诺药业有限公司是一家美国公司，专注于全球授权引进、开发和销售抗肿瘤新药
5	2018-02-28	2.50	淡马锡/高瓴资本/博裕投资/通和毓承	Viela Bio	生物制药	从阿斯利康全球生物药研发机构 Med Immune 拆分，成为一个独立的专注于治疗炎症、自体免疫疾病的生物医药公司的 Viela Bio 获得了 2.5 亿美元的 A 轮融资，通和毓承、博裕资本、高瓴资本、淡马锡领衔本轮投资，此外淡马锡和 Sirona Capital 也参与本轮投资
6	2018-07-05	2.08	华东医药	Sinclair Pharma PLC	医疗美容	华东医药与 Sinclair Pharma PLC 于伦敦证券交易所发布了华东医药通过现金要约方式收购 Sinclair Pharma PLC 全部股份的正式要约收购公告。根据现金要约，本次要约收购价格为 32 便士/股，收购 Sinclair Pharma PLC 全部股份对应的收购交易总额约 1.69 亿英镑。Sinclair Pharma PLC 总部位于英国伦敦，是一家拥有全球领先的医疗美容技术并全球化运营的专业医疗美容公司

第六章　生命科学研究伦理与政策监管

 一、伦理学概述

伦理学的本质是关于道德问题的科学，是思想道德观点的系统化、理论化。其核心是道德和利益的关系问题，即"义"与"利"的关系问题。对这一基本问题的不同回答，决定着各种道德体系的原则和规范，也决定着各种道德活动的评判标准和取向。同时，伦理规范不同于法律法规，不具有强制性的特点，但可通过群体制定共识或规范、舆论或个体的良心谴责及转化为政策法规等途径来实现其约束作用。

（一）伦理学的定义及分类

伦理一词在中国的起源最早见于《乐纪》："乐者，通伦理者也"，指的是人与人、人与自然的关系，以及处理这些关系的规则。国外伦理学雏形可追溯到公元前6世纪，苏格拉底和他的学生柏拉图从唯心主义的理念论出发，探讨了"至善"问题，建立了理念论的道德理论体系。亚里士多德综合了前人的伦理思想成果，正式使用了"伦理学"这一名称，并把它作为一门学科。他继承和发展德谟克利特等的伦理思想，建立了一个以城邦整体利益为原则的比较完整的幸福论伦理思想体系。

定义：《简明不列颠百科全书》关于伦理学的定义是：伦理学即道德哲学，是研究什么是道德上的"善"与"恶"、"是"与"非"的科学。美国《韦氏大辞典》认为伦理学是一门探讨"什么是好，什么是坏，以及讨论道德责任义务"的学科。《中国大百科全书》关于伦理学的定义是：伦理学是哲学的一个分支学科，即关于道德的科学，也称道德学、道德哲学或道德科学。简而言之，伦理学是关于道德的科学。伦理学涉及人类生活的方方面面，如战争、环境保护、污染、核能及核污染、可持续发展、动物福利、人体实验、遗体捐献、安乐死、人口控制、堕胎、干细胞生物工程、克隆、转基因生物、器官移植、合成生物学和人工智能等。

分类：伦理学主要分为两大类[442]，第一类是一般伦理学，包括元伦理学、规范伦理学、美德伦理学等；第二类是应用伦理学，包括科技伦理学、生命伦理学、医学伦理学等。科技伦理学[443]是一门交叉学科，是科学技术与伦理学相结合的产物。具体而言是指科技创新活动中人与社会、人与自然、人与人关系的思想与行为准则，它规定了科技工作者及其共同体应恪守的价值观念、社会责任和行为规范。科技发展和科技活动中必须重视伦理规范以弘扬科技的正面效益，扼制其负面影响，以更好地造福人类。科技伦理目前主要集中在基因伦理、生态伦理、新材料伦理、人工智能伦理、信息伦理和军事伦理等方面。生命伦理学[444]是根据道德价值和原则对生命科学领域内的人类行为进行系统研究的学科。狭义上是研究环境与人类相互关系中的道德问题，以及人类生殖、生育控制、遗传、优生、死亡、安乐死和器官移植等方面的道德问题的学问。医学伦理学[445]是运用一般伦理学原则解决人类医疗卫生实践和医学发展过程中的医学道德问题和医学道德现象的学科，是运用伦理学的理论和方法研究医学领域中人与人、人与社会、人与自然关系的道德问题的学问。但随着医学和生命科学技术的日益融合，传统的医学伦理学已不能涵盖医学活动中涉及技术伦理问题，因此目前以生命医学伦理学[446]来指代在生命医学研究和临床实践中涉及的伦理问题。

不伤害[446]是最具传统性的伦理学原则："首先，不伤害"是从希波克拉底

442 吴敏英. 伦理学教程. 成都：四川大学出版社，2002.

443 曹波俏. 科技伦理问题探析. 合作经济与科技，2010，10：126-127

444 翟晓梅. 生命伦理学导论. 北京：清华大学出版社，2005.

445 王明旭. 医学伦理学. 北京：人民卫生出版社，2018.

446 汤姆·比彻姆. 生命医学伦理原则. 牛津：牛津大学出版社，2014.

传统而来的基本原则。如果我们不能使某人受益，那么至少我们不应当伤害他们。仁慈 446 是不伤害的积极方面。仁慈主张当我们能够这样做，而对于自己没有风险时，我们有义务协助他人促进利益的实现。知情同意 447 是生命医学伦理学中最重要的问题，是指患者对自己的病情和医生据此做出的诊断与治疗方案明了和认可。它要求医生必须向患者提供做出诊断和治疗方案的根据，即病情资料，并说明这种治疗方案的益处、负效应、危险性及可能发生的其他意外情况，使患者能够自主地做出决定，接受或不接受这种诊疗，也称知情许诺或承诺。知情同意拥有 4 个要素：一是能力，即一个人能够做出决定的能力；二是开诚布公，即一个人被告知的内容是专业人士通常要告诉患者的事情，必须是开诚布公的，它关系到在一致性谈判过程中告知患者的内容；三是理解力，即一个人必须理解某一特定信息，如果一个患者不理解医生已经告诉他的信息，他也就无法使用这一信息；四是自愿，即具有自己愿意而没有受他人强迫的情况下自主做出选择的能力。

（二）伦理监督和政策监管

随着人类社会和科学技术的发展，国际组织及主要国家相继制定或颁发了一系列伦理规范或政策法规，通过伦理监督和政策监管两种方式来应对人类在科研、生命医学研究及临床实践活动中所面临的伦理问题，以保障科技创新和生命医学的健康发展。

1. 伦理监督、规范与伦理委员会

伦理监督 448 是指通过伦理规范或指导原则对人类的道德行为进行监察和督导以约束人类的行为，但不具有强制性。实施伦理监督的要素包括伦理规范、伦理委员会和伦理委员会监管。

伦理规范是伦理原则的具体体现，是指依据一定的伦理理论和原则而制定，

---

447 国家计划生育委员会：涉及人的生物医学研究伦理审查办法. 2016. http://www.gov.cn/gongbao/content/2017/content_5227817.htm［2019-8-24］.

448 上海市卫生局卫生监督所. 卫生监督伦理问题研究. 上海：复旦大学出版社，2014.

用以调整人类活动中的人际关系、评价人类行为善恶的准则。伦理规范可由国际组织及国家行政管理部门颁行，常采用"宣言""声明""原则""准则""指南"等形式，对伦理原则适用的范围进行界定，并以伦理原则对此范围内相关行为和活动进行道德约束和规范。

伦理委员会也称为伦理审查委员会，是指进行伦理审查和监督的独立组织。伦理委员会一般是由卫生行政部门、医疗机构、高等院校、科研院所等部门或机构，根据国际或国家发布的有关伦理规范和法律法规的规定而组建的，其成员[447]包括组建该伦理委员会的部门或者机构中的医学专业人员、法律专家及非医务人员，职责为核查生命医学研究和相关技术应用的方案是否合乎道德，并为之提供公众保证，确保受试者的安全、健康和权益受到保护。伦理委员会的审查工作不受研究机构和研究者的干扰或影响[447]。

根据组建部门或机构的不同，伦理委员会可分为中央伦理委员会、地方伦理委员会和机构伦理委员会。①中央伦理委员会一般由国家卫生行政主管部门组建，根据需要开展对重大项目的伦理审查；同时，中央伦理委员会还承担了针对重大伦理问题进行研究讨论，提出政策咨询意见，以及对地方或机构伦理委员会的伦理审查工作进行指导和监督的职能。②地方伦理委员会由国家或地方卫生行政部门组建，对辖区内所属机构的生命医学研究和相关技术应用进行伦理审查和监督。③机构伦理委员会[449]由医疗机构、高等院校、科研院所等机构组建，对本机构内的生命医学研究和相关技术应用进行伦理审查和监督。

2. 伦理委员会监管与政策监管

伦理委员会监管是指对伦理委员会的具体运作进行监督和管理，如伦理委员会的组建、人员的任命、培训和资质评定、机构运行经费审查等方面。一般来说，国家或地方卫生行政主管部门负责对伦理委员会进行监管。政策监管是指国家立法机关或职能部门通过颁布法律法规或管理条例等，对可能涉及伦理

---

449 李红英等. 机构伦理委员会能力建设与监管问题. 医学与哲学, 2016, 37 (11A): 22-25.

问题的关键领域的研究和特定技术的应用进行监管，具有一定的强制性，并且违法违规的机构或个人需要承担相应的行政或法律责任。

二、国内外伦理监督和政策监管现状

（一）国际组织伦理监督

国际组织主要通过发布其成员国家和地区认可的伦理规范，对其成员国家和地区形成伦理监督。目前国际组织发布了 11 部与生命医学伦理密切相关的伦理规范，其中较为重要的有 5 部伦理规范。

《纽伦堡法典》：为规范人体实验的行为，纽伦堡法庭于 1946 年汇编了涉及人体实验的基本伦理道德标准——《纽伦堡法典》，该法典成为第一部规范人体实验的伦理准则。《纽伦堡法典》认同了临床研究对社会所带来的潜在价值，强调了受试者必须自愿参与临床研究，指出开展临床研究时必须最大限度地优先保证受试者的权利并符合伦理要求，同时也规定了医学人体实验必须遵循的目的和基本原则、受试者的权利，以及操作者必须履行的基本义务。《纽伦堡法典》为以后人体实验的规范化提供了蓝本，并奠定了良好的基础。《赫尔辛基宣言》：世界医学大会于 1964 年发布了《赫尔辛基宣言》。该宣言对涉及人类受试者的医学研究，尤其是对可确定的人体材料和数据的研究做了伦理声明，并明确了知情同意原则。随着《赫尔辛基宣言》的多次修订，对受试者权益保护的内容也不断完善，对风险、负担和获益、科学要求和研究方案、研究伦理委员会、隐私和保密、知情和同意等各部分都做了详细规定。《赫尔辛基宣言》是重要的国际伦理规范，对国际、国家、地区相关法规的制定都具有非常大的影响。《世界人类基因组与人权宣言》：联合国科学教育及文化组织于 1998 年颁布《世界人类基因组与人权宣言》，认为人类基因组意味着人类家庭所有成员在根本上是统一的，也意味着对其固有的尊严和多样性的承认。只有在对有关的潜在危险和好处进行严格的事先评估后，并根据国家法律和其他各项规定，才能针对某个人的基因组进行研究、诊断或治疗。对于无法预计是否直接有益的研究，只有在特殊情况下才能十分谨慎地进行，而且要注意尽量降低有关人员所承担的风险。该宣言规定，任何人都有权根据国际法和国家法律法规对受到的损失要求公正合理的赔偿。《涉及人的生物医学研究的国际伦理准则》：1982 年，国际医学科学联合会理事会（CIOMS）与世界卫生组织（WHO）推出《涉及人的生物医学研究的国际伦理准则》（简称《CIOMS伦理准则》），并分别在 1993 年和 2002 年进行了修订。修订后的《CIOMS伦理准则》将适用范围从生物研究扩大到健康相关研究，新增内容包括不涉及人体但使用了健康相关数据的研究。同时，新版《CIOMS伦理准则》还提出了新的伦理原则和规范。例如，在资源匮乏地区如何实现公平的研究，如何在样本和数据研究中实施再次同意、免除同意、知情后选择不参与，如何实现样本和数据研究的利益分享等。《干细胞临床转化（应用）指导原则》：国际干细胞协会于 2008 年发布了《干细胞临床转化（应用）指导原则》，主要针对干细胞临床转化研究的重点而详细展开，包括细胞的处理和加工，以及干细胞的临床应用研究等。《干细胞临床转化（应用）指导原则》强调"在干细胞基础研究可靠地转化到恰当的、治疗病人的临床应用过程中，应该关注科学、临床、管理、伦理和社会等方面的问题"，并明确指出，干细胞从严格的临床前及临床试验转化为临床应用是一个非常艰难的过程，主要是因为确保干细胞的安全性、有效性、稳定性和均一性均非易事，因此不支持对于未获证明的干细胞及其直接衍生物在临床试验以外大规模地临床治疗性应用及商业化运作。

（二）主要国家伦理监督和政策监管

1. 美国

美国于 1978 年发布伦理规范，系统阐述基本伦理准则。美国的机构伦理委员会对涉及科学性和伦理合理性的研究项目进行审查，并接受人类研究保护办公室和 FDA 的监管。美国出台的重要伦理相关政策法规包括 1 部伦理规范、2

部法律法规和 1 部指南。

（1）伦理监督

伦理规范：美国在 1978 年发布了伦理规范《贝尔蒙报告》。该报告阐述了涉及人类受试者相关的三个基本伦理准则，即尊重个人、善行及平等公正，确立了受试者保护法律的伦理基础，并论证了如何将它们应用于受试者参与的研究。《贝尔蒙报告》为美国伦理监督体系的完善提供了重要的规范和依据。

伦理委员会：1966 年起，美国的许多医疗和科研机构开始组建各自的机构伦理委员会（IRB），负责对本机构的临床试验及研究项目进行伦理审查。IRB 的职责是评估研究的风险相对于研究给受试者或社会带来的利益是否合理，并使研究的风险最小化。同时，IRB 还需审查研究设计是否尊重个人隐私和研究数据的保密，并有责任对已准许的研究进行跟踪和后续审查来评估研究的风险和收益是否继续合理。

伦理委员会监管：美国从 1974 年开始先后成立了人体受试者国家伦理委员会、总统伦理委员会、国家生命伦理委员会等国家层级的伦理委员会，为生命医学重大问题提供伦理评估和决策咨询。目前，美国机构伦理委员会由两个机构共同监管：一是美国健康与人类服务部（DHHS）设立的人类研究保护办公室（OHRP）；二是美国健康与人类服务部（DHHS）和公共卫生部（PHS）设立的食品药品监督管理局（FDA）。其中 OHRP 通过终止赞助、暂停赞助、列入记录等手段来处罚研究机构和 IRB 的违规行为，并开展针对 IRB、研究人员、机构官员的教育计划。FDA 则主要通过行政手段及派人核查 IRB 的运作细节和伦理审查记录的方式监管 IRB。FDA 管辖下的 IRB 主要涉及药品、生物制剂及医疗器材实验。如果 IRB 拒绝 FDA 查核或 FDA 发现 IRB 有法定违规情形时，FDA 有权对 IRB 进行一定的行政处分，包括拒绝承认审查结果、暂停所有审查活动甚至有权取消 IRB 的审查资格。

（2）政策监管

《联邦法规》（CFR）：美国《联邦法规》第 45 卷第 46 部分（45CFR46）和第 21 卷第 56 部分（21CFR56）集中地规定了对人体试验受试者保护的具体措

施。其中21CFR56明确规定了伦理委员会的组成和成员要求、功能和审查程序，文件的保存，以及对违反法律规定的IRB采取的行政措施等，成为美国伦理委员会监管工作的重要法律依据，并为监管机制奠定了法治基础。此外，美国还针对人体受试者的保护（21CFR50）、研究性新药申请（21CFR312）和研究性设备免除审查规定（21CFR812）等方面制定了相关法规，从不同层面为伦理委员会的工作提供了明确的政策依据。

《迪基－维克尔修正案》：美国于1996年通过了《迪基－维克尔修正案》。该修正案规定健康与人类服务部的任何资金都不能用于制造人类胚胎或者以研究为目的的胚胎，以及任何人类胚胎会被损毁、丢弃或者比在子宫内更容易受伤或死亡的研究。

《人类胚胎干细胞研究指南》：美国国家科学院于2010年发布了《人类胚胎干细胞研究指南》，明确了科学院将在胚胎干细胞的研究中发挥更大的监管作用，同时建议不应将体细胞核移植技术应用于任何有关人类的生殖性克隆。

2. 英国

英国于1968年起成立非正式"研究伦理委员会"，此后不断完善，至2007年已形成行之有效的三级管理体系。同时，英国不断完善伦理规范和相关法规，出台的重要伦理相关政策法规包括1部伦理规范和2部管理法规，并明确了违法行为将受到刑事处罚。

（1）伦理监督

伦理规范：2001年英国成立了伦理委员会中央办公室（COREC），加强伦理委员会的规范管理，2001年7月COREC发布《国家卫生部伦理委员会管理要求》，对伦理委员会的职责、成立、成员任命、工作程序等提出详细要求。

伦理委员会：英国组建了地方伦理委员会负责各辖区内的伦理审查工作。同时，英国设有的多中心伦理委员会，负责对多地区（4个以上）开展的多中心临床试验进行伦理审查，从而提高了审查效率，减少了管理成本。

伦理委员会监管：英国卫生部是所有伦理委员会的监管部门，不仅负责伦理委员会的组建及组成成员的任命，还负责伦理委员会的经费预算、人员培训等事务。英国卫生部于 2007 年成立"全国伦理研究服务体系"（National Research Ethical Services，NRES），具体负责建立、认可及监督英国的伦理委员会。

（2）政策监管

《人体受精和胚胎学法》：英国国会于 1990 年颁布《人体受精和胚胎学法》并多次进行重新审定和修改。该法案规定的处罚措施如下：如有人违反本法案生殖细胞禁令或非人遗传材料禁令，经循公诉程序定罪，可被判十年以下监禁或罚款，或两者兼有；如果在某一重要事项上提供虚假或具误导性的资料及明知该资料属虚假或具误导性，仍不顾一切地提供该资料，应予以处罚；执照申请人（或持有人）向他人提供未经授权配子、胚胎或人类混合胚胎而获得利益者，应予以处罚；以上所述责任人，一经简易程序定罪，可处 6 个月以下监禁，或罚款，或两者兼有。

《人体医学临床试验法规》：英国 2004 年发布《人体医学临床试验法规》，提出建立一个由英格兰、苏格兰、威尔士及北爱尔兰卫生行政当局负责人组成的监管机构，负责建立、认可及监督英国伦理委员会。该法规推动了英国"全国伦理研究服务体系"的成立，还明确了英国伦理委员会的具体管理部门、认可或废止程序、申请与审评程序等内容。

3. 澳大利亚

澳大利亚成立了国家层级的生命伦理委员会统筹伦理监管工作，出台的重要伦理相关政策法规包括 2 部伦理规范和 1 部法律法规，并明确了违法行为将受到刑事处罚。

（1）伦理监督

伦理规范：澳大利亚国家健康和医学研究理事会（NHMRC）于 2004 年发布《临床实践与研究中辅助生殖技术应用的伦理指南》，并于 2007 年进行了修改，旨在为澳大利亚的临床医学研究与实践中有关辅助生殖技术的应用提供伦理规范。该理事会于 2007 年发布《关于人类参与研究的道德行为的国家声明》，并于 2015 年进行了修订，旨在从国家层面对研究参与者的道德行为进行规范。

伦理委员会：澳大利亚已经成立了国家层级的生命伦理委员会——人类研究伦理委员会（HREC），主要负责各机构涉及人类研究的伦理审查，监督正在进行的已经通过审批的研究并解决研究中遇到的伦理问题。

伦理委员会监管：人类研究伦理委员会的上级主管机构是 NHMRC，它是澳大利亚最高卫生行政部门任命的独立政府机构，主要负责人类研究伦理委员会的监管工作，为决策层提供卫生咨询，管理卫生保健和医学研究中的伦理问题，受理各机构人类研究伦理委员会的注册。

（2）政策监管

《禁止人类克隆用于生殖法案》：该法案颁布于 2002 年，旨在禁止克隆人及与生殖技术相关的不可接受的临床实践。该法案明确界定了"禁止胚胎"的范围，并规定将人类胚胎克隆置于人体或动物体内等 15 种违规操作构成犯罪，并判处监禁 15 年的处罚。

4. 日本

日本的机构伦理委员会对生命科学研究进行伦理审查，同时机构伦理委员会受到政府行政部门和学术审议机构的监管。日本出台的重要伦理相关政策法规包括 1 部临床研究的伦理规范，以及 1 部针对克隆技术监管的法案，并明确了违法行为将受到刑事处罚。

（1）伦理监督

伦理规范：日本在 1988 年制定了《关于临床研究的伦理指导原则》，规定了以人作为研究对象（包含样本和信息）的临床研究要保证促进国民的健康，以患者从伤病的恢复或获得生活品质提高为目的开展活动，并从研究责任、伦理委员会的设置、知情同意的手续、安全管理等各方面进行了详细规定。

伦理委员会：日本由各研究所、大学、医院等实体机构组建伦理委员会负责本机构的伦理监督，并制定相关的规章制度和行为规范准则。日本的机构伦理委员会数量多，覆盖面广，涉及各行各业，有统一的行规且遵循业内伦理规范和准则。机构伦理委员会最先体现在医疗卫生领域，包括了各级治验审查委员会和大学医院的伦理委员会。随后各领域学会也先后组建了自己的伦理委员会，并在会员行动规范和纲领中规定了伦理相关内容。

伦理委员会监管：日本主要由厚生劳动省（日本劳动卫生部）、文部科学省（日本科学教育部）等政府机构为主导，日本学术会议（隶属于日本内阁的科学领域重大事项最高审议机构）、科学技术振兴机构（隶属于日本文部科学省的独立行政法人机构）等学术联合机构对机构伦理委员会进行统筹，主导规范了各级伦理委员会的运行。

（2）政策监管

《人类克隆技术监管法案》：日本于 2000 年颁布了《人类克隆技术监管法案》，法案规定任何人不得将人体细胞核移植胚胎、人 - 动物杂交胚胎、人 - 动物克隆胚胎、人 - 动物嵌合胚胎转移到人或动物子宫中。对违反《人类克隆技术监管法案》的行为，最高可处 10 年以上有期徒刑或 1 000 万日元以下罚款，或两者兼施的处罚。

5. 瑞典

瑞典建立了有效的伦理审查和监管体系，其中机构伦理审查由地方伦理委员会负责，地方伦理委员会由中央伦理审查委员会监管。瑞典出台的重要伦理相关政策法规包括 1 部伦理规范和 3 部针对辅助生殖技术和干细胞研究的法律。

（1）伦理监督

伦理规范：瑞典于 2004 年颁布了《涉及人的研究伦理审查办法》，不仅对临床试验进行了规定，还涵盖了人体研究，同时涉及有关死者、人体生物标本的研究，以及对有关敏感信息、可能违反伦理原则的私人信息的研究。

伦理委员会：瑞典按地理位置设置了 6 个地方伦理委员会，负责对辖区内开展生命科学研究的机构进行伦理审查。地方伦理委员会中负责审查的是独立的专家，他们被分成两个或更多的部门，其中至少有一个部门专门负责审查医学领域的研究（药物、药理、齿科、医护及临床心理）。在一个地方伦理委员会内设置不同的部门，有助于减少每个成员的工作量，缩短每个研究所需的审查时间，并有可能吸收更多的专家，同时避免利益冲突。

伦理委员会监管：地方伦理委员会由中央伦理审查委员会进行监管。中央伦理审查委员会是一个独立的机构，对地方伦理委员会是否遵守《伦理审查法案》进行监督管理，并就该法案的实施进行指导。如果地方伦理委员会的审查结果对研究机构不利，申请人可就地方伦理委员会的决定向中央伦理审查委员会提起上诉。同时，瑞典研究理事会负责对地方伦理委员会及中央伦理审查委员会的成员进行培训，进一步确保各级伦理委员会的审查质量和一致性。同时，地区和中央伦理审查委员会受议会和司法大臣办公室监督管理。

（2）政策监管

《体外受精法》：瑞典1985颁布了《体外受精法》，规定妇女之人工授精若曾得其丈夫或永久同居者的同意，而子女之受孕和出生为该人工授精可能结果时，则该子女视为婚生子女。

《人工授精法》：瑞典1991年颁布了《人工授精法》，规定研究仅限于在受精后14天内的卵子上进行，并且该卵子在事后将被毁掉；用于研究的受精卵不能被植入妇女身体内，研究也不能以可能会被遗传的基因改变为目的。

《基因完整法》：瑞典2006年颁布了《基因完整法》，明确在特定的适用条件下可以开展人类胚胎研究和治疗性克隆，包括：利用遗传信息的基因检测和基因治疗；医学全基因检测与筛查；产前诊断和胚胎植入前遗传学诊断；利用人类卵子进行的研究和治疗行为；人工授精和体外受精。

6. 中国

我国伦理监督和政策监管始于20世纪90年代，至今已出台了8部伦理相关的指导意见、规范、办法和条例，包括伦理相关指导原则规定和办法4部，生命医学领域共性相关管理办法2部，以及生命医学特定领域相关管理条例和规范2部。国家卫生和计划生育委员会于2016年公布的《涉及人的生物医学研究伦理审查办法》明确规定：国家卫生和计划生育委员会负责全国涉及人的生物医学研究伦理审查工作的监督管理，成立国家医学伦理专家委员会；国家中医药管理局负责中医药研究伦理审查工作的监督管理，成立国家中医药伦理专家委员会。国家医学伦理专家委员会负责对涉及人的生物医学研究中的重大伦理问题进行研究，提供政策咨询意见，指导省级医学伦理专家委员会的伦理审查相关工作。但总体上，我国伦理监督监管力度不足，伦理委员会的运行管理存在较大问题，缺乏国家层面的上位法律，违法违规行为缺乏惩处依据，研究人员和医疗从业人员自律不足。

（1）伦理监督

随着伦理意识的逐步深入和加强伦理监督监管的需求，我国自2000年以来陆续出台了一系列伦理相关的指导意见和规范，倡导遵守伦理规范，并约束和禁止不符合伦理规范的生命医学研究和临床实践活动。

伦理规范：《人类辅助生殖技术规范》《人类精子库基本标准和技术规范》《人类辅助生殖技术和人类精子库伦理原则》（卫科教发〔2003〕176号）。2003年9月，卫生部重新修订并同时发布上述三个文件，自2003年10月1日起执行，进一步明确和细化了人类辅助生殖技术实施中的伦理原则，严格掌握适应证、严禁供精与供卵商业化和卵胞质移植技术，禁止以生殖为目的对人类配子、合子和胚胎进行基因操作。

《人胚胎干细胞研究伦理指导原则》（国科发生字〔2003〕460号）：2003年12月，科学技术部和卫生部联合下发了《人胚胎干细胞研究伦理指导原则》，明确规定，禁止生殖性克隆人研究，允许开展胚胎干细胞和治疗性克隆研究，但要遵循医学伦理规范。

《药物临床试验伦理审查工作指导原则》（国食药监注〔2010〕436号）：2010年11月，国家食品药品监督管理总局在《药物临床试验质量管理规范（GCP）》（国家食品药品监督管理总局令第3号）的基础上印发了《药物临床试验伦理审查工作指导原则》（国食药监注〔2010〕436号），进一步规范了药物临床试验研究，旨在切实保护受试者的安全和权益。

《关于非人灵长类动物实验和国际合作项目中动物实验的实验动物福利伦理

审查规定（试行）》：2012年11月，中国疾病预防控制中心发布了《关于非人灵长类动物实验和国际合作项目中动物实验的实验动物福利伦理审查规定（试行）》，要求在动物实验时应当遵循伦理规范。

监督监管机构：我国伦理相关问题的监督和监管涉及国家卫生健康委员会、科学技术部、农业农村部、国家药品监督管理局等部门。其中，国家卫生健康委员会管理辅助生殖技术、医疗新技术等相关的医疗活动；国家卫生健康委员会和科学技术部管理人胚胎干细胞研究；科学技术部管理我国人类遗传资源的利用和审批；农业农村部管理农业转基因生物的研究、生产和经营活动；国家药品监督管理局管理药物临床试验的伦理审查。

（2）政策监管

随着我国生命科学的快速发展及合理有序发展新技术对伦理监管的需求，我国自20世纪90年代以来出台了一系列伦理相关管理办法和条例，对生命医学研究和临床实践活动进行伦理约束，禁止不符合伦理规范的研究和实践活动。

《人类遗传资源管理暂行办法》（国办发〔1998〕36号）：1998年6月，经国务院同意，国务院办公厅转发了由科学技术部、卫生部制定的《人类遗传资源管理暂行办法》，对我国人类遗传资源的管理体制、利用我国人类遗传资源开展国际合作和出境活动的审批程序做出了规定。

《农业转基因生物安全管理条例》（国务院令第304号）：2001年5月，国务院发布了《农业转基因生物安全管理条例》；2017年12月，农业部又进行了修订。该条例规范了在我国境内从事的农业转基因生物的研究、试验、生产、加工、经营和进出口活动。该条例强调了公众的知情权，该条例中规定：列入农业转基因生物目录的农业转基因生物，由生产、分装单位和个人负责标识，未标识的，不得销售。

《涉及人的生物医学研究伦理审查办法》（国家卫生计生委令第11号）：2016年10月，国家卫生和计划生育委员会发布《涉及人的生物医学研究伦理审查办法》，规定伦理委员会批准研究项目的基本标准是坚持生命伦理的社会价值、合理的风险与受益比例。

《医疗技术临床应用管理办法》（国家卫生健康委令第 1 号）：2018 年 8 月，国家卫生健康委员会发布《医疗技术临床应用管理办法》，规定具有以下情形之一的医疗技术禁止应用于临床，包括：临床应用安全性、有效性不确切；存在重大伦理问题；该技术已经被临床淘汰；未经临床研究论证的医疗新技术。

 ## 三、国内外伦理监督和政策监管进展

伦理监督和政策监管在相关科学研究、技术开发和应用实践中的重要作用愈加凸显。2018 年，国内外在临床研究、基因编辑研究等方面出台了相关的法律法规和指南等。

（一）国际进展

1. 人类基因编辑研究委员会发布《人类基因编辑的科学技术、伦理与监管》研究报告

为减少基因编辑应用可能引发的伦理争议和生物安全问题，2017 年 2 月，由来自美国、英国、法国、中国等国家的 22 人组成的人类基因编辑研究委员会起草的《人类基因编辑的科学技术、伦理与监管》研究报告正式发布。该报告从基础研究、体细胞、生殖细胞 / 胚胎基因编辑三方面提出了相关原则。关于基础研究，该报告认为：可以在现有的管理条例框架下进行实验室试验，包括在实验室对体细胞、干细胞系和人类胚胎的基因组编辑来进行基础科学研究试验。关于体细胞基因编辑，该报告提出 4 条原则：利用现有的监管体系来管理人类体细胞基因编辑研究和应用；限制其临床试验与治疗在疾病与残疾的诊疗与预防范围内；从其应用的风险和益处来评价安全性与有效性；在应用前需要广泛征求大众意见。关于生殖（可遗传）基因编辑，该报告提出的原则是：有令人信服的治疗或者预防严重疾病或严重残疾的目标，并在严格监管体系下使其应用局限于特殊规范内，允许临床研究试验；任何可遗传生殖基因组编辑

应该在充分的持续反复评估和公众参与条件下进行。

2. 美国发布《孕妇：纳入临床试验的科学和伦理考虑（草案）》

2018 年 4 月，美国 FDA 发布指导文件《孕妇：纳入临床试验的科学和伦理考虑（草案）》。该指导文件根据 FDA 的建议将孕妇纳入临床试验，关注对胎儿的潜在风险，支持通过知情同意的方法收集怀孕期间药物和生物制品使用的数据，为药品制造商、学术委员会、机构伦理委员（IRB）及参与临床试验的孕妇等提出建议。

3. 欧洲药品管理局（EMA）修订并发布转基因细胞医药产品监管指南

EMA 于 2018 年 7 月发布《含转基因细胞的医药产品的质量、非临床和临床指南草案》，为含有用于人类的转基因细胞的药品的开发和评估提供了指导，并提供上市许可。其重点是监管作为医药产品开发的转基因细胞的质量、非临床方面及安全性和功效要求。新指南对 2012 年版本进行了调整和修订，涵盖法律基础、质量研究（从材料到稳定性研究），非临床研究（从药效学到毒理学），临床试验（从剂量选择到临床随访），药物警戒，环境风险评估等环节，为供人类使用的细胞产品的上市提供指导。2012 版指南侧重传统的基因重组方法——携带重组核酸载体的遗传修饰方法，允许使用简单的基因遗传学修饰技术。2018 版指南则包括：含有多种修饰方式（病毒和非病毒载体、mRNA、基因编辑工具）获得的细胞，人源 / 动物来源的原代细胞系和已建立细胞系。医药产品中，基因修饰细胞能够单独存在或与医疗装置组合。细菌来源的转基因细胞不在本指南范围内。此外，附录中还提及 CAR-T 细胞在特殊临床试验中的应用。

4. 法国修订《生物伦理法》

法国至少每 7 年修订一次关于生物伦理的立法。法国"生物伦理公民代表大会"就医疗辅助生育、安乐死、基因测试等问题展开讨论，并于 2018 年 7 月提交了法律修改报告。预计新版《生物伦理法》将于 2020 年推出。基因诊断和基因组修改是本次修法的热点议题。法国现行的《生物伦理法》（以下简称《伦理法》）被称为世界上规定范围最广的同类法律。除了科技和医疗应用，还涉及文化、宗教、人伦与社会因素考量。

5.《日本临床研究法》开始实施

《日本临床研究法》（以下简称《研究法》）于 2018 年 4 月实施。包括总则、临床试验的实施、临床研究审查委员会认定、临床研究资金提供、其他规定、刑事规定等内容。《研究法》首次定义“特殊临床研究”（specified clinical study）的范围，即用于人类的且未经批准或未获得标签的药物产品、医疗装置和再生医学产品的功效和安全性研究。“特殊临床研究”的开展必须得到厚生劳动省授权的伦理委员会批准。该“特殊临床研究”范围比全球公认临床研究定义小，对于人体产生轻微负担和伤害的观察性研究不在其管理范围。

6. 基因编辑作物监管政策

2018 年 3 月，美国农业部发表声明，表示不会对使用包括基因编辑技术在内的新技术育种的农作物进行监管。美国现行法律规定，只有由细菌等植物病原体或其 DNA 构建的转基因作物被认定为“管制作物”。美国农业部部长桑尼·珀杜在声明中表示，根据农业部生物技术法规，只要这些新技术没有利用植物有害生物，农业部现在不会、也没有计划对使用这些新技术培育的农作物进行监管。基因编辑等新技术扩大了植物育种工具库，可以更快、更精准地培育出农作物新性状，有助于农作物增强抗旱、抗病虫害能力，提高营养价值，可能在育种方面节约数年甚至数十年时间。

欧盟将基因编辑作物视同转基因作物来进行监管。2018 年 7 月 25 日，欧洲法院（ECJ）决定，包括基因编辑在内的基因诱变技术应被视为转基因技术，基因编辑作物及其食品将纳入转基因生物（GMO）监管框架。这项裁决的产生是因为法国农业联盟提起的法律诉讼，他们认为，不管是如何制造的，拥有抗除草剂特性的种子品种都对环境构成风险。欧盟法院认为：“基因诱变以非天然发生的方式修改了生物的遗传物质，因此，通过基因诱变获得的生物是转基因生物。”

（二）国内进展

1.《中华人民共和国人类遗传资源管理条例》

2018 年，科学技术部牵头制定了《中华人民共和国人类遗传资源管理条例》（以下简称《条例》），并于 2019 年 3 月列入《国务院 2019 年立法工作计划》。《条例》中强调加强人类遗传资源管理工作中的伦理审查，符合伦理原则是采集、保藏、利用、对外提供我国人类遗传资源的必要条件。采集我国人类遗传资源，应当事先告知人类遗传资源提供者采集目的、采集用途、对健康可能产生的影响、个人隐私保护措施及其享有的自愿参与和随时无条件退出的权利，征得人类遗传资源提供者的书面同意。

2.《生物技术研究开发安全管理条例》

2018 年，科学技术部起草并制定了《生物技术研究开发安全管理条例》（以下简称《条例》），并于 2019 年 3 月面向社会公开征求意见，已列入《国务院 2019 年立法工作计划》。《条例》坚持发展与安全并重，坚持立足我国实践需求和借鉴国际经验相结合并做好与相关法律法规的衔接。《条例》一是强调开展生物技术研究开发活动时，不得危害国家生物安全、损害社会公共利益、违背人类社会基本伦理原则。二是根据生物技术研究开发活动及形成产物的现实风险和潜在风险程度，对生物技术研究开发活动实行风险分级管理。根据国际通用标准和规范，研究制定禁止开展的风险活动清单，其中以生殖为目的，对人生殖系统进行可遗传的基因修饰研究拟列入禁止开展的活动。三是强调单位和个人职责，强化法人单位主体责任，单位生物技术安全委员会协助对生物技术研究开发活动进行风险评估，协助制定风险消减计划。

3.《生物医学新技术临床应用管理条例》

2018 年，国家卫生健康委员会起草并制定了《生物医学新技术临床应用管理条例》（以下简称《条例》），并于 2019 年 2 月面向社会公开征求意见，已列入《国务院 2019 年立法工作计划》。《条例》明确卫生行政部门审批以学术审查和伦理审查为基础，规定了学术审查和伦理审查的主要内容。《条例》借鉴国际和世界卫生组织伦理审查有关规定，规定了卫生主管部门进行学术审查和伦理审查的主要内容，增强审查的严肃性和规范性。同时规定审查规范，包括伦理委员会、学术委员会组成等内容。

4. 《关于促进"互联网＋医疗健康"发展的意见》

2018 年 4 月，国务院办公厅发布《关于促进"互联网＋医疗健康"发展的意见》(以下简称《意见》)，就促进互联网与医疗健康深度融合发展做出部署。《意见》要求加强行业监管和安全保障。在强化医疗质量监管方面，出台规范互联网诊疗行为的管理办法，明确监管底线，健全相关机构准入标准，最大限度地减少准入限制，加强事中事后监管，确保医疗健康服务的质量和安全。推进网络可信体系建设，加快建设全国统一标识的医疗卫生人员和医疗卫生机构可信医学数字身份、电子实名认证、数据访问控制信息系统，创新监管机制，提升监管能力。建立医疗责任分担机制，推行在线知情同意告知，防范和化解医疗风险。互联网医疗健康服务平台等第三方机构应当确保提供服务人员的资质符合有关规定要求，并对所提供的服务承担责任，要求"互联网＋医疗健康"服务产生的数据做到全程留痕，可查询、可追溯，满足行业监管需求。在保障数据信息安全方面，研究制定健康医疗大数据确权、开放、流通、交易和产权保护的法规。严格执行信息安全和健康医疗数据保密规定，建立完善个人隐私信息保护制度，严格管理患者信息、用户资料、基因数据等，对非法买卖、泄露信息行为依法依规予以惩处。加强医疗卫生机构、互联网医疗健康服务平台、智能医疗设备及关键信息基础设施、数据应用服务的信息防护，定期开展信息安全隐患排查、监测和预警。患者信息等敏感数据应当存储在境内，确需向境外提供的，应当依照有关规定进行安全评估。

5. 《关于加强和促进食品药品科技创新工作的指导意见》

2018 年 1 月，国家食品药品监督管理总局、科学技术部联合发布《关于加强和促进食品药品科技创新工作的指导意见》（以下简称《意见》），在深化改革中切实加强食品药品监管科技工作，以创新引领监管水平提升，进而促进食品药品行业的创新发展。在优化科技创新布局方面，《意见》提出要强化在检验检测、毒理学、临床试验、真实世界证据、不良反应监测、监管绩效评价、伦理审查、拓展性临床试验研究及监管科学发展理论等方面的合作，促进监管科学发展，全面提升监管技术研发水平。

6. 《胚胎植入前遗传学诊断 / 筛查技术专家共识（2018 版）》

2018 年 3 月，中国妇幼保健协会生育保健专业委员会、中国医师协会生殖医学专业委员会、中国医师协会医学遗传学分会、中国遗传学会遗传咨询分会和中国妇幼健康研究会生殖内分泌专业委员会专家经过讨论，结合国际发展动态和国内临床应用的实际情况，共同拟定的《胚胎植入前遗传学诊断 / 筛查技术专家共识（2018 版）》（以下简称《共识》）在《中华医学遗传学杂志》上发表。其中，在遗传咨询和知情同意方面，《共识》明确了知情选择要求：根据评估的生育风险告知可能的干预措施，如产前诊断、胚胎植入前遗传学诊断 / 胚胎植入前遗传学筛查（PGD/PGS）、配子捐赠等，以及现阶段不同干预技术方案的优缺点，让夫妇自愿选择生育干预措施。夫妇在选择 PGD/PGS 周期治疗前，需充分知晓整个过程中的各类风险，涉及常规体外受精的治疗过程、PGD/PGS 技术造成的胚胎活检、冷冻复苏损伤、个别胚胎可能诊断不明、检测后无可移植胚胎、染色体嵌合型胚胎发育潜能的不确定性、无法常规鉴别染色体结构异常的携带者、由于胚胎自身的生物学特性及检测技术的局限性可能导致误诊的风险，以及若获得持续妊娠，需行产前诊断确诊等。

7. 在科技项目中设立伦理、政策法规研究

参考全球范围内现有的合成生物学研究和应用的有关政策和法规、标准和指南，为制定符合中国国情的、可行的合成生物学研究与应用的政策提供伦理、法律和社会支撑。科技部在 2018 年度国家重点研发计划项目合成生物学重点专项中设立了"合成生物学伦理、政策法规框架研究"项目，用以鉴别合

成生物学在研究和产业化过程中可能涉及的伦理问题，提升应对包括基因编辑在内的新兴技术伦理的科学水平。

 ## 四、热点领域分析——基因编辑技术

自 2013 年首次报道 CRISPR-Cas9 在哺乳动物基因组编辑中的应用以来，以 CRISPR-Cas9 为代表的基因组编辑技术受到了源源不断的高度关注。"魔剪"CRISPR-Cas9 以其廉价、快捷、便利的优势，迅速席卷全球各地实验室，被认为是遗传研究领域的革命性技术，该技术分别在 2012 年、2013 年和 2015 年三次入选国际顶级科学刊物 *Science* 评选的"世界十大科学进展"，相关研究人员被视为诺贝尔奖的有力竞争者。然而，随着利用 CRISPR-Cas9 方法操控细胞和组织的研究不断增加，研究者开始尝试在人类卵细胞、精子甚至胚胎上试验这一技术，基因编辑技术的伦理问题逐步显现。2013 年初，关于这项技术可被用于编辑人类干细胞基因和改造整个生物体（斑马鱼）的文章发表，成为争议的开端。2015 年 4 月，中山大学生命科学学院黄军就教授在 *Protein & Cell* 发表了 CRISPR-Cas9 技术首次应用于人类胚胎编辑的相关论文，由此引发基因组编辑技术伦理和监管问题的巨大争议，黄军就也因此入选了 *Nature* 2015 年度十大人物。2016 年的《美国情报界年度全球威胁评估报告》将"基因编辑"列入了"大规模杀伤性与扩散性武器"威胁清单。2018 年 11 月，世界首例基因编辑婴儿在中国诞生，更是引发了全球范围内的广泛争议。

针对基因编辑技术可能引发的伦理问题，CRISPR-Cas9 技术首次应用于人体胚胎的工作发表不久，国际社会便针对基因编辑的伦理问题做出了积极响应。2015 年 5 月 18 日，美国国家科学院（NAS）和国家医学院（NAM）宣布开展人类基因编辑行动计划（Human Gene-Editing Initiative），成立人类基因编辑研究委员会，为人类基因编辑制定指导准则并于 2015 年 12 月举办了国际人类基因编辑峰会，中国科学院也派了科学家参加。与会专家就人类胚胎基因编辑发布联合声明，表示现阶段可在适当的法律法规、伦理准则的监管下开展相关基础研究和临床前研究，也可开展针对体细胞的临床研究与临床治疗。2017 年 2 月 15 日，人类基因编辑研究委员会在美国华盛顿正式就人类基因编辑的科学技术、伦理与监管向全世界发布研究报告，并从基础研究、体细胞、生殖细胞/胚胎基因编辑三方面提出相关原则。2018 年 11 月 27 日，第二届全球基因编辑峰会在中国香港召开，会议评估了基因编辑技术不断发展的科学前景及可能的临床应用，并对这一快速发展的技术的潜在利益、风险和监督进行国际讨论。最后，人类基因编辑研究委员会发布声明，明确虽然委员会对体细胞基因编辑在临床中的迅速发展表示赞赏，但进行任何临床使用可遗传的"种系"编辑仍然是不负责任的。

针对基因编辑技术的研究和应用，世界各国政府、研究机构、学术团体等的观点意见不一，许多独立群体发表了关于人类生殖系基因编辑和相关研究的报告（表 6-1）。这些组织的组成各不相同，从专家联盟、专业协会到政府实体或代表，但许多报告和建议的内容相当相似。大多数声明都认为应该进行基础研究，但至少在短期内应避免临床应用。许多声明概述了在临床使用人类生殖系基因改造之前必须满足的标准，包括克服安全和技术障碍，就边界达成社会共识，建立适当和透明的监督机制。最主要的分歧在于目前应该允许的研究类型，包括是否应该部分或全部暂停研究。

从法律法规的角度来看，全球多个国家尤其是发达国家对于基因编辑技术应用于人类的相关研究大都有相关的法律法规可循。目前，澳大利亚、比利时、巴西、加拿大、中国、法国、德国、印度、以色列、日本、墨西哥、荷兰、新加坡、韩国、英国、美国等 29 个国家拥有能够解释限制基因编辑用于临床的规定，包括欧洲的大部分国家。在 29 个国家中，中国、日本、印度和爱尔兰四国虽有禁令，但都以强制执行程度不如法律的指导原则来禁止胚胎基因编辑。美国虽然不允许联邦资金资助基因修饰人类胚胎的相关研究，但没有彻底的基因编辑禁令。此外，俄罗斯、阿根廷等 9 个国家对于人类基因编辑研究应用没有明确的监管机制。

从我国基因编辑技术的发展现状来看，我国科学家在基因编辑技术领域取得了诸多成绩，在基因编辑伦理问题领域也开展了积极的探讨。在 2014 年 5 月 10～12 日举办的香山科学会议上，专家便以"基因编辑前沿技术：应用、

表 6-1　主要机构、团体、组织及政府管理机构对于在干细胞人类种系细胞进行基因编辑的声明和建议

声明和建议	机构、团体、组织或政府										
	Hinxton集团	人类基因编辑国际峰会	人类基因编辑委员会	ASGCT和JSGT	ISSCR	Baltimore等人	EGE	Lanphier等人	ACMG	NIH	HFEA
基础研究可以进行	√	√	√	√	√	√	√				√
临床前研究可以进行	√	√	√		√	√					
部分或全部暂停研究										√ᵃ	
不同利益相关者应参与决策	√	√	√	√	√	√	√	√	√		
临床使用不应继续进行	√	√	√	√	√	√	√	√	√		
只有在安全性和有效性问题得到解决时，才能够进行临床应用	√	√	√	√	√	√	√	√	√		
只有在社会同意范围内，才能进行临床使用	√	√	√	√	√		√		√		
只有在适当的监督到位的情况下，才能够进行临床使用	√	√	√		√		√				
只有在公正和公平问题得到解决时，才能够进行临床应用	√			√			√				
临床使用只有在透明时才能够进行			√			√					
全世界应不鼓励临床应用						√					
对该领域科学研究的监管，任何公共政策都应该是灵活的	√										

注：每个陈述中只有主要的、公开的论点被标记为"√"。因此，缺少"√"并不一定表示不同意。由于不能捕获每个语句的细微差别，因此表中观点可能包含主观的理解。

缩写如下：ASGCT，美国基因与细胞治疗学会；JSGT，日本基因治疗学会；ISSCR，国际干细胞研究学会；EGE，欧洲科学和新技术伦理小组；ACMG，美国医学遗传学院；NIH，美国国立卫生研究院；HFEA，英国人类受精和胚胎学管理局；Hinxton集团，隶属约翰霍普金斯大学的国际干细胞、伦理和法律联盟；Baltimore，1975年诺贝尔生理学或医学奖获得者之一；Lanphier，美国Sangamo Bio Sciences总裁兼首席执行官，美国华盛顿特区再生医学联盟的主席。

NIH将不资助任何基因编辑技术在人类胚胎中的使用。

生物安全与伦理"为题对基因编辑技术涉及的相关问题进行了讨论。专家普遍认为，规范新一代基因编辑技术的应用势在必行，基因编辑不可避免地会带来生物安全与社会伦理等诸多关系到国计民生的问题，建议国家有关部门尽快制定相关政策，按照不同应用领域的具体情况，制订相应的行业使用规范与指南，以促进该技术在应用领域的良性发展。2016 年 6 月举办的香山科学会议，再次以"基因编辑的研究和应用"为主题，重点针对防范基因编辑研究可能带来的生物安全风险和伦理争议，推动我国在基因编辑技术应用和监管方面的政策规范制定，提升我国在基因编辑相关科学前沿、重大应用及下游产业化等领域的国际竞争力等议题进行讨论。2017 年 9 月 24 日，为了推动我国基因编辑研究的发展，经中国科学协会批准特成立"中国遗传学会基因编辑分会"，并在北京召开"基因编辑"科学与技术前沿论坛，会上专家对于基因编辑的伦理问题也展开了激烈的讨论。2018 年 12 月 26 日，教育部科学技术司发布了《关于高等学校开展基因编辑相关研究项目自查工作通知》，要求高校组织开展基因编辑相关研究项目的自查工作。

目前，我国尚未针对基因编辑伦理监管问题制定专门的法律法规，对基因编辑的研究和临床应用的指导和规范，主要参考关于人体胚胎干细胞管理规范的《人胚胎干细胞伦理指导原则》、对基因治疗技术进行监管的《医疗临床应用管理办法》，以及国家卫生和计划生育委员会发布的《涉及人的生物医学研究伦理审查办法（试行）》。2019 年 2 月 26 日，国家卫生健康委员会正式就《生物医学新技术临床应用管理条例》面向社会征求意见。其中指出，生物医学新技术临床研究实行分级管理，基因编辑被列为高风险生物医学新技术，拟由国务院卫生主管部门管理。

未来，新兴技术的快速发展和应用，会带来更多的伦理学挑战，同样需要科学与伦理的理性对话。而基因编辑技术是我国和发达国家同步，甚至引领全球技术发展的重要技术领域，也是我国学者率先探索引发伦理讨论的技术热点，以该技术为抓手，开展伦理问题研究，提出有效的对话和交流机制，可以成为我国开展新兴技术伦理问题讨论，参与甚至主导新兴技术科学与伦理对话的一个契机。

第七章 文 献 专 利

 一、论文情况

（一）年度趋势

2009～2018 年，全球和中国生命科学论文数量均呈现显著增长的态势。2018 年，全球共发表生命科学论文 666 939 篇，相比 2017 年增长了 2.9%，10 年的复合年均增长率达到 3.17%[450]。

中国生命科学论文数量在 2009～2018 年的增速高于全球增速。2018 年中国发表论文 120 537 篇，比 2017 年增长了 11.2%，10 年的复合年均增长率达到 15.47%，显著高于国际水平。同时，中国生命科学论文数量占全球的比例也从 2009 年的 6.56% 提高到 2018 年的 18.07%（图 7-1）。

（二）国际比较

1. 国家排名

2018 年，美国、中国、英国、德国、日本、意大利、加拿大、法国、澳大利亚和巴西发表的生命科学论文数量位居全球前 10 位。美国、中国、英国、德国、日本、意大利、加拿大、法国、澳大利亚和西班牙这 10 个国家在近 10

---

450 数据源为 ISI 科学引文数据库扩展版（ISI Science Citation Expanded），检索论文类型限定为研究型论文（article）和综述（review）。

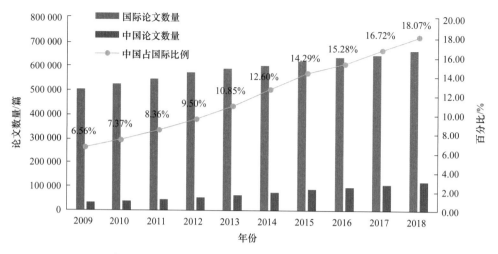

图 7-1　2009～2018 年国际及中国生命科学论文数量

年（2009～2018 年）及近 5 年（2014～2018 年）发表论文总数的排名中位居全球前 10 位。其中，美国始终以显著优势位居全球首位。中国在 2009 年位居全球第 5 位，2010 年升至第 4 位，2011 年则进一步升至第 2 位，此后一直保持全球第 2 位。中国在 2009～2018 年 10 年间共发表生命科学论文 727 641 篇，其中 2014～2018 年和 2018 年分别发表 491 546 篇和 120 537 篇，占 10 年总论文量的 67.55% 和 16.57%，表明近年来我国生命科学研究发展明显加速（表 7-1、图 7-2）。

表 7-1　2009～2018 年、2014～2018 年及 2018 年生命科学论文数量前 10 位国家

排名	2009～2018 年		2014～2018 年		2018 年	
	国家	论文数量 / 篇	国家	论文数量 / 篇	国家	论文数量 / 篇
1	美国	1 850 425	美国	969 455	美国	199 017
2	中国	727 641	中国	491 546	中国	120 537
3	英国	473 019	英国	251 401	英国	52 639
4	德国	444 080	德国	232 516	德国	47 520
5	日本	360 296	日本	180 935	日本	37 533
6	意大利	298 450	意大利	162 083	意大利	34 191
7	加拿大	291 186	加拿大	155 815	加拿大	32 898
8	法国	290 453	法国	152 053	法国	31 298
9	澳大利亚	240 221	澳大利亚	137 138	澳大利亚	29 323
10	西班牙	216 478	西班牙	116 555	巴西	24 465

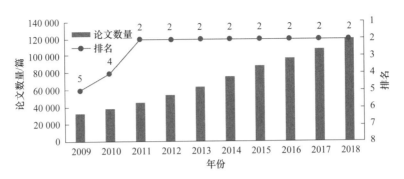

图 7-2 2009～2018 年中国生命科学论文数量的国际排名

2. 国家论文增速

2009～2018 年，我国生命科学论文的复合年均增长率[451]达到 15.47%，显著高于其他国家，位居第 2 位的澳大利亚复合年均增长率仅为 5.63%，其他国家的复合年均增长率大多处于 1%～5%。2014～2018 年，中国的复合年均增长率为 12.21%，也显著高于其他国家，显示中国生命科学领域在近年来保持了较快的发展速度（图 7-3）。

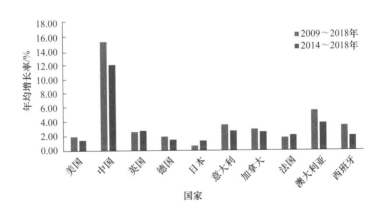

图 7-3 2009～2018 年及 2014～2018 年生命科学论文数量前 10 位国家论文增速

3. 论文引用

对生命科学论文数量前 10 位国家的论文引用率[452]进行排名，可以看到，

---

451 n 年的复合年均增长率＝〔(Cn/C1) 1/ (n－1) －1〕×100%，其中，Cn 是第 n 年的论文数量，C1 是第 1 年的论文数量。

452 论文引用率＝被引论文数量 / 论文总量 ×100%

英国在 2009～2018 年及 2014～2018 年，其论文引用率分别达到 92.51% 和 87.96%，均位居首位，我国的论文引用率排第 10 位，两个时间段的引用率分别为 85.09% 和 79.62%（表 7-2）。

表 7-2　2009～2018 年及 2014～2018 年生命科学论文数量前 10 位国家的论文引用率

排名	2009～2018 年		2014～2018 年	
	国家	论文引用率 /%	国家	论文引用率 /%
1	英国	92.51	英国	87.96
2	加拿大	92.24	意大利	87.42
3	澳大利亚	91.96	澳大利亚	87.38
4	美国	91.90	加拿大	87.12
5	意大利	91.89	美国	86.50
6	西班牙	90.83	德国	85.89
7	德国	90.56	西班牙	85.71
8	法国	89.32	法国	84.81
9	日本	89.19	日本	81.69
10	中国	85.09	中国	79.62

（三）学科布局

利用 Incites 数据库对 2009～2018 年生物与生物化学、临床医学、环境与生态学、免疫学、微生物学、分子生物学与遗传学、神经科学与行为学、药理与毒理学、植物与动物学 9 个学科领域中论文数量排名前 10 位的国家进行了分析，比较了论文数量、篇均被引频次和论文引用率三个指标，以了解各学科领域内各国的表现（表 7-3）。

分析显示，在 9 个学科领域中，美国的论文数量均显著高于其他国家，在篇均被引频次和论文引用率方面，也均位居领先行列。中国的论文数量方面，在生物与生物化学、临床医学、环境与生态学、微生物学、分子生物学与遗传学、药理与毒理学、植物与动物学 7 个领域均位居第 2 位，在免疫学、神经科学与行为学两个领域也进入前 5 位。然而，在论文影响力方面，中国则相对落后，仅在微生物学领域略优于印度，在环境与生态学、植物与动物学领域略优于巴西（图 7-4）。

表 7-3 2009～2018 年 9 个学科领域排名前 10 位国家的论文数量

生物与生物化学		临床医学		环境与生态学		免疫学		微生物学		分子生物学与遗传学		神经科学与行为学		药理与毒理学		植物与动物学	
国家	论文数量/篇	国家	论文数量/篇	国家	论文数量/篇	国家	论文数量/篇	国家	论文数量/篇	国家	论文数量/篇	国家	论文数量/篇	国家	论文数量/篇	国家	论文数量/篇
美国	210 456	美国	841 528	美国	128 460	美国	94 792	美国	59 739	美国	174 505	美国	192 125	美国	93 002	美国	170 351
中国	110 489	中国	255 588	中国	80 195	英国	25 797	中国	26 821	中国	81 166	德国	50 907	中国	64 757	中国	78 693
德国	53 875	英国	222 026	英国	36 814	中国	22 233	德国	16 188	英国	41 807	英国	46 163	日本	26 069	巴西	51 903
日本	52 129	德国	193 959	德国	30 921	德国	18 605	英国	16 120	德国	39 889	中国	43 189	印度	23 645	英国	48 907
英国	50 887	日本	168 394	加拿大	30 761	法国	16 910	法国	13 187	日本	29 172	加拿大	33 623	英国	23 567	德国	46 873
印度	33 626	意大利	143 066	澳大利亚	29 198	意大利	12 783	日本	11 479	法国	25 348	日本	30 013	意大利	21 517	日本	38 674
法国	32 354	加拿大	130 163	西班牙	24 656	日本	12 509	印度	8 931	加拿大	23 537	意大利	29 872	德国	20 699	澳大利亚	37 112
加拿大	30 507	法国	121 590	法国	23 765	加拿大	11 717	巴西	8 479	意大利	21 107	法国	26 270	韩国	16 231	加拿大	37 089
意大利	29 460	澳大利亚	112 131	意大利	19 096	澳大利亚	11 134	韩国	8 412	澳大利亚	15 897	澳大利亚	21 350	法国	14 383	西班牙	33 857
韩国	25 755	韩国	98 457	巴西	17 431	荷兰	10 909	加拿大	8 253	西班牙	15 788	荷兰	20 723	巴西	12 939	法国	33 427

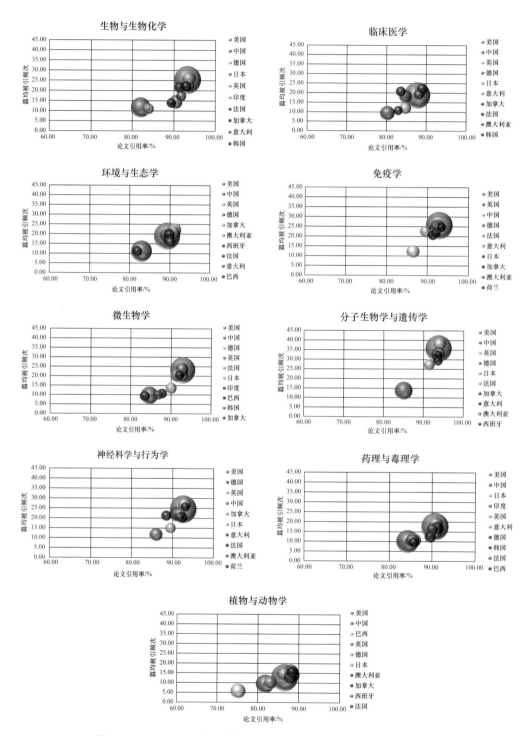

图 7-4　2009～2018 年 9 个学科领域论文量前 10 位国家的综合表现

（四）机构分析

1. 机构排名

2018 年，全球发表生命科学论文数量排名前 10 位的机构中，有 5 个美国机构，2 个法国机构。2009～2018 年、2014～2018 年及 2018 年的国际机构排名中，美国哈佛大学的论文数量均以显著的优势位居首位（表 7-4）。中国科学院是中国唯一进入论文数量前 10 位的机构，三个时间段分别发表论文 69 421 篇、41 794 篇和 9 614 篇，其全球排名在近 10 年来显著提升，2009 年位居第 8 位，2012 年跃升至第 6 位，2015 年进一步提升至第 4 位，至 2018 年维持在第 4 位（图 7-5）。

表 7-4　2009～2018 年、2014～2018 年及 2018 年国际生命科学论文数量前 10 位机构

排名	2009～2018 年		2014～2018 年		2018 年	
	国际机构	论文数量 / 篇	国际机构	论文数量 / 篇	国际机构	论文数量 / 篇
1	美国哈佛大学	140 602	美国哈佛大学	77 493	美国哈佛大学	15 792
2	法国国家健康与医学研究院	88 132	法国国家健康与医学研究院	49 501	法国国家健康与医学研究院	10 504
3	法国国家科学研究中心	87 623	法国国家科学研究中心	47 048	法国国家科学研究中心	10 065
4	美国国立卫生研究院	71 414	中国科学院	41 794	中国科学院	9 614
5	加拿大多伦多大学	69 803	加拿大多伦多大学	38 396	加拿大多伦多大学	8 209
6	中国科学院	69 421	美国国立卫生研究院	35 272	美国约翰霍普金斯大学	7 260
7	美国约翰霍普金斯大学	61 176	美国约翰霍普金斯大学	34 495	美国国立卫生研究院	6 930
8	英国伦敦大学学院	55 046	英国伦敦大学学院	30 660	英国伦敦大学学院	6 506
9	美国宾夕法尼亚大学	50 266	美国宾夕法尼亚大学	27 890	美国宾夕法尼亚大学	6 014
10	巴西圣保罗大学	49 383	美国北卡罗来纳大学	26 683	美国北卡罗来纳大学	5 768

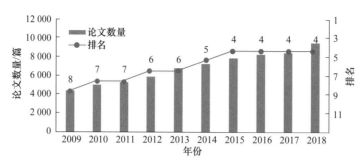

图 7-5　2009～2018 年中国科学院生命科学论文数量的国际排名

在中国机构排名中，除中国科学院外，上海交通大学、复旦大学、浙江大学、中山大学和北京大学也发表了较多论文，2009～2018 年间始终位居前列（表 7-5）。

表 7-5　2009～2018 年、2014～2018 年及 2018 年中国生命科学论文数量前 10 位机构

排名	2009～2018 年		2014～2018 年		2018 年	
	中国机构	论文数量 / 篇	中国机构	论文数量 / 篇	中国机构	论文数量 / 篇
1	中国科学院	69 421	中国科学院	41 794	中国科学院	9 614
2	上海交通大学	34 242	上海交通大学	22 460	上海交通大学	5 089
3	复旦大学	27 471	复旦大学	18 015	中山大学	4 465
4	浙江大学	26 577	中山大学	17 338	复旦大学	4 343
5	中山大学	26 233	浙江大学	16 974	浙江大学	4 115
6	北京大学	24 716	北京大学	15 653	北京大学	3 751
7	四川大学	20 341	首都医科大学	13 850	首都医科大学	3 579
8	中国医学科学院 / 北京协和医学院	20 261	四川大学	13 204	四川大学	3 276
9	首都医科大学	19 775	中国医学科学院 / 北京协和医学院	13 193	中国医学科学院 / 北京协和医学院	3 233
10	山东大学	17 929	山东大学	12 391	南京医科大学	3 213

2. 机构论文增速

从 2018 年国际生命科学论文数量位居前 10 位机构的论文增速来看，中国科学院是增长速度最快的机构，2009～2018 年及 2014～2018 年，论文的复合年均增长率分别达到 8.97% 和 7.03%（图 7-6）。

我国 2018 年论文数量前 10 位的机构中，2009～2018 年，南京医科大学的增长速度最快（复合年均增长率为 21.89%），其次是首都医科大学（17.61%），再次是中山大学（16.38%）；而 2014～2018 年，首都医科大学的增长速度最快

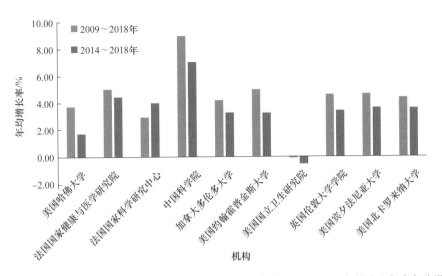

图 7-6　2018 年论文数量前 10 位国际机构在 2009～2018 年及 2014～2018 年的论文复合年均增长率

（复合年均增长率为 15.79%），其次为南京医科大学（15.32%），再次是中山大学（13.47%）（图 7-7）。

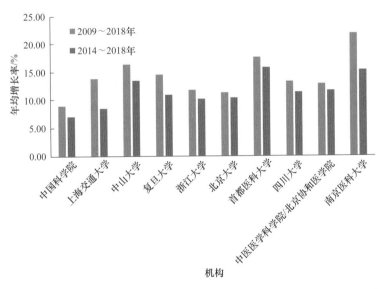

图 7-7　2018 年论文数量前 10 位中国机构在 2009～2018 年及 2014～2018 年的论文复合年均增长率

3. 机构论文引用

对 2018 年论文数量前 10 位国际机构在 2009～2018 年及 2014～2018 年的论文引用率进行排名，可以看到美国国立卫生研究院的论文引用率位居首位，两个时间段的论文引用率分别为 95.62% 和 91.88%。中国科学院的论文引用率分别为 90.25% 和 85.48%，位居第 10 位（表 7-6）。

表 7-6　2018 年论文数量前 10 位国际机构在 2009～2018 年及 2014～2018 年的论文引用率

排名	2009～2018 年		2014～2018 年	
	国际机构	论文引用率 /%	国际机构	论文引用率 /%
1	美国国立卫生研究院	95.62	美国国立卫生研究院	91.88
2	美国哈佛大学	94.02	美国哈佛大学	90.25
3	英国伦敦大学学院	93.59	英国伦敦大学学院	89.87
4	美国约翰霍普金斯大学	93.57	美国约翰霍普金斯大学	89.62
5	美国宾夕法尼亚大学	93.55	美国宾夕法尼亚大学	89.51
6	加拿大多伦多大学	93.18	加拿大多伦多大学	88.77
7	法国国家科学研究中心	92.77	法国国家科学研究中心	88.32
8	美国北卡罗来纳大学	92.54	法国国家健康与医学研究院	88.07
9	法国国家健康与医学研究院	91.92	美国北卡罗来纳大学	87.81
10	中国科学院	90.25	中国科学院	85.48

我国前 10 位的机构在 2009～2018 年的论文引用率差异较小，大都在 85%～90%，2014～2018 年则大都在 80%～85%。中国科学院和北京大学在两个时间段内的论文引用率均位居前两位（表 7-7）。

表 7-7　2018 年论文数量前 10 位中国机构在 2009～2018 年及 2014～2018 年的论文引用率

排名	2009～2018 年		2014～2018 年	
	中国机构	论文引用率 /%	中国机构	论文引用率 /%
1	中国科学院	90.25	中国科学院	85.48
2	北京大学	88.26	北京大学	82.83
3	复旦大学	87.77	上海交通大学	82.63
4	上海交通大学	87.69	复旦大学	82.50
5	中山大学	87.52	中山大学	82.28
6	浙江大学	87.05	浙江大学	81.42
7	中国医学科学院 / 北京协和医学院	86.90	中国医学科学院 / 北京协和医学院	81.29
8	南京医科大学	85.26	南京医科大学	80.53
9	四川大学	85.26	四川大学	79.15
10	首都医科大学	83.54	首都医科大学	78.20

二、专利情况

（一）年度趋势[453]

2018 年，全球生命科学和生物技术领域专利申请数量和授权数量分别为 110 630 件和 60 274 件，申请数量比上年度增长了 1.51%，授权数量比上年度增加了 5.75%。2018 年，中国专利申请数量和授权数量分别为 32 125 件和 15 214 件，申请数量比上年度增长了 10.88%，授权数量比上年度增长了 33.19%，占全球数量比值分别为 29.04% 和 25.24%。2009 年以来，中国专利申请数量和授权数量呈总体上升趋势（图 7-8）。

在 PCT 专利申请方面，自 2009 年以来，中国申请数量逐渐攀升，2009～

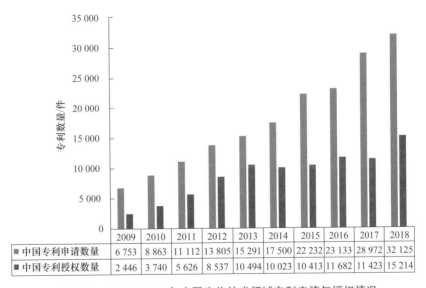

	2009	2010	2011	2012	2013	2014	2015	2016	2017	2018
■ 中国专利申请数量	6 753	8 863	11 112	13 805	15 291	17 500	22 232	23 133	28 972	32 125
■ 中国专利授权数量	2 446	3 740	5 626	8 537	10 494	10 023	10 413	11 682	11 423	15 214

图 7-8 2009～2018 年中国生物技术领域专利申请与授权情况

---

453 专利数据以 Innography 数据库中收录的发明专利（以下简称"专利"）为数据源，以世界经济合作组织（OECD）定义生物技术所属的国际专利分类号（International Patent Classification，IPC）为检索依据，基本专利年（Innography 数据库首次收录专利的公开年）为年度划分依据，检索日期：2019 年 7 月 8 日（由于专利申请审批周期及专利数据库录入迟滞等原因，2017～2018 年数据可能尚未完全收录，仅供参考）。

2012 年和 2015～2018 年迅速增长。2018 年，中国 PCT 专利申请数量达到 1 167 件，较 2017 年增长了 31.86%（图 7-9）。

从我国申请 / 授权专利数量全球占比情况的年度趋势（图 7-10、图 7-11）可以看出，我国在生物技术领域对全球的贡献和影响越来越大。我国的申请 / 授权专利数量全球占比分别从 2009 年的 8.99% 和 6.33% 逐步攀升至 2018 年的 29.04% 和 25.24%。其中，申请专利全球占比整体上稳步增长（除 2016 年略有波动）；授权专利全球占比在 2009～2013 年迅速增加，整体水平呈现波动上升趋势。

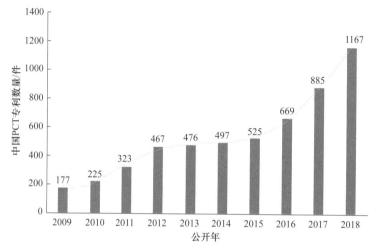

图 7-9　2009～2018 年中国生物技术领域申请 PCT 专利年度趋势

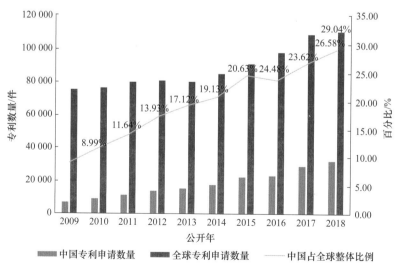

图 7-10　2009～2018 年中国生物技术领域申请专利全球占比情况

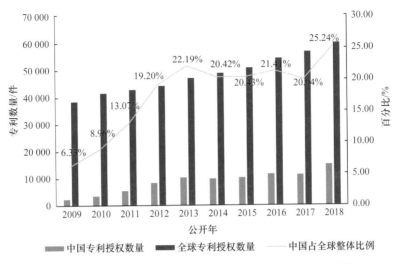

图 7-11　2009～2018 年中国生物技术领域授权专利全球占比情况

（二）国际比较

2018 年，全球生物技术专利申请数量和授权数量位居前 5 名的国家分别是美国、中国、日本、韩国和德国。同时这 5 个国家在 2009～2018 年及 2014～2018 年的排名中也均位居前 5 位（表 7-8）。自 2010 年以来，我国专利申请数量维持在全球第 2 位；自 2011 年以来，我国专利授权数量牢牢占据全球第 2 名，两者数量与美国的差距越来越小。

2018 年，从数量来看，PCT 专利数量排名前 5 位的国家分别为美国、日本、中国、韩国和德国。2009～2018 年，美国、日本、德国、中国和韩国居 PCT 专利申请数量的前 5 位（表 7-9）。通过近 5 年与近 10 年的数据对比发现，中国的专利质量有所上升。

（三）专利布局

2018 年，全球生物技术申请专利 IPC 分类号主要集中在 C12Q01（包含酶或微生物的测定或检验方法）和 C12N15（突变或遗传工程；遗传工程涉及的 DNA 或 RNA，载体）（表 7-10），这是生物技术领域中的两个通用技术（图 7-12）。此外，C07K16（免疫球蛋白，如单克隆或多克隆抗体）和 A61K39（含有抗原或抗体的医药配制品）也是全球生物技术专利申请的一个重要领域，均为具有高

2019 中国生命科学与生物技术发展报告

表 7-8 专利申请/授权数量排名前 10 位的国家

排名	2009~2018年专利申请情况		2009~2018年专利授权情况		2014~2018年专利申请情况		2014~2018年专利授权情况		2018年专利申请情况		2018年专利授权情况	
	国家	数量/件	国家	数量/件	国家	数量/件	国家	数量/件	国家	数量/件	国家	数量/件
1	美国	326 794	美国	172 366	美国	176 478	美国	96 087	美国	38 535	美国	20 397
2	中国	179 786	中国	89 598	中国	123 962	中国	58 755	中国	32 125	中国	15 214
3	日本	82 349	日本	50 610	日本	37 112	日本	22 487	日本	7 511	日本	4 120
4	韩国	38 546	韩国	25 618	韩国	22 609	韩国	16 707	韩国	4 958	韩国	3 838
5	德国	36 898	德国	23 403	德国	17 557	德国	11 057	德国	3 751	德国	2 494
6	英国	26 442	英国	15 164	英国	13 863	法国	7 593	英国	3 217	英国	1 613
7	法国	24 710	法国	14 914	法国	12 153	英国	7 364	法国	2 274	法国	1 551
8	澳大利亚	13 101	俄罗斯	7 408	澳大利亚	6 032	澳大利亚	4 133	荷兰	1 198	俄罗斯	806
9	加拿大	12 991	澳大利亚	7 378	加拿大	6 001	俄罗斯	3 834	加拿大	1 133	荷兰	794
10	荷兰	10 721	加拿大	6 999	荷兰	5 564	加拿大	3 307	瑞士	1 096	加拿大	672

附加值的医药产品。从我国专利申请 IPC 分布情况来看，前两个 IPC 类别与国际一致，为 C12Q01（包含酶或微生物的测定或检验方法）和 C12N15（突变或遗传工程；遗传工程涉及的 DNA 或 RNA，载体）。但另两个主要的 IPC 布局与国际有所差异，为 C12N01（微生物本身，如原生动物；以及其组合物）和 C12M01（酶学或微生物学装置）。

表 7-9 PCT 专利申请数量全球排名前 10 位的国家

排名	2009～2018 年 PCT 专利申请		2014～2018 年 PCT 专利申请		2018 年 PCT 专利申请	
	国家	数量 / 件	国家	数量 / 件	国家	数量 / 件
1	美国	41 325	美国	22 475	美国	5 078
2	日本	11 217	日本	6 053	日本	1 368
3	德国	5 882	中国	3 743	中国	1 167
4	中国	5 411	韩国	2 853	韩国	706
5	韩国	4 711	德国	2 734	德国	549
6	法国	4 344	法国	2 215	英国	425
7	英国	3 712	英国	2 021	法国	422
8	加拿大	2 352	加拿大	1 122	加拿大	220
9	荷兰	1 919	荷兰	958	荷兰	183
10	丹麦	1 595	丹麦	824	以色列	175

表 7-10 上文出现的 IPC 分类号及其对应含义

IPC 分类号	含义
A01H01	改良基因型的方法
A01H04	通过组织培养技术的植物再生
A61K31	含有机有效成分的医药配制品
A61K38	含肽的医药配制品
A61K39	含有抗原或抗体的医药配制品
C07K14	具有多于 20 个氨基酸的肽；促胃液素；生长激素释放抑制因子；促黑激素；其衍生物
C07K16	免疫球蛋白，如单克隆或多克隆抗体
C12M01	酶学或微生物学装置
C12N01	微生物本身，如原生动物；以及其组合物
C12N05	未分化的人类、动物或植物细胞，如细胞系；组织；它们的培养或维持；其培养基
C12N09	酶，如连接酶
C12N15	突变或遗传工程；遗传工程涉及的 DNA 或 RNA，载体

续表

IPC 分类号	含义
C12P07	含氧有机化合物的制备
C12Q01	包含酶或微生物的测定或检验方法
G01N33	利用不包括在 G01N 1/00～G01N 31/00 组中的特殊方法来研究或分析材料

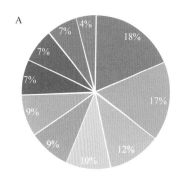
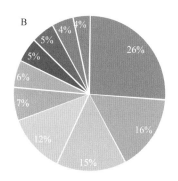

图 7-12　全球（A）与我国（B）生物技术专利申请技术布局情况

对近 10 年（2009～2018 年）的专利 IPC 分类号进行统计分析，我国在包含酶或微生物的测定或检验方法（C12Q01）领域分类下的专利申请数量最多。排名前 5 位中其他的 IPC 分类号分别是 C12N15（突变或遗传工程；遗传工程涉及的 DNA 或 RNA，载体）、C12N01（微生物本身，如原生动物；以及其组合物）、C12M01（酶学或微生物学装置）和 C07K14（具有多于 20 个氨基酸的肽；促胃液素；生长激素释放抑制因子；促黑激素；其衍生物）。申请和授权专利数量前 5 位的国家，即美国、中国、日本、德国和韩国，其排名前 10 位的 IPC 分类号大体相同，顺序有所差异，说明各国在生物技术领域的专利布局上主体结构类似，而又各有侧重（图 7-13）。

通过近 10 年数据（图 7-13）与近 5 年数据（图 7-14）的对比发现，我国在 C12N15（突变或遗传工程；遗传工程涉及的 DNA 或 RNA，载体）领域的专利申请比例有所增加；美国增加了在 C07K16（免疫球蛋白，如单克隆或多克隆抗体）领域的申请；日本与韩国的 IPC 布局基本无变化；德国在 C07K16（免疫球蛋白，如单克隆或多克隆抗体）领域的申请数量有所增长。

C12Q01 · C12N15 · A61K39 · A61K38 · C07K16   C12Q01 · C12N15 · C12N01 · C12M01 · C07K14   C12Q01 · C12N15 · C12N01 · C12M01 · C07K14
C07K14 · C12N05 · A61K31 · G01N33 · C12N09   C12N05 · A01H04 · C12N09 · A61K38 · A01H01   C12N05 · A01H04 · C12N09 · A61K38 · A01H01

A   B   C

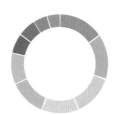

C12N15 · C12Q01 · C12N01 · A61K39 · C12N05   C12Q01 · C12N15 · C07K16 · A61K38 · A61K39
C07K14 · G01N33 · C12M01 · C12N09 · C07K16   C07K14 · C12M01 · C12N09 · G01N33 · C12N05

D   E

图7-13 2009～2018年我国专利申请技术布局情况及与其他国家的比较

A．美国；B．中国；C．日本；D．韩国；E．德国

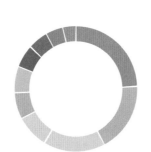
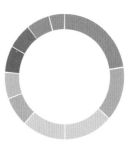

C12N15 · C12Q01 · C07K16 · A61K39 · A61K38   C12Q01 · C12N15 · C12N01 · C12M01 · C12N05   C12N15 · C12Q01 · C12M01 · C12N05 · C12N01
C07K14 · C12N05 · A61K31 · G01N33 · C12N09   C07K14 · A01H04 · C12N09 · A61K38 · A01H01   C07K16 · A61K38 · A61K39 · G01N33 · C07K14

A   B   C

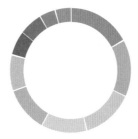

C12Q01 · C12N15 · C12N01 · A61K38 · C12N05   C07K16 · C12N15 · C12Q01 · C07K14 · A61K39
C07K14 · G01N33 · C12N09 · C12M01 · C07K16   A61K38 · C12M01 · C12N09 · C12N05 · G01N33

D   E

图7-14 2014～2018年我国专利申请技术布局情况及与其他国家的比较

A．美国；B．中国；C．日本；D．韩国；E．德国

（四）竞争格局

1. 中国专利布局情况

由我国生物技术专利申请 / 获授权的国家 / 地区 / 组织分布情况（表 7-11）可以发现，我国申请并获得授权的专利主要集中在内地。此外，我国也向世界知识产权组织（WIPO）、美国、欧洲、日本和韩国等国家 / 地区 / 组织提交了生物技术专利申请，但获得授权的专利数量较少，这说明我国还需要进一步加强专利国际化布局。

表 7-11　2009～2018 年中国生物技术专利申请 / 获授权的国家 / 地区 / 组织分布情况

排名	中国申请专利情况		中国获授权专利情况	
	国家 / 地区 / 组织	数量 / 件	国家 / 地区 / 组织	数量 / 件
1	中国	166 388	中国	85 690
2	世界知识产权组织	5 411	美国	1 384
3	美国	2 662	欧洲专利局	584
4	欧洲专利局	1 368	德国	536
5	英国	1 326	英国	468
6	德国	1 315	法国	453
7	法国	1 301	日本	434
8	土耳其	1 211	土耳其	318
9	匈牙利	1 197	匈牙利	305
10	塞浦路斯	1 140	西班牙	292

2. 在华专利竞争格局

从近 10 年来中国受理 / 授权的生物技术专利所属国家 / 地区 / 组织分布情况（表 7-12）可以看出，我国生物技术专利的受理对象仍以本国申请为主，美国、日本、英国、韩国等国家 / 地区紧随其后；而我国生物技术专利的授权对象集中于中国内地，美国、日本、韩国和英国分别位列第 2～5 位（欧洲专利局暂不列入），上述国家 / 地区 / 组织对我国市场十分重视，因此在我国展开技术布局。

表 7-12　2009～2018 年中国生物技术专利受理／授权的国家／地区／组织分布情况

排名	中国受理专利情况		中国授权专利情况	
	国家／地区／组织	数量／件	国家／地区／组织	数量／件
1	中国	166 388	中国	85 690
2	美国	22 722	美国	8 928
3	欧洲专利局	5 349	日本	3 034
4	日本	4 860	欧洲专利局	2 160
5	英国	1 696	韩国	781
6	韩国	1 669	英国	771
7	法国	755	法国	450
8	德国	687	德国	443
9	澳大利亚	481	丹麦	303
10	丹麦	385	澳大利亚	227

 ## 三、知识产权案例分析——CAR-T 细胞治疗技术

（一）CAR-T 细胞治疗技术是全球专利布局的重点领域

1. CAR-T 细胞治疗技术专利申请数量持续增长

嵌合抗原受体 T 细胞免疫疗法（chimeric antigen receptor T-cell immunotherapy，CAR-T），是在 T 细胞的细胞膜上嵌合上某种特定肿瘤抗原受体基因，形成修饰的 T 细胞，经体外扩增，转输入患者体内，靶向杀伤肿瘤的方法。CAR-T 细胞是采用"CAR"修饰的 T 细胞，"CAR"是一种融合蛋白，包括细胞外靶标结合区、间隔区、跨膜区及胞内信号区。其中细胞外靶标结合结构域通常来源于肿瘤抗原抗体的单链可变区片段（ScFv）。第一代 CAR-T 细胞治疗技术出现在 20 世纪 80 年代，其胞内信号区只包括第一信号结构域，该信号蛋白来源于 TCR/D3 复合体中的 CD3 ζ 链，尽管第一代的 CAR-T 在体外表现出高特异性的肿瘤杀伤活性，但在治疗卵巢癌患者的临床试验中，却未能观察到肿瘤负荷的减少。其失败的原因在于缺少 T 细胞向肿瘤细胞的特异性运输，以及移植后的

T 细胞在体内持久性差。第一代 CAR 能够向 T 细胞传递最初的激活信号，但激活的 T 细胞缺乏反应性，或者在缺少第二共刺激信号的情况下无法激活 AICD。此后，在第二代 CAR-T 细胞治疗技术的设计中，引入了第二信号结构域，如 CD28、CD137、CD27、CD134 提供共刺激信号，共刺激信号的引入促进了 T 细胞的增殖及细胞因子的产生。在此基础上，研发了第三代 CAR-T 细胞治疗技术，其中含有更多的共刺激信号区。例如，将 CD28 和 4-1BB 一起融合在 CAR 分子中形成第二信号结构域，以调高 T 细胞的杀伤效果、促进增殖和持久性，刺激细胞因子的释放。肿瘤在其发展的过程中能够形成免疫抑制的微环境，使 CAR 细胞靶向肿瘤细胞的能力被削弱，为了克服免疫抑制的肿瘤微环境，出现了第四代 CAR-T，在第二/三代 CAR-T 的基础上，共表达一些细胞因子如 IL-12，IL-12 能够在肿瘤病灶处吸引 NK 细胞、巨噬细胞，从而对那些未能被 CAR-T 识别的"逃逸"的肿瘤细胞进行攻击，克服肿瘤免疫微环境，以上效应被称为 T 细胞重定向介导的通用细胞因子的杀伤（T cell redirected for universal cytokine killing，TRUCK），其显现了在具有多种表型特征的实体瘤中显著的应用前景。

CAR-T 细胞治疗技术作为新一代的免疫疗法起步较晚，但是近年来发展迅猛。2017 年 8 月 31 日，美国食品药品监督管理局（FDA）批准诺华产品 Kymriah（曾用名 CTL-019）获批上市，使诺华 CTL-019 成为第一个获 FDA 批准上市的 CAR-T 疗法，其适应证为儿童及青少年的急性 B 淋巴细胞白血病（B-ALL），产品售价为 47.5 万美元。2017 年 10 月，凯特（Kite）公司的产品 Yescarta 获批上市，用于复发性或难治性大 B 细胞淋巴瘤（DLBCL）成人患者的治疗，产品售价为 37.3 万美元。两款产品的上市极大地推动了细胞免疫治疗的研发热情。

目前，CAR-T 细胞治疗技术的研究趋势呈现全面、迅猛、深入的特点，并取得了长足的进步。从横向来看，其由 CD19 靶点逐渐发展为针对多种疾病的几十种靶点，并逐步进入临床阶段。从纵向来看，CAR 的结构经历了从第一代到第三代的发展。对于一个具有划时代意义和广阔市场前景的医学进步，知识产权是极其重要的，专利的权属影响着落入其范围内的产品或方法所产生的巨大商业利益的归属。因此，本书的知识产权案例分析部分以 CAR-T 细胞治疗技术为突破口，研究 CAR-T 细胞治疗技术的专利申请的现状及转让、诉讼情况，反映知识产权在生物技术的发展和布局中的重要性，以及对生物产业的影响。

利用 Incopat 专利数据库对全球关于 CAR-T 细胞治疗技术的专利申请进行检索，截止日期为 2019 年 5 月 31 日，共检索到 2 518 篇全球专利文献，共 508 个 inpadoc 专利族。

从专利趋势来看，从 20 世纪 90 年代开始出现 CAR-T 细胞治疗技术领域的专利申请，早在 1989 年，Eshhar 研究组的专利申请 IL86278A 就报道了将 scFv 和 FcεRI 受体（γ 链）或 CD3 复合物（ζ 链）胞内结构域融合形成嵌合 T 细胞受体，表达 CAR 的 T 细胞能够以抗原依赖、非 MHC 限制的方式结合肿瘤抗原，启动并活化特异性杀伤肿瘤细胞的反应。该专利申请正式宣告了 CAR-T 的诞生。因为早期的 CAR 结构中仅包含单链抗体可变区、跨膜区和胞内信号结构域，缺乏免疫共刺激因子的激活作用，对肿瘤细胞的免疫杀伤效应有限，临床疗效不佳，因此在 2010 年之前专利申请量较少。随着 CAR-T 细胞治疗技术研究的不断推进及市场潜力的不断凸显，2010 年后，该领域的专利数量呈爆发性增长。2011 年，CAR-T 细胞治疗技术领域专利申请数量为 88 件，2016 年与 2017 年，专利申请数量达到最高值，分别为 475 件和 459 件，2011～2017 年的复合年均增长率为 31.7%（考虑到专利申请到专利公开的 18 个月及专利数据录入的延迟，2017 年与 2018 年的数据仅作参考）（图 7-15）。

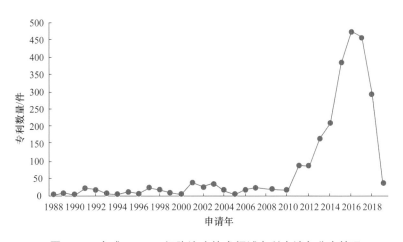

图 7-15　全球 CAR-T 细胞治疗技术领域专利申请年分布情况

数据来源：Incopat 专利数据库

2. 中国和美国是 CAR-T 细胞治疗技术专利最主要的布局国家

中国和美国是 CAR-T 细胞治疗技术领域专利最主要的布局国家，也是美国临床试验数据库（Clinicaltrials.gov）中全球 CAR-T 细胞治疗临床数量最多的两个国家（表 7-13），专利的申请量与这两个国家在该领域的研发水平与产业化进度紧密相关。美国是最早开展 CAR-T 细胞治疗技术的国家之一，相关技术与产业化水平领跑全球，且拥有全球最早上市的两款 CAR-T 细胞治疗产品。中国在 CAR-T 细胞治疗技术领域后来者居上，尤其在 2015 年后，中国研究机构与企业加大细胞治疗技术研发领域的投入，极大地加快了中国在该领域的研发进程。中国能成为最大的 CAR-T 细胞治疗技术专利申请国除了源于我国不断提升的研发能力与技术水平外，还源于中国是全球生物医药最大也是最重要的市场之一，因此，在中国的专利布局对于专利权人技术商业价值的保护非常重要。

表 7-13　全球前 10 位 CAR-T 细胞治疗技术专利申请国家／组织分布

排名	申请国家／组织	专利数量／件
1	中国	436
2	世界知识产权组织（WIPO）	427
3	美国	356
4	澳大利亚	278
5	日本	152
6	加拿大	139
7	韩国	79
8	以色列	46
9	印度	46
10	墨西哥	42

数据来源：Incopat 专利数据库

3. 机构与企业 CAR-T 细胞治疗技术专利申请平分秋色

从 CAR-T 细胞治疗技术领域专利申请人的分布情况来看，美国与欧洲的申请人占绝大多数，其中申请量较多的机构或企业分别为：美国宾夕法尼亚大学 341 件、诺华公司 154 件、希望之城医疗中心 92 件、纪念斯隆 - 凯特琳癌症中心 56 件、美国卫生和公共服务部 56 件、伦敦大学学院 53 件、Cellectis 公司 47 件、Bluebird Bio 公司 44 件、朱诺医疗 44 件、凯特药业 41 件。从这个排名可以看出，排名靠前的申请人多数为美国的企业或机构，这也验证了在该研发领域美国优势显著。同时，企业对于 CAR-T 细胞治疗技术的研发也表现出极大的热情，前 10 位的专利申请人中有一半的申请人为企业，这些专利主要以保护市场为目的（图 7-16）。从排在前 10 位的专利申请人来看，多数机构或企业从一开始便参与了 CAR-T 细胞治疗技术的研发工作，或者以合作研发的形式，对 CAR-T 细胞治疗技术的专利进行布局。宾夕法尼亚大学是 CAR-T 细胞治疗领域的先驱机构之一，2012 年诺华公司宣布与宾夕法尼亚大学合作，共同开发嵌合抗原受体免疫疗法，诺华公司 CAR-T 免疫疗法 CTL-019 最初是由宾夕法尼亚大学的研究团队研发并成功应用到临床的。2013 年创建的朱诺医疗得益于与圣丘德儿童医院等多家机构的合作，争夺 CAR-T 疗法的市场高地。专注于癌症治疗领域的纪念斯隆 - 凯特琳癌症中心、相关 CAR-T 细胞治疗产品 bb2121 获得突破性药物资格的 Bluebird Bio 公司及专注于开发基于基因编辑的新一代 T 细胞癌症免疫疗法的 Cellectis 公司都围绕着 CAR-T 细胞治疗技术核心技术布局了大量专利。

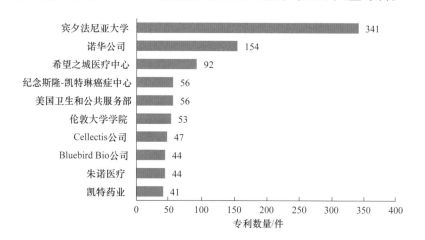

图 7-16 全球前 10 位 CAR-T 细胞治疗技术专利申请机构 / 企业排名

数据来源：Incopat 专利数据库

4. 我国企业是 CAR-T 细胞治疗技术专利申请的主体

CAR-T 作为免疫治疗的最新技术，市场空间巨大。2017 年 12 月 22 日，国家食品药品监督管理总局正式出台了《细胞治疗产品研究与评价技术指导原则（试行）》，我国细胞治疗产品作为药品属性的规范化临床正式拉开序幕，极大地促进了我国细胞治疗产业的发展。截至 2019 年 5 月 31 日，共有 436 件 CAR-T 细胞治疗技术领域的专利在我国申请，共 408 个 inpadoc 专利族，我国在 CAR-T 细胞治疗技术领域起步虽晚于国外，但在 2010 年后保持持续的增长态势，与国外的趋势基本保持一致。2017 年，我国 CAR-T 细胞治疗技术领域的专利申请达到最高峰，为 117 件（图 7-17）。

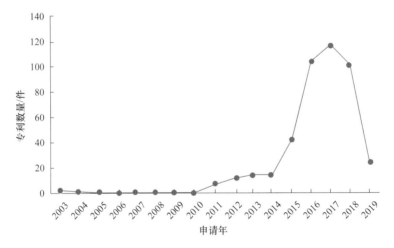

图 7-17　我国 CAR-T 细胞治疗技术领域专利申请年分布情况

数据来源：Incopat 专利数据库

对我国 CAR-T 细胞治疗技术领域的专利申请人进行分析，发现除了宾夕法尼亚大学和诺华公司外，前 10 位的专利申请人全部是国内的企业，包括上海优卡迪生物医药科技有限公司、苏州普罗达生物科技有限公司、上海恒润达生生物科技有限公司、上海怡豪生物科技有限公司、武汉波睿达生物科技有限公司等，说明我国企业已着手通过构建自己的专利体系抢占国内的 CAR-T 市场（图 7-18）。值得注意的是，我国的高校和研究机构在该领域的专利申请较少，但 CAR-T 细胞治疗技术的进一步发展急需基础研究领域的支撑，特别是对肿瘤发生机理、细胞免疫机制、基因转导、靶点筛选等方面的深入研究。因此，我国高校与研究机构在 CAR-T 细胞治疗技术领域的专利申请仍有待加强。

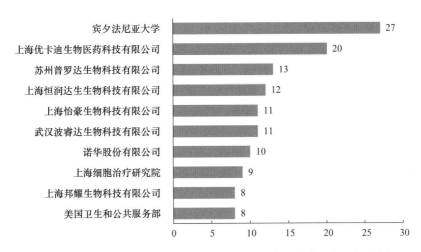

图 7-18 我国前 10 位 CAR-T 细胞治疗技术专利申请机构 / 企业排名

数据来源：Incopat 专利数据库

（二）CAR-T 细胞治疗技术领域专利诉讼与专利交易高度活跃

1. CAR-T 细胞治疗技术引发专利之争

对 CAR-T 细胞治疗技术领域的专利诉讼情况进行调研，Incopat 专利数据库显示共有 3 件专利涉及诉讼（因为 USPTO 的专利诉讼情况可获取，因此数据库主要针对美国专利的诉讼情况进行统计），申请号分别为 US13844048、US10448256 与 US13548148。其中申请号为 US13844048 的专利相关的诉讼主要涉及发明人权益的保护，认为专利权人未按合同约定将专利许可的酬金按照比例给予发明人，并未涉及专利技术的诉讼。申请号为 US10448256 的专利相关的诉讼主要涉及相关技术的专利侵权，该专利名称为编码嵌合 T 细胞受体的核酸，主要通过对现有 CAR-T 技术共刺激因子、铰链区、跨膜区等基本元件的优化增强治疗效果，朱诺医疗与凯特药业对于该专利技术展开了激烈的争夺，该专利之争仍在继续。申请号为 US13548148 的专利相关的诉讼主要涉及专利无效，该专利名称为具有 4-1BB 刺激信号结构域的嵌合受体，该专利包括了使用抗 CD19 单链抗体和同时包括了 4-1BB 和 CD3ζ 的所有嵌合抗原受体的多核苷酸，保护范围很广，是该领域重要的核心专利，在该领域进行产品研发的机构与企业很难绕过，该专利诉讼起始于 2013 年 3 月，直至 2015 年 4 月才得以结案。可见，知识产权保护在 CAR-T 细胞治疗技术产品研发中的重要地位（表 7-14）。

表 7-14 全球 CAR-T 细胞治疗技术专利诉讼情况

申请号	申请日	专利名称	专利权人	专利诉讼信息
US13844048	2013-03-15	CD123 特异性嵌合抗原受体重导向性 T 细胞及其使用方法	希望之城医疗中心	2019 年 3 月 22 日，该专利作为原告 Armen Mardiros 的涉案专利进入专利诉讼，被告为希望之城医疗中心，专利发明人之一的 Armen Mardiros 控告希望之城医疗中心未按照合同给予其应得的报酬
US10448256	2003-05-28	编码嵌合 T 细胞受体的核酸	纪念斯隆 - 凯特琳癌症中心	朱诺医疗与纪念斯隆 - 凯特琳癌症中心控告凯特药业准备商业化的一款免疫治疗产品采用了由纪念斯隆 - 凯特琳癌症中心排他许可给朱诺医疗的专利 US10448256 的专利技术，该案件已于 2016 年 12 月 19 日、2017 年 9 月 1 日和 2017 年 10 月 18 日分三次开庭审理
US13548148	2012-07-12	具有 4-1BB 刺激信号结构域的嵌合受体	圣裘德儿童医院	2013 年 3 月 22 日，该专利作为原告宾夕法尼亚大学的涉案专利进入专利诉讼，被告为圣裘德儿童医院，宾夕法尼亚大学向法院提出诉讼，请求无效该专利

数据来源：Incopat 专利数据库

2. CAR-T 细胞治疗技术专利交易活跃

对 CAR-T 细胞治疗技术领域的专利交易情况进行分析，Incopat 专利数据库显示共有 282 件专利发生转让（因为 USPTO 与 SIPO 的专利转让情况可获取，因此数据库主要针对美国和中国专利的转让情况进行统计），其中美国专利 263 件，中国专利 19 件。CAR-T 细胞治疗技术领域的专利交易起始于 2001 年，发生的第一件转让来自于 2001 年 7 月 24 日，由该专利的原始专利权人 H. Wu Patrick、Kershaw Michael H.、Rosenberg Steven A. 将其专利"活化的双特异性淋巴细胞及其使用方法"（申请号为 US09803578）转让给美国卫生和公共服务部。2001 年之后，该领域的专利交易如火如荼地展开，特别是 2016 年，发生专利交易的专利数量达到 64 件，是历史中最高的年份，可见虽然 CAR-T 细胞的治疗尚处于起步阶段，但已成为企业纷纷抢占的技术高地，企业与机构纷纷在该领域提前布局，争得先机（图 7-19）。

对涉及 CAR-T 细胞治疗技术领域专利转让的企业、机构与个人进行分析，发现 CAR-T 细胞治疗技术领域的专利转让人一般是原研机构或个人，受让人一

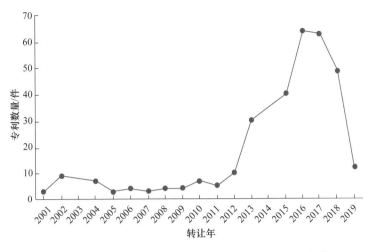

图 7-19 全球 CAR-T 细胞治疗技术专利转让年度分布情况

数据来源：Incopat 专利数据库

般是致力于将该领域研发成果商业化的企业。从转让人来看，宾夕法尼亚大学教授卡尔·朱恩（Carl H. June）是 CAR-T 细胞治疗技术领域转让专利数量最多的转让人，而其也是 CAR-T 细胞治疗技术的创始人之一，因开发研究过继免疫疗法用于癌症和 HIV 感染的潜在用途而闻名世界，被评为"全球生物制药界最有影响力的科学家"。从受让人来看，美国卫生和公共服务部是 CAR-T 细胞治疗技术领域通过专利转让获得专利数量最多的受让人，可见美国政府通过专利投资促进了本国 CAR-T 细胞治疗技术的基础研究与产业化（表 7-15）。

表 7-15　全球前 10 位的 CAR-T 细胞治疗技术专利交易转让人和受让人

排名	转让人	专利数量/件	受让人	专利数量/件
1	June Carl H.	24	美国卫生和公共服务部	56
2	宾夕法尼亚大学	20	诺华公司	39
3	Brogdon Jennifer	15	宾夕法尼亚大学	37
4	诺华公司	14	希望之城医疗中心	23
5	Rosenberg Steven A.	12	贝勒医学院	8
6	Loew Andreas	9	凯特药业	7
7	Scholler John	9	伦敦大学学院	7
8	Gill Saar	8	优瑞科生物技术公司	6
9	Jensen Michael C.	7	摩根大通银行	6
10	Kim Chanhyuk	6	加州生物医学研究所	6

数据来源：Incopat 专利数据库

3. 国内 CAR-T 细胞治疗技术专利交易积极展开

我国 CAR-T 细胞治疗技术的专利交易起始于 2014 年，至 2019 年 5 月 31 日共有 19 项专利发生专利交易，可见 CAR-T 细胞治疗技术领域的专利布局在我国也备受重视（图 7-20）。

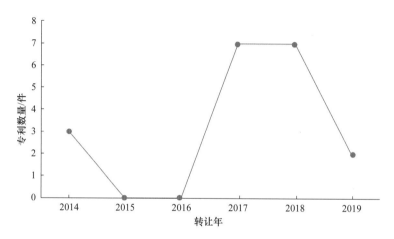

图 7-20　我国 CAR-T 细胞治疗技术专利转让年度分布情况

数据来源：Incopat 专利数据库

对我国 19 件发生专利转让的专利按申请号进行合并，共获得 15 个专利族。对这 15 个专利族涉及的专利交易进行分析可以看出，部分专利交易源于企业名称调整后的专利权转移或由法定代表人转让给其所拥有的公司，这些专利权转移后的专利权人与转移前实质上并未发生变化，而真正出现技术流动的专利交易为 11 件，相关的中国专利权人包括重庆精准生物技术有限公司、杭州优善生物科技有限公司、合源生物科技（天津）有限公司、上海细胞治疗工程技术研究中心有限公司、阿思科力（苏州）生物科技有限公司等，这些公司正积极地在 CAR-T 细胞治疗技术领域进行专利布局（表 7-16）。

表 7-16　我国 CAR-T 细胞治疗技术领域发生专利转让的专利及交易情况

专利申请号	专利名称	专利交易情况
CN201510648252.X	免疫抑制受体联合肿瘤抗原嵌合受体及其应用	2017 年专利权由重庆倍思益生物技术有限公司转让给重庆精准生物技术有限公司
CN201510526396.8	一种体外刺激外周血 γδT 细胞高效增殖的方法及其应用	2017 年由深圳市科晖瑞生物医药有限公司转让给杭州优善生物科技有限公司

续表

专利申请号	专利名称	专利交易情况
CN201510233748.0	嵌合抗原受体 hCD19scFv-CD8α-CD28-CD3ζ 及其用途	2019 年 3 月 19 日由中国医学科学院血液病医院（血液学研究所）转让给中源协和细胞基因工程股份有限公司；2019 年 3 月 28 日由中源协和细胞基因工程股份有限公司转让给合源生物科技（天津）有限公司
CN201210191472.0	结合 EGFR 家族蛋白的嵌合抗原受体、其组合物及用途	2014 年由上海吴孟超医学科技基金会和上海白泽生物科技有限公司转让给上海细胞治疗工程技术研究中心有限公司
CN201810035987.9	CD24 特异性抗体和抗 CD24-CAR-T 细胞	2018 年由亘喜生物科技（上海）有限公司转让给亘利生物科技（上海）有限公司、亘喜生物科技（上海）有限公司
CN201610953471.3	一种重组 CAR 基因及其载体、CAR-T 细胞和应用	2018 年由山东维真生物科技有限公司、麦克利科技有限公司转让给宜明细胞生物科技有限公司、麦克利科技有限公司
CN201610850567.7	一种加强型 Slit2 CAR-T 和 CAR-NK 细胞制备方法和应用	2018 年由李华顺转让给阿思科力（苏州）生物科技有限公司
CN201710462493.4	一种微环 DNA 转染 T 细胞制备临床级 CAR-T 细胞制剂的方法	2018 年由河北浓孚雨生物科技有限公司转让给蔡子琪
CN201710287052.5	一种制备分泌 IL-12CD19CAR-T 细胞的方法	2018 年 1 月 4 日，由尚小云转让给武汉佳沃圣生物科技有限公司；2018 年 4 月 25 日，由武汉佳沃圣生物科技有限公司转让给苏州茂行生物科技有限公司
CN201580017607.3	密封蛋白 6 特异性免疫受体和 T 细胞表位	2017 年由拜恩科技细胞 & 基因治疗有限公司、TRON- 美因茨约翰尼斯·古腾堡大学附属转化肿瘤医学院公益有限公司、约翰·古腾堡大学美因兹医学大学、咖尼米德制药股份公司转让给拜恩科技细胞 & 基因治疗有限公司、TRON- 美因茨约翰尼斯·古腾堡大学附属转化肿瘤医学院公益有限公司、咖尼米德制药股份公司
CN201280026656.X	对 HLA-A2 呈递的 WT1 肽特异的 T 细胞受体样抗体	2017 年由纪念斯隆 - 凯特琳癌症中心转让给纪念斯隆 - 凯特琳癌症中心、优瑞科生物技术公司
CN201510061635.7	一种嵌合抗原受体及快速构建嵌合抗原受体的方法及应用	2017 年由博生吉医药科技（苏州）有限公司转让给博生吉安科细胞技术有限公司
CN201380073452.6	嵌合抗原受体	2018 年由人类起源公司转让给细胞基因公司
CN201210191447.2	双信号独立的嵌合抗原受体及其用途	2014 年由上海吴孟超医学科技基金会、上海白泽生物科技有限公司转让给上海细胞治疗工程技术研究中心有限公司
CN201210191472.0	结合 EGFR 家族蛋白的嵌合抗原受体、其组合物及用途	2014 年由上海吴孟超医学科技基金会、上海白泽生物科技有限公司转让给上海细胞治疗工程技术研究中心有限公司

数据来源：Incopat 专利数据库

（三）CAR-T 细胞治疗技术专利案例分析及启示

1. 诺华公司与朱诺医疗就 CAR-T 专利技术纠纷达成和解

CAR-T 细胞治疗技术目前正处于临床向产业化转化的过渡时期，而专利是 CAR-T 细胞治疗技术。

诺华公司与朱诺医疗的 CAR-T 专利技术纠纷是其中具有代表性的例子。诺华公司很早就关注了 CAR-T 细胞治疗技术，并于 2012 年 8 月宣布了与宾夕法尼亚大学合作开发嵌合抗原受体免疫疗法，在此过程中诺华公司将获得 CAR-T 细胞治疗研究成果的全球独占授权及进行商业开发的权利，并获得了 US7638325B2 用于提取 T 细胞的 K562 工程细胞平台技术的专利许可。2013 年圣裘德儿童医院申请的专利 US8399645B2 获得了专利权，其独立权利要求 1 保护一种编码嵌合受体的多核苷酸，包括包含抗 CD19 单链可变片段（scFv）的胞外配体 - 结合域、跨膜域和包含 4-1BB 信号域和 CD3 ζ 信号域的细胞质区域。该专利被授权后 3 天，宾夕法尼亚大学向法院提出诉讼，请求无效 US8399645B2，但并未成功将其无效。2014 年，圣裘德儿童医院将专利 US8399645B2 以独占方式许可给朱诺医疗，这也使得朱诺医疗卷入了这场关于 CAR-T 技术的专利大战之中。由 US8399645B2 的权利要求 1 的保护范围来看，该专利包括了使用抗 CD19 单链抗体和同时包括了 4-1BB 信号域和 CD3 ζ 的所有嵌合抗原受体的多核苷酸，因此，只要 CAR 产品针对 CD19 靶点，且同时包括了 4-1BB 信号域和 CD3 ζ，就无法绕过该专利。该专利覆盖了诺华 CTL-019 的嵌合抗原受体多核苷酸，而无休止的专利诉讼和各方对峙将严重制约 CAR-T 细胞治疗技术的开发。因此，2015 年 4 月，诺华公司和朱诺医疗就 US8399645B2 专利纠纷达成和解。根据和解协议，诺华公司与其合作伙伴宾夕法尼亚大学将向朱诺公司和圣裘德儿童医院支付 122.5 万美元及一定数量的里程碑基金，并承诺专利相关 CAR-T 细胞治疗技术上市后的利润分成。

2. 凯特药业与朱诺医疗 CAR-T 专利之争愈演愈烈

朱诺公司获得了纪念斯隆 - 凯特琳癌症中心 US7446190B2 的排他专利许可，而凯特药业 CAR-T 细胞治疗产品 KTE-C19 的嵌合抗原受体核苷酸恰恰落入涵盖了 CD28 共刺激信号域的 US7446190 B2 的保护范围内。朱诺医疗和纪念斯隆 - 凯特琳癌症中心于 2016 年 12 月 19 日向美国地区上诉法院提出诉讼，控告凯特药业侵犯其专利权。而早在 2015 年 8 月，凯特药业就曾意识到侵权诉讼无法避免，先于对方发起诉讼前，向 USPTO 的美国专利审判和上诉委员会（PTAB）提交了多方复审（IPR）申请，请求无效 US7446190 B2 专利。2016 年 12 月，PTAB 认为该专利授权的所有权利要求均有效，凯特药业坚持该专利无效，并就 USPTO 的决定向美国法院提出上诉。目前，相关案件仍在审理当中。随着 CAR-T 细胞治疗产品临床进度的推进，技术离市场越来越近，双方对 CAR-T 细胞治疗领域核心技术的争夺也将愈演愈烈。

3. 我国企业 CAR-T 细胞治疗产品研发中需谨防知识产权风险

与国外机构与企业相比，我国在 CAR-T 细胞治疗技术的研究上也不落后。根据 Clinicaltrials.gov 显示，截至目前，中国登记开展的 CAR-T 临床研究项目已达到 245 项，在数量上仅次于美国，可以说中国已经跻身全球 CAR-T 细胞治疗技术研究的第一梯队，国外机构与企业的核心专利在中国的布局将成为中国机构与企业 CAR-T 细胞治疗产品研发上市的巨大障碍。随着 CAR-T 细胞治疗技术的不断升级，相应的专利壁垒也会越来越复杂，因此，密切关注国内 CAR-T 细胞治疗领域专利的授权情况将有利于我国企业避免知识产权风险，并对可能产生的知识产权风险进行充分准备。

目前，国内的 CAR-T 专利申请还未形成申请人垄断的局面，对于国外机构与企业已在国内获得授权的核心专利，获得相应的专利授权是国内企业进行相关产品研发与商业化的必经之路。对于尚未申请专利的领域，我国的机构与高校应及时寻找技术空白点和突破点，进行赶超，从而获得竞争优势。从目前

的临床试验结果来看，安全性和可控性仍是制约 CAR-T 技术应用的瓶颈。此外，CAR-T 细胞治疗产品应用于实体瘤的特异性靶点稀缺也限制了其在更多适应证中的应用。因此，更为安全、有效且可控的 CAR 结构及 CAR-T 细胞治疗技术新靶点的相关专利将有望成为该领域新的核心专利，可在多国重点布局。CAR-T 细胞治疗技术发展日新月异，企业在研发中必须有所取舍，集中资源形成自身的独特优势，或与其他机构与企业通过专利的交叉许可合作研发，推动我国 CAR-T 细胞治疗产品尽快上市，造福更多的患者。

附　　录

2018 年度国家重点研发计划生物和医药相关重点专项立项项目清单

附表 -1　"数字诊疗装备研发"重点专项 2018 年度拟立项非定向项目公示清单

序号	项目编号	项目名称	项目牵头承担单位	项目负责人	中央财政经费/万元	项目实施周期
1	2018YFC0114800	多模态跨尺度显微内窥镜成像系统	中国科学院苏州生物医学工程技术研究所	刘海峰	398	2018 年 8 月至 2021 年 6 月
2	2018YFC0114900	新型穿颅超声脑成像系统及设备研发	浙江大学	郑音飞	384	2018 年 8 月至 2021 年 6 月
3	2018YFC0115000	基于太赫兹增强的杂核磁共振成像关键技术研究	中国科学院武汉物理与数学研究所	冯继文	392	2018 年 8 月至 2021 年 6 月
4	2018YFC0115100	混合现实辅助消化内镜机器人精准微创治疗技术研究	中国科学院沈阳自动化研究所	刘浩	400	2018 年 8 月至 2021 年 6 月
5	2018YFC0115200	影像监控下的磁调控系统用于肿瘤物理治疗的关键技术研究	上海交通大学	郑元义	468	2018 年 8 月至 2021 年 6 月
6	2018YFC0115300	电磁声光耦合式陡脉冲高压电场（sPEF）无创胃癌治疗系统研制	西安交通大学	吕毅	473	2018 年 8 月至 2021 年 6 月
7	2018YFC0115400	闭环生物反馈和无创深部电刺激调控协同系统研发与帕金森病治疗应用研究	北京理工大学	闫天翼	478	2018 年 8 月至 2021 年 6 月
8	2018YFC0115500	基于特征光子复合成像和光学显微探测的肝癌精准微创诊疗一体化技术研究	中国医科大学附属第一医院	钟红珊	471	2018 年 8 月至 2021 年 6 月
9	2018YFC0115600	针对病灶与脑功能区精准定界的脑胶质瘤手术计划和引导前沿技术研发	中国医学科学院生物医学工程研究所	殷涛	407	2018 年 8 月至 2021 年 6 月
10	2018YFC0115700	分子影像引导的乏氧肿瘤多线束精准放射治疗计划技术研发及临床实现	上海市质子重离子临床技术研发中心	LU JIADE JAY（陆嘉德）	498	2018 年 8 月至 2021 年 6 月
11	2018YFC0115800	医学影像设备可靠性与工程化技术研究及应用	上海市医疗器械检测所	郁红漪	968	2018 年 8 月至 2021 年 6 月

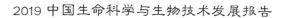

续表

序号	项目编号	项目名称	项目牵头承担单位	项目负责人	中央财政经费/万元	项目实施周期
12	2018YFC0115900	超声空化生物学效应评价的关键技术研究	浙江大学	黄品同	400	2018 年 8 月至 2021 年 6 月
13	2018YFC0116000	新型多参数眼科超声成像系统	深圳迈瑞生物医疗电子股份有限公司	杨文利	673	2018 年 8 月至 2021 年 6 月
14	2018YFC0116100	基于环形面阵换能器的新型乳腺多参数超声成像系统	武汉维视医学影像有限公司	丁明跃	710	2018 年 8 月至 2021 年 6 月
15	2018YFC0116200	支气管、肺癌诊断用新型呼吸专科腔内三维超声成像系统及核心部件研发	北京华科创智健康科技股份有限公司	周智峰	722	2018 年 8 月至 2021 年 6 月
16	2018YFC0116300	高分辨、高速、智能化心脏介入血管内超声成像系统	深圳北芯生命科技有限公司	宋亮	656	2018 年 8 月至 2021 年 6 月
17	2018YFC0116400	基于影像云平台的全数据链智能医疗新型服务模式	上海联影医疗科技有限公司	沈定刚	876	2018 年 8 月至 2021 年 6 月
18	2018YFC0116500	常见致盲、致畸、致死疾病的人工智能筛查诊断系统研发和临床试验	中山大学中山眼科中心	林浩添	723	2018 年 8 月至 2021 年 6 月
19	2018YFC0116600	基于人工智能分析技术和多场景服务模式的远程心电检测诊断管理服务解决方案	上海询康数字科技有限公司	林伟	270	2018 年 8 月至 2021 年 6 月
20	2018YFC0116700	基于人工智能的危重症事件追踪预警及决策支持服务研究	中国人民解放军第三军医大学	鲁开智	829	2018 年 8 月至 2021 年 6 月
21	2018YFC0116800	大众医疗健康医学人工智能管理服务模式	北京好医生云医院管理技术有限公司	吴及	834	2018 年 8 月至 2021 年 6 月
22	2018YFC0116900	基于人工智能的临床辅助决策支持新型服务模式解决方案	神州数码医疗科技股份有限公司	徐华	827	2018 年 8 月至 2021 年 6 月
23	2018YFC0117000	基于人工智能的临床辅助决策支持技术及其服务模式解决方案研究	深圳市腾讯计算机系统有限公司	范伟	800	2018 年 8 月至 2021 年 6 月
24	2018YFC0117100	智能化医疗器械产业科技创新服务平台开发及应用研究	国家药品监督管理局医疗器械技术审评中心	孙磊	438	2018 年 8 月至 2021 年 6 月
25	2018YFC0117200	基于物联网技术的围术期生命监测支持仪器的评价研究	中国人民解放军第三军医大学	李洪	759	2018 年 8 月至 2021 年 6 月

数据来源：国家科技管理信息系统平台，搜集了 2018 年 5 月 29 日至 2018 年 12 月 26 日的项目公示

附表 -2　"数字诊疗装备研发"重点专项 2018 年度拟立项定向项目公示清单

序号	项目编号	项目名称	项目牵头承担单位	项目负责人	中央财政经费 / 万元	项目实施周期
1	SQ2018YFC010099	基于区域医联体模式的国产创新诊疗设备应用示范	重庆医科大学附属第二医院	梅浙川	1 932	2018~2020 年
2	SQ2018YFC010351	基于创新国产诊疗装备的贫困地区医疗健康一体化服务规模化应用示范	河南省人民医院	王宇明	1 753	2018~2020 年
3	SQ2018YFC010140	基于国产创新设备的消化道早癌筛查和宫颈癌诊疗应用示范研究	华中科技大学同济医学院附属协和医院	谢明星	1 888	2018~2020 年
4	SQ2018YFC010252	国产创新数字诊疗装备区域协同分级诊疗服务模式和临床路径的建立与示范	山东大学第二医院	王传新	1 943	2018~2020 年

附表 -3　国家重点研发计划"重大慢性非传染性疾病防控研究"重点专项 2018 年度定向项目拟立项项目公示清单

序号	项目编号	项目名称	项目牵头承担单位	项目负责人	中央财政经费 / 万元	项目实施周期
1	2018YFC1312200	脑出血损伤机制与干预评价研究	华中科技大学	胡波	1 668	2018 年 8 月至 2020 年 12 月
2	2018YFC1312300	血管性认知障碍的发病机制及干预研究	四川大学	雷鹏	1 715	2018 年 8 月至 2020 年 12 月
3	2018YFC1312400	适合国人的有效安全可负担的降压调脂药物及治疗模式研究	中国医学科学院阜外医院	李静	1 835	2018 年 8 月至 2020 年 12 月
4	2018YFC1312500	心房颤动风险评估方案及干预策略的优化研究	首都医科大学附属北京安贞医院	白融	1 561	2018 年 8 月至 2020 年 12 月
5	2018YFC1312600	基于影像组学的脑出血微创治疗规范化体系建立及应用评价	浙江大学	陈高	1 037	2018 年 8 月至 2020 年 12 月
6	2018YFC1312700	基于高血压肾病和"器官不良对话"关键发病机制的综合干预研究	中国人民解放军第三军医大学	曾春雨	1 595	2018 年 8 月至 2020 年 12 月
7	2018YFC1312800	心脑血管疾病"协防共管"创新健康管理模式的开发与效果评价	上海交通大学	卜军	1 534	2018 年 8 月至 2020 年 12 月
8	2018YFC1312900	脑血管病智能辅助诊疗技术及决策平台建立及应用研究	复旦大学附属中山医院	汪昕	1 543	2018 年 8 月至 2020 年 12 月
9	2018YFC1313000	高危神经母细胞瘤发生、复发及转移的分子基础研究	天津医科大学肿瘤医院	赵强	1 299	2018 年 8 月至 2020 年 12 月

续表

序号	项目编号	项目名称	项目牵头承担单位	项目负责人	中央财政经费/万元	项目实施周期
10	2018YFC1313100	上消化道癌筛查和干预新型技术开发及评价研究	中国医学科学院肿瘤医院	陈万青	1 617	2018年8月至2020年12月
11	2018YFC1313200	恶性肿瘤放疗新技术及新策略研究	山东省肿瘤医院	于金明	1 084	2018年8月至2020年12月
12	2018YFC1313300	胃癌免疫治疗方案的优化研究	中山大学	徐瑞华	1 559	2018年8月至2020年12月
13	2018YFC1313400	靶向恶性实体肿瘤免疫细胞治疗新技术的研发及其临床转化路径的规范化建立	中山大学	夏建川	1 513	2018年8月至2020年12月
14	2018YFC1313500	慢阻肺早期筛查和诊断适宜技术的评价及应用	浙江大学	李雯	1 213	2018年8月至2020年12月
15	2018YFC1313600	慢阻肺康复体系和策略的建立及其临床应用性研究	复旦大学	李善群	1 134	2018年8月至2020年12月
16	2018YFC1313700	慢阻肺早期筛查、防治及呼吸健康管理的物联网技术研究与推广	同济大学	李强	1 147	2018年8月至2020年12月
17	2018YFC1313800	肠道与下丘脑在糖尿病发生发展中的作用及干预新方案研究	上海交通大学医学院附属瑞金医院	洪洁	1 104	2018年8月至2020年12月
18	2018YFC1313900	2型糖尿病、糖尿病高风险和妊娠糖尿病危险因素的早期行为干预适宜技术及疗效评价研究	北京大学第三医院	洪天配	1 222	2018年8月至2020年12月
19	2018YFC1314000	糖尿病肾病早期监测与适宜替代治疗新技术研究与推广	东南大学	刘必成	1 222	2018年8月至2020年12月
20	2018YFC1314100	2型糖尿病智能优化综合管理体系和社会经济效益评价	中山大学	李延兵	1 181	2018年8月至2020年12月
21	2018YFC1314200	适用于中国人群的认知筛查和评估系统的建立	北京大学第六医院	于欣	958	2018年8月至2020年12月
22	2018YFC1314300	精神分裂症早期个体化诊疗生物学标记体系研究	天津医科大学	于春水	978	2018年8月至2020年12月
23	2018YFC1314400	酒精、吗啡依赖关键诊疗技术的推广应用研究	中山大学	彭英	972	2018年8月至2020年12月
24	2018YFC1314500	阿尔茨海默病神经调控及智能康复关键技术和临床应用研究	首都医科大学宣武医院	王玉平	998	2018年8月至2020年12月
25	2018YFC1314600	抑郁症复发的预警体系建立和综合干预策略研究	武汉大学	刘忠纯	916	2018年8月至2020年12月

续表

序号	项目编号	项目名称	项目牵头承担单位	项目负责人	中央财政经费/万元	项目实施周期
26	2018YFC1314700	基于医体结合的记忆和运动障碍三级全程化诊疗模式研究	同济大学	靳令经	829	2018年8月至2020年12月
27	2018YFC1314800	糖尿病信息化管理平台与传播体系的创建	上海交通大学医学院附属瑞金医院	顾卫琼	953	2018年8月至2020年12月
28	2018YFC1314900	糖尿病信息化管理平台与传播体系创建及示范应用	南京医科大学第一附属医院	刘云	981	2018年8月至2020年12月
29	2018YFC1315000	肺癌和结直肠癌多中心筛查的随机对照试验和前瞻性队列研究	中国医学科学院肿瘤医院	李霓	900	2018年8月至2020年12月
30	2018YFC1315100	国际通行共享的慢阻肺生物资源库建设及其应用	中日友好医院	才华	585	2018年8月至2020年12月
31	2018YFC1315200	基于大型前瞻性队列的临床前阿尔茨海默病综合预防与治疗的中美合作研究	北京师范大学	张占军	830	2018年8月至2020年12月
32	2018YFC1315300	重大慢性病疾病负担及防控策略研究	中国疾病预防控制中心慢性非传染性疾病预防控制中心	周脉耕	967	2018年8月至2020年12月
33	2018YFC1315400	基于中美对比和对接的重大慢病临床研究数据标准及应用研究	中山大学	崇雨田	804	2018年8月至2020年12月
34	2018YFC1315500	重大慢病防控关键技术在"一带一路"国家推广及评价研究	中国医学科学院阜外医院	党爱民	582	2018年8月至2020年12月
35	2018YFC1315600	中国常见慢病防控适宜技术在"一带一路"国家的推广及评价研究	天津医科大学肿瘤医院	王平	552	2018年8月至2020年12月

附表-4　"生物安全关键技术研发"重点专项2018年度拟立项项目公示清单

序号	项目编号	项目名称	项目牵头承担单位	项目负责人	中央财政经费/万元	项目实施周期
1	2018YFC1200100	突发急性和烈性传染病临床救治关键技术研究	广州医科大学附属第一医院	赵金存	2904	2018年8月至2021年6月
2	2018YFC1200200	特殊生物资源监测与溯源技术研究	上海海事大学	周日贵	1776	2018年8月至2021年6月

续表

序号	项目编号	项目名称	项目牵头承担单位	项目负责人	中央财政经费/万元	项目实施周期
3	2018YFC1200300	生物安全四级实验室关键技术及设备研制	中国人民解放军军事医学科学院卫生装备研究所	徐新喜	2 908	2018 年 8 月至 2021 年 6 月
4	2018YFC1200400	森林生态系统重要生物危害因子综合防控关键技术研究	中国林业科学研究院森林生态环境与保护研究所	王小艺	2 318	2018 年 8 月至 2021 年 6 月
5	2018YFC1200500	生物安全相关核心计量技术和标准物质研究	中国计量科学研究院	王晶	1 797	2018 年 8 月至 2021 年 6 月
6	2018YFC1200600	生物安全高效应对产品研发技术体系研究	中国农业科学院哈尔滨兽医研究所	步志高	2 593	2018 年 8 月至 2021 年 6 月

附表 -5 "生物医用材料研发与组织器官修复替代"重点专项 2018 年度拟立项项目公示清单

序号	项目编号	项目名称	项目牵头承担单位	项目负责人	中央财政经费/万元	项目实施周期
1	2018YFC1105100	基于纳米簇新型材料的生物学效应及其仿生装配复合组织的基础研究	浙江大学	唐睿康	1 328	2018 年 8 月至 2021 年 6 月
2	2018YFC1105200	生物材料与组织工程制品调控的免疫微环境对组织再生的影响及机制研究	中国科学院上海硅酸盐研究所	吴成铁	1 290	2018 年 8 月至 2021 年 6 月
3	2018YFC1105300	植入材料物理特性对细胞行为、组织结合与再生的调控作用及其分子机制	北京大学口腔医院	邓旭亮	1 258	2018 年 8 月至 2021 年 6 月
4	2018YFC1105400	肌肉—骨骼系统修复材料和植入器械及其表面改性的工程化技术	浙江大学	叶招明	1 246	2018 年 8 月至 2021 年 6 月
5	2018YFC1105500	心脑血管系统修复材料和植 / 介入器械表面改性关键技术研究及产品开发	中国医学科学院阜外医院	欧阳晨曦	1 149	2018 年 8 月至 2021 年 6 月
6	2018YFC1105600	医用级海洋源生物材料绿色规模化生产及先进功能产品研发	青岛明月海藻集团有限公司	秦益民	1 089	2018 年 8 月至 2021 年 6 月
7	2018YFC1105700	促进典型软硬组织再生的系列纳米生物材料制备及载药技术	华中科技大学	张胜民	1 187	2018 年 8 月至 2021 年 6 月

续表

序号	项目编号	项目名称	项目牵头承担单位	项目负责人	中央财政经费/万元	项目实施周期
8	2018YFC1105800	生物力学调控组织再生核心技术研发及其临床应用转化	上海交通大学	刘伟	1 173	2018年8月至2021年6月
9	2018YFC1105900	关节软骨再生性植入材料研发及功能评价	冠昊生物科技股份有限公司	樊渝江	1 163	2018年8月至2021年6月
10	2018YFC1106000	角膜再生性材料制备暨有序组装关键技术与产品研发	广东博与再生医学有限公司	王智崇	1 076	2018年8月至2021年6月
11	2018YFC1106100	新型高分子眼科功能性植入材料的研发和应用	爱博诺德（北京）医疗科技有限公司	范先群	1 136	2018年8月至2021年6月
12	2018YFC1106200	可诱导韧带再生的高强度植入物系统的研发	上海松力生物技术有限公司	赵金忠	1 246	2018年8月至2021年6月
13	2018YFC1106300	纳米生物活性玻璃新型骨重建材料及产品研发	大博医疗科技股份有限公司	张长青	1 267	2018年8月至2021年6月
14	2018YFC1106400	基于hiHep/HepGL细胞和ZhJ-Ⅲ装置的混合型人工肝系统的构建与开发	上海微知卓生物科技有限公司	潘国宇	1 413	2018年8月至2021年6月
15	2018YFC1106500	人红细胞代用品-戊二醛聚合猪血红蛋白中试工艺优化及功能评价	陕西佰美基因股份有限公司	朱宏莉	1 158	2018年8月至2021年6月
16	2018YFC1106600	生物功能化新型医用金属材料及其产业化	先健科技（深圳）有限公司	李岩	1 296	2018年8月至2021年6月
17	2018YFC1106700	新型医用金属材料及植入器械产品标准及其审评科学基础研究	国家药品监督管理局医疗器械技术审评中心	刘斌	865	2018年8月至2021年6月
18	2018YFC1106800	成都生物医学材料产业示范园	成都天府国际生物城投资开发有限公司	蒋青	2 777	2018年8月至2021年6月

附表-6　国家重点研发计划"主动健康和老龄化科技应对"重点专项2018年度拟立项项目公示清单

序号	项目编号	项目名称	项目牵头承担单位	项目负责人	中央财政经费/万元	项目实施周期/年
1	2018YFC2000100	灵长类增龄相关健康状态减损的生物基础	中国科学院动物研究所	曲静	3 865	4
2	2018YFC2000200	我国人群健康生物学年龄评价体系研究	复旦大学附属华山医院	吕元	1 916	4
3	2018YFC2000300	我国人群增龄过程中健康状态变化特点与规律的研究	北京医院	蔡剑平	4 243	4
4	2018YFC2000400	中国健康长寿大人群多队列的系统研究	中国科学院昆明动物研究所	孔庆鹏	2 820	4

续表

序号	项目编号	项目名称	项目牵头承担单位	项目负责人	中央财政经费/万元	项目实施周期/年
5	2018YFC2000500	人体增龄过程中微生态影响机体健康的机制及对策研究	浙江大学	吴仲文	2 459	4
6	2018YFC2000600	人体运动促进健康个性化精准指导方案关键技术研究	北京体育大学	胡扬	1 330	4
7	2018YFC2000700	个人健康监测大数据云平台	上海交通大学	王慧	1 253	4
8	2018YFC2000800	主动健康产品和人体健康态评估的安全有效体系及标准体系研究	国家药品监督管理局医疗器械技术评审中心	许伟	1 173	4
9	2018YFC2000900	运动健康随身连续监控技术及织造型产品研发	际华集团股份有限公司	刘丽芳	539	4
10	2018YFC2001000	连续动态血糖监控设备研发及在个性化血糖调控中的应用	三诺生物传感股份有限公司	周凯欣	589	4
11	2018YFC2001100	穿戴式连续动态血糖监测系统的开发及其在个体化糖尿病健康管理体系中的应用	江苏鱼跃医疗设备股份有限公司	黄成军	581	4
12	2018YFC2001200	穿戴式心脏健康监测干预技术与产品研发	心韵恒安医疗科技（北京）有限公司	郭军	585	4
13	2018YFC2001300	膝踝一体化仿生智能下肢假肢关键技术与应用研究	吉林大学	任雷	1 111	4
14	2018YFC2001400	老年人跌倒预警干预防护技术及产品研发	中国人民解放军总医院	皮红英	1 144	4
15	2018YFC2001500	智能矫形器与外固定系统关键技术研究及临床应用	上海长海医院	苏佳灿	1 345	4
16	2018YFC2001600	基于运动辅助的智能虚拟现实康复训练技术和系统研发及临床示范应用	上海中医药大学	徐建光	1 740	4
17	2018YFC2001700	老年认知障碍多模态评估与智能康复系统研发	中国科学院自动化研究所	侯增广	1 376	4
18	2018YFC2001800	老年围手术期风险分级与差异化管理技术方案研究	四川大学华西医院	朱涛	2 361	4
19	2018YFC2001900	老年患者围手术期管理综合技术方案的研究	中国人民解放军总医院	米卫东	1 773	4
20	2018YFC2002000	中国老年人群衰弱的诊断标准及综合干预研究	复旦大学附属华山医院	保志军	1 925	4
21	2018YFC2002100	基于移动互联网的老年综合征交互式评估与干预技术的开发与应用	四川大学华西医院	吴锦晖	1 965	4
22	2018YFC2002200	老年尿失禁的干预措施研究	北京医院	张耀光	2 250	4

续表

序号	项目编号	项目名称	项目牵头承担单位	项目负责人	中央财政经费/万元	项目实施周期/年
23	2018YFC2002300	老年全周期康复技术体系与信息化管理研究	复旦大学附属华山医院	贾杰	1 849	4
24	2018YFC2002400	医养结合支持解决方案研究	中南大学湘雅医院	胡建中	1 857	4
25	2018YFC2002500	老年病中医早期识别、干预及综合服务技术的示范研究	暨南大学	张荣华	1 740	4
26	2018YFC2002600	残疾人与失能和半失能老年人康复辅助器具评估与适配体系应用示范	中国残疾人辅助器具中心	董理权	1 399	4

附表-7　国家重点研发计划"食品安全关键技术研发"重点专项2018年度拟立项项目公示清单

序号	项目编号	项目名称	项目牵头承担单位	项目负责人	中央财政经费/万元	项目实施周期/年
1	2018YFC1602100	保健食品风险评估及功能评价基础研究	国家粮食局科学研究院	谭斌	2 058	3
2	2018YFC1602200	食品加工条件对食品中外源安全危害物的影响与作用机理	中国农业大学	胡小松	2 436	3
3	2018YFC1602300	食品中重点危害物质高效识别和确证关键技术研究	江南大学	姚卫蓉	2 412	3
4	2018YFC1602400	食品中化学危害因子非定向筛查技术研究	北京市疾病预防控制中心	邵兵	2 547	3
5	2018YFC1602500	食品中生物性及放射性危害物高效识别与确证关键技术及产品研发	广东省微生物研究所	丁郁	1 953	3
6	2018YFC1602600	新发突食品源剧高毒化学物质危害因子识别与防控关键技术研究	中国人民解放军军事科学院军事医学研究院	谢剑炜	1 938	3
7	2018YFC1602700	重大活动食品安全风险防控警务模式及关键技术研究	中国人民公安大学	李春雷	2 465	3
8	2018YFC1602800	食品安全化学性污染物智能化现场快速检测技术及相关产品研发	南京工业大学	熊晓辉	2 032	3
9	2018YFC1602900	新型生物识别材料库的构建及其制备关键技术研究	中国农业大学	沈建忠	2 647	3
10	2018YFC1603000	生鲜食品中混合污染物联合毒性效应评价及风险评估技术研究	中国农业科学院农业质量标准与检测技术研究所	钱永忠	1 974	3
11	2018YFC1603100	食品污染物风险评估关键技术研究	国家食品安全风险评估中心	刘兆平	1 461	3
12	2018YFC1603200	进口新型食品接触材料检测与风险评估技术研究	暨南大学	王志伟	2 824	3

续表

序号	项目编号	项目名称	项目牵头承担单位	项目负责人	中央财政经费/万元	项目实施周期/年
13	2018YFC1603300	食品安全风险分级评价与智能化监督关键技术研究	浙江清华长三角研究院	王涛	2 440	3
14	2018YFC1603400	食品安全检验在线质控系统研究	南京财经大学	汤晓智	2 538	3
15	2018YFC1603500	口岸食品安全控制与智能监控技术研究	中国检验检疫科学研究院	杨敏莉	2 789	3
16	2018YFC1603600	进出口食品安全风险溯源、预警、应急技术研究	上海出入境检验检疫局动植物与食品检验检疫技术中心	郭德华	2 589	3
17	2018YFC1603700	食品安全突发事件及重大事件应急演练及应急保障决策系统研究	国家药品监督管理局高级研修学院	李福荣	2 922	3
18	2018YFC1603800	国家食源性致病微生物全基因组数据库及溯源网络建设	中国科学院微生物研究所	马俊才	2 401	3
19	2018YFC1603900	食品监管微生物追踪技术与网络平台的建立	中国食品药品检定研究院	徐颖华	2 431	3
20	2018YFC1604000	食品安全大数据关键技术研究	武汉大学	崔晓晖	2 664	3
21	2018YFC1604100	传统发酵食品加工过程内源性危害物控制技术的应用示范	江南大学	徐岩	2 528	3
22	2018YFC1604200	乳与乳制品加工靶向物质危害控制技术集成应用示范	光明乳业股份有限公司	刘振民	2 534	3
23	2018YFC1604300	乳与乳制品加工靶向物质危害控制技术集成应用示范	石家庄君乐宝乳业有限公司	张兰威	2 546	3
24	2018YFC1604400	茶叶产品质量安全控制技术及健康功能评价应用示范	上海交通大学	魏新林	2 584	3

附表 -8　国家重点研发计划"中医药现代化研究"重点专项 2018 年度拟立项项目公示清单

序号	项目编号	项目名称	项目牵头承担单位	项目负责人	中央财政经费/万元	项目实施周期/年
1	2018YFC1704100	基于"道术结合"思路与多元融合方法的名老中医经验传承创新研究	北京中医药大学	谷晓红	1 106	3
2	2018YFC1704200	湿热证在 2 型糖尿病中的临床演变规律及其核心病机和辨证标准的系统研究	广东药科大学	郭姣	761	3
3	2018YFC1704300	"肾阳虚证"辨证标准的系统研究	上海中医药大学	王拥军	763	3
4	2018YFC1704400	阴虚证辨证标准的系统研究	南京中医药大学	战丽彬	797	3
5	2018YFC1704500	中药配伍复方治疗理论研究	天津中医药大学	高秀梅	1 974	3

序号	项目编号	项目名称	项目牵头承担单位	项目负责人	中央财政经费/万元	项目实施周期/年
6	2018YFC1704600	基于心/肺经的经脉关键问题创新研究	浙江中医药大学	方剑乔	750	3
7	2018YFC1704700	中医"治未病"辨识方法与干预技术的示范研究	长春中医药大学	冷向阳	1 184	3
8	2018YFC1704800	慢性阻塞性肺疾病（稳定期-急性加重期-慢性呼衰）中医药治疗方案优化及循证评价研究	河南中医药大学第一附属医院	李素云	1 575	3
9	2018YFC1704900	高血压全程防治的中医药方案循证优化和疗效机制研究	南京中医药大学附属医院	方祝元	1 482	3
10	2018YFC1705000	中风病急性期关键环节中医药干预方案循证评价与机制研究	北京中医药大学东直门医院	高颖	1 514	3
11	2018YFC1705100	肺癌中医防治方案的循证优化及机制研究	北京中医药大学东方医院	胡凯文	1 497	3
12	2018YFC1705200	类风湿关节炎中医药治疗方案优化及循证评价研究	中国中医科学院广安门医院	姜泉	1 148	3
13	2018YFC1705300	银屑病"新血证论"理论体系构建与实践	上海中医药大学附属岳阳中西医结合医院	李斌	859	3
14	2018YFC1705400	活动期溃疡性结肠炎（轻度-中度-重度）中医药治疗方案循证优化及疗效机制研究	北京中医药大学	李军祥	1 164	3
15	2018YFC1705500	类风湿性关节炎中医分期防治方案的优化及循证评价研究	浙江中医药大学	温成平	1 142	3
16	2018YFC1705600	慢性失眠中医诊疗新方案及机制研究	湖北中医药大学	王平	308	3
17	2018YFC1705700	茵芪三黄解毒汤治疗慢性乙型病毒性肝病的临床研究	中国中医科学院广安门医院	吕文良	322	3
18	2018YFC1705800	经皮颅-耳电刺激"调枢启神"抗抑郁临床方案优化及效应机制研究	中国中医科学院针灸研究所	荣培晶	332	3
19	2018YFC1705900	基于"截断扭转"策略的中医药防治脓毒症循证评价及效应机制研究	上海中医药大学附属龙华医院	方邦江	322	3
20	2018YFC1706000	中风后主要功能障碍的中医康复研究	长春中医药大学	丛德毓	1 108	3
21	2018YFC1706100	珍稀濒危中药资源新来源的四种开发模式研究	中国中医科学院中药研究所	杨滨	1 630	3
22	2018YFC1706200	常用中药活性成分的合成生物学研究	南京中医药大学	谭仁祥	1 760	3
23	2018YFC1706300	党参产业关键技术研究及大健康产品开发	兰州大学	胡芳弟	970	3

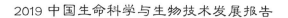

续表

序号	项目编号	项目名称	项目牵头承担单位	项目负责人	中央财政经费/万元	项目实施周期/年
24	2018YFC1706400	名贵南药沉香大品种开发关键技术突破与产业化应用	中国医学科学院药用植物研究所海南分所	魏建和	938	3
25	2018YFC1706500	甘草全产业链技术体系升级与产品开发	盛实百草药业有限公司	边育红	954	3
26	2018YFC1706600	梅花鹿产业关键技术研究及大健康产品开发	中国农业科学院特产研究所	李光玉	979	3
27	2018YFC1706700	道地南药化橘红中药大品种开发与产业化	广州市香雪制药股份有限公司	王艳慧	831	3
28	2018YFC1706800	基于辨证保健的中药复方保健产品评价技术体系研究及示范研发平台的建立	北京中医药大学	王林元	576	3
29	2018YFC1706900	基于中药物料性质的（口服）剂型设计与制剂处方优化关键技术研究	中国药科大学	贾晓斌	984	3
30	2018YFC1707000	中药饮片质量识别关键技术研究	南京中医药大学	陆兔林	946	3
31	2018YFC1707100	中药饮片智能化生产模式及一致性评价研究	广东药科大学	沈志滨	1 269	3
32	2018YFC1707200	10 种传统特色炮制方法的传承、工艺技术创新与工业转化研究	江西中医药大学	杨明	969	3
33	2018YFC1707300	中成药整体性质量控制技术研究	北京大学	屠鹏飞	1 892	3
34	2018YFC1707400	十种中成药大品种和经典名方上市后治疗重大疾病的循证评价及其效应机制的示范研究	中国中医科学院中医临床基础医学研究所	谢雁鸣	1 434	3
35	2018YFC1707500	基于系统辨证脉学的系列新型智能化脉诊仪研发	山东中医药大学附属医院	齐向华	1 660	3
36	2018YFC1707600	便携式中医健康数据采集系列设备的开发	博奥生物集团有限公司	王东	578	3
37	2018YFC1707700	便携式中医健康数据采集设备关键技术研究	天津慧医谷科技有限公司	孙忠人	570	3
38	2018YFC1707800	老年与慢性病中医智能康复设备研发与应用	上海中医药大学	房敏	1 651	3
39	2018YFC1707900	中药国际标准示范研究	中国科学院上海药物研究所	吴婉莹	1 864	3
40	2018YFC1708000	藏医、蒙医、维医等少数民族医药防治重大疾病或优势病种研究	西南民族大学	魏立新	1 449	3
41	2018YFC1708100	苗药大品种开喉剑喷雾剂、金骨莲胶囊的关键技术提升与应用示范	贵阳中医学院	周英	860	3

序号	项目编号	项目名称	项目牵头承担单位	项目负责人	中央财政经费/万元	项目实施周期/年
42	2018YFC1708200	蒙医防治优势病种经典方药研发平台及质量体系建设和示范研究	内蒙古蒙医药工程技术研究院	奥乌力吉	868	3
43	2018YFC1708300	罗欧咳祖帕治疗哮喘的药物研究	国药集团新疆制药有限公司	董竞成	385	3

附表-9　国家重点研发计划"生殖健康及重大出生缺陷防控研究"重点专项2018年度拟立项的定向项目公示清单

序号	项目编号	项目名称	项目牵头承担单位	项目负责人	中央财政经费/万元	项目实施周期/年
1	SQ2018YFC100086	生殖疾病防治规范化体系建立	北京大学第三医院	刘平	2 301	2018～2020
2	SQ2018YFC100021	基于孕前—产前—生后全链条的出生缺陷综合防控规范化体系研究	四川大学	朱军	2 479	2018～2020
3	SQ2018YFC100041	先天性心脏病及心脏相关微缺失微重复等高发出生缺陷的三级防治示范基地申请	首都医科大学附属北京安贞医院	何怡华	758	2018～2020
4	SQ2018YFC100101	基于立体化网络建设出生缺陷综合防控示范应用体系	上海交通大学	孙锟	690	2018～2020
5	SQ2018YFC100110	重大出生缺陷三级防治军民融合示范体系的构建、应用及评价	中国人民解放军总医院	余新光	743	2018～2020
6	SQ2018YFC100168	先天性心脏病和唇腭裂三级综合防控技术的应用示范和评价研究	广东省心血管病研究所	陈寄梅	697	2018～2020
7	SQ2018YFC100027	开展出生缺陷综合防治技术的应用示范和评价研究	浙江大学	杨茹莱	781	2018～2020

附表-10　国家重点研发计划"生殖健康及重大出生缺陷防控研究"重点专项2018年度拟立项公开择优项目公示清单

序号	项目编号	项目名称	项目牵头承担单位	项目负责人	中央财政经费/万元	项目实施周期/年
1	SQ2018YFC100102	早孕期自然流产病因学及临床防治研究	上海交通大学	林羿	1 500	2018～2020
2	SQ2018YFC100024	重大胎儿疾病宫内诊断和治疗新技术研发	同济大学	段涛	1 247	2018～2020
3	SQ2018YFC100163	线粒体遗传疾病治疗的辅助生殖新技术研究	上海交通大学医学院附属第九人民医院	匡延平	2 952	2018～2020
4	SQ2018YFC100084	胚胎植入前遗传学诊断新技术研发及规范化研究	中国人民解放军总医院	姚元庆	2 642	2018～2020

附表 -11　国家重点研发计划"生殖健康及重大出生缺陷防控研究"重点专项（增补任务）
2018 年度拟立项项目公示清单

序号	项目编号	项目名称	项目牵头承担单位	项目负责人	中央财政经费 / 万元	项目实施周期 / 年
1	SQ2018YFC100236	排卵异常的发生机制及临床干预研究	浙江大学	朱依敏	2 188	2018～2021
2	SQ2018YFC100227	原始生殖细胞的命运决定、迁移和归巢机制	中国科学院动物研究所	陈大华	2 263	2018～2021
3	SQ2018YFC100266	生殖细胞染色体行为的分子调控	山东大学	张亮然	3 099	2018～2021
4	SQ2018YFC100244	精子发生的调节机制	南通大学	孙斐	2 605	2018～2021
5	SQ2018YFC100269	人类精子成熟关键分子的作用机制和临床转化研究	山东大学	高建刚	2 615	2018～2021
6	SQ2018YFC100254	原始卵泡库的形成、维持与激活	中国农业大学	夏国良	2 573	2018～2021
7	SQ2018YFC100258	卵泡微环境以及卵巢病变影响卵母细胞发育成熟的作用和机制研究	南京医科大学	苏友强	2 218	2018～2021
8	SQ2018YFC100257	免疫对配子发生和胚胎发育的影响	中国科学技术大学	魏海明	1 795	2018～2021
9	SQ2018YFC100237	植入前胚胎发育的调控网络研究	北京大学第三医院	闫丽盈	2 732	2018～2021
10	SQ2018YFC100234	胎盘形成的分子机制	中国科学院动物研究所	王雁玲	2 733	2018～2021
11	SQ2018YFC100243	不孕不育人群环境与遗传致病因子鉴定及交互作用研究	南京医科大学	胡志斌	2 782	2018～2021
12	SQ2018YFC100274	基于内外暴露监测的环境和行为因素对胚胎发育与妊娠影响研究	中国人民解放军南京军区南京总医院	商学军	2 367	2018～2021
13	SQ2018YFC100230	母胎界面分子事件与病理妊娠	华南农业大学	杨增明	1 876	2018～2021
14	SQ2018YFC100226	获得性性状的生殖传递机制	中国科学院动物研究所	李磊	1 748	2018～2021
15	SQ2018YFC100255	分娩启动和早产机理与干预	上海交通大学	Louis Joseph Muglia	1 397	2018～2021
16	SQ2018YFC100242	基于代谢偶联的生殖细胞发生障碍研究与生育力重塑	南京大学	李朝军	1 712	2018～2021
17	SQ2018YFC100247	生殖器官功能障碍与生育力重塑	浙江大学	张松英	1 834	2018～2021
18	SQ2018YFC100248	辅助生殖的遗传安全性研究	浙江大学	金帆	1 464	2018～2021
19	SQ2018YFC100231	辅助生殖的表观遗传安全性研究	复旦大学	于文强	1 290	2018～2021

附　录

附表 -12　国家重点研发计划"精准医学研究"重点专项拟立项的 2018 年度项目公示清单

序号	项目编号	项目名称	项目牵头承担单位	项目负责人	中央财政经费 / 万元	项目实施周期 / 年
1	SQ2018YFC090062	医学生命组学数据质量控制关键技术研发与应用示范	华南理工大学	杜红丽	1 546	2018～2020
2	SQ2018YFC090041	面向临床的糖组学和糖蛋白质组学高效分析技术研发	复旦大学	顾建新	1 569	2018～2020
3	SQ2018YFC090002	精准医学大数据的有效挖掘与关键信息技术研发	清华大学	张学工	1 433	2018～2020
4	SQ2018YFC090124	精准医学大数据的有效挖掘与关键信息技术研发	上海交通大学	吕晖	1 475	2018～2020
5	SQ2018YFC090075	基于实时高空间分辨率和多模态图像融合技术的食管癌临床诊疗方案研究	中山大学	单鸿	1 923	2018～2020
6	SQ2018YFC090081	精准医疗临床决策支持系统研发	北京大学	李全政	2 462	2018～2020

附表 -13　"重大慢性非传染性疾病防控研究"重点专项 2018 年度定向项目拟立项项目公示清单

序号	项目编号	项目名称	项目牵头承担单位	项目负责人	中央财政经费 / 万元	项目实施周期 / 年
1	2018YFC1311200	多病种联动综合防控技术集成策略、组织管理模式研究	中国医学科学院阜外医院	凤玮	1 404	3
2	2018YFC1311300	中南地区慢病防控科技综合示范研究	武汉大学人民医院	唐其柱	1 860	3
3	2018YFC1311400	西南地区慢病防控科技综合示范研究	四川大学	何俐	1 786	3
4	2018YFC1311500	西北地区慢病防控科技综合示范研究	西安交通大学	施秉银	1 808	3
5	2018YFC1311600	东北地区重大慢病防控科技综合示范研究	中国医科大学	闻德亮	1 632	3
6	2018YFC1311700	重大慢病流行病学监测大数据平台构建和关键技术研究	中国疾病预防控制中心慢性非传染性疾病预防控制中心	李新华	2 154	3
7	2018YFC1311800	2 型糖尿病临床研究大数据与生物样本库平台	上海交通大学医学院附属瑞金医院	王卫庆	1 792	3
8	2018YFC1311900	呼吸系统疾病临床研究大数据与生物样本库平台	广州医科大学附属第一医院	郑劲平	1 498	3
9	2018YFC1312000	神经变性病临床研究大数据与生物样本库平台建设和应用研究	首都医科大学宣武医院	陈彪	1 500	3
10	2018YFC1312100	恶性肿瘤规范化早诊早治关键技术集成及应用体系建设研究	中国医学科学院肿瘤医院	赫捷	4 862	3

附表 -14 "干细胞及转化研究"重点专项 2018 年度拟立项项目公示清单

序号	项目编号	项目名称	项目牵头承担单位	项目负责人	中央财政经费 / 万元	项目实施周期 / 年
1	2018YFA0106900	非编码 RNA 及其新型修饰在翻译水平精密调控干细胞多能性的研究	中国科学院生物物理研究所	秦燕	2 949	2018～2022
2	2018YFA0107000	异染色质与端粒调控干细胞多能性的机制	南开大学	刘林	2 969	2018～2022
3	2018YFA0107100	细胞器及代谢重塑在多能干细胞命运调控中的作用机制	中国科学院广州生物医药与健康研究院	刘兴国	2 981	2018～2022
4	2018YFA0107200	间充质干细胞亚群的功能鉴定、分离制备与疗效评估	中山大学	项鹏	2 932	2018～2022
5	2018YFA0107300	干细胞在眼组织损伤修复中的作用及其调控机制研究	厦门大学	刘祖国	2 958	2018～2022
6	2018YFA0107400	改善细胞能量代谢增强间充质干细胞移植促进心肌梗死后修复的新策略	中国人民解放军第四军医大学	陶凌	998	2018～2022
7	2018YFA0107500	炎症微环境中间充质干细胞对肝肾纤维化的调控作用及干预策略	苏州大学附属第一医院	时玉舫	2 962	2018～2022
8	2018YFA0107600	干细胞异质性及命运决定的调控网络	北京大学	汤富酬	2 966	2018～2022
9	2018YFA0107700	原始生殖细胞发育和分化的调控	中国科学院动物研究所	高飞	2 977	2018～2022
10	2018YFA0107800	正常及病变血液系统细胞分化图谱研究	上海交通大学医学院附属瑞金医院	刘晗	2 920	2018～2022
11	2018YFA0107900	外源性和内源性干细胞的多模示踪及评价	复旦大学	胡锦	2 632	2018～2022
12	2018YFA0108000	人特定神经元亚型获得及移植	同济大学	章小清	2 975	2018～2022
13	2018YFA0108100	干细胞 3D 动态培养制备类器官芯片及集成应用	北京大学	席建忠	2 927	2018～2022
14	2018YFA0108200	基于仿生机制的干细胞适配性规模化智能培养体系	上海交通大学	鄢和新	2 772	2018～2022
15	2018YFA0108300	干细胞外泌体调控中枢神经系统功能修复的机制与转化研究	中山大学	柳夏林	2 928	2018～2022

续表

序号	项目编号	项目名称	项目牵头承担单位	项目负责人	中央财政经费/万元	项目实施周期/年
16	2018YFA0108400	干细胞制剂及应用的标准化研究	中国科学院动物研究所	赵同标	2 801	2018～2022
17	2018YFA0108500	干细胞的基因组稳定性调控机制及在重大神经疾病猴模型中的临床前评估	中国科学院动物研究所	唐铁山	2 855	2018～2022
18	2018YFA0108600	神经干细胞脑内精准移植治疗脑卒中的临床研究	中国医学科学院北京协和医院	包新杰	1 983	2018～2022
19	2018YFA0108700	干细胞治疗心肌梗死的临床研究	广东省人民医院	朱平	1 746	2018～2022
20	2018YFA0108800	干细胞治疗重症急性肾损伤的临床研究	中国人民解放军总医院	蔡广研	1 888	2018～2022
21	2018YFA0108900	锌指蛋白在细胞全能性向多能性转变过程中的分子机制研究	同济大学	杨鹏	597	2018～2022
22	2018YFA0109000	基于干细胞和3D打印的肝脏芯片构建及肝病发生研究	清华大学	姚睿	600	2018～2022
23	2018YFA0109100	重编程化学小分子诱导心肌细胞去分化的分子机制及其在心脏再生修复中的应用	中山大学	曹楠	600	2018～2022
24	2018YFA0109200	lncRNA与新型组蛋白修饰调控网络在多能干细胞命运决定中的作用及机制研究	四川大学	薛志宏	600	2018～2022
25	2018YFA0109300	小片段非编码RNA对造血干细胞稳态的表观精密调控研究	浙江大学	钱鹏旭	595	2018～2022
26	2018YFA0109400	染色质重构在肝脏细胞命运决定中的作用及其机制	复旦大学	赵冰	547	2018～2022
27	2018YFA0109500	iPSCs重塑MYOC突变恒河猴小梁网的效果分析与应用研究	青岛大学	朱玮	92	2018～2022
28	2018YFA0109600	多模态、多尺度解析移植人iPSC源星形胶质细胞的整合机制及替代治疗意义	中国人民解放军第三军医大学	张宽	594	2018～2022
29	2018YFA0109700	RNA新型修饰调控多能性干细胞初始态和始发态转变机制研究	中国科学院北京基因组研究所	韩大力	600	2018～2022
30	2018YFA0109800	单细胞组学重建多能干细胞向肝脏命运决定关键机制	中国医学科学院基础医学研究所	王晓月	600	2018～2022

2018 年中国新药证药批准情况

附表 -15　2018 年国家药品监督管理局药品审评中心审评通过的重点品种

类型	名称	药品信息
抗肿瘤药物	呋喹替尼胶囊	为具有自主知识产权的国产小分子多靶点抗血管生成药物，适用于治疗经过含氟嘧啶和铂类化疗后进展的晚期结直肠癌，该药品为晚期肠癌患者提供了更好的治疗手段
	盐酸安罗替尼胶囊	为具有自主知识产权的国产小分子多靶点抗血管生成药物，适用于治疗既往住经过两种系统化疗方案化疗后出现进展或复发的晚期非小细胞肺癌，该药品为晚期肺癌患者提供了新的治疗选择
	马来酸吡咯替尼片	为具有自主知识产权的国产人表皮生长因子受体 2（HER-2）小分子酪氨酸激酶抑制剂，适用于治疗 HER-2 阳性转移性乳腺癌，该药品满足了 HER-2 阳性晚期乳腺癌患者迫切的临床需求
	特瑞普利单抗注射液	为具有自主知识产权的国产首个新型抗肿瘤药物抗 PD-1 单克隆抗体，适用于治疗既往接受全身系统治疗失败的不可切除或转移性黑色素瘤，该药品满足了晚期黑色素瘤患者迫切的临床需求
	信迪利单抗注射液	为具有自主知识产权的国产首个适用于治疗至少经过二线系统化疗的复发或难治性经典型霍奇金淋巴瘤的新型抗肿瘤药物抗 PD-1 单克隆抗体。目前，全球同类产品有纳武利尤单抗注射液和博利珠单抗用于治疗非小细胞肺癌、黑色素瘤，但尚未批准用于治疗淋巴瘤，该药品满足了国内患者的临床需求
	帕博利珠单抗注射液	为新型抗肿瘤药物抗 PD-1 单克隆抗体，适用于治疗一线治疗失败后不可切除或转移性黑色素瘤，该药品为晚期黑色素瘤患者提供了新的治疗手段
	纳武利尤单抗注射液	为国内首个新型抗肿瘤药物 PD-1 单克隆抗体，适用于治疗经过铂化疗后疾病进展的转移性非小细胞肺癌，该药品为晚期肺癌患者提供了更优化的治疗选择
	盐酸阿来替尼胶囊	为第二代小分子 ALK 抑制剂，适用于治疗 ALK 融合基因阳性的转移性非小细胞肺癌。该药品与现有标准治疗相比，具有显著的生存获益（无进展生存期从 11 个月提高到 34.8 个月），为 ALK 阳性晚期肺癌患者提供了突破性的治疗选择
抗感染药物	索磷布韦维帕他韦片	为国内首个第三代泛基因型直接抗慢性丙型肝炎病毒（HCV）感染的口服药，适用于治疗基因 1 至 6 型，混合型和未知型 HCV 感染，治愈率高达 98%。该药品已入选国家基本药物目录，为我国彻底消灭慢性丙型肝炎提供了有力武器
	来迪派韦素磷布韦片	为第二代直接抗 HCV 感染口服复方制剂，具有广谱抗 HCV 病毒作用，适用于治疗基因 1、4、5、6 型 HCV 感染，该药品为我国慢性丙型肝炎患者提供更多的治愈机会
	达诺瑞韦钠片	为具有自主知识产权的国产首个抗 HCV 口服制剂，适用于与其他药物联合使用，治疗初治的非肝硬化的基因 1 型慢性丙型肝炎。该药品填补了国内该领域的空白，可降低使用药成本，满足 HCV 患者用药可及性

续表

类型	名称	药品信息
抗感染药物	注射用艾博韦泰	为具有自主知识产权的国产艾滋病药物，适用于其他药物联合使用。治疗已接受过抗病毒药物治疗的人类免疫缺陷病毒-1（HIV-1）感染。该药品上市填补了国内该领域的空白，为艾滋病患者提供了新的安全有效的治疗选择
	泊沙康唑肠溶片	为咪唑类抗真菌药物，适用于预防13岁及13岁以上患者因重度免疫缺陷而导致侵袭性曲霉菌和念珠菌感染。目前，深部真菌感染已成为导致癌症、造血干细胞移植、艾滋病等疾病系统受损患者死亡的主要原因，该药品为深部真菌感染的预防与治疗提供了新的选择
循环系统药物	甲苯磺酸艾多沙班片	为新型抗凝药物，适用于预防伴有一个或多个风险因素的非瓣膜性房颤患者的卒中和体循环栓塞，以及治疗深静脉血栓和肺栓塞以及预防其复发。该药品与治疗手段相比，可降低出血风险，为上述患者提供了更优的治疗选择
	依洛尤单抗注射液	为国内首个遗传性罕见病纯合子型家族性高胆固醇血症（HoFH）单克隆抗体，适用于与饮食疗法和其他药物联合使用治疗HoFH，降低低密度脂蛋白胆固醇（LDL-C）。现有降脂疗法不能有效降低LDL-C。该药品为常规治疗疗效不佳或不能耐受的血脂异常患者提供了新的治疗手段
	司来帕格片	为国内首个肺动脉高压（PAH）前列环素类口服制剂，适用于治疗PAH以延缓疾病进展及降低因PAH而住院的风险。目前，PAH仍是一种严重威胁生命的疾病，国内可选择的特异性治疗药物很少，该药品与同类药物相比，在给药方式和耐受性方面更具优势，满足了肺动脉高压患者迫切的临床需求
血液系统药物	依库珠单抗注射液	为补体蛋白C5特异性抗体，适用于治疗罕见阵发性睡眠性血红蛋白尿症（PNH）和非典型溶血性尿毒症综合征（aHUS）。该药品是全球唯一获批治疗PNH溶血的药物，为挽救aHUS患者的生命带来突破性改变，属于临床急需产品，对于改善我国PNH和aHUS患者的生存现状具有现实意义
	罗沙司他胶囊	为全球首个获批上市具有自主知识产权的国产创新药，适用于治疗因慢性肾脏病引起的贫血。该药品具有全新作用机制，是低氧诱导因子脯氨酸羟化酶（HIF-PH）抑制剂，适用于治疗正在接受透析治疗的患者因慢性肾脏病引起的贫血。该药品与常规治疗药物相比，在提高铁利用率、无需静脉铁剂等方面具有临床优势
神经系统药物	拉考沙胺片	为新型抗癫痫药物，适用于16岁以上癫痫患者部分性发作的联合治疗。该药与传统抗癫痫药物相比，具有耐药性良好、有效性高、不良反应少的特点，可满足癫痫患者的临床需求
	特立氟胺片	为抑制T细胞增殖的新型口服免疫调节剂，适用于治疗复发型多发性硬化症。多发性硬化症是一种终身、慢性、进展性的自身免疫性罕见病，导致中枢神经系统的功能性障碍，该药品与传统治疗药物相比，耐受性良好，为多发性硬化症患者提供了更优选择
预防用生物制品（疫苗）	九价人乳头瘤病毒疫苗（酿酒酵母）	适用于预防所包含HPV型别引起的宫颈癌、癌前病变、不典型病变以及持续感染，该药品满足了中国女性对九价HPV疫苗的不同需求，为宫颈癌的预防提供了新的有效手段。目前全球已上市使用的所有HPV疫苗品种在我国均有供应，能更好地满足公众对疫苗接种的不同需求，为宫颈癌的预防提供了新的有效手段

续表

类型	名称	药品信息
预防用生物制品（疫苗）	关黄母颗粒	为新的中药复方制剂，适用于治疗更年期综合征肝肾阴虚证。与已上市的中药相比，该药品在改良 Kupperman 量表评分的改善等有效性方面有一定临床优势，为更年期综合征女性患者的治疗提供了一种更为安全有效的治疗选择
	金蓉颗粒	为新的中药复方制剂，适用于治疗乳腺增生病痰瘀互结伴失调证。该药品为乳腺增生病患者提供了一种新的中医证型的安全有效治疗手段，对于满足患者需求和解决临床问题及性具有积极意义
重大公共卫生用药	四价流感病毒裂解疫苗	为国内首家适用于预防相关型别的流感病毒引起的流行性感冒疫苗。2017~2018 年流感流行季出现大量流感病例，四价流感疫苗的上市为 2018~2019 年流感季的预防接种提供了保障
	口服 I 型、III 型脊髓灰质炎减毒活疫苗（人二倍体细胞）	适用于预防脊髓灰质炎 I 型和 III 型病毒导致的脊髓灰质炎。自我国全面停用三价脊髓灰质炎减毒活疫苗后，可用于与脊髓灰质炎灭活疫苗（IPV）序贯接种的二价脊髓灰质炎减毒活疫苗存在较为严重的供应短缺问题，该药品获批上市为我国脊灰计划免疫程序的顺利实施提供了有力保障

数据来源：国家药品监督管理局药品审评中心.2019.《2018 年度药品评审报告》. http://www.nmpa.gov.cn/WS04/CL2196/338621.html

2018 年中国生物技术企业上市情况

附表 -16　2018 年中国生物技术 / 医疗健康领域的上市公司

上市时间	上市企业	所属行业	募资金额	交易所
2018-12-24	君实生物	其他生物技术 / 医疗健康	30.8 亿港币	香港证券交易所主板
2018-12-18	知临集团	医药 / 生物制药	1203.0 万美元	纳斯达克证券交易所
2018-12-13	爱朋医疗	医疗设备	3.2 亿人民币	深圳证券交易所创业板
2018-12-13	药明康德	医药	79.2 亿港币	香港证券交易所主板
2018-12-13	华康生物医学	医疗设备	5000.0 万港币	香港证券交易所创业板
2018-11-21	台微体	医药 / 生物制药	2175.0 万美元	纳斯达克证券交易所
2018-10-31	Axonics Modulation Technologies Inc	医疗设备	1.2 亿美元	纳斯达克证券交易所
2018-10-31	信达生物	医药	33.0 亿港币	香港证券交易所主板
2018-10-23	昂利康	医药 / 化学药品原药制造业	5.2 亿人民币	深圳证券交易所中小板
2018-10-16	迈瑞医疗	医疗设备	59.3 亿人民币	深圳证券交易所创业板
2018-10-15	亮晴控股	医疗服务	5600.0 万港币	香港证券交易所创业板
2018-9-21	Bionano Genomics Inc	医疗服务	2058.0 万美元	纳斯达克证券交易所
2018-9-14	华领医药	医药	8.7 亿港币	香港证券交易所主板
2018-9-12	1 药网	医药	1.0 亿美元	纳斯达克证券交易所
2018-8-27	康辰药业	医药	9.7 亿人民币	上海证券交易所
2018-8-14	Aridis Pharmaceuticals Inc	生物技术 / 医疗健康	2600.0 万美元	纳斯达克证券交易所
2018-8-8	百济神州	医药	70.8 亿港币	香港证券交易所主板
2018-8-1	歌礼制药	医药	31.4 亿港币	香港证券交易所主板
2018-7-11	福森药业	医药 / 化学药品原药制造业	4.2 亿港币	香港证券交易所主板
2018-7-10	明德生物	医疗设备	3.4 亿人民币	深圳证券交易所中小板
2018-7-6	中国同辐	医药	17.3 亿港币	香港证券交易所主板
2018-6-1	雄博精密	医疗设备	金额未透露	全国中小企业股份转让系统（新三板）
2018-5-29	同仁堂国药	中药	金额未透露	香港证券交易所主板
2018-5-21	益康药业	医药	金额未透露	全国中小企业股份转让系统（新三板）
2018-5-15	核力欣健	生物技术 / 医疗健康	金额未透露	全国中小企业股份转让系统（新三板）
2018-5-8	药明康德	医药	22.5 亿人民币	上海证券交易所
2018-5-4	平安好医生	医疗服务	87.7 亿港币	香港证券交易所主板
2018-4-24	东松医疗	生物技术 / 医疗健康	金额未透露	全国中小企业股份转让系统（新三板）

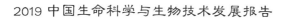

续表

上市时间	上市企业	所属行业	募资金额	交易所
2018-4-18	腾飞基因	生物技术/医疗健康	金额未透露	全国中小企业股份转让系统(新三板)
2018-4-12	振德医疗	医疗设备	5.0亿人民币	上海证券交易所
2018-3-29	友华医院	生物技术/医疗健康	金额未透露	全国中小企业股份转让系统(新三板)
2018-3-29	君百延集团	医疗健康/医疗设备	5628.0万港币	香港证券交易所创业板
2018-3-22	嘉欣医疗	生物技术/医疗健康	金额未透露	全国中小企业股份转让系统(新三板)
2018-3-20	慈瑞医药	生物技术/医疗健康	金额未透露	全国中小企业股份转让系统(新三板)
2018-3-1	天朔医疗	生物技术/医疗健康	金额未透露	全国中小企业股份转让系统(新三板)
2018-3-1	活力达	生物技术/医疗健康	金额未透露	全国中小企业股份转让系统(新三板)
2018-2-28	高盛生物	生物技术/医疗健康	金额未透露	全国中小企业股份转让系统(新三板)
2018-2-26	国君医疗	生物技术/医疗健康	金额未透露	全国中小企业股份转让系统(新三板)
2018-2-23	华南疫苗	生物技术/医疗健康	金额未透露	全国中小企业股份转让系统(新三板)
2018-2-22	阿义玛	生物技术/医疗健康	金额未透露	全国中小企业股份转让系统(新三板)
2018-2-12	健康界	其他生物技术/医疗健康	金额未透露	全国中小企业股份转让系统(新三板)
2018-2-12	北京伟力	生物技术/医疗健康	金额未透露	全国中小企业股份转让系统(新三板)
2018-1-29	永信药品	生物技术/医疗健康	金额未透露	全国中小企业股份转让系统(新三板)
2018-1-26	ARMO	医疗服务	1.3亿美元	纳斯达克证券交易所
2018-1-22	朗林生物	生物技术/医疗健康	金额未透露	全国中小企业股份转让系统(新三板)
2018-1-15	希玛眼科	生物技术/医疗健康/保健品	5.7亿港币	香港证券交易所主板
2018-1-5	润都股份	生物制药	4.3亿人民币	深圳证券交易所中小板
2018-1-2	元码基因	生物技术/医疗健康	金额未透露	全国中小企业股份转让系统(新三板)

数据来源：清科私募通

2018 年国家科学技术奖励

附表 -17　2018 年度国家自然科学奖获奖项目目录（生物和医药相关）

	二等奖	
编号	项目名称	主要完成人
Z-103-2-03	细胞稳态调控活性分子的荧光成像研究	唐波（山东师范大学）， 董育斌（山东师范大学）， 李平（山东师范大学）， 王鹏（山东师范大学）， 李娜（山东师范大学）
Z-105-2-01	黄瓜基因组和重要农艺性状基因研究	黄三文（中国农业科学院蔬菜花卉研究所）， 张忠华（中国农业科学院蔬菜花卉研究所）， 尚轶（中国农业科学院蔬菜花卉研究所）， 金危危（中国农业大学）， 陈惠明〔湖南省蔬菜研究所（辣椒新品种技术研究推广中心）〕
Z-105-2-02	EMT-MET 的细胞命运调控	裴端卿（中国科学院广州生物医药与健康研究院）， 潘光锦（中国科学院广州生物医药与健康研究院）， 陈捷凯（中国科学院广州生物医药与健康研究院）， 郑辉（中国科学院广州生物医药与健康研究院）， 王涛（中国科学院广州生物医药与健康研究院）
Z-105-2-03	中国蝙蝠携带重要病毒研究	石正丽（中国科学院武汉病毒研究所）， 葛行义（中国科学院武汉病毒研究所）， 张树义（中国科学院动物研究所）， 李艳（中国科学院武汉病毒研究所）， 杨兴娄（中国科学院武汉病毒研究所）
Z-105-2-04	杂交稻育性控制的分子遗传基础	刘耀光（华南农业大学）， 罗荡平（华南农业大学）， 王中华（华南农业大学）， 龙云铭（华南农业大学）， 唐辉武（华南农业大学）
Z-106-2-01	基于药效团模型的原创小分子靶向药物发现	杨胜勇（四川大学）， 陈应春（四川大学）， 魏于全（四川大学）
Z-106-2-02	中国人群肺癌遗传易感新机制	沈洪兵（南京医科大学）， 吴晨（中国医学科学院肿瘤医院）， 胡志斌（南京医科大学）， 靳光付（南京医科大学）， 许林（南京医科大学）
Z-106-2-03	心血管重构分子机制、检测技术和干预策略的基础研究	张澄（山东大学齐鲁医院）， 张运（山东大学齐鲁医院）， 张铭湘（山东大学齐鲁医院）， 张薇（山东大学齐鲁医院）， 苗俊英（山东大学）

续表

二等奖		
编号	项目名称	主要完成人
Z-107-2-04	功能成像脑连接机理研究	胡德文（中国人民解放军国防科技大学）， 姚树桥（中南大学湘雅二医院）， 沈辉（中国人民解放军国防科技大学）， 曾令李（中国人民解放军国防科技大学）， 朱雪玲（中国人民解放军国防科技大学）

数据来源：科学技术部

附表 -18　2018 年度国家技术发明奖获奖项目目录（生物和医药相关）

二等奖（通用项目）		
编号	项目名称	主要完成人
F-301-2-01	小麦与冰草属间远缘杂交技术及其新种质创制	李立会（中国农业科学院作物科学研究所）， 杨欣明（中国农业科学院作物科学研究所）， 刘伟华（中国农业科学院作物科学研究所）， 张锦鹏（中国农业科学院作物科学研究所）， 李秀全（中国农业科学院作物科学研究所）， 董玉琛（中国农业科学院作物科学研究所）
F-301-2-02	扇贝分子育种技术创建与新品种培育	包振民（中国海洋大学）， 王师（中国海洋大学）， 胡晓丽（中国海洋大学）， 李恒德（中国水产科学研究院）， 梁峻（獐子岛集团股份有限公司）， 王有廷（烟台海益苗业有限公司）
F-301-2-03	猪传染性胃肠炎、猪流行性腹泻、猪轮状病毒三联活疫苗创制与应用	冯力（中国农业科学院哈尔滨兽医研究所）， 时洪艳（中国农业科学院哈尔滨兽医研究所）， 陈建飞（中国农业科学院哈尔滨兽医研究所）， 佟有恩（哈尔滨维科生物技术开发公司）， 张鑫（中国农业科学院哈尔滨兽医研究所）， 王牟平（哈尔滨国生生物科技股份有限公司）
F-301-2-04	猪整合组学基因挖掘技术体系建立及其育种应用	赵书红（华中农业大学）， 梅书棋（湖北省农业科学院畜牧兽医研究所）， 李新云（华中农业大学）， 朱猛进（华中农业大学）， 乔木（湖北省农业科学院畜牧兽医研究所）， 刘小磊（华中农业大学）
F-301-2-05	菊花优异种质创制与新品种培育	陈发棣（南京农业大学）， 房伟民（南京农业大学）， 陈素梅（南京农业大学）， 管志勇（南京农业大学）， 滕年军（南京农业大学）， 姚建军（昆明虹之华园艺有限公司）

二等奖（通用项目）		
编号	项目名称	主要完成人
F-302-2-01	遗传性耳聋基因诊断芯片系统的研制及其应用	程京（清华大学）， 戴朴（中国人民解放军总医院）， 邢婉丽（清华大学）， 张冠斌（博奥生物集团有限公司）， 项光新（博奥生物集团有限公司）， 王国建（中国人民解放军总医院）
F-302-2-02	银杏二萜内酯强效应组合物的发明及制备关键技术与应用	肖伟（中国药科大学）， 楼凤昌（中国药科大学）， 凌娅（江苏康缘药业股份有限公司）， 阿基业（中国药科大学）， 胡刚（南京医科大学）， 马舒伟（齐齐哈尔大学）
F-305-2-02	耐胁迫植物乳杆菌定向选育及发酵关键技术	陈卫（江南大学）， 赵建新（江南大学）， 翟齐啸（江南大学）， 田丰伟（江南大学）， 刘振民（光明乳业股份有限公司）， 杭锋（光明乳业股份有限公司）
F-306-2-01	天然活性同系物的分子辨识分离新技术及应用	任其龙（浙江大学）， 邢华斌（浙江大学）， 钱国平（浙江花园生物高科股份有限公司）， 鲍宗必（浙江大学）， 杨启炜（浙江大学）， 张治国（浙江大学）
F-30901-2-02	大人群指掌纹高精度识别技术及应用	周杰（清华大学）， 冯建江（清华大学）， 刘晓春（北京海鑫科金高科技股份有限公司）， 杨春宇（北京海鑫科金高科技股份有限公司）， 郭振华（清华大学深圳研究生院）， 郑逢德（北京海鑫科金高科技股份有限公司）
F-30901-2-03	心理生理信息感知关键技术及应用	胡斌（兰州大学）， 徐向民（华南理工大学）， 郑文明（东南大学）， 栗觅（北京工业大学）， 赵庆林（兰州大学）

附表 -19　2018 年度国家科学技术进步奖获奖项目目录（生物和医药相关）

一等奖（通用项目）			
编号	项目名称	主要完成人	主要完成单位
J-235-1-01	脑起搏器关键技术、系统与临床应用	李路明，张建国，郝红伟，马伯志，姜长青，文雄伟，郭　毅，余新光，孟凡刚，凌至培，王伟明，胡春华，张　凯，加福民，刘方军	清华大学，首都医科大学附属北京天坛医院，中国医学科学院北京协和医院，中国人民解放军总医院，北京品驰医疗设备有限公司

二等奖（通用项目）			
编号	项目名称	主要完成人	主要完成单位
J-201-2-01	梨优质早、中熟新品种选育与高效育种技术创新	张绍铃，施泽彬，王迎涛，李秀根，吴　俊，李　勇，胡征龄，杨　健，陶书田，戴美松	南京农业大学，浙江省农业科学院，中国农业科学院郑州果树研究所，河北省农林科学院石家庄果树研究所
J-201-2-02	月季等主要切花高质高效栽培与运销保鲜关键技术及应用	高俊平，马　男，穆　鼎，张　颢，包满珠，罗卫红，张延龙，张　力，周厚高，刘与明	中国农业大学，中国农业科学院蔬菜花卉研究所，云南省农业科学院花卉研究所，华中农业大学，南京农业大学，西北农林科技大学，昆明国际花卉拍卖交易中心有限公司
J-201-2-03	大豆优异种质挖掘、创新与利用	邱丽娟，常汝镇，韩英鹏，郭　泰，李英慧，付亚书，关荣霞，朱振东，孙宾成，刘章雄	中国农业科学院作物科学研究所，东北农业大学，黑龙江省农业科学院佳木斯分院，黑龙江省农业科学院绥化分院，呼伦贝尔市农业科学研究所
J-201-2-04	黄瓜优质多抗种质资源创制与新品种选育	顾兴芳，张圣平，苗　晗，王　烨，谢丙炎，方秀娟，刘　伟，梁洪军，李竹梅	中国农业科学院蔬菜花卉研究所
J-201-2-05	高产优质小麦新品种郑麦 7698 的选育与应用	许为钢，王会伟，张　磊，马运粮，张慎举，董海滨，张建周，齐学礼，郭　瑞，杨娟妮	河南省农业科学院小麦研究所，商丘职业技术学院，河南省种子管理站，陕西省种子管理站
J-202-2-02	林业病虫害防治高效施药关键技术与装备创制及产业化	周宏平，许林云，崔业民，茹　煜，蒋雪松，张慧春，郑加强，贾志成，李秋洁，崔　华	南京林业大学，南通市广益机电有限责任公司
J-202-2-04	灌木林虫灾发生机制与生态调控技术	骆有庆，宗世祥，张金桐，盛茂领，曹川健，温俊宝，张连生，孙淑萍，陶　静	北京林业大学，山西农业大学，国家林业局森林病虫害防治总站，宁夏回族自治区森林病虫害防治检疫总站，建平县森林病虫害防治检疫站
J-203-2-01	猪抗病营养技术体系创建与应用	陈代文，车炼强，詹　勇，吴　德，余　冰，虞　洁，张克英，何　军，韩继涛，张　璐	四川农业大学，浙江大学，四川铁骑力士实业有限公司，新希望六和股份有限公司，通威股份有限公司，重庆优宝生物技术股份有限公司，福建傲农生物科技集团股份有限公司

续表

二等奖（通用项目）			
编号	项目名称	主要完成人	主要完成单位
J-203-2-02	高效瘦肉型种猪新配套系培育与应用	吴珍芳，王爱国，罗旭芳，胡晓湘，张守全，蔡更元，李紫聪，徐　利，黄瑞森，严尚维	华南农业大学，广东温氏食品集团股份有限公司，中国农业大学，北京养猪育种中心，广东省现代农业装备研究所
J-203-2-03	长江口重要渔业资源养护技术创新与应用	庄　平，徐　跑，张　涛，张根玉，赵　峰，唐文乔，徐钢春，钱晓明，施永海，徐东坡	中国水产科学研究院东海水产研究所，中国水产科学研究院淡水渔业研究中心，上海市水产研究所，上海海洋大学，江苏中洋集团股份有限公司
J-203-2-04	优质肉鸡新品种京海黄鸡培育及其产业化	王金玉，顾云飞，谢恺舟，戴国俊，张跟喜，施会强，俞亚波，王宏胜，侯庆永，朱新飞	扬州大学，江苏京海禽业集团有限公司，江苏省畜牧总站
J-203-2-05	淡水鱼类远缘杂交关键技术及应用	刘少军，覃钦博，陶　敏，张　纯，罗凯坤，肖　军，王　石，胡方舟，周工健，杨　震	湖南师范大学，湖南湘云生物科技有限公司
J-203-2-06	地方鸡保护利用技术体系创建与应用	康相涛，田亚东，李国喜，孙桂荣，韩瑞丽，李转见，闫峰宾，蒋瑞瑞，赵河山，苏耀辉	河南农业大学，河南三高农牧股份有限公司，广东金种农牧科技股份有限公司，贵州柳江畜禽有限公司，河南省淇县永达食业有限公司，河南省惠民禽业有限公司，湖南省吉泰农牧有限公司
J-204-2-02	生命奥秘丛书（达尔文的证据、深海鱼影和人体的奥秘）	隋鸿锦，于胜波，赵　欣，高海斌，丁彩云，吴　军，张　凡，马学伟，郑　楠	
J-204-2-03	"中国珍稀物种"系列科普片	王小明，李　伟，叶晓青，项先尧，丁建新，丁由中，夏建宏，张维赟，郝晓霞，崔　滢	
J-211-2-02	特色海洋食品精深加工关键技术创新及产业化应用	周大勇，朱蓓薇，董秀萍，邵俊杰，秦　磊，吴厚刚，吴海涛，李冬梅，王学俊，孙　娜	大连工业大学，獐子岛集团股份有限公司，大连海晏堂生物有限公司，大连上品堂海洋生物有限公司，大连晓芹食品有限公司，大连乾日海洋食品有限公司，北京同仁堂健康（大连）海洋食品有限公司
J-211-2-03	羊肉梯次加工关键技术及产业化	张德权，张春晖，王振宇，陈　丽，潘　满，李　欣，罗瑞明，李　铮，柳尧波，穆国锋	中国农业科学院农产品加工研究所，中国农业机械化科学研究院，宁夏大学，山东省农业科学院原子能农业应用研究所（山东省辐照中心、山东省农业科学院农产品研究所），内蒙古蒙都羊业食品股份有限公司
J-231-2-03	水中典型污染物健康风险识别关键技术及应用	徐顺清，鲁文清，金银龙，张金良，赵淑莉，陈　超，王先良，张　岚，周宜开，吴康兵	华中科技大学，中国疾病预防控制中心环境与健康相关产品安全所，中国环境科学研究院，中国环境监测总站，清华大学

二等奖（通用项目）			
编号	项目名称	主要完成人	主要完成单位
J-233-2-01	血栓性疾病的早期诊断和靶向治疗	胡　豫，刘俊岭，梅　恒，胡德胜，胡　虎，唐　亮，庞志清，石　威，胡　波，郑传胜	华中科技大学同济医学院附属协和医院，上海交通大学，浙江大学，复旦大学
J-233-2-02	胃肠癌预警、预防和发生中的新发现及其临床应用	房静远，陈萦晅，洪　洁，许　杰，陈豪燕，李晓波，曹　晖，高琴琰，熊　华，陈慧敏	上海交通大学医学院附属仁济医院
J-233-2-03	淋巴瘤发病机制新发现与关键诊疗技术建立和应用	赵维莅，陈赛娟，王　黎，黄金艳，叶　静，李军民，沈志祥，陆一鸣，沈　杨，程　澍	上海交通大学医学院附属瑞金医院
J-233-2-04	亚临床甲状腺功能减退的危害及干预	赵家军，滕卫平，单忠艳，高　聆，宋勇峰，赵　萌，徐　潮，邵珊珊，管庆波，李晨嫣	山东省立医院，中国医科大学附属第一医院
J-233-2-05	内镜超声微创诊疗体系的建立与临床应用	孙思予，金震东，李兆申，许国强，令狐恩强，韦建宇，年卫东，王贵齐，郭瑾陶，葛　楠	中国医科大学附属盛京医院，上海长海医院，浙江大学医学院附属第一医院，中国人民解放军总医院，南京微创医学科技股份有限公司，北京大学第一医院，中国医学科学院肿瘤医院
J-23401-2-01	葡萄膜炎病证结合诊疗体系构建研究与临床应用	毕宏生，杨振宁，解孝锋，高成江，崔　浩，卢　弘，郭　霞，郝小波，李可建，高西鹏	山东中医药大学，哈尔滨医科大学附属第一医院，首都医科大学附属北京朝阳医院，山东大学，山东农业工程学院，广西中医药大学第一附属医院，西安大唐制药集团有限公司
J-23401-2-02	"肝主疏泄"的理论源流与现代科学内涵	王　伟，王庆国，王天芳，赵　燕，周仁来，徐志伟，李成卫，薛晓琳，刘雁峰，陈建新	北京中医药大学，北京师范大学，广州中医药大学
J-23402-2-01	基于整体观的中药方剂现代研究关键技术的建立及其应用	张卫东，周俊杰，施海明，柳润辉，詹常森，李　勇，姜　鹏，罗心平，谢　宁，林艳和	中国人民解放军第二军医大学，上海和黄药业有限公司，复旦大学附属华山医院，江西青峰药业有限公司，健民药业集团股份有限公司，通化白山药业股份有限公司，云南生物谷药业股份有限公司
J-23402-2-02	中药资源产业化过程循环利用模式与适宜技术体系创建及其推广应用	段金廒，唐志书，王明耿，吴启南，权文杰，宿树兰，刘启明，郭　盛，李　浩，熊　鹏	南京中医药大学，陕西中医药大学，山东步长制药股份有限公司，吉林省东北亚药业股份有限公司，延安制药股份有限公司，江苏天晟药业股份有限公司，淮安市百麦科宇绿色生物能源有限公司

二等奖（通用项目）			
编号	项目名称	主要完成人	主要完成单位
J-235-2-01	我国原创细胞生长因子类蛋白药物关键技术突破、理论创新及产业化	李校堃，王晓杰，黄志锋，林　丽，肖　健，黄亚东，惠　琦，方海洲，宋礼华	温州医科大学，珠海亿胜生物制药有限公司，安徽安科生物工程（集团）股份有限公司，广州暨南大学医药生物技术研究开发中心
J-235-2-02	泮托拉唑钠及制剂关键技术研究与产业化	胡富强，姚忠立，袁　弘，洪利娅，张　昀，郑国钢，黄雪惠，徐仲军，方国林，鄢　丰	浙江大学，杭州中美华东制药有限公司，浙江省食品药品检验研究院，杭州华东医药集团新药研究院有限公司
J-235-2-03	基于药物基因组学的高血压个体化治疗策略、产品与推广应用	周宏灏，刘昭前，张　伟，李　清，陈小平，赵震宇，周　淦，刘　洁，李　智，尹继业	中南大学湘雅医院，湖南宏灏基因生物科技有限公司
J-235-2-04	心脏瓣膜外科创新技术及产品的建立和应用	徐志云，韩　林，陆方林，王　军，刘晓红，郭鹏海，唐　昊，宋智钢，唐杨烽，张　浩	中国人民解放军第二军医大学第一附属医院，兰州兰飞医疗器械有限公司
J-25101-2-01	主要蔬菜卵菌病害关键防控技术研究与应用	张修国，刘西莉，王文桥，张敬泽，杨宇红，刘长远，高克祥，米庆华，李　屺，刘　杰	山东农业大学，中国农业大学，河北省农林科学院植物保护研究所，浙江大学，中国农业科学院蔬菜花卉研究所，辽宁省农业科学院，青岛中达农业科技有限公司
J-25101-2-02	多熟制地区水稻机插栽培关键技术创新及应用	张洪程，吴文革，李刚华，霍中洋，张瑞宏，习　敏，杨洪建，王　军，史步云，张建设	扬州大学，南京农业大学，安徽省农业科学院，江苏省农业科学院，江苏省农业技术推广总站，常州亚美柯机械设备有限公司，南京沃杨机械科技有限公司
J-25101-2-03	沿淮主要粮食作物涝渍灾害综合防控关键技术及应用	程备久，张佳宝，李金才，王友贞，陈黎卿，顾克军，刘良柏，刘万代，蔡德军，武立权	安徽农业大学，中国科学院南京土壤研究所，安徽省（水利部淮河水利委员会）水利科学研究院，河南农业大学，江苏省农业科学院，安徽省农业科学院
J-25101-2-04	苹果树腐烂病致灾机理及其防控关键技术研发与应用	黄丽丽，曹克强，李　萍，范东晟，冯　浩，王树桐，王亚红，高小宁，孙广宇，王　鹏	西北农林科技大学，河北农业大学，全国农业技术推广服务中心，陕西省植物保护工作总站，陕西西大华特科技实业有限公司，北京百德翠丰农业科技发展有限公司
J-253-2-01	肾癌外科治疗体系创新及关键技术的应用推广	王林辉，孙颖浩，曲　乐，杨　波，吴震杰，孙树汉，刘　冰，徐　红，杨　富，时佳子	中国人民解放军第二军医大学，中国人民解放军南京军区南京总医院
J-253-2-02	肺癌微创治疗体系及关键技术的研究与推广	何建行，姜格宁，支修益，高树庚，王　群，刘德若，梁文华，刘　君，邵文龙，王　炜	广州医科大学附属第一医院，上海市肺科医院，首都医科大学宣武医院，中国医学科学院肿瘤医院，复旦大学附属中山医院，中日友好医院

二等奖（通用项目）			
编号	项目名称	主要完成人	主要完成单位
J-253-2-03	儿童肝移植关键技术的建立及其临床推广应用	夏　强，张建军，李　敏，许建荣，孔晓妮，陈其民，王　莹，王祥瑞，李凤华，徐宇虹	上海交通大学医学院附属仁济医院，上海交通大学医学院附属上海儿童医学中心
J-253-2-04	严重脊柱创伤修复关键技术的创新与推广	郝定均，宋跃明，贺宝荣，沈慧勇，徐荣明，胡　勇，闫　亮，许正伟，周劲松，谢　恩	西安交通大学，四川大学华西医院，中山大学孙逸仙纪念医院，宁波明州医院有限公司，宁波市第六医院
J-253-2-05	基于听觉保存与重建关键技术的听神经瘤治疗策略及应用	吴　皓，张力伟，钟　平，汪照炎，杨　军，张治华，贾　欢，邹　静，黄　琦，袁亦金	上海交通大学医学院附属新华医院，上海交通大学医学院附属第九人民医院，首都医科大学附属北京天坛医院，复旦大学附属华山医院，上海海神医疗电子仪器有限公司
J-253-2-06	重症先心病外科治疗关键技术创新与应用	董念国，张海波，邢泉生，莫绪明，徐卓明，史嘉玮，谢明星，武庆平，苏　伟，夏家红	华中科技大学同济医学院附属协和医院，上海交通大学医学院附属上海儿童医学中心，南京市儿童医院，青岛市妇女儿童医院
J-253-2-07	眼睑和眼眶恶性肿瘤关键诊疗技术体系的建立和应用	范先群，贾仁兵，赵军阳，张　靖，葛盛芳，李　斌，张　赫，徐晓芳，宋　欣，范佳燕	上海交通大学医学院附属第九人民医院，首都医科大学附属北京儿童医院，广州市妇女儿童医疗中心，上海交通大学